动物微生物

主　编　任俊玲　张　磊
副主编　（以姓氏笔画为序）
王怀禹　李和平　吴　辉　张　曼
张明智　陈　晶　贾俊涛　蒋桂林

华中科技大学出版社
中国·武汉

内容提要

本教材分为四篇，共14章，其主要内容包括微生物的形态结构、生理特性、遗传变异及与外界环境的关系，免疫学的相关知识及应用，与动物相关的病原微生物的致病作用、实验室诊断和免疫防治方法，微生物的应用，以及实用微生物及免疫学实验实训23个。

本教材主要作为高职高专畜牧兽医、兽医、宠物养护与疫病防治、畜牧、动物防疫检疫等专业的教学用书，也可作为畜牧兽医类专业自考、畜牧兽医相关技术人员及养殖户的参考用书。

图书在版编目(CIP)数据

动物微生物/任俊玲，张磊主编. —武汉：华中科技大学出版社，2012.7(2021.1重印)
ISBN 978-7-5609-8034-8

Ⅰ.①动… Ⅱ.①任… ②张… Ⅲ.①兽医学-微生物学-高等职业教育-教材 Ⅳ.①S852.6

中国版本图书馆CIP数据核字(2012)第108044号

动物微生物 任俊玲 张 磊 主编

策划编辑：王新华
责任编辑：王新华
封面设计：刘 卉
责任校对：张 琳
责任监印：周治超
出版发行：华中科技大学出版社(中国·武汉) 电话：(027)81321913
武汉市东湖新技术开发区华工科技园 邮编：430223
录 排：华中科技大学惠友文印中心
印 刷：广东虎彩云印刷有限公司
开 本：787mm×1092mm 1/16
印 张：19.25
字 数：465千字
版 次：2021年1月第1版第3次印刷
定 价：36.00元

全国高职高专生物类课程“十二五”规划教材建设单位名单

（排名不分先后）

天津现代职业技术学院
信阳农业高等专科学校
包头轻工职业技术学院
武汉职业技术学院
泉州医学高等专科学校
济宁职业技术学院
潍坊职业学院
山西林业职业技术学院
黑龙江生物科技职业学院
威海职业学院
辽宁经济职业技术学院
黑龙江林业职业技术学院
江苏食品职业技术学院
广东科贸职业学院
开封大学
杨凌职业技术学院
北京农业职业学院
黑龙江农业职业技术学院
襄阳职业技术学院
咸宁职业技术学院
天津开发区职业技术学院
江苏联合职业技术学院淮安生物工程分院
保定职业技术学院
云南林业职业技术学院
河南城建学院
许昌职业技术学院
宁夏工商职业技术学院
河北旅游职业学院
山东畜牧兽医职业学院
山东职业学院
阜阳职业技术学院
抚州职业技术学院
郧阳师范高等专科学校
贵州轻工职业技术学院
沈阳医学院
郑州牧业工程高等专科学校
广东食品药品职业学院
温州科技职业学院
黑龙江农垦科技职业学院
新疆轻工职业技术学院
鹤壁职业技术学院
郑州师范学院
烟台工程职业技术学院
江苏建康职业学院
商丘职业技术学院
北京电子科技职业学院
平顶山工业职业技术学院
亳州职业技术学院
北京科技职业学院
沧州职业技术学院
长沙环境保护职业技术学院
常州工程职业技术学院
成都农业科技职业学院
大连职业技术学院
福建生物工程职业技术学院
甘肃农业职业技术学院
广东新安职业技术学院
汉中职业技术学院
河北化工医药职业技术学院
黑龙江农业经济职业学院
黑龙江生态工程职业学院
湖北轻工职业技术学院
湖南生物机电职业技术学院
江苏农林职业技术学院
荆州职业技术学院
辽宁卫生职业技术学院
聊城职业技术学院
内江职业技术学院
内蒙古农业大学职业技术学院
南充职业技术学院
南通职业大学
濮阳职业技术学院
七台河制药厂
青岛职业技术学院
三门峡职业技术学院
山西运城农业职业技术学院
上海农林职业技术学院
沈阳药科大学高等职业技术学院
四川工商职业技术学院
渭南职业技术学院
武汉软件工程职业学院
咸阳职业技术学院
云南国防工业职业技术学院
重庆三峡职业学院

前言

本教材按照《国家中长期教育改革和发展规划纲要(2010—2020年)》中提出的“以服务为宗旨,以就业为导向”的目标要求设计教材内容,以一定的化学、生物学知识为基础,为学生学习家畜传染病、家畜寄生虫病、家畜病理、家畜药理、动物检疫检验、各种畜禽疾病防治等专业课程奠定基础。编写中始终贯彻“工学结合”的理念,注重实际工作技能的训练,将理论知识与实际操作技能融为一体,使教材更实用,可操作性更强。内容上突出重点知识以及实际应用性强、反映研究前沿的实例与实训,利用知识目标、技能目标、小结及复习思考题、图表等对学生进行引导,使教材具备实用、够用、可操作性强等特点,也使知识更形象直观并具有启发性,从而为学生以后学习专业知识和职业技能,全面提高综合素质,增强应变能力打好基础,也为学生将来毕业后从事动物疫病的诊断、监测、预防工作,尽快适应岗位打下坚实基础。

我国地域辽阔,各地的教学条件与人才需求情况不尽相同,因此各任课教师可根据当地的实际情况,把握教材内容,突出重点,适当增减,以便更好地解决生产中的实际问题。

本教材编写组由来自全国多所院校多年从事职业教育、具有丰富教学经验和临床实践经验的教师组成,具体分工如下:河北旅游职业学院任俊玲编写第六章、第七章,黑龙江生物科技职业学院张磊编写第十三章、第十四章,南充职业技术学院王怀禹编写第八章、第九章,河北旅游职业学院李和平编写第十章,杨凌职业技术学院张曼、咸阳职业技术学院吴辉编写实验实训,河北旅游职业学院张明智编写第十一章,上海农林职业技术学院陈晶编写第一章,内蒙古农业大学职业技术学院贾俊涛编写第三章、第四章、第十二章,汉中职业技术学院蒋桂林编写绪论、第二章、第五章。最后全书由任俊玲统稿。

由于编写水平有限,书中不足之处在所难免,恳请广大读者批评指正。

编　者

目录

第四篇　微生物的应用

绪　论

知识目标

- 掌握微生物、病原微生物的概念。
- 掌握微生物的种类。
- 了解微生物学的发展简史。
- 了解动物微生物研究的主要任务。

技能目标

- 能注意微生物实验室安全。
- 会使用微生物实验室常用仪器。

一、微生物的概念、特点及分类

（一）微生物的概念

微生物(microorganism)，顾名思义就是微小的生物，是自然界中广泛存在，结构简单，繁殖迅速，我们肉眼看不见的，必须借助于光学显微镜或电子显微镜放大几百倍、几千倍甚至几万倍后才能观察到的生物。

（二）微生物的主要特点

微生物种类繁多，特性各异，但它们都有一些主要的共同特点，可概括为三个方面、八个特点，即微生物个体微小、结构简单、种类繁多、数目多、分布广泛、代谢旺盛、繁殖快和易变异。

1. 在形态与结构方面

(1) 个体微小。单个微生物不为肉眼所见。

(2) 结构简单。微生物多为单细胞生物，真菌虽具真核但细胞结构较动物、植物细胞简单，细菌为原核细胞，结构更简单，病毒不具细胞结构，仅由蛋白质和核酸(只含 DNA 或 RNA)构成。

2. 在种类、数量和分布方面

(1) 种类繁多。已研究记载的微生物可能仅占其总数的 10%。现已记载的细菌有 1000 多种,放线菌有 500 多种,真菌有近 10 万种,病毒有 2000 多种。

(2) 数目多。有人做过统计,在 1 亩(1 亩=666.7 m^2)土壤中含 200 kg 的微生物,1 mL 水中少者几百个,多者可达到几十万到几千万个,全世界微生物质量约为动物、植物总质量的两倍。

(3) 分布广泛。在自然界的土壤、水、空气及动物体(体表、体内)、植物体、各种器物、粪便、垃圾以及海底都有微生物的存在,真所谓微生物无处不在。

3. 在生理与遗传方面

(1) 代谢旺盛。据统计,微生物因表面积大,一昼夜可合成个体重 30~40 倍的蛋白质,所消耗的营养物质是个体重的几百倍。

(2) 繁殖快。繁殖快的细菌大约 20 min 一代,一昼夜可繁殖 72 代,一个菌体经 10 h 后可繁殖 10 亿多个体。

(3) 易变异。微生物为单细胞生物或不具细胞结构,缺乏适应复杂环境的完整器官和系统,因而对环境敏感、易变异,以增强对环境的适应性。

(三) 微生物的分类

根据生物学性状不同,可将微生物分为细菌、真菌、放线菌、螺旋体、支原体、立克次氏体、衣原体、病毒等八大类。除病毒是一类仅由蛋白质和核酸组成的非细胞结构的微生物外,其余七大类都有细胞结构。真菌细胞的细胞浆中有完整的细胞器,细胞核有核膜和核仁,属于真核细胞型微生物。而细菌、放线菌、螺旋体、支原体、立克次氏体、衣原体的细胞浆中缺乏细胞器,仅有原始核,无核膜和核仁,属于原核细胞型微生物。

微生物在自然界分布十分广泛,土壤、空气、水、人和动物的体表及其与外界相通的腔道都有微生物存在。微生物与人类和动植物有着密切的关系,其中绝大多数微生物对人类和动物是有益的。如动植物尸体的腐败与发酵,草食动物消化道中粗纤维的消化和维生素的合成,抗生素、疫苗、维生素的制造,青贮饲料的调制,以及工业上的酿酒、制醋等,都离不开微生物的作用。仅有一小部分微生物对人类和动植物是有害的,能引起人类和动植物的疾病。这些具有致病性的微生物称为病原微生物(pathogenic microorganism)或病原体。它们是一群高度特化了的微生物,为了自身的生存,已适应而且必须在宿主生物体内持续存在或增殖,并可造成宿主发病。有些微生物仅在一定的条件下才引起疾病,这些微生物称为条件性病原微生物(opportunistic microorganism)。如动物肠道的大肠杆菌、皮肤上的化脓性链球菌等,当动物机体抵抗力降低时或在其他特定条件下可致病。

二、微生物学

微生物学(microbiology)是生物学的一个分支,是研究微生物的形态、结构、分类、生理、代谢、遗传变异,以及它们与自然界、人类、动植物之间相互作用的一门科学。

微生物学根据其应用研究的不同又分为许多分支,如普通微生物学、工业微生物学、食品微生物学、农业微生物学、海洋微生物学、水产微生物学、医学微生物学、兽医微生物学和畜牧微生物学等。

微生物学研究的目的就是开发和利用有益微生物，改造和消灭有害微生物，从而为人类造福。

动物微生物是畜牧兽医类专业的一门重要的专业基础课，本课程可为以后学习动物遗传育种、动物饲养、饲料生产、畜产品加工、动物环境卫生、兽医卫生检验、动物病理、动物药理、兽医临床课等奠定基础。动物微生物主要讲授微生物的形态、结构、生理，微生物与环境的相互关系，微生物的变异，以及传染与免疫等基本知识和基本理论，还分别讲授主要病原细菌、主要病原病毒的生物学特性、诊断和免疫防治，以及有关饲料、肉、蛋、奶等方面的微生物。

三、微生物学的发展简史

我国劳动人民在长期生产实践中，对微生物的作用积累了丰富的经验。两千多年前，我们的祖先就会酿酒、制醋、沤麻、制革等。

我们的祖先很早就认识到许多疾病具有传染性。公元前556年就已知驱逐狂犬可以预防狂犬病。名医华佗创造麻醉术及剖腹外科，主张割去腐肉以防传染。这种医学思想在当时世界上居于领先的地位。我国很早就发现天花是一种危害严重的传染病，因而应用了人工接种天花病毒的方法来预防天花。早在唐开元年间(公元713—714年)，就有鼻苗种痘的记载，后来相继传到日本、朝鲜、土耳其、俄国和英国等国家。英国人琴纳(Edward Jenner，1749—1823)在种人痘的基础上，发展到用种牛痘预防天花。发明种人痘是我国古代人民对世界医学的重大贡献。

在微生物学成为一门学科的过程中，十七世纪末对微生物形态的观察、描述起到了关键作用。微生物学的发展可概括为三个阶段。

(一) 形态学时期(1695—1870)

十七世纪末，西欧国家透镜制造工业的发展使显微镜的制造有了可能。第一架复式显微镜是由荷兰的眼镜商詹森(Janssen)兄弟于1590年试制，1695年英国的罗伯特・胡克(Robert Hooke)用显微镜发现了第一个植物细胞。1676年荷兰的安东・吕文虎克(Antony van Leeuwenhoek，1632—1723)制造了能放大160～200倍的原始显微镜，其后他对牙垢、污水、井水、雨水以及人和动物的粪便进行了观察，看到了球形、杆状、螺旋状的运动小体，并绘图和描述，于1695年发表了他的发现，这为微生物学成为一门科学奠定了基础，从而开始了微生物的形态学时期。

在此后的将近二百年时间里，人们对微生物的认识仅停留在形态学方面，而对微生物的进一步认识则进展不大。其主要原因之一是受自然发生论(即无生源论)的阻碍。自然发生论认为“生物可以无中生有，破布中可生出老鼠来”，并且宗教预言“生物是神创造的”，所以微生物的一切作用是人类无法控制的，是没必要去研究的。这种精神枷锁束缚着人们，对微生物再没做细致深入的研究。

(二) 生理学及免疫学的奠基时期(1870—1920)

这个时期大约有50年，微生物学发展成为一门独立的学科，在理论上、技术上、生产

上都取得了不少成果。

1861 年法国科学家巴斯德(Louis Pasteur,1822—1895)研究了发酵的本质,证明了发酵可因加热而停止,因此他断定发酵是由微生物的作用所产生的。根据这一事实,他发明了蒸汽灭菌法与巴氏消毒法。此后巴斯德还研制成预防炭疽、狂犬病的疫苗,在炭疽及狂犬病的防治上起到了重要作用。

巴斯德用他著名的曲颈瓶实验进一步证明了自然发生论的荒谬,人们这才认识到微生物的研究价值,加之更好的显微镜的出现、培养基的制造以及对蚕病的发生、酒的败坏、人畜疾病等问题的探讨,才将微生物学研究推向了生理学和免疫学阶段。

自巴斯德研制各种疫苗来预防疾病以后,为什么有机体注射疫苗后可以预防疾病?为什么出现免疫现象?这些问题成为人们争论的焦点。当时有两种学说:一派以俄国学者梅契尼可夫(И. И. Мечников,1845—1916)为代表,发现了吞噬细胞具有吞噬和消化入侵细菌的能力,认为吞噬细胞吞噬能力的强弱可以代表机体的免疫程度,这是机体抵抗传染病的主要因素,从而创立了细胞免疫学说;另一学派以德国学者欧立希(Paul Ehrlich,1854—1915)为代表,他们用生化方法研究了免疫现象,认为机体受病原微生物或其毒素的刺激后,能产生抗毒素等抗体物质,它们存在于血液和其他体液内,是机体抗传染病的主要因素,从而构建了体液免疫学说,并首创了血清学方法。两个学派进行了长期的争论,都片面地强调了部分免疫现象。直到二十世纪初 Wright 发现了调理素抗体,并证明吞噬细胞的作用在抗体的参与下可大为增强,两种免疫因素是相辅相成的,才使人们对免疫机制有了比较全面的认识。

下面是此时期作出突出贡献的几位代表性人物。

李斯德(Joseph Lister,1827—1912):英国外科医生,他创造了用石炭酸喷洒手术室和煮沸消毒手术用具的消毒方法,大大提高了手术成功率,为防腐、消毒以及灭菌操作奠定了基础。

柯赫(Robert Koch,1843—1910):德国医生,他创用了细菌染色方法、固体培养基以及实验性动物感染。这些实验方法的发明,纠正了当时认为微生物是多种形态的错误观点,使自 1875 年起短短十余年间,发现了许多人类和动物的病原性细菌,得到了单个菌落和细菌的纯培养,并提出了确定病原菌的"柯赫三假设",虽然该假设不够全面,但仍具一定的指导意义。他基于对结核分枝杆菌病的研究成就,被人们誉为"杆菌之父"。

伊万诺夫斯基(Д. И. Ивановский):俄国科学家,他在研究烟草花叶病病因的过程中,于 1892 年首次发现了比细菌更小、在普通光学显微镜下看不到、能通过细菌滤器的微生物——第一个病毒,即烟草花叶病毒。这是认识病毒的开始。

(三) 近现代微生物学及免疫学发展期

自 1920 年至今,由于近代物理学、近代化学、近代生物学的发展,微生物有了突飞猛进的发展,发展最快的有三个方面,即微生物遗传学、免疫学及病毒学,而且都已发展成为独立的学科,其发展又推动了其他学科的发展。

现代微生物已成为生物学科的重要分支,是从群体、个体及分子水平来研究各类微生物的形态、结构、新陈代谢、分类鉴定、抗原抗体反应及有关应用的科学。现代微生物学研究已进入分子水平,从分子水平阐明各类微生物结构、功能和代谢,在基因水平上进行微生物的改造，并从微生物代谢途径出发研制了各种化学治疗药剂和抗生素，大大减少了人畜传染病的危害，造福于人类。

目前，微生物学已成为当今世界生物技术研究发展最活跃、进展最快的领域，分子生物学的许多成果都是最先在微生物领域得到突破的。作为微生物学一个分支的动物微生物学，也已经进入分子生物学研究阶段，并已在许多方面取得重要成果，可以预见动物微生物的发展和应用前景将会更加广阔。

四、动物微生物研究的内容与任务

动物微生物(animal microbiology)是微生物学的一个应用分支，是在微生物学一般理论基础上研究微生物与动物疾病关系的科学。

动物微生物利用微生物学与免疫学的知识和技能来诊断、防治动物的疾病和人畜共患疾病，保障人类的食品安全与卫生，保障畜牧业生产，保障动物的健康，保护生态环境。其研究的领域已不限于传统的家畜、家禽的微生物，还涉及伴侣动物、实验动物、水生动物、野生动物等的微生物，研究深度已涉及致病机理及与机体的相互作用，达到基因水平。

动物微生物与医学微生物的关系最为密切，但范围更广，层次更复杂。德国动物微生物学家 F. A. J. Loeffler(1852—1915)和 P. Frosch(1860—1928)于 1898 年发现了第一个动物和人类的病毒——口蹄疫病毒，美国兽医学家 D. E. Salmon(1850—1914)因发现人和动物的致病性沙门菌而以其姓作为该属细菌的属名，美国动物微生物学家 C. A. Mubus 于 1969 年从腹泻犊牛粪便中发现轮状病毒，从而揭开了轮状病毒研究的序幕，这些发现都在微生物学发展史上具有重要的贡献。动物微生物学的蓬勃发展必将对人类文明和社会发展作出更大的贡献，这有待于大家的共同努力。

怎样才能学好动物微生物呢？动物微生物是畜牧兽医学科各专业的一门重要专业基础课，与其他基础课、专业课等有着密切的联系。同时，它以生物化学、动物生理、遗传、分子生物学和免疫等为基础，又是动物传染病、食品卫生检验、卫生、病理等的基础，起着承前启后的作用。

动物微生物是一门实验技能较强的学科，如果只掌握理论知识而缺乏实验技能，将无法从事与微生物学相关的工作，而实验技能又建立在扎实的理论基础之上，所以学好动物微生物，理论和实验技能两者均不可忽视。

本章小结

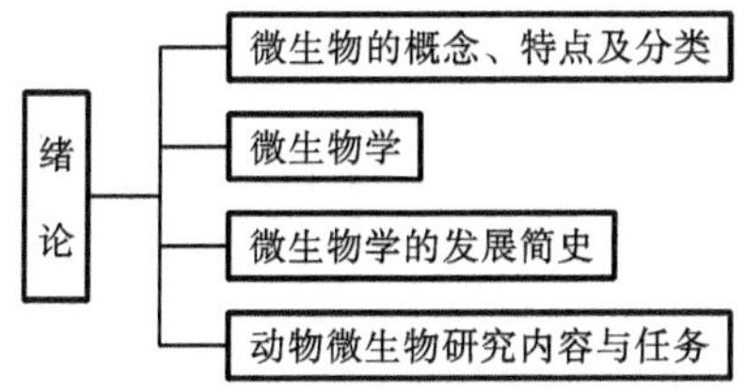

复习思考题

1. 什么是微生物？什么是动物微生物？举例说明微生物有益和有害的作用。
2. 微生物包括哪几大类？原核型、真核型微生物的主要区别是什么？
3. 试述动物微生物课程在畜牧兽医类专业学习中的地位和任务。
4. 如何才能学好动物微生物？

实训

微生物学实验室安全须知

在微生物和免疫学实验中，可能接触到大量的病原微生物，如果操作不慎，可能造成环境污染甚至人员的感染，因此，实验者进入实验室后必须严格遵守以下实验室规则，认真进行操作，防止发生意外事故。

(1) 实验前要认真预习实验内容，明确实验目的和方法。

(2) 进入实验室必须穿实验服，戴工作帽、手套。

(3) 禁止在微生物实验室内吸烟、吃食品、饮水，在实验室内不用手去接触面部，不用嘴接触任何实验物品，以防感染。

(4) 实验室内应保持安静，不能大声喧哗和随便走动，不能随意拆卸仪器，不能将实验室内物品私自带走。

(5) 在实验过程中，要认真操作和观察，详细记录实验现象和结果，并认真写出实验报告。

(6) 做实验时要按老师要求操作，若发生割破皮肤、被动物咬伤等意外事故，应立即报告老师，进行紧急处理。

(7) 实验结束后，用过的培养物、病料、实验动物和器材等物品要放入指定的消毒容器内消毒或灭菌，不准随意乱放或用水冲洗。

(8) 注意安全。在使用酒精灯和电炉时应注意安全，防止发生火灾。

(9) 爱护公物，节约水电和实验用品。

(10) 实验完毕，整理桌面，对实验室和手臂进行消毒，然后才能离开实验室。

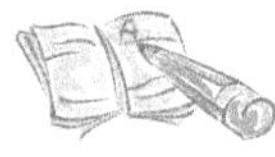

实训一　微生物实验室常用设备的使用与保养

目的要求

熟悉微生物实验室常用设备的构造和注意事项，会使用常用仪器设备。

设备和材料

鼓风电热干燥箱、高压蒸汽灭菌器、电冰箱、电动离心机、电热恒温水浴箱、电热恒温培养箱、超净工作台。

操作内容

(一) 鼓风电热干燥箱

鼓风电热干燥箱主要用于玻璃器皿和金属制品的干热灭菌,其构造和使用方法与电热恒温培养箱的相似,只是所使用的温度比电热恒温培养箱的高些。干热灭菌只能杀死细菌繁殖体,对于芽孢体没有作用。鼓风电热干燥箱的灭菌原理是通过干热使菌体失水裂解,最终达到消灭病原体的目的。使用时箱内放置物品要留空隙,保持热空气循环顺畅,以利于彻底灭菌。常用灭菌温度为 160 ℃,维持 1～2 h。灭菌时,关门加热应开启箱顶上的活塞通气孔,将冷空气排出,待升至 60 ℃时,将活塞关闭。为了避免玻璃器皿炸裂,灭菌后箱内温度降至 60 ℃时,才能开启箱门取物品。若仅需达到干燥目的,可一直开启活塞通气孔,温度只需 60 ℃左右即可。

注意在对用纸包裹的物品进行干燥灭菌时,不可在温度过高时突然打开鼓风,这样做易引起干燥箱着火。若出现箱内冒烟或着火,应立即切断电源,关闭活塞通气孔,用湿毛巾堵塞箱门四周,杜绝氧气进入,火则自灭。

(二) 高压蒸汽灭菌器

高压蒸汽灭菌器是一个双层金属圆筒,外筒盛水,内筒有一活动金属隔板,隔板有许多小孔,使蒸汽流通,要灭菌的物品就放在内筒的隔板上。高压蒸汽灭菌器主要用于塑料、橡胶制品和自配溶液等实验用品的灭菌。目前实验室常用的有手提式、立式和横卧式三种,其外观构造和大小有差异,但工作原理基本相同,都是通过湿热空气来杀灭病原体,湿热灭菌可以有效杀死细菌繁殖体和芽孢体。

在灭菌器上方或前方有金属厚盖,盖上有压力表、安全阀和放气阀。盖的边缘附有螺栓,内垫有橡胶密封圈,主要是用来紧闭灭菌器,使蒸汽不能外逸。通过密闭加热,可使灭菌器内的压力增加,使水的沸点超过 121 ℃,最终通过湿热空气杀死病原体。

1. 使用方法(以立式灭菌器为例)

(1) 加适量水于灭菌器外筒内,使水面略低于支架,将灭菌物品包扎好放于内筒隔板上。

(2) 盖上灭菌器顶盖,对称扭紧顶盖上的螺栓,检查安全阀、放气阀是否处于良好的可使用状态,并关闭安全阀,打开放气阀。

(3) 打开电源开关,待蒸汽从放气阀均匀冒出时,表示锅内冷空气已排尽,关闭放气阀继续加热,待灭菌器内压力升至约 0.105 MPa(121.3 ℃),在该温度下维持 20～30 min(如果高压蒸汽灭菌器不是全自动的,则需要通过人工控制电源来调控温度),最终达到灭菌的目的。

(4) 灭菌完毕，停止加热，待压力降至较低时，打开放气阀排气，当压力表指针降至零时，才能打开顶盖，取出灭菌物品。

(5) 灭菌结束后，通过灭菌器底部的排水阀排出废水，擦干以便下次使用。若灭菌器使用较频繁，也可将水留在灭菌器内，下次继续使用。

2. 注意事项

(1) 螺栓必须对称均匀旋紧，以免漏气。

(2) 使用前必须认真检查安全阀和排气阀是否正常。

(3) 内筒放置的物品不可堆压过紧，要保证热空气的顺畅流通，保证灭菌效果。

(4) 灭菌时间和压力要根据所灭菌的物品种类灵活把握，因此，操作人员不能擅自离开。

(5) 在对液体进行高压蒸汽灭菌时，如果压力骤降，可能造成物品内、外压力不平衡而炸裂或液体喷出，因此，操作人员要注意安全。

(三) 电冰箱

电冰箱是实验室中最常用的设备之一，主要用来保存病料、菌种、疫苗、培养基和诊断试剂等不耐高温的实验用品。它主要由箱体、制冷系统、自动控制系统和附件四部分构成。电冰箱一般分冷藏和冷冻两部分，使用时可根据所存放物品的要求进行分类放置。

电冰箱的使用方法及注意事项如下。

(1) 电冰箱应放置在干燥通风处，要求远离热源、离墙 10 cm 以上。

(2) 使用时，将冷藏室温度调至 4～10 ℃，冷冻室调至－19 ℃以下。

(3) 冰箱内应保持清洁，要定期对冰箱内存放的物品进行整理和清除，若有真菌污染，应切断电源，用福尔马林熏蒸消毒后才能继续使用。

(4) 箱内存放物品不宜过挤，以利于冷空气对流，使箱内温度均匀。

(5) 冷冻室冰霜较厚时，按化霜按钮或切断电路进行化霜，融化后清洗、整理。

(四) 电动离心机

电动离心机分为低速离心机和高速离心机两种，在实验室中使用较多的是低速离心机，主要用于液体病料的分离。常用的倾角电动离心机，其管孔有一定倾斜角度，快速旋转时可使沉淀物迅速下沉。在离心机的前部或顶部有转速调控器、时间调控器和温度调控器，使用时根据要求可对相应参数进行设定。电动离心机的使用方法及注意事项如下。

(1) 离心机在使用前先预热 30 min。

(2) 将待离心的两支离心管及套管放在天平上进行平衡，然后对称放入离心机中，若待离心材料只有一管，则在对侧离心管内放入等量的自来水。

(3) 盖好离心机顶盖，接通电源，设定温度、转速和离心时间，开始离心。离心结束后，待离心机的转速指针回到“0”处时，才可打开顶盖取出离心管。

(4) 离心时如有杂音或离心机震动，应立即停止使用，进行检查。

(五) 电热恒温水浴箱

电热恒温水浴箱主要用于蒸馏、温热实验用品，为实验提供一个恒温的反应环境。水浴箱是由不锈钢制成的一个长方形水箱，在水箱内有一根或两根电热管，在电热管上面还有一个带孔的隔板，主要用来放置物品。在水浴箱的前部有“电源”开关和“加热”指示灯（一红一绿），还有一个温度调节器（温度范围为37～100 ℃）和温度显示器，在水浴箱底部有一个排水用的水龙头。电热恒温水浴箱的使用方法及注意事项如下。

（1）通电前给水浴箱内加入适量的蒸馏水，水面要超出隔板 5 cm 左右。

（2）打开电源，设定温度。当温度显示器上的温度达到设定温度时，便可开始做实验。

（3）使用完毕，待水冷却后，必须放水并擦干。

（六）电热恒温培养箱

电热恒温培养箱又称温箱，主要用于细菌等微生物的培养、某些血清学实验及有关器皿的干燥，主要由箱体、电热丝、温度调节器等构成。在电热恒温培养箱的前部有电源开关、电源指示灯、温度调控器、温度显示器等；在培养箱的顶部有一个小孔，用来放置温度计；在培养箱内部有电热丝和隔板，隔板主要用来放置物品。电热恒温培养箱的使用方法及注意事项如下。

（1）使用时开启电源开关，电源指示灯亮，设定所需温度。

（2）放入待培养的物品。

（3）使用时，随时注意温度计的指示温度是否与所需温度相同。

（4）培养箱内禁止放入易挥发性物品，以免发生爆炸事故。

（5）工作室内隔板放置实验物品不宜过多，以免影响热空气对流。底板是培养箱的散热板，不能在其上直接放置实验物品。

（6）使用时要求培养箱内部干燥、放置平稳。

（七）超净工作台

超净工作台是一种提供局部高洁环境的空气净化设备，分为单人单面超净工作台和双人双面超净工作台两种。在超净工作台顶部有空气净化系统，该结构可对空气进行过滤，并将洁净的空气压到操作台上，为实验提供一个无菌环境。在侧面有电源开关、电源指示灯、照明灯开关、紫外灯开关、风速调控器等。在操作台的两侧装有照明灯和紫外灯，紫外灯主要用来杀灭操作台上的病原微生物。超净工作台的使用方法及注意事项如下。

（1）开启超净工作台风机，净化台内环境，并打开照明灯达到工作照度。

（2）检查超净工作台中准备的各种实验物品是否齐全。

（3）检查喷雾器喷洒效果及超净工作台内外擦拭用的药液是否已配制好。

（4）实验人员戴好一次性口罩、帽子及医用乳胶手套。用药液喷雾器充分喷洒双手手套外表、操作台面。

（5）实验完毕，整理台面，打开紫外灯对台面消毒 20～30 min。

除了以上介绍的 7 种常用仪器，在教学过程中要用到的仪器还很多。总之，对于新购买的任何一种仪器设备，在使用前一定要认真阅读使用说明书，以便正确使用。

第一篇
微生物基本知识

第一章
细　菌

知识目标

- 掌握细菌的概念、形态、结构及主要功能。
- 了解细菌的化学组成、营养类型及营养需要。
- 掌握细菌生长繁殖的条件，了解细菌的繁殖方式和速度、细菌的生长曲线。
- 了解细菌的酶，掌握细菌的呼吸类型及代谢产物。
- 掌握常用培养基、细菌在培养基上的生长特征。
- 掌握细菌病的实验室诊断方法。

技能目标

- 会用显微镜油镜进行细菌形态的观察。
- 会用不同的病料制备细菌标本片，会进行常规染色。
- 会制备常用培养基，并对细菌进行分离培养。
- 会利用细菌的生化实验对不同细菌进行鉴别。

细菌是一类细胞细短、结构简单、种类繁多，主要以二分裂方式繁殖和水生性较强的单细胞原核微生物。

第一节　细菌的形态结构

一、细菌的形态

(一) 细菌细胞的形态和排列方式

细菌细胞的基本形态有球状、杆状和螺旋状三种(图 1-1-1)，并据此将细菌分为球菌、杆菌和螺旋菌，其中以杆状最为常见，球状次之，螺旋状较为少见。仅有少数细菌在培养不正常时为其他形状，如丝状、三角形、方形、星形等。

1. 球菌

球菌单独存在时，细胞呈球形或近球形。根据繁殖时细胞分裂面的方向，以及分裂后菌体之间相互粘连的松紧程度和组合状态，可划分为若干不同的排列方式(图 1-1-2)。

(1) 单球菌　细胞沿一个平面进行分裂，子细胞分散而独立存在，如尿素微球菌。

(2) 双球菌　细胞沿一个平面分裂，子细胞成双排列，如褐色固氮菌。

(3) 四联球菌　细胞按两个互相垂直的平面分裂，子细胞呈田字形排列，如四联微球菌。

(4) 八叠球菌　细胞按三个互相垂直的平面分裂，子细胞呈立方体排列，如尿素八叠球菌。

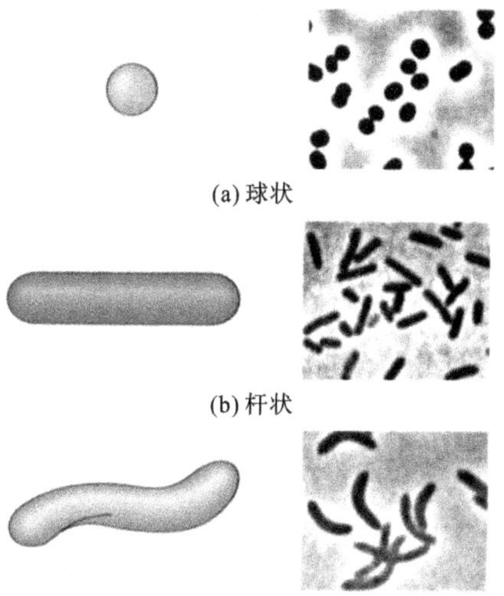

图 1-1-1　细菌的三种基本形态

(左为模式图，右为照片)

(5) 链球菌　细胞沿一个平面分裂，子细胞呈链状排列，如溶血链球菌。

(6) 葡萄球菌　细胞分裂无定向，子细胞呈葡萄状排列，如金黄色葡萄球菌。

细菌细胞的形态与排列方式在细菌的分类鉴定上具有重要意义，但某种细菌的细胞不一定全部按照特定的排列方式存在，只是特征性的排列方式占优势。

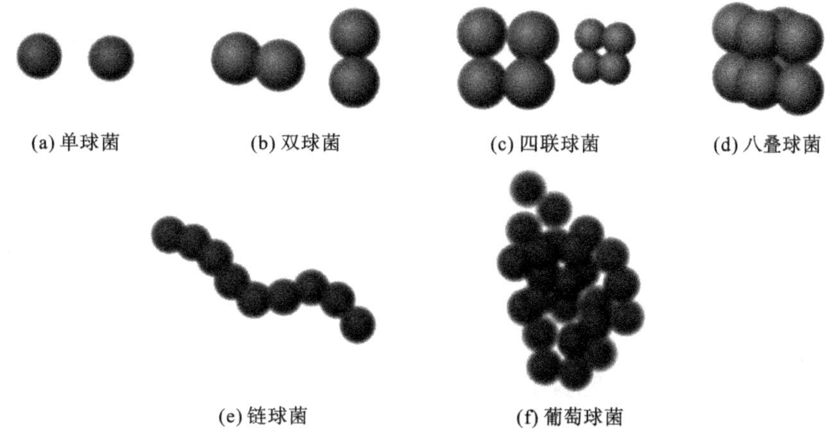

图 1-1-2　球菌的形态及排列方式

2. 杆菌

杆菌一般呈圆柱形，也有的近似卵圆形，形态多样。不同杆菌的长短、粗细差别较大。有短杆或球杆状，如甲烷短杆菌属；有长杆或棒杆状，如枯草芽孢杆菌。不同杆菌的端部形态各异。有的两端钝圆，如蜡状芽孢杆菌；有的两端平截，如炭疽芽孢杆菌；有的两端稍尖，如梭菌属；有的一端分支，呈“丫”或叉状，如双歧杆菌属；有的一端有一柄，如柄细菌属；也有的杆菌稍弯曲而呈月亮状或弧状，如脱硫弧菌属。杆菌的细胞排列方式有八字状、栅栏状、链状等多种(图 1-1-3)。

图 1-1-3　杆菌的形态及排列方式

3. 螺旋菌

菌体呈弯曲或螺旋状,常以单细胞分散存在。根据其弯曲程度和弯曲数,又可分为两种(图 1-1-4)。

(1) 弧菌　菌体呈弧形或逗号状,只有一个弯曲的称为弧菌,如霍乱弧菌。这类菌与略弯曲的杆菌较难区分。

(2) 螺菌　菌体较长,回转如螺旋状,有两个以上弯曲的称为螺菌,如迂回螺菌。

(二) 细菌细胞的大小

细菌细胞个体微小,须用显微镜放大数百倍乃至数千倍才能看到。通常使用显微测微尺来测量细菌的大小,以微米(μm)作为测量单位,1 μm=1/1000 mm。

不同种类的细菌大小相差很大(图 1-1-5),同一种类的细菌在不同的生长繁殖阶段其大小也可能差别很大。一个典型细菌的大小可用大肠杆菌作代表。其细胞的平均长度为 2 μm,宽 0.5 μm。迄今为止所知的最小细菌是纳米细菌,其细胞直径仅有 50 nm,甚至比最大的病毒还要小。而最大细菌是纳米比亚硫黄珍珠菌,它的细胞直径为 0.32～1.00 mm,肉眼清楚可见。

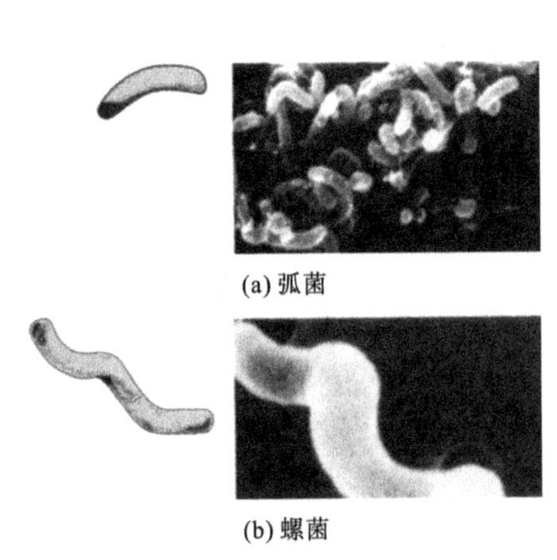

图 1-1-4　螺旋菌的形态

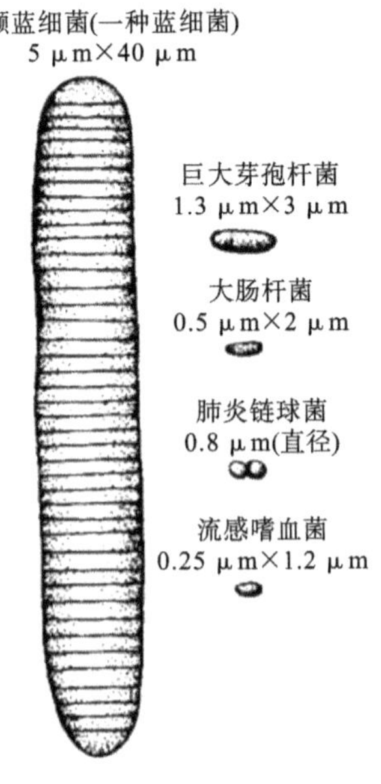

图 1-1-5　不同细菌的大小比例

球菌大小以直径表示，一般为0.5～2 μm；杆菌和螺旋菌都是以宽×长表示，一般杆菌为(0.5～1) μm×(1～5) μm，螺旋菌为(0.5～1) μm×(1～50) μm。但螺旋菌的长度是菌体两端点间的距离，而不是真正的长度，它的真正长度应按其螺旋的直径和圈数来计算。

在显微镜下观察到的细菌大小与所用固定染色的方法有关。经干燥固定的菌体的长度一般要比活菌体缩短1/4～1/3；若用衬托菌体的负染色法，其菌体往往大于普通染色法，甚至比活菌体还大，有荚膜的细菌最易出现此种情况。

细菌的大小和形态除了随种类变化外，还受环境条件(如培养基成分、浓度、培养温度和时间等)的影响。在适宜的生长条件下，幼龄细胞或对数期培养体的形态一般较为稳定，因而适宜于进行形态特征的描述。在非正常条件下生长或衰老的培养体常表现出膨大、分支或丝状等畸形。例如巴氏醋酸菌在高温下由短杆状转为纺锤状、丝状或链状，干酪乳杆菌的老龄培养体可从长杆状变为分支状等。少数细菌类群(如芽孢细菌、鞘细菌和黏细菌)具有几种形态不同的生长阶段，共同构成一个完整的生命周期，应作为一个整体来描述研究。

二、细菌的结构

细菌细胞的结构(图1-1-6)可分为两类：一是基本结构，包括细胞壁、细胞膜、细胞质和核质，为全部细菌细胞所共有；二是特殊结构，包括荚膜、鞭毛、菌毛和芽孢，为某些细菌所特有。

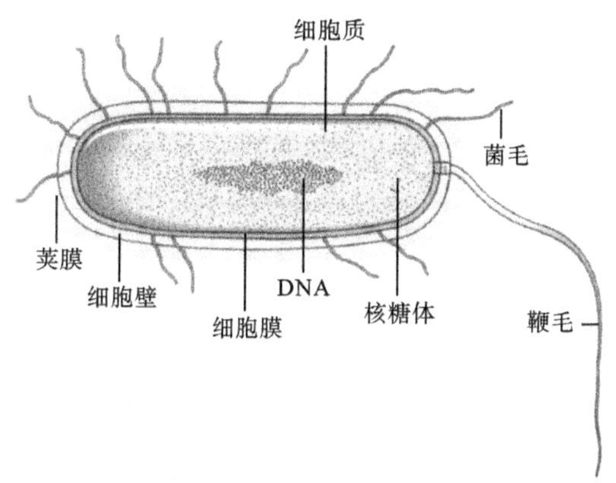

图 1-1-6 细菌细胞结构模式图

(一) 细菌的基本结构

1. *细胞壁*

细胞壁位于细菌细胞的最外层，包绕在细胞膜的周围。细胞壁的化学组成因细菌组成不同而有差异(图1-1-7)，一般是由糖类、蛋白质和脂类镶嵌排列组成，基本成分是肽聚糖。

不同细菌的细胞壁结构和成分有所不同，用革兰氏染色法可将细菌分为两大类，即革兰氏阳性菌(G^+)和革兰氏阴性菌(G^-)。革兰氏阳性菌的细胞壁较厚，为15～80 nm，其化学成分主要是肽聚糖，占细胞壁干重的40%～95%，形成15～50层聚合体。此外，还含有大量的磷壁酸，磷壁酸具有抗原性，构成革兰氏阳性菌的菌体抗原。革兰氏阴性菌的细胞壁较薄，为10～15 nm，结构和成分较复杂，由外膜和周质间隙组成，其中外膜由脂多糖、磷脂、蛋白质和脂蛋白等复合构成，周质间隙是一层薄的肽聚糖，占细胞壁干重的10%～20%。

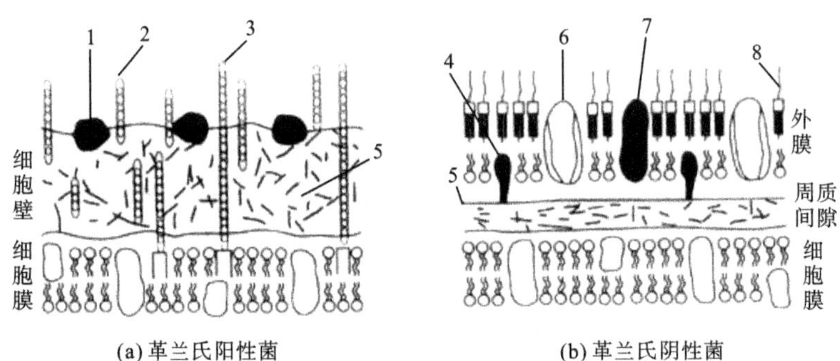

图1-1-7　细菌细胞壁结构模式图

1—表层蛋白；2—磷壁酸；3—脂磷壁酸(LTA)；4—OMP(脂蛋白)；
5—肽聚糖；6、7—OMP(微孔蛋白)；8—脂多糖

(1) 肽聚糖　肽聚糖是一类复杂的多聚体，是细菌细胞壁中的主要组分，为原核细胞所特有，又称为黏肽或糖肽。革兰氏阳性菌的肽聚糖是由聚糖链支架、四肽侧链和五肽交联桥组成的复杂聚合物。聚糖链支架由*N*-乙酰葡萄糖胺和*N*-乙酰胞壁酸通过β-1,4-糖苷键交替连接组成。四肽侧链由4种氨基酸组成并与胞壁酸相连，五肽交联桥由5个甘氨酸组成，交联于相邻两条四肽侧链之间。于是，聚糖链支架、四肽侧链和五肽交联桥共同构成十分坚韧的三维立体结构。革兰氏阴性菌的肽聚糖很薄，由1～2层网状分子构成，其结构单体有与革兰氏阳性菌相同的聚糖链支架和相似的四肽侧链，但无五肽交联桥。相邻的两条四肽侧链直接连接成二维结构，较为疏松。溶菌酶能水解聚糖支链的β-1,4-糖苷键，故能裂解肽聚糖；青霉素能抑制四肽侧链和五肽交联桥之间的联结，故能抑制革兰氏阳性菌肽聚糖的合成。

(2) 磷壁酸　磷壁酸是革兰氏阳性菌细胞壁特有的组分，呈长链穿插于肽聚糖层中，是特异的表面抗原。它带有负电荷，能与镁离子结合，以维持细胞膜上一些酶的活性。此外，它对宿主细胞具有黏附作用，是A群链球菌毒力因子或为噬菌体特异的吸附受体。

(3) 脂多糖　脂多糖(LPS)为革兰氏阴性菌所特有，位于细胞壁的最表面，由类脂A、核心多糖和侧链多糖三部分组成。类脂A是一种结合有多种长链脂肪酸的氨基葡萄糖聚二糖链，是内毒素的主要毒性成分，无种属特异性。核心多糖位于类脂A的外层，具有种属特异性。侧链多糖在脂多糖的最外层，即为菌体(O)抗原，具有种和型的特异性。此外，脂多糖也是噬菌体在细菌表面的特异性吸附受体。

(4) 外膜蛋白　外膜蛋白(OMP)是革兰氏阴性菌外膜层中镶嵌的多种蛋白质的统称。按含量及功能可将OMP分为主要外膜蛋白及次要外膜蛋白两大类。主要外膜蛋白包括微孔蛋白及脂蛋白。微孔蛋白能形成跨越外膜的微小孔道，起分子筛的作用，仅允许

小分子的营养物质(如双糖、氨基酸、二肽、三肽、无机盐等)通过，大分子物质不能通过，因此溶菌酶之类的物质不易作用到革兰氏阴性菌的肽聚糖。脂蛋白的作用是使外膜层与肽聚糖牢固地连接起来，可作为噬菌体的受体或参与铁及其他营养物质的转运。次要外膜蛋白是细胞中的微量蛋白，参与特异性扩散过程，与细胞生长密切相关。

(5) 细胞壁的功能　细胞壁坚韧而富有弹性，能维持细菌的固有形态，保护菌体耐受低渗环境。细胞壁上有许多小孔，直径 1 nm 大小的可溶性分子能自由通过，具有相对的通透性，与细胞膜共同完成菌体内外物质的交换。同时，脂多糖还是内毒素的主要成分。此外，细胞壁与革兰氏染色特性、细菌的分裂、致病性、抗原性以及对噬菌体和抗菌药物的敏感性有关。

2. 细胞膜

细胞膜的主要化学成分是磷脂和蛋白质，也有少量糖类和其他物质。其结构类似于真核细胞膜的液态镶嵌结构，镶嵌在磷脂双分子中的蛋白质是具有特殊功能的酶和载体蛋白，与细胞膜的半透性等作用有关。

细胞膜具有重要的生理功能。细胞膜上分布许多酶，可选择性地进行细菌内外物质交换，维持细胞内正常渗透压，细胞膜还与细胞壁、荚膜的合成有关，是鞭毛的着生部位。此外，细菌的细胞膜凹入细胞浆形成囊状、管状或层状的间体，革兰氏阳性菌较为多见。间体的功能与真核细胞的线粒体相似，与细菌的呼吸有关，并有促进细胞分裂的作用。

3. 细胞质

细胞质基质也称细胞浆，它是一种无色透明、均质的黏稠胶体，主要成分是水、蛋白质、脂类、多糖类、核酸及少量无机盐类。细胞浆中含有许多酶系统，是细菌进行新陈代谢的主要场所。细胞浆中还含有核糖体、间体、质粒，以及异染颗粒等内含物。

(1) 核糖体　核糖体又称核蛋白体，是一种由 2/3 核糖核酸和 1/3 蛋白质构成的小颗粒。核糖体是合成蛋白质的场所，细菌的核糖体与人和动物的核糖体不同，故某些药物(如红霉素和链霉素)能干扰细菌核糖体合成蛋白质，而对人和动物的核糖体不起作用。

(2) 质粒　质粒是在核质 DNA 以外，游离的小型双股 DNA 分子，多为共价闭合的环状，也有线状，含有细菌生命非必需的基因，控制细菌某些特定的性状，如产生菌毛、毒素、耐药性和细菌素等遗传性状。质粒能独立复制，可随分裂传给子代菌体，也可由性菌毛在细菌间传递。质粒具有与外来 DNA 重组的功能，所以在基因工程中被广泛用做载体。

(3) 内含物　细菌等原核生物细胞内往往含有一些储存营养物质或其他物质的颗粒样结构，称之为内含物，如脂肪粒、糖原、淀粉粒及异染颗粒等。其中，异染颗粒是某些细菌细胞浆中特有的一种酸性小颗粒，对碱性染料的亲和性特别强，特别是用碱性美蓝染色时呈紫红色，而菌体其他部分则呈蓝色。异染颗粒的成分是 RNA 和无机聚偏磷酸盐，功能是储存磷酸盐和能量。某些细菌(如棒状杆菌)的异染颗粒非常明显，常用于细菌的鉴定。

4. 核质

细菌是原核型微生物，不具有典型的核结构，没有核膜、核仁，只有核质，不能与细胞浆截然分开，分布于细胞浆的中心或边缘区，呈球形、哑铃状、带状或网状等形态。核质是

共价闭合、环状双股 DNA 盘绕而成的大型 DNA 分子,含细菌的遗传基因,控制细菌几乎所有的遗传性状,与细菌的生长、繁殖、遗传变异等有密切关系。

(二)细菌的特殊结构

某些细菌除具有上述基本结构外,在生长的特定阶段还能形成荚膜、鞭毛、菌毛和芽孢等特殊结构,它们一般在不同的生长期中出现。

1. 荚膜

某些细菌(如猪链球菌、炭疽杆菌等)在生活过程中,可在细胞壁外面产生一层黏液性物质,包围整个菌体,称为荚膜。当多个细菌的荚膜融合形成大的胶团物,内含多个细菌时,称为菌胶团。有些细菌菌体周围有一层很疏松、与周围物质界限不明显、易与菌体脱离的黏液样物质,称为黏液层。

细菌的荚膜用普通染色方法不易着色,因此,用普通染色法染色时,可见菌体周围一层无色透明圈,即为荚膜。如用特殊的荚膜染色法染色,可清楚地看到荚膜。

荚膜的主要成分是水(占 90%以上),固形物成分随细菌种类的不同而异,多数为多糖类,如猪链球菌;少数则是多肽,如炭疽杆菌;也有极少数两者兼有,如巨大芽孢杆菌。荚膜的产生具有种的特征,在动物体内或营养丰富的培养基上容易形成。它不是细菌的必需构造,除去荚膜对菌体的代谢没有影响。

荚膜能保护细菌抵抗吞噬细胞的吞噬、噬菌体的攻击,保护细胞壁免受溶菌酶、补体等杀菌物质的损伤,所以荚膜与细菌的毒力有关;荚膜能潴留水分,有抗干燥的作用。荚膜具有抗原性,具有种和型的特异性,可用于细菌的鉴定。

2. 鞭毛

有些杆菌、弧菌和个别球菌,在菌体上长有一种细长呈螺旋状弯曲的丝状物,称为鞭毛。鞭毛比菌体长几倍,经特殊的鞭毛染色法,使染料沉积于鞭毛表面,增大其直径,用光学显微镜可观察到。

细菌的种类不同,鞭毛的数量和着生位置不同。根据鞭毛的数量和在菌体上的位置,可将有鞭毛的细菌分为单毛菌、丛毛菌和周毛菌等(图 1-1-8)。细菌是否产生鞭毛以及鞭毛的数目和着生位置都具有种的特征,是鉴定细菌的依据之一。

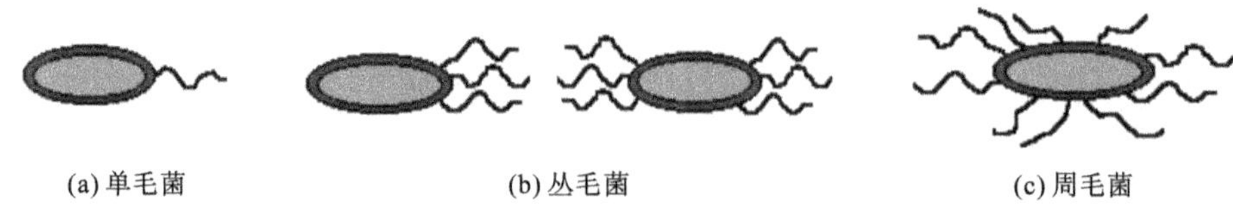

(a) 单毛菌　　(b) 丛毛菌　　(c) 周毛菌

图 1-1-8　细菌的鞭毛

鞭毛由鞭毛蛋白组成,具有抗原性,称为鞭毛抗原或 H 抗原,不同细菌的 H 抗原具有型特异性,常作为血清学鉴定的依据之一。

鞭毛是细菌的运动器官,鞭毛有规律地伸缩,引起细菌运动。运动方式与鞭毛的排列方式有关,单毛菌和丛毛菌一般呈直线迅速运动,周毛菌则无规律地缓慢运动或滚动。将细菌接种于半固体营养琼脂柱中,培养后,有鞭毛的细菌在穿刺线周围混浊扩散,而无鞭毛的细菌培养后穿刺线周围仍透明,不混浊。实验室常用此法检查细菌是否有运动性。

鞭毛与细菌的致病性也有关系，霍乱弧菌等通过鞭毛运动可穿过小肠黏膜表面的黏液层，黏附于肠黏膜上皮细胞，进而产生毒素而致病。

3. 菌毛

大多数革兰氏阴性菌和少数革兰氏阳性菌的菌体上生长有一种比鞭毛短而细的丝状物，称为菌毛或纤毛（图 1-1-9），其化学成分是蛋白质。

菌毛可分为普通菌毛和性菌毛。普通菌毛较纤细和较短，数量较多，菌体周身都有，有 150～500 根，能使菌体牢固地吸附在动物消化道、呼吸道和泌尿生殖道的黏膜上皮细胞上，以利于获取营养。对病原菌来说，菌毛和毒力有密切联系。性菌毛比普通菌毛长而且粗些，数量较少，一般只有 1～4 根。有性菌毛的细菌为雄性菌，雄性菌和雌性菌可通过菌毛结合，发生基团转移或质粒传递。另外，性菌毛也是噬菌体吸附在细菌表面的受体。

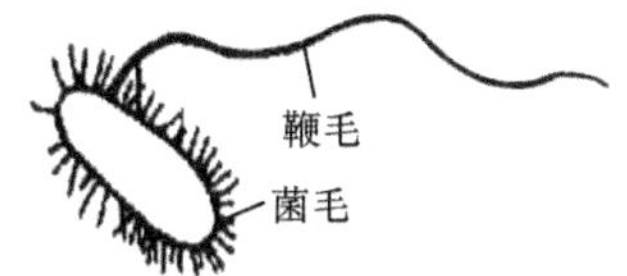

图 1-1-9　细菌的菌毛

图 1-1-10　细菌芽孢的类型

4. 芽孢

某些革兰氏阳性菌在一定条件下，细胞质和核质脱水浓缩，在菌体内形成一个折光性强、通透性差的圆形或椭圆形的休眠体，称为芽孢。带有芽孢的菌体称为芽孢体，未形成芽孢的菌体称为繁殖体。芽孢在菌体内成熟后，菌体崩解，形成游离芽孢。炭疽杆菌、破伤风梭菌等均能形成芽孢。

芽孢具有较厚的芽孢壁、多层芽孢膜，结构坚实，含水量少，用普通染色法染色时，染料不易渗入，因而不能使芽孢着色，在显微镜下观察时，呈无色的空洞状。需用特殊的芽孢染色法染色才能让芽孢着色。细菌能否形成芽孢，芽孢的形状、大小以及在菌体的位置等，都随细菌的不同而不同（图 1-1-10），这在细菌鉴定上有重要意义。例如：炭疽杆菌的芽孢位于菌体中央，呈卵圆形，直径比菌体小，称为中央芽孢；肉毒梭菌的芽孢偏于菌端，也呈卵圆形，但直径比菌体大，使整个菌体呈梭形，似网球拍状，称为偏端芽孢；破伤风梭菌的芽孢位于菌体末端，呈正圆形，比菌体大，似鼓槌状，称为末端芽孢。

形成芽孢需要一定的条件，并随菌种不同而异。如炭疽杆菌需要在有氧条件下才能形成，而破伤风梭菌只有在厌氧条件下才能形成。此外，芽孢的生成与温度，pH、碳源、氮源及某些离子（如钾、镁）的存在均有关系。

细菌的芽孢结构多层且致密，各种理化因子不易渗透，因其含水量少，蛋白质受热不易变性，且芽孢内特有的某些物质使芽孢能耐受高温、辐射、氧化、干燥等的破坏。一般细菌的繁殖体经 100 ℃、30 min 煮沸可被杀灭，但形成芽孢后，可耐受 100 ℃数小时，如破伤风梭菌的芽孢煮沸 1～3 h 仍然不死，炭疽杆菌芽孢在干燥条件下能存活数十年。杀灭芽孢可靠的方法是干热灭菌和高压蒸汽灭菌。实际工作中，消毒和灭菌的效果以能否杀灭芽孢为标准。

芽孢不能分裂繁殖，只是细菌抵抗外界不良环境、保存生命的一种休眠状态，在适宜

条件下能萌发形成一个新的繁殖体。

第二节　细菌的生理

细菌与其他生物一样，有独立的生命活动，能进行复杂的新陈代谢，从环境中摄取营养物质，用以合成菌体本身的成分或获得生命活动所需要的能量，并排出代谢产物，从而得以生长繁殖。不同的细菌在其生理活动过程中呈现某些特有的生命现象，因此，细菌的生长特征、代谢产物等常常作为鉴别细菌的重要依据。本节将重点介绍细菌的营养、细菌的生长繁殖以及细菌的新陈代谢，这些知识和相关技能都是细菌鉴定和细菌病实验室诊断的基础。

一、细菌的营养

组成细菌细胞的元素成分类似于动物细胞，但通过对细菌新陈代谢的研究，发现细菌利用各种化合物作为能源的能力远远大于动物细胞，而细菌对营养的需求比动物细胞更为多样，其特有的代谢过程也合成了许多不同于动物细胞的成分，如肽聚糖、脂多糖、磷壁酸等。

（一）细菌的化学组成

细菌的化学组成如图 1-1-11 所示。

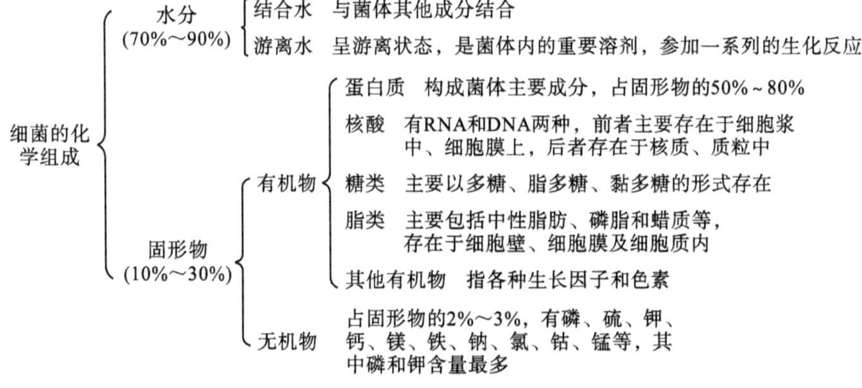

图 1-1-11　细菌的化学组成

（二）细菌的营养物质

营养物质是构成菌体成分的原料，也是细菌生命活动能量的来源，营养物质与细菌的化学组成密切相关。细菌生长繁殖所需要的营养物质如下。

（1）水　水是细菌生长所必需的成分，其作用包括：①溶剂和运输介质作用，细菌的新陈代谢必须有水才能进行；②参与细胞内的一系列化学反应；③维持蛋白质、核酸等生物大分子的天然构象；④调节细菌及其周围环境的温度。此外，水还是细菌细胞内某些结构的成分。

（2）含碳化合物　含碳化合物包括无机含碳化合物和有机含碳化合物。无机含碳化合物有二氧化碳、碳酸盐等,有机含碳化合物是指糖类、有机酸等。含碳化合物主要为菌体提供能量,小部分用于合成菌体自身的组成成分。

(3) 含氮化合物　含氮化合物主要包括分子态氮、无机氮(如硝酸盐、铵盐)和有机氮(如牛肉膏、蛋白胨、氨基酸等),病原菌多以有机氮为氮源。含氮化合物是合成细菌蛋白质和核酸的重要原料,不是能量的主要来源。

(4) 无机盐类　细菌的生长需要多种无机盐类,根据细菌需要量的大小,将无机盐分为常量元素(磷、硫等)和微量元素(铁、钴等)。无机盐需要量少,但发挥着重要的功能,其主要作用包括:构成菌体成分;作为酶的组成成分,维持酶的活性;调节渗透压。有的无机盐类还可作为自养菌的能源。

(5) 生长因子　生长因子是指细菌生长时必需但需要量很少,细菌自身又不能合成或合成量不足以满足生长需要的有机化合物。各种细菌需要的生长因子的种类和数量是不同的,主要包括B族维生素、嘌呤、嘧啶、某些氨基酸等。生长因子既不是碳源或者氮源,也不是能源,在新陈代谢中是一种不被分解的有机物,主要起辅酶或者辅基的作用。大多数病原菌需要一种甚至数种生长因子才能正常发育。生长因子可以从酵母浸膏、血液或者血清中获得。

(三) 细菌的营养类型

各种细菌所含的酶系统不同,合成和分解物质的能力不同,因此对营养物质的需求也不同。按照细菌对于营养物质的需要情况,可将细菌分为两大营养类型。

1. 自养菌

自养菌具有完备的酶系统,合成能力较强,能以简单的无机物为原料,如利用二氧化碳、碳酸盐作为碳源,利用氮、氨或硝酸盐作为氮源,合成菌体成分。细菌所需能量来自无机物的氧化,也可以通过光合作用获得能量,因此自养菌又分为化能自养菌和光能自养菌。

2. 异养菌

异养菌不具备完备的酶系统,合成能力较差,必须利用有机物(如糖类)作为碳源,利用蛋白质、蛋白胨或者氨基酸为氮源,仅有少数异养菌能利用无机氮化合物。其代谢所需要的能量大多从有机物的氧化中获得,少数从光线中获得,故异养菌分为化能异养菌和光能异养菌。

异养菌由于生活环境不同,又可分为腐生菌和寄生菌。腐生菌以动植物尸体、腐败食物等为营养物,一般不致病,但可引起食品的变质和腐败;寄生菌则寄生于活体内,从宿主的有机物获得营养。所有的病原菌都是异养菌,大部分属寄生菌。

(四) 细菌摄取营养的方式

细菌营养物质的摄取以及代谢产物的排泄,都是通过具有相对通透性的细胞壁和半渗透性的细胞膜来完成的,其方式有以下四种。

(1) 单纯扩散　单纯扩散又称被动扩散,是细胞内外物质最简单的交换方式。细胞膜两侧的物质靠浓度差进行分子扩散,不需要消耗能量。某些气体(O_2、CO_2)、水、乙醇、甘油等水溶性小分子以及某些离子(Na^+)等可进行单纯扩散。单纯扩散无选择性,速度较慢,细胞内外物质浓度达到一致时,扩散便停止,因此单纯扩散不是物质运输的主要方式。

(2) 促进扩散　此运输方式也是靠浓度差进行物质的运输，不需要消耗能量，但需要特异性载体蛋白。载体蛋白位于细胞膜上，能与糖或者氨基酸等营养物质结合，把物质从胞外运至胞内，然后又回到原来的位置，如此循环，连续不断地把营养物质运送到细胞内。载体蛋白有较强的特异性，如葡萄糖载体只能运载葡萄糖。

(3) 主动运输　主动运输是细菌吸收营养的一种主要方式，与促进扩散一样，需要特异性载体蛋白，但被运输的物质可以逆浓度差"泵"入细胞内，因此需要消耗能量。细菌在生长过程中所需要的氨基酸和各种营养物质主要是通过主动运输的方式摄取的，这也是细菌在自然界营养稀薄的环境中得以正常生存的重要原因之一。

(4) 基团转位　与主动运输相似，同样是靠特异性载体蛋白将物质逆浓度差转运至细胞内，但物质在运输的同时受到化学修饰，如发生磷酸化。在细菌细胞膜上有一种磷酸转移酶系统，能使糖分在进入细胞膜的同时发生磷酸化，经磷酸化的糖可立即进入细菌细胞内参与代谢。此过程需要特异性载体蛋白和能量的参与。

二、细菌的生长繁殖

(一) 细菌生长繁殖的条件

细菌的生长繁殖需要合适的环境条件，不同种类的细菌，生长繁殖的条件不完全相同，个别种类要求特殊的环境条件。但其基本条件都包括营养物质、温度、pH、渗透压和气体等。

(1) 营养物质　不同细菌对营养的需求不尽相同，有的只需要基本的营养物质，而有的细菌则须加入特殊的营养物质才能生长和繁殖。因此，制备培养基时应根据细菌的类型进行营养物质的合理搭配。

(2) 温度　细菌只能在一定温度范围内进行生命活动，温度过高或过低，细菌的生命活动都将受阻甚至停止。根据细菌对温度的需求不同，可将细菌分为嗜冷菌、嗜温菌和嗜热菌三类(表 1-1-1)。病原菌在长期进化过程中已适应于动物体，属于嗜温菌，在 10～45 ℃范围内可生长，最适生长温度是 37 ℃左右，所以实验室中常用 37 ℃恒温箱培养细菌。嗜热菌主要在 50～60 ℃温度下生长，海洋细菌嗜低温，可在 0～30 ℃条件下生长。

表 1-1-1　细菌的生长温度

细菌类型	生长温度/℃			分布
	最低	最适	最高	
嗜冷菌	−5～0	10～20	25～30	水和冷藏环境中的细菌
嗜温菌	10～20	18～28	40～45	腐生菌
	10～20	37	40～45	病原菌
嗜热菌	25～45	50～60	70～85	温泉及堆积肥中的细菌

(3) pH　培养基的 pH 对细菌的生长影响很大，大多数病原菌最适的 pH 为 7.2～7.6，此时细菌的酶活性强，生长繁殖旺盛。个别细菌(如霍乱弧菌)在 pH 8.4～9.2 的碱性条件下生长最好，结核分枝杆菌在 pH 6.5～6.8 最适宜。许多细菌在生长过程中，能使培养基变酸或者变碱而影响其生长，所以往往要在培养基中加入一定的缓冲剂。

(4) 渗透压　细菌细胞需要在适宜的渗透压下才能生长与繁殖。盐腌、糖渍之所以具有防腐作用,就在于一般细菌和真菌无法在高渗条件下生长繁殖。不过细菌细胞较其他生物细胞对渗透压有较强的适应能力。

(5) 气体　与细菌的生长繁殖有关的气体主要是氧气和二氧化碳。细菌对氧气的需求量与其呼吸类型有关,少数细菌(如牛布氏杆菌)在初次分离时还需添加5%～10%的二氧化碳才能生长。

(二) 细菌的繁殖方式和速度

细菌的繁殖方式为无性二分裂。在适宜条件下,大多数细菌每20～30 min分裂一次(个别细菌如结核杆菌需15～18 h),若以此速度繁殖10 h,一个细菌可以繁殖10亿个细菌。但实际上细菌不可能以此速度繁殖下去,因为营养物质的不断消耗,有毒代谢产物的蓄积,可使其繁殖速度不断变慢,死亡数逐渐增多,活菌增长随之趋于停滞以至衰退。

(三) 细菌的生长曲线

将一定数量的细菌接种到适宜的液体培养基中,定时取样计算细菌数,以培养时间为横坐标,菌数的对数为纵坐标,可作一条曲线,称为细菌的生长曲线(图1-1-12)。整个过程可以分为四个时期。

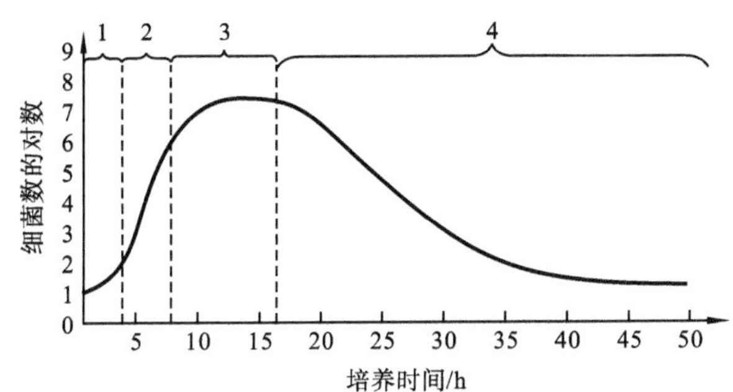

图1-1-12　细菌的生长曲线

1—迟缓期;2—对数期;3—稳定期;4—衰老期

(1) 迟缓期　迟缓期又称适应期,是细菌在新的培养基中的适应过程。在此阶段,细菌基本不分裂,但体积增大,代谢活跃,菌体产生足够量的酶、辅酶以及一些必要的中间产物,为细菌的分裂增殖做准备。以大肠杆菌为例,这一时期为2～6 h。

(2) 对数期　经过迟缓期后,细菌以最快的速度繁殖,菌数以2^n(n为繁殖代数)增加,生长曲线近似斜直线。此阶段细菌的形态、大小、染色特性及生理活性等都很典型,称为细菌的生理少年期。此时病原菌的致病力最强,对抗菌药物、消毒剂和环境因素也较为敏感。以大肠杆菌为例,这一时期为6～10 h。

(3) 稳定期　随着细菌的快速繁殖,培养基中营养物质也迅速被消耗,有毒代谢产物大量累积,细菌生长速度变慢,死亡细菌数开始增加,新增殖的细菌数与死亡细菌数大致相等,进入稳定期。此阶段细菌的形态、染色和生理特性可出现变化,大多数芽孢菌在这个阶段形成芽孢。以大肠杆菌为例,这一时期约为8 h。

(4) 衰老期　细菌的死亡速度超过分裂速度,培养基中活菌数急剧下降,此时细菌若不移植到新的培养基就可能全部死亡。此期细菌菌体常出现畸形、死亡或自溶，染色特性不典型，难以鉴定。正因为此，细菌的形态和革兰氏染色反应应以对数期到稳定期中期的细菌为标准。

三、细菌的新陈代谢

(一) 细菌的酶

细菌新陈代谢过程中的各种复杂的生化反应都需要由酶来催化。酶是活细胞产生的功能蛋白质，具有高度的特异性。它在细胞内的含量很少，但能完成与生命活动有关的全部生物化学反应。

细菌的酶有的仅存在于细胞内部发挥作用，称为胞内酶，包括一系列的呼吸酶以及与蛋白质、多糖等代谢有关的酶。有些酶由细菌产生后分泌到细胞外，称为胞外酶，胞外酶能把大分子的营养物质水解成小分子的物质，便于细菌吸收，包括各种蛋白酶、脂肪酶、糖酶等水解酶。根据酶产生的条件，细菌的酶还分为固有酶和诱导酶。细菌必须有的酶为固有酶，如某些脱氢酶等；细菌为适应环境而产生的酶为诱导酶，如大肠杆菌的半乳糖酶，只有乳糖存在时才产生，当诱导物质消失时，酶也不再产生。

有些细菌产生的酶与该酶的毒力有关，如透明质酸酶、溶纤维蛋白酶、血浆凝固酶等。

细菌的酶系统是由遗传决定的，不同种的细菌所合成的酶类有相同的，也有不同的。由于酶系统的差异，细菌表现的代谢方式和代谢产物也有所不同。这在细菌的分类、鉴定和疾病的诊断上具有重要的意义。

(二) 细菌的呼吸类型

细菌借助于菌体的酶系统对物质进行氧化分解，从中获得它所需要的能量的过程，称为细菌的呼吸。呼吸是生物对物质的氧化还原过程，但氧化不一定需要氧气。需要氧气存在的氧化过程称为需氧呼吸，不需要氧气存在的氧化过程称为厌氧呼吸或发酵。根据细菌在呼吸过程中对氧气的需要程度的不同，将细菌分为以下三种类型。

(1) 专性需氧菌　此类细菌只有在氧气充分存在的条件下才能生长和繁殖。此类细菌具有完善的呼吸酶系统，能利用空气中游离的氧进行呼吸，在液体培养基中常浮于液面，如结核分枝杆菌、霍乱弧菌等。

(2) 专性厌氧菌　此类细菌只能在无氧或者氧浓度极低的条件下生长。此类细菌缺乏完备的呼吸酶系统，游离氧的存在对细菌有毒性作用，如破伤风梭菌等。

(3) 兼性厌氧菌　此类细菌具有复杂的酶系统，在有氧或无氧的条件下均可生长，但在有氧的条件下生长更佳。大多数病原菌属于此类，如大肠杆菌、葡萄球菌等。

(三) 细菌的新陈代谢产物

细菌在代谢过程中，除摄取营养、进行生物氧化、获得能量和合成菌体成分外，还产生一些分解和合成代谢产物，有些产物能被人类利用，有些则与细菌的致病性有关，有些可作为鉴定细菌的依据。

1. 分解代谢产物

(1) 糖类的分解产物　不同种类的细菌以不同的途径分解糖类，在其代谢过程中均可产生丙酮酸。需氧菌进一步将丙酮酸彻底分解为二氧化碳和水；厌氧菌则发酵丙酮酸，产生多种酸、醛、醇和酮等。不同的细菌有不同的酶，对糖的分解能力也不同，有的不分解，有的分解产酸，有的分解产酸产气。据此，可通过糖发酵实验、维-培（V-P）实验、甲基红（MR）实验等与糖分解有关的生化实验对细菌进行鉴别。

（2）蛋白质的分解产物　细菌的种类不同，分解蛋白质、氨基酸的种类和能力也不同，因此能产生不同的中间产物。如吲哚（靛基质）是某些细菌分解色氨酸的产物，硫化氢是细菌分解含硫氨基酸的产物，有的细菌在分解蛋白质的过程中能形成尿素酶，分解尿素形成氨。因此，利用蛋白质的分解产物设计的靛基质实验、硫化氢实验、明胶液化实验、硝酸盐还原实验等，可用于细菌的鉴定。

（3）脂类的分解产物　细菌在脂肪酶的作用下，使脂类水解成甘油和脂肪酸。甘油和脂肪酸还可以进一步分解成醛类、酮类、有机酸、过氧化物和水。脂酶广泛存在于真菌细胞中，而细菌则较少，所以细菌分解脂类的能力不强，对细菌鉴定的意义不大。

2．合成代谢产物

细菌通过新陈代谢不断合成菌体成分，如糖类、脂类、核酸、蛋白质和酶类等。此外，细菌还能合成一些与人类生产实践有关的产物。

（1）热原质　许多革兰氏阴性菌和少数革兰氏阳性菌在代谢过程中能合成一种多糖物质，注入人体或动物体能引起发热反应，称为热原质。热原质能通过细菌滤器，耐高温、湿热，121 ℃ 20 min或干热180 ℃ 2 h不能将其破坏，玻璃器皿经干烤250 ℃ 2 h才能破坏热原质。用吸附剂和特殊石棉滤板可除去液体中大部分热原质，蒸馏法效果最好。因此，在制备和使用注射药品过程中应严格遵守无菌操作，防止细菌污染。

（2）毒素　某些细菌在代谢过程中合成对人和动物有毒害作用的物质，称为毒素。它与细菌的致病性有关，分为内毒素和外毒素两种。内毒素是脂多糖，存在于革兰氏阴性菌的细胞壁，细菌死亡崩解后才游离出来。外毒素是蛋白质，是某些革兰氏阳性菌在生命活动过程中合成并分泌到细胞外的产物。

（3）细菌素　细菌素是某些细菌菌株产生的一类具有抗菌作用的蛋白质，但与抗生素不同，其作用范围较窄，仅对与产生菌有亲缘关系的细菌有杀伤作用。例如，大肠埃希菌产生的大肠菌素，一般只能作用于大肠杆菌的其他相近菌株。细菌素在治疗上的应用价值已不被重视，但可用于细菌分型和流行病学调查。

（4）维生素　细菌能合成某些维生素，除供自身需要外，还能分泌至周围环境中。例如，人体肠道内的大肠埃希菌合成的B族维生素和维生素K也可被人体吸收利用。

（5）色素　某些细菌能产生不同颜色的色素，这有助于鉴别细菌。细菌的色素有两类：一类为水溶性，能弥散到培养基或周围组织，如铜绿假单胞菌产生的色素使培养基或感染的脓汁呈绿色；另一类为脂溶性，不溶于水，只存在于菌体，使菌落显色而培养基颜色不变，如金黄色葡萄球菌的色素。细菌色素的产生需要一定的条件，如营养丰富、氧气充足、温度适宜。细菌色素在细菌鉴定中有一定意义。

第三节　细菌的人工培养

用人工的方法提供细菌生长繁殖所需要的各种条件，可进行细菌的人工培养，从而进行细菌的鉴定和进一步的利用。细菌的人工培养技术是微生物学研究和应用的重要手段。

一、培养基的概念

把细菌生长繁殖所需要的各种营养物质合理地配合在一起制成的营养基质称为培养基。培养基的主要用途是促进细菌的生长繁殖，可用于细菌的分离、纯化、鉴定、保存及细菌制品的制造等。

二、制备培养基的基本要求

制备培养基的基本程序如下：

称量→溶解→测定及矫正 pH→过滤→分装→灭菌→无菌检验→备用。

尽管细菌种类繁多，所需培养基的种类也很多，但制备各种培养基的基本要求是一致的，具体如下。

(1) 选择所需的营养物质。制备的培养基应含有细菌生长繁殖所需要的各种营养物质。

(2) 调整 pH。培养基的 pH 应在细菌生长繁殖所需的范围内。

(3) 培养基应均质、透明。均质、透明的培养基便于观察细菌生长性状及生命活动所产生的变化。

(4) 不含抑菌物质。制备培养基所用容器不应含有抑菌和杀菌物质，所用容器应洁净，无洗涤剂残留，最好不用铁制或铜制容器，所用的水应是蒸馏水或去离子水。

(5) 灭菌处理。培养基及盛培养基的玻璃器皿必须彻底灭菌，避免杂菌污染，以获得纯的目标菌。

三、培养基的类型

根据细菌的种类和培养的目的，可配制不同种类的培养基。

(一) 根据培养基的物理状态分类

(1) 液体培养基　液体培养基是含各种营养成分的水溶液，最常用的是肉汤培养基，常用于生产和实验室中细菌的扩增培养。实际操作中，在使用液体培养基培养细菌时进行振荡或搅拌，可增加培养基中的通气量，并使营养物质更加均匀，可大大提高培养效率。

(2) 固体培养基　固体培养基是在液体培养基中加入 2%～3%的琼脂，使培养基凝固。固体培养基可根据需要制成平板培养基、斜面培养基和高层培养基等。平板培养基常用于细菌的分离、纯化、菌落特征观察、药敏实验以及活菌计数等；斜面培养基常用于菌种保存；高层培养基多用于细菌的某些生化实验和保存。

(3) 半固体培养基　半固体培养基是在液体培养基中加入 0.25%～0.5%的琼脂，使培养基成半固体状态，多用于细菌运动型观察，即细菌的动力实验，也用于菌种的保存。

(二) 根据培养基的用途分类

(1) 基础培养基　基础培养基含有细菌生长繁殖所需的最基本营养成分，可供大多数细菌人工培养用。它是配制特殊培养基的基础，也可作为一般培养基用，如营养肉汤、营养琼脂、蛋白胨水培养基等。

(2) 营养培养基　在基础培养基中加入其他一些营养物质，如葡萄糖、血液、血清、腹水、酵母膏及生长因子等，用于培养营养较高的细菌。最常用的是血琼脂培养基，例如链球菌需要在含有血液或者血清的培养基中才能较好地生长。

(3) 选择培养基　在培养基中加入某种化学物质，使之抑制某些细菌生长，而有利于另一些细菌生长，从而将后者从混杂的标本中分离出来，这种培养基称为选择培养基。例如培养肠道致病菌的 SS 琼脂，其中的胆盐能抑制革兰氏阳性菌，柠檬酸钠和煌绿能抑制大肠埃希菌，因而使致病的沙门菌和志贺菌容易分离到。若在培养基中加入抗生素，也可起到选择作用。实际上有些选择培养基、增菌培养基之间的界限并不十分严格。

(4) 鉴别培养基　用于培养和区分不同细菌种类的培养基称为鉴别培养基。利用各种细菌分解糖类和蛋白质的能力及其代谢产物不同，在培养基中加入特定的营养成分和指示剂，一般不加抑菌剂，观察细菌生长后对底物的作用如何，从而鉴别细菌。如常用的糖发酵管、三糖铁培养基、伊红-美蓝琼脂等。

(5) 厌氧培养基　专性厌氧菌不能在有氧环境中生长，将培养基与空气及氧隔绝或降低培养基中的氧化还原电势，有利于厌氧菌的生长，如庖肉培养基、硫乙醇酸盐肉汤等，应用时常在液体培养基表面加入凡士林或液体石蜡以隔绝空气。

四、常用培养基的制备

内容详见实训四。

五、细菌在培养基中的生长

将细菌接种到培养基中，于 37 ℃培养 18～24 h 后，即可观察生长现象，个别生长缓慢的细菌，可在数周后观察。不同的细菌在不同培养基中的生长现象不同。观察生长现象有助于鉴别细菌。

(一) 细菌在液体培养基中的生长现象

细菌在液体培养基中生长有三种状态(图 1-1-13)。

(1) 混浊生长　大多数细菌在液体培养基中生长后呈均匀混浊状态，如葡萄球菌。

(2) 沉淀生长　少数呈链状生长的细菌或粗糙型细菌在液体培养基底部形成沉淀，培养液较清，如链球菌。

（3）菌膜生长　专性需氧性细菌接种于液体培养基生长后，在液体表面形成菌膜，如枯草杆菌。

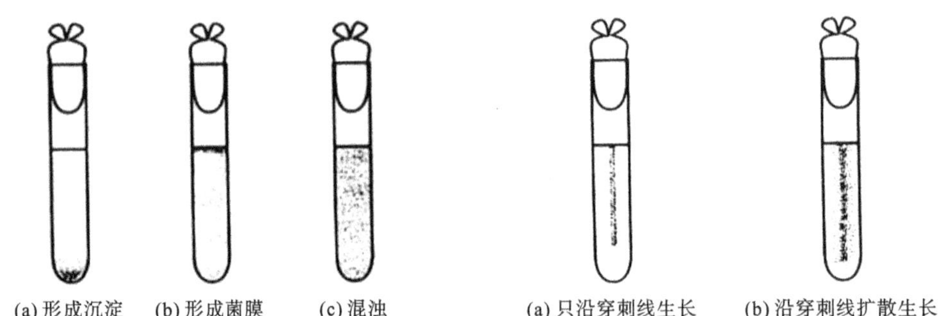

图 1-1-13　细菌在液体培养基中的生长特征

图 1-1-14　细菌在半固体培养基中的生长特性

（二）细菌在半固体培养基中的生长现象

用接种针将细菌穿刺接种于半固体培养基中，有鞭毛的细菌可沿穿刺线向四周扩散生长，使培养基呈放射状、羽毛样或云雾状，穿刺线模糊不清，如大肠杆菌、绿脓杆菌；无鞭毛的细菌只沿穿刺线生长，周围培养基透明澄清，如葡萄球菌、链球菌等（图 1-1-14）。因此，半固体培养基常用来检查细菌的动力。

（三）细菌在固体培养基中的生长现象

细菌在固体培养基上可出现由单个细菌生长繁殖形成的肉眼可见的细菌集团，称为菌落。许多菌落汇合成片，称为菌苔。一个菌落一般由一个细菌繁殖形成，故可将混杂在一起的细菌划线接种在固体培养基的表面，以分离纯种细菌。细菌的种类不同，菌落的大小、形状、颜色、透明度、隆起度、硬度、湿度、表面光滑或粗糙、边缘是否整齐及溶血情况也不同（图 1-1-15）。因此，菌落的特征是鉴别细菌的重要依据之一。

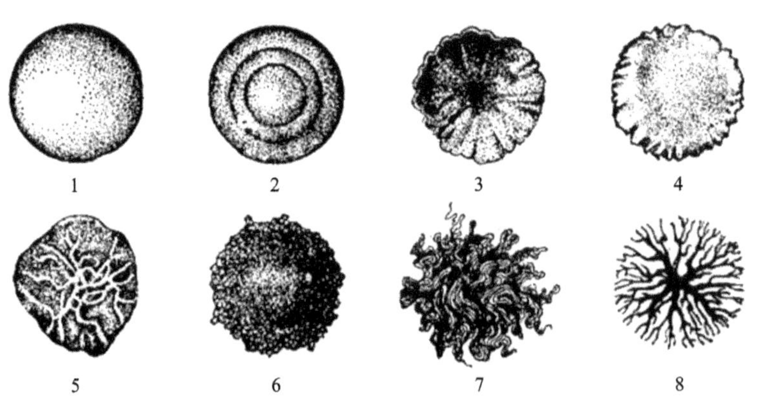

图 1-1-15　细菌在固体培养基上的特征

1—圆形，边缘整齐，表面光滑；2—圆形，边缘整齐，表面有同心圆；
3—圆形，叶状边缘，表面有放射状皱褶；4—圆形，锯齿状边缘，表面较不光滑；
5—不规则形，波浪状边缘，表面有不规则皱纹；6—圆形，边缘残缺不全，表面呈颗粒状；
7—毛状；8—根状

第四节　细菌病的实验室诊断方法

细菌是自然界广泛存在的一种微生物，细菌性传染病占动物传染病的50%左右，细菌病的发生给畜牧业带来了极大的经济损失，因此，在动物生产过程中，必须做好细菌病的防治工作。对于发病的群体，及时而准确地作出诊断是十分重要的。

畜禽细菌性传染病，除少数（如破伤风等）可根据流行病学、临床症状作出诊断外，多数还需要借助病理变化初步诊断，确诊则需在临床诊断的基础上进行实验室诊断，确定细菌的存在或检出特异性抗体。细菌病的实验室诊断需要在正确采取病料的基础上进行，常用的诊断方法有细菌的形态检查、细菌的分离培养、细菌的生化实验、细菌的血清学实验、动物接种实验、分子生物学的方法等。

一、病料的采取、保存及运送

（一）病料的采取

1. 采取病料的原则

实验室诊断时，正确地采取病料并及时送检是诊断结果科学、准确的前提条件，因此在病料的采取过程中要做到以下几点。

（1）无菌采病料原则　病料的采取要求进行无菌操作，所用器械、容器及其他物品均需要先灭菌。在采取病料时也要防止病原体污染环境及造成人的感染。因此在尸体剖检前，首先将尸体在适当消毒液中浸泡消毒，打开胸腹腔后，应先取病料以备细菌学检验，然后进行病理学检查。最后将剖检的尸体焚烧，或浸入消毒液中过夜，次日取出作深埋处理。剖检场地应选择易于消毒的地面或台面，如水泥地面等，剖检后操作者、用具及场地都要进行消毒或灭菌处理。

（2）适时采病料原则　病料一般采自濒死或刚刚死亡的动物，若是死亡的动物，则应在动物死亡后立即采取，夏天不宜迟于6 h，冬天不迟于24 h。取得病料后，应立即送检。如不能立刻进行检验，应立即存放于冰箱中。若需要采血清测抗体，最好采发病初期和恢复期两个时期的血清。

（3）病料含病原多的原则　病料必须采自含病原最多的病变组织或脏器。

（4）适量采病料的原则　采取的病料不宜过少，以免在送检过程中细菌因干燥而死亡。病料的量至少是检测量的4倍。

2. 采取病料的方法

（1）液体材料的采取方法　浓汁、胸水、腹水一般用灭菌的棉棒或吸管吸取放入无菌试管内，塞好胶塞送检。血液可无菌操作从静脉或心脏采血，然后加抗凝剂（1 mL血液加3.8%柠檬酸钠溶液0.1 mL）。若需分离血清，则采血后（一定不要加抗凝剂），放在灭菌的容器中，摆成斜面，待血液凝固析出血清后，再将血清吸出，置于另一灭菌容器中送检。方便时可直接无菌操作取液体涂片或接种适宜的培养基。

(2) 实质脏器的采取方法　应在解剖尸体后立即采取。若剖检过程中被检器官被污染或剖开胸腹后时间过久，应先用烧红的铁片烧烙表面或用酒精灯火焰灭菌后，在烧烙的深部取一块实质脏器，放在灭菌试管或培养皿内。如剖检现场有细菌分离培养条件，直接以烧红的烙刀烧烙脏器表面，并在烙烫部位做一切口，然后用灭菌的接种环自切口插入组织中，缓缓转动接种环，取少量组织或液体接种到适宜的培养基。

(3) 肠道及其内容物的采取方法　肠道只需选择病变最明显的部分，将其中内容物去掉，用灭菌水轻轻冲洗后放在培养皿内。粪便应采取新鲜的带有脓、血、黏液的部分，液态粪应采取絮状物。有时可将胃肠两端扎好剪下，保存送检。

(4) 皮肤及羽毛的采取方法　皮肤要取病变明显且带有一部分正常皮肤的部位。被毛或羽毛要取病变明显部位，并带毛根，放入培养皿内。

(5) 胎儿　可将流产胎儿及胎盘、羊水等送往实验室，也可用吸管或注射器吸取胎儿胃内容物放入试管送检。

(6) 脑、脊髓的采取方法　可将脑、脊髓浸入50%甘油盐水中，或将整个头割下，包入浸过0.1%升汞溶液的纱布中，装入木箱送检。

(二) 病料的保存与运送

供细菌学检验的病料，若能在1～2 d内送到实验室，可放在有冰的保温瓶或4～10 ℃冰箱内，也可放入灭菌液体石蜡或30%甘油盐水缓冲保存液中(甘油300 mL，氯化钠4.2 g，磷酸氢二钾3.1 g，磷酸二氢钾1.0 g，0.02%酚红1.5 mL，加蒸馏水至1000 mL，pH 7.6)。

供细菌学检验的病料，最好及时由专人送检，并带好说明，内容包括送检单位、地址、动物品种、动物性别、日龄、送检的病料种类和数量、检验目的、保存方法、死亡日期、送检日期、送检者姓名，并附临床病例摘要(发病时间、死亡情况、临床表现、免疫和用药情况等)。

二、细菌的形态检查

细菌的形态检查是细菌检验技术的重要手段之一。在细菌病的实验室诊断中，形态检查的应用有两种情况：一是将病料涂片染色镜检，它有助于对细菌的初步认识，也是决定是否进行细菌分离培养的重要依据，有时通过这一环节即可得到确切诊断，如禽霍乱和炭疽的诊断有时通过病料组织触片、染色、镜检即可确诊；二是在细菌分离培养之后，将细菌培养物涂片染色，观察细菌的形态、排列及染色的特性，这是鉴定分离细菌的基本方法之一，也是进一步生化鉴定、血清学鉴定的前提。

细菌个体微小，无色半透明，必须经过染色才能在光学显微镜下清楚地观察到细菌的形态、大小、排列、染色特性及细菌的特殊结构。常用的染色方法包括单染色法和复染色法两种。单染色法是只用一种染料使菌体着色，染色后只能观察细菌的形态与排列，常用的有美蓝染色法；复染色法是用两种或者两种以上的染料染色，可使不同菌体呈现不同颜色或显示出部分细菌的结构，故又称为鉴别染色法，常用的有革兰氏染色法、抗酸染色法、特殊结构染色法(如荚膜染色法、鞭毛染色法、芽孢染色法等)，其中最常见的是革兰氏染色法。

革兰氏染色法在1884年由丹麦植物学家Christian Gram创建，此法将细菌分为革兰氏阳性菌（蓝紫色）和革兰氏阴性菌（红色）两大类。革兰氏染色的机理，目前一般认为与细菌的结构和组成有关。细菌经初染和媒染，细胞膜或原生质染上了不溶于水的结晶紫与碘的复合物，革兰氏阳性菌的细胞壁含有较多的肽聚糖，且交联紧密，脂类较少，用95%乙醇作用后，肽聚糖收缩，细胞壁的孔隙缩小至结晶紫与碘的复合物不能脱出，经红色染料复染后仍为原来的蓝紫色。而革兰氏阴性菌的细胞壁含有较多的脂类，当以95%乙醇处理时，脂类被溶去，而肽聚糖较少且交联松散，不易收缩，在细胞壁中形成的孔隙较大，结晶紫与碘形成的紫色复合物也随之被溶解脱去，复染时被红色染料染成红色。

应用时可根据实际情况进行适当的选择，如对病料中的细菌进行检查，常选择单染色法，如美蓝染色法或瑞氏染色法，而对培养物中的细菌进行染色检查时，多采用可以鉴别细菌的复染色法，如革兰氏染色法等。当然，染色方法的选择并非固定不变。形态检查的具体操作详见实训二。

三、细菌的分离培养

细菌的分离培养及移植是细菌学检验中最重要的环节，细菌病的诊断与防治以及对未知菌的研究常需要进行细菌的分离培养。

细菌病的临床病料或培养物中常有多种细菌混杂，其中有致病菌，也有非致病菌，从采取的病料中分离出目的病原菌是细菌病诊断的重要依据，也是对病原菌进一步鉴定的前提。不同的细菌在一定培养基中有其特定的生长现象，如在液体培养基中的均匀混浊、沉淀、菌膜或菌环，在固定培养基上形成的菌落和菌苔等。细菌菌落的形状、大小、色泽、气味、透明度、黏稠度、边缘结构和有无溶血现象等，均因细菌的种类不同而异，根据菌落的这些特征，即可初步确定细菌的种类。

将分离到的病原菌进一步纯化，可为进一步的生化实验鉴定和血清学实验鉴定提供纯的细菌。此外，细菌分离培养技术也可用于细菌的计数、扩增和动力观察等。

细菌分离培养的方法很多，最常用的是平板划线接种法，另外还有倾注平板培养法、斜面接种法、穿刺接种法、液体培养基接种法等，内容详见实训五。

四、细菌的生化实验

细菌在代谢过程中，要进行多种生物化学反应，这些反应几乎都靠各种酶系统来催化，由于不同的细菌含有不同的酶，因而对营养物质的利用和分解能力不一致，代谢产物也不尽相同，据此设计的用于鉴定细菌的实验称为细菌的生化实验。

一般只有纯培养的细菌才能进行生化实验鉴定。生化实验在细菌鉴定中极为重要，方法也很多。下面介绍几种常用的生化实验的原理，具体操作见实训三。

(1) 糖分解实验　不同细菌对糖的利用情况不同，代谢产物不尽相同，有的不分解，有的分解只产酸，有的分解既产酸又产气。据此可鉴别细菌。

(2) 维-培实验　维-培实验又称V-P实验，由Voges和Proskauer两位学者创建而得名。大肠杆菌和产气肠杆菌均能发酵葡萄糖，既产酸又产气，两者不能相区别。但产气肠杆菌能使丙酮酸脱羧，生产中性的乙酰甲基甲醇，后者在碱性溶液中被空气中的分子氧所氧化，生成二乙酰，二乙酰与培养基中含胍基的化合物反应，生成红色的化合物，即为 V-P 实验阳性；大肠杆菌不能生成乙酰甲基甲醇，故为阴性。

(3) 甲基红实验　甲基红实验又称 MR 实验。在 V-P 实验中产气肠杆菌分解葡萄糖，产生的 2 分子丙酮酸转为 1 分子中性的乙酰甲基甲醇，故最终的酸类较少，培养液 pH >5.4，以甲基红(MR)作指示剂时，溶液呈橘黄色，为阴性；大肠杆菌分解葡萄糖时，丙酮酸不转为乙酰甲基甲醇，故培养基的酸性较强，pH$\leqslant 4.5$，甲基红指示剂呈红色，为阳性。

(4) 柠檬酸盐利用实验　某些细菌能利用柠檬酸盐作为唯一的碳源，能在除柠檬酸盐外不含其他碳源的培养基上生长，分解柠檬酸盐生成碳酸盐，并分解其中的铵盐生成氨，使培养基由酸性变为碱性，从而使培养基中的指示剂溴麝香草酚蓝由草绿色变为深蓝色，为阳性；不能利用柠檬酸盐作为唯一碳源的细菌在该培养基上不能生长，培养基颜色不改变，为阴性。

(5) 吲哚实验　吲哚实验又称靛基质实验。有些细菌能分解蛋白胨水培养基中的色氨酸产生吲哚，如在培养基中加入对二甲基氨基苯甲醛，则与吲哚结合生成红色的玫瑰吲哚，为吲哚实验阳性，否则为阴性。

(6) 硫化氢实验　某些细菌能分解培养基中的胱氨酸、甲硫氨酸等含硫氨基酸，产生硫化氢，与加到培养基中的乙酸铅或硫酸亚铁等反应，生成黑色的硫化铅或硫化亚铁，使培养基变黑色，为硫化氢实验阳性。

(7) 触媒实验　触媒又称接触酶或过氧化氢酶，能使过氧化氢快速分解成水和氧气。有的细菌能产生此酶，在细菌培养物上滴加过氧化氢水溶液，产生大量的气泡为阳性。

(8) 氧化酶实验　氧化酶又称细胞色素酶、细胞色素 c 氧化酶或呼吸酶。该实验用于检测细菌是否含有该酶。原理是氧化酶在有分子氧或细胞色素 c 存在时，可氧化四甲基对苯二胺，出现紫色反应。

(9) 脲酶实验　脲酶又称尿素酶。细菌如有脲酶，能分解尿素产生氨，使培养基的碱性增加，使含酚红指示剂的培养基由粉红色转为紫红色，为阳性。

细菌生化实验的主要用途是鉴别细菌，对革兰氏染色反应、菌体形态以及菌落特征相同或相似的细菌的鉴别具有重要意义。其中吲哚实验、甲基红实验、V-P 实验、柠檬酸盐利用实验这四种实验常用于鉴定肠道杆菌，合称为 IMViC 实验。例如大肠杆菌对这四种实验的结果是＋＋－－，而产气肠杆菌则为－－＋＋。

五、动物接种实验

实验动物有“活试剂”或“活天平”之誉，是生物学研究的重要基础和条件之一。动物实验也是微生物学检验中常用的技术，有时为了证实所分离菌是否有致病性，可进行动物接种实验，最常用的是本动物接种和实验动物接种。

六、细菌的血清学实验

血清学实验具有特异性强、检出率高、方法简易快速的特点，因此广泛应用于细菌病的诊断和细菌的鉴定。常用的血清学实验有凝集实验、沉淀实验、补体结合实验、免疫标记技术等。如在生产实践中常用凝集实验进行鸡白痢和布氏杆菌病的检疫。血清学实验的详细内容及操作见第九章。

在细菌病的实验室诊断或细菌的鉴定中，除应用上述介绍的方法外，迅速发展起来的分子生物学技术也被广泛应用。例如，传统的猪链球菌检测采用细菌分离法，至少需要 3 d 时间，如果采用先进的聚合酶链式反应（polymerase chain reaction，PCR）新技术，可将检测猪链球菌的时间缩短至 1.5 h 左右。

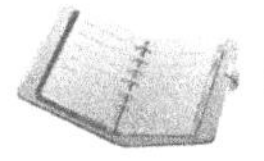

本章小结

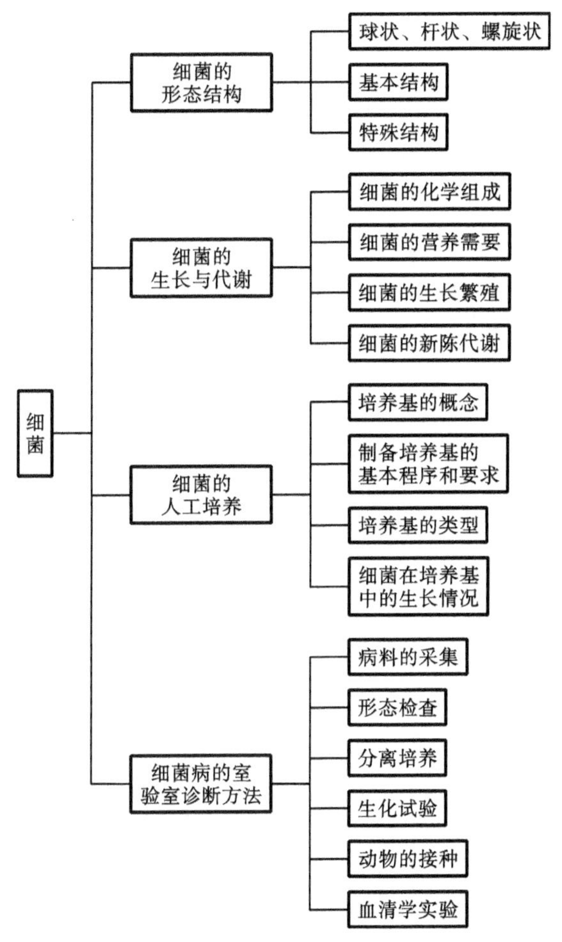

复习思考题

1. 名词解释

细菌　荚膜　芽孢　菌毛　菌落　菌苔　生长因子　热原质　培养基

2. 简答题

(1) 用普通光学显微镜观察细菌时为什么要染色？常用的细菌染色方法有哪些？

(2) 细菌的生长繁殖需要哪些营养物质？各有什么作用？

(3) 细菌的生长繁殖要满足哪些基本条件？

(4) 什么是细菌的生长曲线？分为哪几期？各有何特点？

(5) 举例说明细菌分解代谢产物在细菌鉴定中的应用。

(6) 简述细菌在固体培养基、液体培养基、半固体培养基中的生长特征。

(7) 简述细菌病的实验室诊断方法。

实训

实训一　显微镜油镜的使用及细菌形态的观察

目的要求

(1) 能正确使用显微镜，会进行显微镜的日常保养。

(2) 会正确分辨细菌的形态、基本结构和特殊结构。

设备和材料

显微镜、香柏油、擦镜液、擦镜纸、细菌染色标本片。

操作内容

(一) 显微镜油镜的使用

1. 油镜的识别

一般情况下，一台显微镜有 4 个物镜镜头，油镜是其中的一个，因其使用时必须添加香柏油，所以称为油镜。油镜与其他物镜有以下区别。

(1) 镜头长短不同。油镜是一台显微镜的所有物镜镜头中最长的一个。

(2) 放大倍数不同。油镜头上标有其放大倍数“100×”。

(3) 镜头根部的线圈颜色不同。为了方便使用，显微镜生产厂家给每个物镜镜头都标上不同颜色的线圈，不同厂家的线圈颜色稍有差异，使用时应先熟悉一下油镜头上的线圈颜色，以防用错。

(4) 一般在油镜镜头上标有英文单词“oil”。

2. 基本原理

因光线在香柏油中的折射率(1.515)和光线在玻璃中的折射率(1.52)相近，因此，观察细菌标本片时，在载玻片上滴一滴香柏油，可有效减少因折射而射入镜头外的光线，使视野更清晰。

3. 使用方法

(1) 对光　将聚光器升至最高，将光圈放大至最大，让较多的光线射入镜头中。

(2) 装片　在细菌标本片的欲观察部位滴一滴香柏油，然后将标本片安放于载物台上，并将待检部位移至聚光器上。

(3) 调焦　先用粗调节螺旋使载物台上升或使油镜头下降，将油镜头浸入香柏油中，然后双眼观察目镜，双手用细调节螺旋向相反方向缓慢旋转，直至出现完全清晰的视野。

(4) 保养　油镜使用完毕，先用粗调节螺旋将载物台下移，取下细菌标本片，用擦镜纸吸干香柏油，再在标本片上滴加 1 滴二甲苯或无水乙醇，用擦镜纸擦拭干净，用同样的方法将油镜头擦拭干净。然后将物镜转成八字形，用粗调节螺旋将载物台降到最低，降下聚光器。将显微镜用布盖好后，填写使用登记表，将显微镜放置在阴凉干燥处。

(二) 细菌形态的观察

(1) 分别对杆菌、球菌和螺旋菌标本片的细菌基本形态进行观察。

(2) 分别对鞭毛、荚膜和芽孢标本片的细菌特殊构造进行观察。

注意事项

(1) 当油镜头与标本片几乎接触时，不可再用粗调节螺旋向上移动载物台，以免损坏载玻片和镜头。

(2) 油镜头和载玻片只能用擦镜纸擦拭，不能用手或其他纸张擦拭。擦镜头时，擦镜纸应按着一个方向(顺时针或逆时针)进行，以免有大量纸屑粘在镜头上。

(3) 使用油镜时，香柏油滴加量应适宜，用量太多则浸染镜头，太少则视野不清晰。

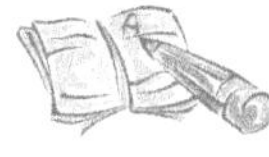

实训二　细菌标本片的制备及染色

目的要求

会制备细菌标本片并使用多种方法染色。

设备和材料

细菌病料、细菌培养物、接种环、载玻片、酒精灯、染色缸、染色架、美蓝染色液、瑞氏染色液、姬姆萨染色液、革兰氏染色液。

操作内容

(一) 细菌涂片的制备

1. 液体病料或液体培养物

(1) 载玻片的准备　要求所用的载玻片洁净，无油脂或污物。

(2) 涂片　用接种环取一环液体病料或培养液于载玻片中央，用接种环把液体病料或培养液均匀地涂布成半径为 0.5 cm 的薄层圆形(涂片不能太厚，涂片太厚不易固定)。若是血液病料，可做成推片，方法是将一滴血滴于载玻片的一端，用另一张载玻片(与上一张载玻片成 30°夹角）将血液从载玻片的一端推向另一端，制成血液推片。

（3）干燥　可采用自然干燥或将载玻片放在酒精灯火焰上方 30～40 cm 处适当加热干燥。

（4）固定　分为火焰固定和化学固定两种。火焰固定时，将干燥好的载玻片涂面向上，使其背面在酒精灯火焰上方约 30 cm 处来回晃动，载玻片的温度以不烫手背为宜；化学固定时，在干燥好的载玻片上滴加数滴甲醇使其作用 2～3 min 后自然挥发干燥。

（5）染色　不同的病料或培养物所采用的染色方法也不同，常见的染色液有美蓝染色液、瑞氏染色液、姬姆萨染色液、革兰氏染色液。

2. 固体培养物

用接种环取一环生理盐水于载玻片的中央，用接种环挑取一个菌落于生理盐水中混合，均匀地涂布成半径为 0.5 cm 的薄层圆形，然后干燥、固定、染色。

（二）细菌触片的制备

在无菌环境下，用手术刀在固体病料上划一个新鲜切面，用切面在载玻片中央用力按一下，对形成的压痕进行干燥、固定、染色。

（三）细菌的染色法

细菌的染色法分为单染色法和复染色法两种。

1. 单染色法

单染色法即只用一种染料进行染色的方法。

（1）美蓝染色法　在已固定好的涂片或触片上滴加适量的美蓝染色液（添加量以完全覆盖涂片为宜），染色 1～2 min 后，水洗，干燥（用吸水纸吸干或自然干燥），镜检。

（2）瑞氏染色法　在已固定好的涂片或触片上滴加瑞氏染色液（添加量以完全覆盖涂片为宜），染色 3～5 min 后，水洗，干燥（用吸水纸吸干或自然干燥），镜检。

（3）姬姆萨染色法　取姬姆萨染色液原液 5～10 滴，加入 5 mL 新煮过的中性蒸馏水中，混合均匀，即制成姬姆萨染色液。将足量的姬姆萨染色液滴加到固定好的涂片上，或将涂片浸入盛有姬姆萨染色液的染色缸中，染色 30 min 或浸染数小时至 24 h 后取出，水洗，吸干水后镜检。

2. 复染色法

复染色法即用两种或两种以上的染料进行染色的方法。

（1）革兰氏染色法。

在已固定好的涂片上滴加适量的草酸铵结晶紫染色液，染色 1～2 min，水洗，再加革兰氏碘液，作用 1～2 min，水洗，加 95%乙醇脱色 0.5～1 min，水洗，用稀释的石炭酸复红（或沙黄、番红）染色液复染 0.5 min 后，水洗，干燥，镜检。

（2）抗酸染色法。

抗酸染色法有萋-尼氏染色法和沙黄-美蓝染色法两种。

① 萋-尼氏染色法　在已固定好的涂片上滴加较多的石炭酸复红染色液，酒精灯火焰上方微微加热至冒出蒸气并维持 3～5 min，水洗，再用 3%盐酸乙醇脱色至无染色液流出，充分水洗，然后用碱性美蓝染色液复染约 1 min，水洗，吸干，镜检。

② 沙黄-美蓝染色法　在已干燥、固定好的涂片上滴加较多的沙黄染色液，酒精灯火焰上方微微加热使冒蒸气 3～5 次，维持 1～2 min，水洗，再用 3%盐酸乙醇脱色至无染色液流出，充分水洗，然后用碱性美蓝染色液复染约 1 min，水洗，吸干，镜检。

注意事项

(1) 做细菌涂片时，培养物不可取得太多，片不宜涂得过厚，以免影响制片和观察效果。

(2) 在进行火焰固定时，温度不宜过高，以免破坏菌体结构。

(3) 染色的过程中应保持染色液不干，尤其是加热染色的染色液，在染色过程中应随时添加，以免蒸发干，影响染色效果。

(4) 水洗时不可用水直接冲洗涂片部位，要让水从载玻片一端自然流下进行冲洗，防止将固定好的培养物冲掉。

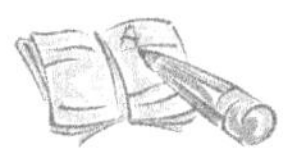

实训三　细菌的生物化学实验

目的要求

能熟练进行常见细菌生物化学实验操作及结果判定。

设备和材料

恒温培养箱、高压灭菌器、电炉或微波炉、搪瓷缸、酒精灯、接种针等。

操作内容

1. 糖发酵实验

各种细菌酶系统不同，所以分解糖（醇、苷）的能力不同，其代谢产物各异，细菌将糖类分解后产生各种不同种类和数量的酸类或二氧化碳。产酸可通过指示剂颜色变化来检查，产气时可见试管内倒立的小发酵管中蓄积气体。可根据其分解产物的不同鉴别细菌。

培养基：蛋白胨水溶液（蛋白胨 1 g，氯化钠 0.5 g，水 100 mL，pH 7.2，按 0.5%～1%的比例分别加入各种糖），每 100 mL 加入 1.6%溴甲酚紫酒精溶液 0.1 mL 作指示剂。分装于试管（每一支试管都事先加有一支倒立的小发酵管），110 ℃高压灭菌 10 min。

方法：取培养 18～24 h 的实验菌，接种于培养基中，于 37 ℃培养数小时至 2 周后观察结果。若指示剂由紫色变为黄色，表示糖类发酵产酸，以“+”表示；若指示剂由紫色变为黄色且试管内倒置的小管内有气泡出现，则表示产酸产气，以“⊕”表示；若指示剂颜色未改变，则表示对糖类不发酵，以“—”表示。

2. 甲基红与 V-P 实验

(1) 甲基红实验　某些细菌（如大肠杆菌）可分解葡萄糖产生丙酮酸，进一步分解产

生甲酸、乙酸、乳酸和琥珀酸等混合酸，使培养基 pH 降至 4.4 以下，此时加入甲基红指示剂呈现红色(甲基红变色范围为 pH 4.4(红色)至 6.2(黄色))，即甲基红实验阳性；有的细菌(如产气杆菌)分解葡萄糖产生中性的醇、酮和醛等，使培养基 pH 在 5.4 以上，此时若加入甲基红指示剂则呈现橘黄色，即甲基红实验阴性。

培养基：取葡萄糖、K_2HPO_4、蛋白胨各 5 g，完全溶解于 1000 mL 水中后，分装于试管内，间歇灭菌或 110℃高压灭菌 10 min。

试剂：0.1 g 甲基红溶于 300 mL 95%酒精中，再加入蒸馏水 200 mL。

方法：将待检菌接种于培养基中，于 37 ℃培养 48 h。取少量培养液于另一小试管中，加入几滴指示剂，观察颜色变化，若无颜色变化可继续培养 4～5 d 再进行实验。若培养液呈现红色，为甲基红实验阳性，呈现橘黄色者为阴性。

(2) V-P 实验　有些细菌(如产气杆菌)能分解葡萄糖产生丙酮酸，再将丙酮酸脱羧形成乙酰甲基甲醇，乙酰甲基甲醇在碱性条件下被氧化为二乙酰，二乙酰与培养基蛋白胨中的精氨酸等所含的胍基结合，形成红色的化合物。

培养基：同甲基红实验培养基。

试剂：6%α-萘酚酒精溶液为甲液，40%氢氧化钾溶液为乙液。

方法：将待检细菌接种到葡萄糖蛋白胨水培养基中，于 37 ℃培养 48 h。在 2 mL 培养物中加入试剂甲液 1 mL 和乙液 0.4 mL 振荡混合，观察结果。在 5 min 内呈现粉红色反应为阳性；长时间无反应，于 37 ℃培养 4 h 或室温过夜，颜色仍不变者为阴性。

3. 淀粉水解实验

许多细菌产生淀粉酶，可将淀粉分解为糖类。在含淀粉的培养基上滴加碘液，若菌株有淀粉酶，可在菌落周围出现透明区。

培养基：pH 7.6 的肉浸汤琼脂	90 mL
无菌羊血清	5 mL
无菌 3%淀粉溶液	10 mL

将琼脂加热融化，冷却到 45 ℃，加入淀粉溶液及羊血清，混匀后，倾注平板。

方法：将待检菌划线接种于上述平板上，在 37 ℃培养 24 h。生长后取出，在菌落处滴加革兰氏碘液少许，观察。培养基呈深蓝色，能水解淀粉的细菌及其菌落周围有透明的环。

4. 吲哚(靛基质)实验

有些细菌有色氨酸酶，能分解蛋白胨中的色氨酸形成吲哚(靛基质)。吲哚与对位二甲基氨基苯甲醛作用，形成玫瑰吲哚而呈红色。

培养基：蛋白胨 1 g，氯化钠 0.5 g，水 100 mL。

分装于试管，110 ℃高压灭菌 10 min。

试剂：对位二甲基氨基苯甲醛	1 g
无水乙醇	95 mL
浓盐酸	20 mL

先以乙醇溶解对位二甲基氨基苯甲醛，后加盐酸，要避光保存。

方法：将待检菌接种于蛋白胨水培养基中，于 37 ℃培养 24～48 h。加 1～2 mL 乙醚

(或戊醇、二甲苯)于试管内,摇匀,静置片刻,使乙醚(或戊醇、二甲苯)浮到培养基的表面,沿管壁加入上述配好的试剂数滴,乙醚(或戊醇、二甲苯)层出现玫瑰红色为阳性,无色为阴性。

5. 硫化氢试验

有些细菌能分解含硫氨基酸,产生硫化氢(H_2S),H_2S 会使培养基中的乙酸铅或氯化铁形成黑色的硫化铅或硫化铁。

培养基:肉汤琼脂	100 mL
10%硫代硫酸钠溶液(新配)	2.5 mL
10%乙酸铅溶液	3 mL

三种成分分别于 121.3 ℃高压灭菌 20 min,前两者混合后凉至 60 ℃,加入乙酸铅溶液,混合均匀,无菌分装试管达 5~6 cm 高,立即浸入冷水中,使冷凝成琼脂高层。

方法:用接种针蘸取待检菌,沿管壁作穿刺,于 37 ℃培养 1~2 d 后观察,必要时可延长 5~7 d。培养基变黑色者为阳性。

6. 柠檬酸盐利用实验

有些细菌能够利用柠檬酸钠作为碳的唯一来源和磷酸铵作为氮的来源,因此能够在含有上述成分的合成培养基上生长,并且分解柠檬酸盐,最后生成碳酸盐,使培养基变为碱性。在指示剂溴麝香草酚蓝溶液的存在下,培养基由草绿色变为深蓝色。

培养基:柠檬酸钠	1 g
K_2HPO_4	1 g
硫酸镁	0.2 g
氯化钠	5 g
琼脂	20 g
$NH_4H_2PO_4$	1 g
1%溴麝香草酚蓝酒精溶液	10 mL
加蒸馏水至	1000 mL

调整 pH 至 6.8,于 121.3 ℃高压灭菌 20 min 后制成斜面培养基。

方法:试验时取待检菌在培养基上先划线再穿刺,37 ℃培养观察 2~4 d,培养基由草绿色变为深蓝色者为阳性。

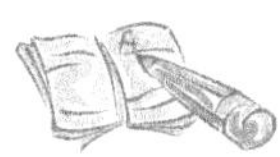

实训四　常用培养基的制备

目的要求

(1) 会制备常用培养基。

(2) 能熟练进行培养基灭菌。

设备和材料

超净工作台、烧杯、灭菌锥形瓶、培养皿、试管、天平、电炉(微波炉)、玻璃棒、牛肉浸膏、蛋白胨、精制琼脂、氯化钠、磷酸氢二钾、蒸馏水、0.1 mol/L 盐酸、0.1 mol/L 氢氧化钠溶液、精密 pH 试纸(或 pH 检测仪)、高压灭菌器等。

操作内容

(一) 基础培养基的制备

(1) 普通肉汤培养基　称取牛肉浸膏 3～5 g、蛋白胨 10 g、磷酸氢二钾 1 g、氯化钠 5 g,加入装有 1000 mL 蒸馏水的锥形瓶中,搅拌溶解,用 0.1 mol/L 盐酸和 0.1 mol/L 氢氧化钠溶液进行调节,使培养基的 pH 为 7.4～7.6,然后放入高压灭菌器内进行灭菌(0.105 MPa,20 min),取出,无菌分装,备用。

(2) 普通琼脂培养基　取 1000 mL 上述普通肉汤培养基于烧杯中,加入 20～30 g 琼脂,煮沸使琼脂充分融化,测定并调节 pH 为 7.4～7.6,灭菌,在无菌条件下分装于试管(装量为 3 指高)和培养皿(厚度为 2～3 mm)中,并将试管趁热放置成斜面。

(3) 半固体培养基　半固体培养基的制备方法与上述普通琼脂培养基的制备方法相同,只是琼脂的添加量为 1000 mL 普通肉汤中加入琼脂粉 10～15 g,主要用于细菌运动性观察。

(二) 营养培养基的制备

(1) 鲜血琼脂培养基　将灭菌后的普通琼脂培养基加热熔解,冷却至 45～50 ℃(温度以不烫手为宜)时加入无菌鲜血(100 mL 普通琼脂中加入 5 mL 无菌鲜血),摇匀后趁热分装于试管中制成斜面,或分装于培养皿中制成血平板。若温度过高时加入鲜血,则血液变为暗褐色,称为巧克力琼脂,影响细菌菌落的观察。

(2) 血清琼脂培养基　制备方法与鲜血琼脂培养基相同,血清添加量为 100 mL 普通琼脂中加入 5 mL 血清。

注意事项

(1) 禁止用铁或铝制品配制培养基,可使用玻璃制品或搪瓷制品配制。

(2) 加热熔解过程中要不断地进行搅拌,防止培养基烧焦,加热中蒸发的水分应补齐。

(3) 在制备固体或半固体培养基时,添加的琼脂粉一定要充分融化,否则,制备的培养基不能凝固。

(4) 分装时不可将培养基黏附到试管口或培养皿的外壁上,防止引起杂菌污染。

(5) 不同培养基所需的 pH 和灭菌温度都有差异,在制备培养基时应灵活把握。

实训五　细菌的分离培养、纯化、移植及培养性状的观察

目的要求

(1) 能熟练进行细菌的分离、纯化和接种操作。

（2）会观察细菌在培养基上的各种生长性状。

设备和材料

超净工作台、恒温培养箱、病料或细菌培养物、接种环、接种针、酒精灯、灭菌吸管、试管架、记号笔、废物缸、各种细菌培养基、无水碳酸钠、氢氧化钠或氢氧化钾、凡士林及生理盐水等。

操作内容

（一）细菌的分离培养

1. 病料的采取

无菌采取新鲜病料，将新鲜肛门拭子用灭菌生理盐水洗涤，洗涤液可用于分离培养。无菌采取新鲜粪便的中心部分，用灭菌生理盐水稀释搅匀后澄清，其上清液可用于分离培养。如为病理组织，可用烧红的刀片在其表面烫一下，随即用此刀片在烫过的地方切开一小口，用灭菌接种环在切口内蘸一下即可用于分离培养。

2. 平板划线分离培养

目的是将病理材料中的细菌分散，以便使细菌单在，从而发育成单个菌落，防止长成菌苔。

（1）直接划线分离培养　点燃酒精灯后，左手持皿，底朝下，盖在上，以无名指和小指托底，拇指、食指和中指将皿盖揭开成 20°角，角度不宜过大，以防空气进入；右手持接种环，在火焰上灼烧后取少许的材料涂在培养基边缘，将接种环上多余的材料在火焰上烧掉，然后在培养基表面进行 Z 形划线（图 1-1-16），然后将培养皿盖好，倒置于恒温培养箱中培养。

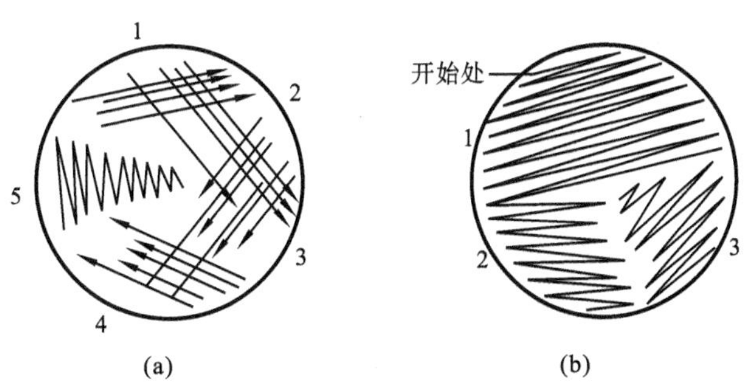

图 1-1-16　划线分离示意图

（2）分区划线分离培养　用铅笔在皿底外面划线，将培养基分成 3～6 个小区，持皿方法同直接划线，但每划完一个小区应将培养皿旋转一定角度，以便于划线。

（3）斜面划线分离培养　左手持试管，手掌朝上，食指和拇指夹住试管；右手持接种环，先将试管的棉塞端在酒精灯火焰上方旋转两周，然后用右手小指和手掌边缘夹住棉塞，打开试管，保持试管口在火焰上方进行操作，在斜面上从试管底部向试管口作 Z 形划线，接种完毕，在酒精灯火焰附近塞上棉塞后，在火焰上方旋转两周。用铁丝篓或试管架直立放置于恒温培养箱中培养。

(4) 增菌培养　当病料中的细菌很少时，直接进行分离培养往往不易成功，常先用液体培养基进行增菌培养。方法是取少许病理材料直接加入培养基中，置于恒温培养箱中培养 24～48 h 后，可取少量培养液作划线分离培养。

(二) 细菌的纯化

操作方法基本同分离培养，但进行斜面纯化移植时左手应同时握住原培养管和待接种管，右手小指和手掌边缘夹住一个棉塞，无名指和中指夹住另一个棉塞，必要时中指和食指还可夹住第三个棉塞，液体培养基的纯化移植同液体培养基初次分离培养。

(三) 细菌在培养基上的生长特性观察

1. 固体培养基上的生长特性

细菌在固体培养基上生长繁殖，可形成菌落。观察菌落时，主要注意以下内容。

(1) 大小　不同细菌，其菌落大小变化很大。常用其直径来表示，单位是 mm 或 μm。

(2) 形状　主要有圆形、露滴状、乳头状、油煎蛋状、云雾状、放射状、蛛网状、同心圆状、扁平和针尖状等。

(3) 边缘特征　有整齐、波浪状、锯齿状、卷发状等。

(4) 表面性状　有光滑、粗糙、皱褶、颗粒状、同心圆状、放射状等。

(5) 湿润度　有干燥和湿润两种。

(6) 隆起度　有隆起、轻度隆起、中央隆起和云雾状等。

(7) 色泽和透明度　色泽有白色、乳白色、黄色、橙色、红色及无色等，透明度有透明、半透明、不透明等。

(8) 质地　有坚硬、柔软和黏稠等。

(9) 溶血性　分为 α-溶血、β-溶血和 γ-溶血三种。

2. 液体培养基上的生长特性

(1) 混浊度　有强度混浊、轻微混浊和透明三种。

(2) 底层情况　包括有沉淀和无沉淀两种，有沉淀又可分为颗粒状和絮状两种。

(3) 表面性状　分为形成菌膜、形成菌环和无变化三种情况。

(4) 产生气体和气味　很多细菌在生长繁殖的过程中能分解一些有机物产生气体，可通过观察是否产生气泡或收集产生的气体来判断；另一些细菌在发酵有机物时能产生特殊气味，如鱼腥味、醇香味等。

(5) 色泽　细菌在生长繁殖的过程中能使培养基变色，如绿色、红色、黑色等。

3. 半固体培养基上的生长特性

有运动性的细菌会沿穿刺线向周围扩散生长，形成侧松树状、试管刷状；无运动性的细菌则只沿穿刺线呈线状生长。

注意事项

(1) 细菌的分离培养必须严格无菌操作。

(2) 接种环或接种针在挑取菌落之前应先在培养基上无菌落处冷却，否则会将所挑的菌落烫死而使培养失败。

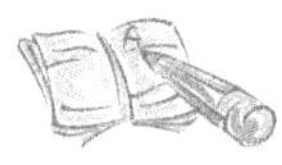

实训六　实验动物的接种和剖检技术

目的要求

（1）能熟练进行实验动物的接种和剖检操作。

（2）会采取病料并进行包装和运送。

设备和材料

实验动物、注射器、乙醇、碘酊、剪刀、手术刀、无菌采样袋、记号笔、消毒液等。

操作内容

（一）实验动物接种技术

（1）皮下接种　在家兔及豚鼠的背侧或腹侧皮下结缔组织疏松部位剪毛消毒，接种者右手持注射器，以左手拇指、食指和中指捏起皮肤使成一个三角形皱褶，或用镊子夹起皮肤，于其底部进针。感到针头可以随意拨动即表示插入皮下。当推入注射物时应感到流利畅通。小鼠的皮下注射部位选在小鼠背部（背中线一侧），注射量一般为 0.2～0.5 mL。鸡的皮下注射可在颈部、背部进行。

（2）皮内接种　对家兔和豚鼠皮内注射时，接种者以左手拇指及食指夹起皮肤，右手持注射器，用细针头插入拇指及食指之间的皮肤内，针头插入不宜过深，同时插入角度要小，注入时感到有阻力且注射完毕后皮肤上有硬的隆起即为注入皮内。

（3）静脉注射　此法主要适用于家兔和豚鼠。将家兔放入保定器或由助手把握住其前后躯保定，选一侧耳边缘静脉，先用 75%乙醇涂擦兔耳或以手指轻弹耳朵，使静脉怒张。注射时，用左手拇指和食指拉紧兔耳，右手持注射器，使针头与静脉平行，向心方向刺入静脉内，注射时应无阻力且有血向前流动表示刺入静脉，缓缓注入接种物。若注射正确，注射后耳部应无肿胀。

（4）肌肉注射　对鸡肌肉注射时，由助手捉住或用小绳绑其两腿保定，小鸡也是由注射者左手提握保定，然后在其胸肌、腿肌或翅膀内侧肌肉处注射 0.1 mL。对小鼠肌肉注射时，由助手捉住或用特制的保定筒保定小鼠，注射者左手握住小鼠的一后肢，在后肢上部肌肉丰满处消毒，向肌肉内注射 0.1～0.5 mL。

（5）腹腔接种　对小鼠腹腔接种时，用右手提起鼠尾，左手拇指和食指捏头背部，翻转鼠体使腹部向上，把鼠尾和后腿夹于注射者掌心和小指之间，右手持注射器，将针头平行刺入皮下，然后向下斜行，通过腹部肌肉进入腹腔，注射量为 0.5～1.0 mL。

（二）实验动物的剖检、病料采取、包装要求

（1）实验动物死亡后立即解剖，以免腐败菌和肠道菌大量增殖，影响病理变化的观察，并给病原菌的分离带来困难。

(2) 解剖用器械必须经煮沸或高压灭菌。每一脏器用一套器械。

(3) 一般剖检程序:

① 检查动物体表有无异常;

② 将实验动物放瓷盘中固定后,先用消毒水将被毛充分浸湿,用无菌剪刀剪开腹壁,观察皮下组织有无出血、水肿等病变,腋下、腹股沟淋巴结有无病变;

③ 另换一套灭菌剪刀剪开腹膜,观察各脏器有无病变,并以无菌操作法采集所需病料;

④ 剖检完毕后,应对动物尸体进行无害化处理,以免造成病原体散播。

注意事项

(1) 采取病料时应注意无菌操作。

(2) 给动物接种时,应将动物保定好,防止咬伤人员。

(3) 皮内注射时,不可将针尖刺至皮下,注射到皮内时,可感觉注射阻力较大,且注射完后局部有一小包。

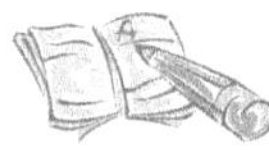

实训七 病原性细菌常规检验技术

目的要求

(1) 会进行病原性细菌常规检验。

(2) 会进行病原性细菌的染色、镜检、分离、细菌生化鉴定和血清学鉴定等。

设备和材料

恒温培养箱、病料、接种环、接种针、酒精灯、灭菌吸管、试管架、记号笔、废物缸、载玻片、各种细菌培养基、生化鉴定培养基(糖发酵培养基、蛋白胨水培养基、葡萄糖蛋白胨水培养基、乙酸铅蛋白胨琼脂培养基、柠檬酸盐琼脂斜面培养基、尿素琼脂培养基)、甲基红试剂、V-P 试剂、靛基质试剂、实验动物等。

操作内容

(一) 病原性细菌常规检验程序

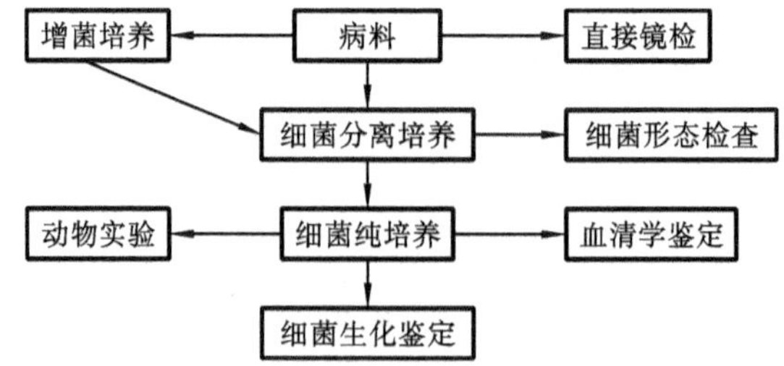

(二) 操作要点

(1) 细菌形态检查　细菌的染色技术，细菌大小、形态、排列、特殊结构(芽孢、荚膜)的观察。

(2) 细菌的分离培养　培养基的制备、细菌的划线接种、菌落性状观察。

(3) 细菌的生化培养　生化鉴定培养基的制备、接种和结果分析。

(4) 血清学鉴定　如凝集反应、沉淀反应各成分稀释、结果观察及结果评价。

(5) 动物实验　动物保定、接种、采血及剖检。

注意事项

(1) 细菌的分离培养过程中必须严格无菌操作。

(2) 切实做好个人防护工作，避免感染和污染。

第二章 病毒

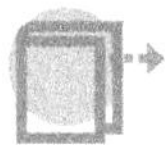

知识目标

- 掌握病毒、包含体、噬菌体、干扰素、病毒血凝现象等概念。
- 了解病毒的大小、形态、化学组成、结构和功能。
- 掌握病毒的增殖特点、过程。
- 理解和掌握病毒的培养方法。
- 了解病毒的干扰现象、血凝现象等其他特性。
- 熟练掌握病毒病的实验室诊断方法。

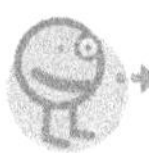

技能目标

- 会采取不同的病料制备病毒标本、保存及送检。
- 会对病毒进行分离培养。
- 能熟练进行病毒的鸡胚接种操作。
- 会利用血清学实验对不同病毒进行鉴别。

病毒(virus)是一类体积微小、只能在活细胞内寄生并以复制方式增殖的非细胞型的微生物，必须在万倍以上的电子显微镜下才能看到，广泛存在于自然界，寄生于人、动物、植物、微生物的细胞中。

病毒具有下列基本特征：

(1) 没有细胞结构；

(2) 只含一种核酸(RNA 或 DNA)，核酸是病毒的遗传物质；

(3) 严格在细胞内寄生，只能在活细胞内才能生长繁殖；

(4) 病毒的增殖方式为复制，病毒缺乏完整的酶系统，不能独立地进行新陈代谢，必须在易感的活细胞中依靠宿主细胞提供原料、酶、能量和场所等，复制病毒的核酸和合成病毒的蛋白质，进一步构成新的子代病毒；

(5) 对于因干扰微生物代谢过程而影响微生物结构和功能的抗生素，具有明显的抵抗力，对干扰素敏感。

病毒种类繁多，按其感染的对象不同，分别称为动物病毒、植物病毒、昆虫病毒、原虫病毒、真菌病毒、放线菌病毒、支原体病毒及细菌病毒等。一般把寄生于真菌、放线菌、支原体和细菌内的病毒称为噬菌体。另外，根据病毒核酸的不同，可将病毒分为 DNA 病毒和 RNA 病毒两类。

国际病毒分类委员会(International Committee on Taxonomy of Viruses，ICTV)于 2005 年 7 月发表了病毒分类第八次报告。将目前 ICTV 所承认的 5000 多个病毒归属为 3 个目、73 个科、11 个亚科、289 个属、1950 多个种(图 1-2-1)。

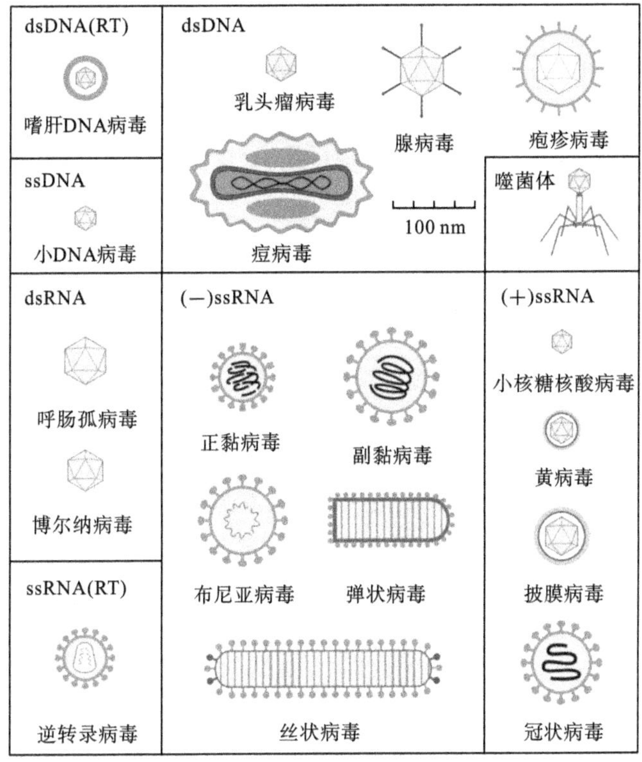

图 1-2-1　动物主要病毒的分类(科)

还有一种比病毒更小的微生物——类病毒，它是目前已知的最小微生物。类病毒没有病毒结构，缺乏蛋白质和类脂成分，只有裸露的具有侵染性的核酸(RNA)。很多植物病害都是由类病毒所引起的。如柑橘裂皮类病毒、菊花矮化类病毒、黄瓜白果类病毒等所致的类病毒病。此外，绵羊的瘙痒病可能是另一类不含核酸的朊病毒引起的。这些亚病毒的发现给一些病原尚不清楚的动物、植物和人类某些疑难病的研究指明了新方向。

很多病毒性传染病具有传染快、流行广、死亡率高的特点，迄今还缺乏有效的防治药物。病毒病对人类、畜禽的危害很严重，给畜牧业生产带来巨大的经济损失。因此，进一步学习、研究病毒的基本知识和理论，对诊断和防制病毒性传染病具有重要意义。

第一节　病毒的形态和结构

一、病毒的大小和形态

病毒比细菌小得多，其大小以 nm(纳米)为测量单位。各种病毒的大小相差很大，较大的病毒如牛痘病毒，其直径超过 250 nm；中等大小的如流行性感冒病毒，直径为 80～100 nm；较小的如口蹄疫病毒，直径为 20～25 nm(图 1-2-2)。

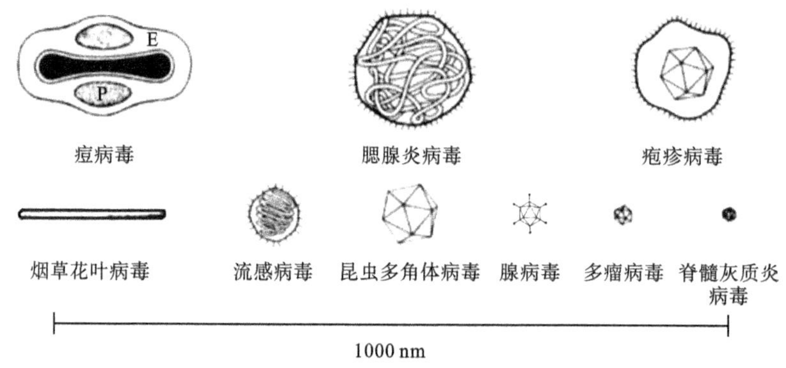

图 1-2-2　主要病毒的大小比较

病毒的外形多数呈球形或近似球形，但也有呈砖形(如痘病毒)、子弹形(如狂犬病病毒)、蝌蚪状(如噬菌体)、杆状(多见于植物病毒)等(图 1-2-3)。

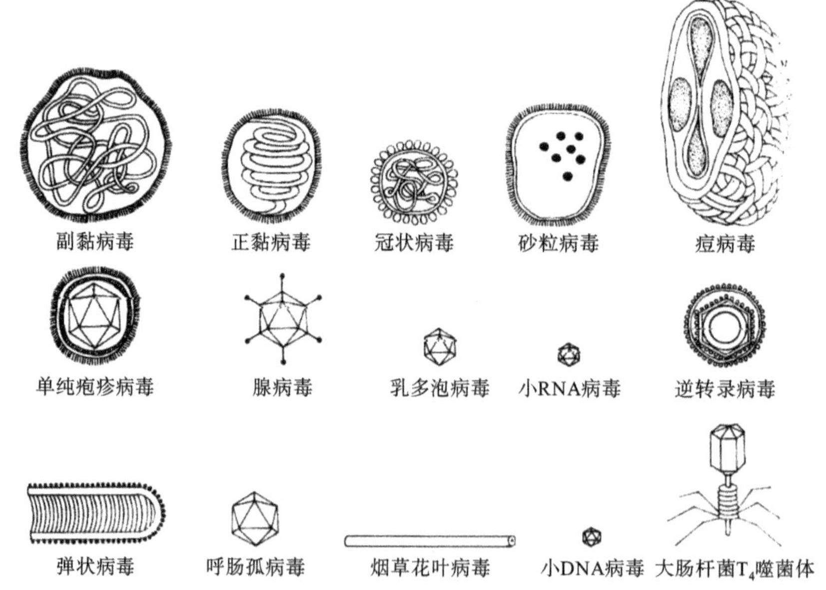

图 1-2-3　常见病毒的形态

二、病毒的结构与功能

病毒主要由衣壳和核酸两部分构成。衣壳和核酸统称为核衣壳，有些病毒在核衣壳外面还有一层外套，称为囊膜（或包膜）。如新城疫病毒、流感病毒等有囊膜。有的囊膜上还有纤突（或刺突）。囊膜是病毒成熟时由寄主细胞膜包绕而成的（图 1-2-4）。

（一）核酸

核酸存在于病毒的芯髓，即病毒的中心部分。任何病毒只含有一种核酸，RNA 或 DNA。核酸可以是单股，也可以是双股。即使是同一种核酸，它的形态和结构也是多种多样的。病毒核酸-基因组携带病毒的遗传信息，是决定病毒遗传、变异、增殖、传染等生命活动的基础物质。如失去衣壳的裸露核酸仍具有传染性，称为感染性核酸，核酸若被破坏，病毒就失去活性。

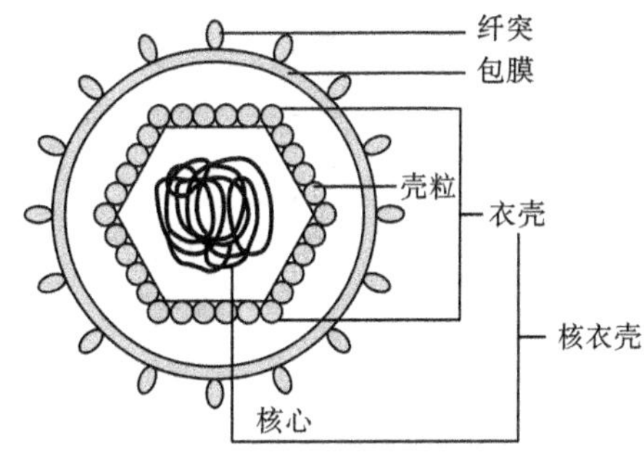

图 1-2-4　病毒的结构模式图

（二）衣壳

衣壳是包围在病毒核酸外面的一层蛋白质外壳。衣壳的化学成分是蛋白质，是由许多蛋白质亚单位（即多肽链）构成的壳粒组成的。这些多肽分子围绕核酸对称排列组成病毒衣壳，呈 20 面体对称型或螺旋对称型。

病毒衣壳的主要作用是作为病毒核酸的保护层，保护病毒免受核酸酶破坏，使病毒吸附于易感细胞表面受体，再穿入细胞引起感染。此外，衣壳上具有病毒的特异性抗原，可刺激机体产生特异性抗体。

（三）囊膜

囊膜由类脂、蛋白质和糖类构成。囊膜是病毒复制成熟后，通过宿主细胞膜或核膜时获得的，所以具有宿主细胞的类脂成分，易被脂溶剂（如乙醚、氯仿）和胆盐等溶解破坏。囊膜对衣壳有保护作用，并与病毒吸附宿主细胞有关。

有些病毒囊膜表面具有呈放射状排列的突起，称为纤突（或称囊膜粒）。如流感病毒囊膜上纤突有血凝素和神经氨酸酶。纤突不仅具有抗原性，而且与病毒的致病力及病毒对细胞的亲和力有关。因此，一旦病毒失去囊膜上的纤突，也就丧失了对易感细胞的感染能力。

第二节　病毒的增殖

一、病毒增殖的概念

病毒在细胞内增殖（multipli cation），完全不同于其他微生物。病毒缺乏生活细胞所

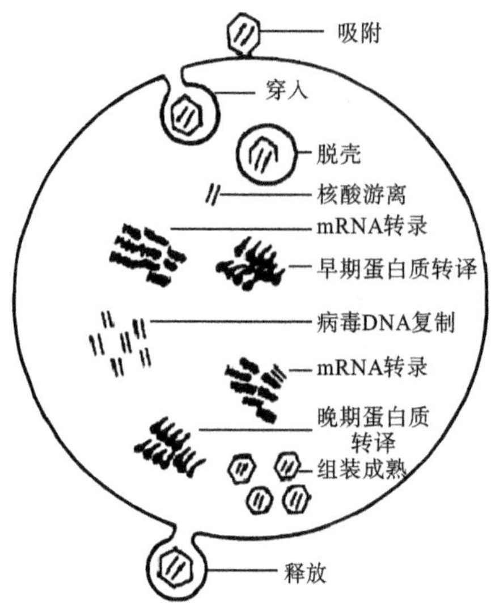

图 1-2-5　病毒的复制示意图

具备的细胞器(如核糖体、线粒体等),以及代谢必需的酶系统和能量。病毒增殖的方式为复制(replication)。病毒的增殖是由宿主细胞供应原料、能量和生物合成场所,在病毒核酸遗传密码的控制下,于宿主细胞内复制出病毒的核酸和合成病毒的蛋白质,进一步装配成大量的子代病毒,并将它们释放到细胞外的过程。

二、病毒的复制过程

病毒的复制过程大致可分为吸附、穿入、脱壳、生物合成、装配与释放等五个主要阶段(图1-2-5)。

(一) 吸附

病毒附着在宿主细胞的表面,称为吸附。依据分子运动,病毒和细胞互相碰撞而接触,并通过病毒表面的吸附点和易感细胞表面的相应受体的亲和作用,实现病毒对宿主细胞的吸附。如流感病毒囊膜上的血凝素纤突就是吸附点,可与易感细胞——呼吸道上皮细胞表面的受体(糖蛋白)相结合,于是流感病毒就能吸附于该细胞上,非易感细胞缺乏这种受体,就不能吸附。

(二) 穿入

病毒吸附于细胞表面后,迅速侵入细胞的过程称为穿入。穿入方式因病毒的种类不同而异。无囊膜的病毒一般是经细胞膜吞入,在细胞浆中脱壳,如腺病毒和小 RNA 病毒;有的病毒不经吞噬而直接穿过宿主细胞膜进入细胞浆,如腺病毒的另一种穿入方式。

有囊膜的病毒穿入方式有两种:一种是病毒囊膜与宿主细胞膜融合,病毒核衣壳直接进入细胞浆中,如正黏病毒和副黏病毒;另一种是整个病毒颗粒被吞入细胞,并在细胞浆中脱壳(uncoating),如弹状病毒和披盖病毒。

(三) 脱壳

脱壳是病毒侵入后,病毒的囊膜和衣壳被除去而释放出病毒核酸的过程。有些病毒的穿入与脱壳明显分为两个阶段,但另一些病毒则穿入与脱壳同时进行。脱壳的部位和方式随病毒种类的不同而异。大多数病毒在侵入时就已在宿主细胞表面完成,如 T 偶数噬菌体;有的病毒则需在宿主细胞内脱壳,如痘病毒需在吞噬泡中溶酶体酶的作用下部分脱壳,然后启动病毒基因部分表达出脱壳酶,在脱壳酶作用下完全脱壳。

(四) 生物合成

病毒核酸进入宿主细胞后,按病毒核酸所携带的遗传信息复制病毒核酸和合成结构蛋白质。病毒脱壳后,释放核酸,这时在细胞内查不到病毒颗粒,故称为隐蔽期或黑暗期。隐蔽期实际上是病毒增殖过程中最主要的阶段。各种病毒,不论是 DNA 病毒还是 RNA 病毒,不论是单股核酸还是双股核酸,它们在复制病毒核酸和合成结构蛋白质之前,必须首先合成自己的 mRNA(信使 RNA),并利用宿主细胞的核糖体、tRNA(转移 RNA)等将病毒 mRNA 转译成蛋白质。这些蛋白质主要是一些为病毒核酸和结构蛋白质的合成所必需的酶类。只有在这些酶的作用下,才能进一步大量合成病毒核酸和结构蛋白。现以双股 DNA 病毒为例,简述其合成的过程。

(1) 以病毒 DNA 为模板,转录生成 mRNA,在细胞核糖体和 tRNA 的参与下利用细胞提供的能量及氨基酸等,合成 DNA、多聚酶并抑制宿主细胞生物合成酶。

(2) 在上述酶的作用下,再以亲代病毒的 DNA 为模板,复制出大量的子代病毒 DNA。

(3) 由上述子代 DNA 再转录 mRNA,并转译或者合成大量的结构蛋白质。

(五) 装配与释放

新合成的病毒核酸和结构蛋白质在宿主细胞内组装成子代病毒的过程,称为装配。不同核酸类型的病毒,其装配部位也不同。大多数 DNA 病毒(痘病毒等少数除外)的装配在细胞核中进行,如疱疹病毒、腺病毒等;大多数 RNA 病毒的装配则在细胞浆中进行,如小核糖核酸病毒、弹状病毒等。有囊膜的病毒在核衣壳通过细胞核膜或细胞膜时,形成病毒的囊膜,即构成一个完整的病毒子。

成熟的病毒子可从细胞中释放出来,释放的方式因病毒的种类不同而异。无囊膜的 DNA 或 RNA 病毒(如腺病毒和小儿麻痹症病毒)成熟后有些积聚在细胞内,待细胞破裂后再释放。有囊膜的病毒(如流感病毒、疱疹病毒等)则往往以芽生方式逐个经细胞表面释放。

第三节　病毒的培养

由于病毒不能在无生命的人工培养基上生长,必须在敏感的活细胞内才能增殖,所以在实际工作中常用动物接种、禽胚培养和组织培养等方法来分离和培养病毒。

一、动物接种

动物接种是培养病毒的一种比较古老的方法,可用于病毒的病原性检查、疫苗效力实验以及诊断、预防、治疗用的抗血清的制造和疫苗的生产等。

动物接种分为本动物接种和实验动物接种两种方法。实验动物应该是健康的、血清中无相应病毒的抗体,并符合其他要求的动物。理想的动物是无菌动物或 SPF(无特定病原体)动物。常用的实验动物有小鼠、家兔、豚鼠、鸡等。病毒经注射、口服等途径进入易感动物体内后大量增殖,引起动物发病或死亡,并可检出病理变化。

二、禽胚培养

用禽胚培养病毒是一种简便而又经济的方法,但不是所有的病毒都能在禽胚中增殖。来自禽类的大多数病毒可在相应的禽胚中增殖,其他动物的病毒有的可在禽胚中增殖。

所用禽胚应该是健康且不含有接种病毒特异抗体的，最好是 SPF 禽胚。

禽胚中常用鸡胚，很多病毒能在鸡胚内增殖，而产生典型的病变，可供鉴别。一般选用 9～12 日龄的鸡胚。因病毒种类不同，可选用适宜的接种途径，如绒毛尿囊膜、尿囊腔、卵黄囊等（图 1-2-6）。

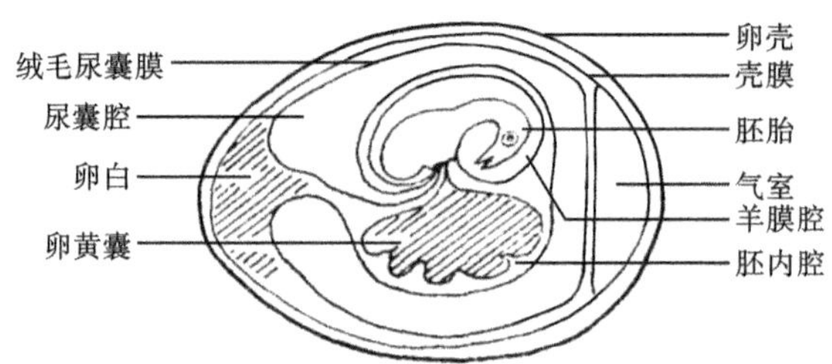

图 1-2-6　病毒的鸡胚接种部位

用鸡胚培养法可进行病毒的分离、鉴定，也可复制大量的病毒，制备抗原或疫苗。

鸡胚接种病毒后，经一定时间的培养，可引起病变或鸡胚死亡。常见的现象如下：

（1）禽胚死亡，胚胎不活动，照蛋时血管变细或消失；

（2）禽胚充血、出血或出血坏死灶；

（3）禽胚畸形；

（4）禽胚绒毛尿囊膜上出现斑点、斑块等。

因此，可根据禽胚病变和病毒抗原的检测等方法判断病毒的增殖情况。

培养结束后，根据接种途径不同，收集相应材料，如绒毛尿囊膜、尿囊液、卵黄囊、羊水等。收集病毒后即可进行鉴定（如红细胞凝集等）或用于诊断抗原、疫苗生产等。

三、组织培养

组织培养是用体外培养的组织块或单层细胞来分离增殖病毒的方法。

组织块培养是将器官或组织小块在体外细胞培养液中培养存活后，接种病毒，观察组织功能的变化，如气管黏膜纤毛上皮的摆动等。

细胞培养是用细胞分散剂将动物组织细胞消化成单个细胞的悬液，适当洗涤后加入营养液，使细胞生长成贴壁的单层细胞。常用的细胞培养方法有静止培养法、旋转培养法。静止培养法是将细胞分装在培养瓶或培养板（孔）中，置于 5% CO_2 的温箱中，培养生长成贴壁的单层细胞后，接种病毒进行培养。旋转培养法是将细胞装培养瓶后，让培养瓶在温室的转床中缓慢旋转（5～10 r/min），细胞在瓶壁长满单层，接种病毒后继续旋转培养。此法培养病毒产量高，适用于大量病毒疫苗的生产。

病毒感染细胞后，大多数能引起细胞病变，称为病毒的致细胞病变作用（简称 CPE），表现为细胞变性，细胞浆内出现颗粒、核浓缩、核裂解等，不需染色即可在普通显微镜下观察到。还有的细胞不发生病变，仅出现红细胞吸附及血凝现象。有时还可用免疫荧光技术检查细胞中的病毒。组织培养多用于病毒的分离、培养和检测中和抗体。因此，组织培养对病毒学的诊断和研究发挥很大的作用。

组织培养的优点如下：

(1) 离体的活组织细胞不受机体免疫力影响,因此很多病毒易于生长;

(2) 便于人工选择多种敏感细胞供病毒生长;

(3) 易于观察病毒所引起的细胞病变;

(4) 可收集病毒作进一步的检查。

因此,组织培养是病毒研究、疫苗生产、病毒诊断的良好方法,但由于成本和技术要求较高,操作复杂,所以在基层单位尚未广泛应用。

第四节 病毒的其他特性

一、病毒的干扰现象和干扰素

当两种病毒感染同一细胞时,一种病毒能抑制另一种病毒的复制,这种现象称为干扰现象。异种病毒之间可以干扰,同种异型病毒之间也可以干扰,同一株病毒的灭活病毒也可以干扰活病毒。干扰现象只见于某些病毒之间。干扰现象发生的原因可能有下面几种。

(1) 占据或破坏细胞受体。两种病毒感染同一细胞时,都需要细胞膜上的相同受体。先进入的病毒首先占据细胞受体或将受体破坏,使另一种病毒无法吸附和穿入易感细胞,增殖过程被阻断,所以一种病毒感染后,另一种病毒就不能感染。

(2) 争夺酶系统、生物合成原料及场所。一种病毒在细胞内复制时,已经动用了细胞的某种主要物质、关键酶或有限的复制部位,另一种病毒则受限,增殖受到抑制。一般是先入者为主,强者优先。

(3) 产生干扰素。受病毒感染的宿主细胞产生干扰素,这是一种抑制病毒的物质,可抑制后进入的病毒的增殖。

在病毒的干扰现象中,干扰者和被干扰者的关系并非固定不变,一般取决于病毒进入宿主细胞的先后、数量和病毒的特性。通常是先进入细胞的病毒干扰后进入的病毒,数量多、增殖快的病毒干扰数量少、增殖慢的病毒。在干扰现象中,病毒数量是比较重要的因素。

(一) 干扰素

干扰素(interferon,IFN)是活细胞受到病毒感染或干扰素诱生剂的刺激后产生的一种低相对分子质量的糖蛋白。它可以释放到细胞外,被其他细胞吸收,吸收了这种干扰素的细胞便产生第二种物质,即抗病毒蛋白质,这种抗病毒蛋白质具有抑制病毒 mRNA 转录的作用,使病毒不能复制。

凡是具有诱导产生干扰素能力的物质,均称为干扰素诱生剂。病毒是良好的干扰素诱生剂,特别是 RNA 病毒的诱生能力最强,如流感病毒等。其他多种微生物(如细菌、真菌、立克次氏体、衣原体等),以及植物提取物(如植物血凝素)和多聚合物(如多聚肌苷酸、多聚胞苷酸)等都能诱导细胞产生干扰素。现在,国内外已研制成基因工程干扰素,其生

物活性同天然干扰素的相似。

干扰素对热稳定，60 ℃ 1 h 一般不能灭活，在很宽的 pH 范围（pH 2～10）内都很稳定，对机体或细胞无毒性，但对蛋白酶敏感，能被乙醚、氯仿等灭活。

干扰素分成三类，即 α 干扰素（白细胞干扰素）、β 干扰素（纤维母细胞干扰素）、γ 干扰素（免疫干扰素，由 T 细胞产生）。所有哺乳动物都能产生干扰素，而禽类体内无 γ 干扰素。

（二）干扰素的生物学活性

干扰素的生物学活性体现在以下三个方面。

（1）抗病毒作用　干扰素具有广谱抗病毒作用，其作用是非特异性的，甚至对某些细菌、立克次氏体等也有干扰作用。但干扰素的作用具有明显的动物种属特异性，原因是一种动物的细胞膜上只有本种动物的干扰素受体，因此，牛干扰素不能抑制人体内病毒的增殖，鼠干扰素不能抑制鸡体内病毒的增殖，这一点使干扰素的临床应用受到限制。

（2）免疫调节作用　主要是 γ 干扰素的作用。γ 干扰素可作用于 T 细胞、B 细胞和 NK 细胞，增强它们的活性。

（3）抗肿瘤作用　干扰素不仅可以抑制肿瘤病毒的增殖，而且能抑制肿瘤细胞的生长，同时又能调节机体的免疫机能，如增强巨噬细胞的吞噬功能，加强 NK 细胞等的活性，加快对肿瘤细胞的清除。干扰素可以通过调节癌细胞基因的表达实现抗肿瘤的作用。

二、病毒的包含体

包含体是某些病毒在细胞内增殖后，在细胞内形成的一种用光学显微镜可以看到的特殊的"斑块"。

病毒不同，所形成的包含体的形状、大小、数量、染色特性（嗜酸性或嗜碱性）以及存在哪种感染细胞和在细胞中的位置均不相同（图 1-2-7），故包含体可作为诊断某些病毒病的依据。如狂犬病病毒在神经细胞质内形成嗜酸性包含体，伪狂犬病病毒在神经细胞核内形成嗜酸性包含体。

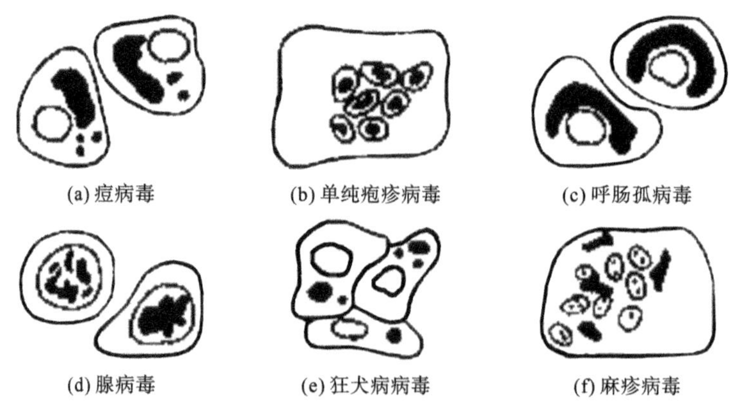

图 1-2-7　病毒感染细胞后形成的不同类型的包含体

包含体是病毒感染细胞内出现的最有特征性的形态学变化，它是细胞内染色反应发生改变的一种结构。包含体的检查对某些病毒性传染病具有诊断意义。

三、病毒的血凝现象

许多病毒表面有血凝素，故能与鸡、豚鼠、人等红细胞表面受体（多数为糖蛋白）结合，而出现红细胞凝集现象，简称病毒的血凝现象。这种血凝现象是非特异性的，当加入特异性抗病毒血清时，血凝素的作用被抑制，血凝现象即不会发生，称为病毒的红细胞凝集抑制现象。抗血清中能阻止病毒凝集红细胞的抗体称为红细胞凝集抑制抗体，其特异性很高。因此，病毒的红细胞凝集实验和凝集抑制实验常用于诊断鸡新城疫、流感等病毒性传染病。

四、噬菌体

噬菌体（图 1-2-8）是寄生于细菌、真菌、放线菌、螺旋体及支原体等微生物体内的病毒。噬菌体具有病毒的一般生物学特征，分布极广，一般来说，凡是有细菌的场所，就可能有相应的噬菌体存在。

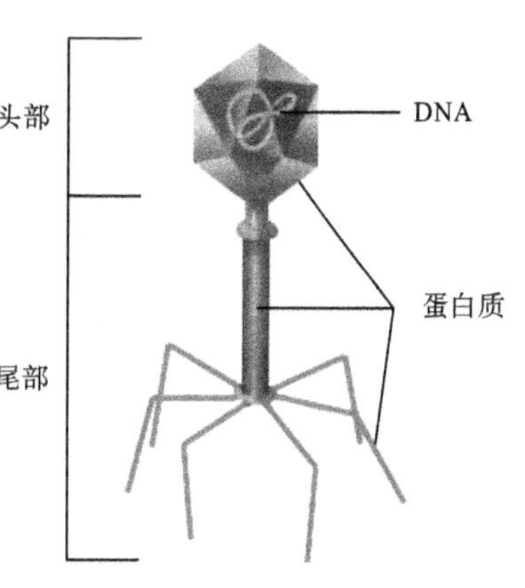

图 1-2-8　噬菌体的模式图

大多数噬菌体外形呈蝌蚪形，也有微球形、细杆形等。

（一）噬菌体与宿主的关系

当细菌感染噬菌体后，可出现两种不同的结果。

（1）噬菌体在宿主菌细胞内增殖，产生许多子代噬菌体，引起细菌的裂解，称为毒性噬菌体或烈性噬菌体。

（2）噬菌体侵入寄主细胞后，将其基因整合于细菌的基因组中，与细菌 DNA 一起复制，并随细菌的分裂而传给后代，不产生子代噬菌体，也不引起细菌裂解，称为温和噬菌体或溶源性噬菌体。

（二）噬菌体的应用

（1）细菌的鉴定和分型　噬菌体的作用具有种和型的特异性，即某种或某型噬菌体只能裂解相应的某一种或某一型的细菌，故可用于细菌的鉴定和分型。

（2）分子生物学研究的工具　噬菌体由于基因数目较少，增殖速度较快，又易于培养，在分子生物学中被作为外源基因的载体，用于研究核酸的复制、转录、重组以及基因表达等。

五、理化因素对病毒的影响

病毒对外界理化因素的抵抗力与细菌繁殖体的相似。研究病毒的抵抗力的目的主要是了解如何消灭它们或使其灭活，如何保护它们，使其抗原性、致病力等不改变。

（一）物理因素

病毒耐冷不耐热，通常温度越低，其生存时间越长。在 −25 ℃下可保存病毒，−70 ℃以下更好。病毒对高温敏感，多数病毒在 55 ℃经 30 min 即可灭活，但猪瘟病毒能耐受更高的温度。病毒对干燥的抵抗力与干燥的速度和病毒的种类有关。如水疱液中的口蹄疫病毒在室温中缓慢干燥，可存活3～6个月；若在37 ℃下快速干燥很快灭活。痂皮中的痘病毒在室温下可保持毒力1年左右。冻干法是保存病毒的好方法。大量紫外线和长时间日光照射能杀灭病毒。

(二) 化学因素

(1) 甘油　50%甘油可抑制或杀灭大多数非芽孢细菌，但多数病毒对它有较强的抵抗力，因此，常用50%的甘油缓冲生理盐水保存或寄送被检的病毒材料。

(2) 脂溶剂　脂溶剂能破坏病毒囊膜而使其灭活。常用乙醚或氯仿等脂溶剂处理病毒，以检查它有无囊膜。

(3) pH　病毒一般能耐pH 5～9，通常将病毒保存在pH 7.0～7.2的环境中。但病毒对酸碱的抵抗力差异很大，例如肠道病毒对酸的抵抗力很强，而口蹄疫病毒则很弱。

(4) 化学消毒剂　病毒对氧化剂、重金属盐类、碱类和与蛋白质结合的消毒剂都很敏感。实践中常用苛性钠、石炭酸、来苏儿等进行环境消毒，实验室常用高锰酸钾、双氧水等消毒，对不耐酸的病毒可选用稀盐酸。甲醛能有效地降低病毒的致病力，而对其免疫原性影响不大，在制备灭活苗时，常作为灭活剂。

第五节　病毒病的实验室诊断方法

畜禽病毒性传染病，除少数(如绵羊痘等)可根据临床症状、流行病学、病理变化作出诊断外，大多数病毒性疫病确诊必须进行实验室诊断，以确诊病毒的存在或检出特异性抗体。一般诊断程序如下。

一、病料的采取、保存与运送

病毒性传染病一般在发病初期和急性阶段比较容易分离出病毒，因此，可在这时采取病料。常用于病毒分离的标本有血液、粪便、渗出液、脑脊液、水疱液、活检或尸检的无菌脏器、组织等。可根据病毒的性质采取不同的标本。

当进行畜禽病毒性传染病的实验室诊断时，应注意以下几点。

(一) 采取适宜的病料

这一点与病毒的分离成败关系很大。一般应采取病畜(禽)体内含病毒最多的器官或组织。例如，上呼吸道疾病应采取鼻分泌物，而脑炎则应采取脑组织。

(二) 注意采取病料的时间

以症状刚出现时最佳。检查抗体时，则应采取一头病畜的发病初期和恢复期的血清，以便了解抗体效价的消长程度。

(三) 保存与运送

病毒对外界因素(特别是高温)很敏感。因此，必须将固体病料放在灭菌的保存液中(一般用50%甘油磷酸盐缓冲液)，液体病料可加入适量的抗生素防止污染。装有病料的器皿封口后，放入冰瓶内(内放冰块和食盐)，在此低温条件下保存和送检病料。

(四) 防止病料污染

采取病料时，必须无菌操作。为了防止液体病料(血液、渗出液、水疱液等)被细菌污染，可在其中加入适量的青霉素和链霉素，若要防止霉菌污染，还可加入制霉菌素等。供抗体检测的血清可加入适量防腐剂。

二、包含体检查

有些病毒可在宿主细胞内或组织中形成包含体，如狂犬病病毒，以病犬的小脑(或大脑的海马角部位)作病理切片，用光学显微镜观察有无内基氏(Negri)小体。又如鸡痘病毒、伪狂犬病病毒、马鼻肺炎病毒、鸡传染性喉气管炎病毒等，均可检出包含体。

三、病毒的分离培养与初步鉴定

采取可能含有病毒的材料，接种动物、鸡胚或组织培养。被接种的动物、鸡胚、细胞出现死亡或病变时(但有的病毒须盲目传代后才能检出)，可应用血清学技术进一步鉴定。

供接种或培养的标本应作除菌处理。除菌方法有滤器除菌、高速离心除菌、抗生素处理等三种。如用口蹄疫的水疱皮病料进行病毒的分离培养时，将送检的水疱皮置于培养皿内，以灭菌的 pH 7.6 磷酸盐缓冲液冲洗数次，并用灭菌的滤纸吸干、称重，制成 1∶5 悬液，为防止细菌污染，每毫升加入青霉素 1000 IU，链霉素 1000 μg，置于 2～4 ℃冰箱 4～6 h，然后用 3000 r/min 的速度离心沉淀 10～15 min，吸取上清液备用。

四、病毒的血清学实验

血清学实验在病毒诊断及流行病学的调查中占有很重要的地位，常用的方法如下。

(1) 中和实验　用已知的高效价血清与待检病料混合，在冰箱内过夜，然后接种动物或易感的细胞，以证明病毒的存在。

(2) 补体结合实验　常用已知的病毒抗原测定动物体内有无相应的抗体，以针对某些传染病作出诊断。如用于诊断马流行性乙型脑炎、马传染性贫血病(马传贫)等。

(3) 病毒的红细胞凝集和凝集抑制实验　用已知抗血清鉴定病毒，可用于诊断鸡新城疫、流感等疾病。

(4) 荧光抗体或酶标记抗体检查病毒抗原　常用于诊断乙型脑炎、猪瘟、猪传染性胃肠炎、猪水疱病、鸡新城疫、狂犬病等。

(5) 免疫扩散实验　用已知抗体鉴定病毒，或用已知病毒抗原检查待检血清中的相应抗体。常用于诊断马传贫、鸡马立克氏病、鸡传染性法氏囊病、鸡白血病、伪狂犬病等。

血清学实验的具体内容及操作详见第九章。

五、病毒核酸检测

病毒主要由核酸和蛋白质组成，核酸构成病毒的核心。一种病毒只含有一种核酸(DNA 或 RNA)。因此，通过检测病毒核酸可以判断病毒。目前，最常用的检测方法是聚合酶链式反应(PCR)。

(一) 聚合酶链式反应的原理

PCR 以欲扩增的 DNA 分子为模板，以人工合成的两条寡核苷酸片段为引物，以 4 种脱氧单核苷酸作为原料，在耐高温的 DNA 聚合酶作用下，按照半保留复制和碱基配对的原理，将 4 种脱氧单核苷酸沿模板链逐个加入延伸直到合成新的 DNA。新合成的 DNA 又成为下一个循环的模板 DNA，如此重复，即可使目的 DNA 片段得到扩增。

(二) 聚合酶链式反应的主要用途

PCR 是一种体外快速扩增特异性 DNA 片段的技术，应用这一技术，可以将微量的 DNA 片段在体外扩增上百万倍甚至千万倍，从而获得大量特异性核酸。PCR 技术广泛应用于病原微生物的微量检测、突变基因筛选等。过去常规检测技术几天甚至几周才能完成的实验，用 PCR 技术几小时便可完成，并且该技术不需要活的病毒，不会造成病原微生物对环境的污染。

本章小结

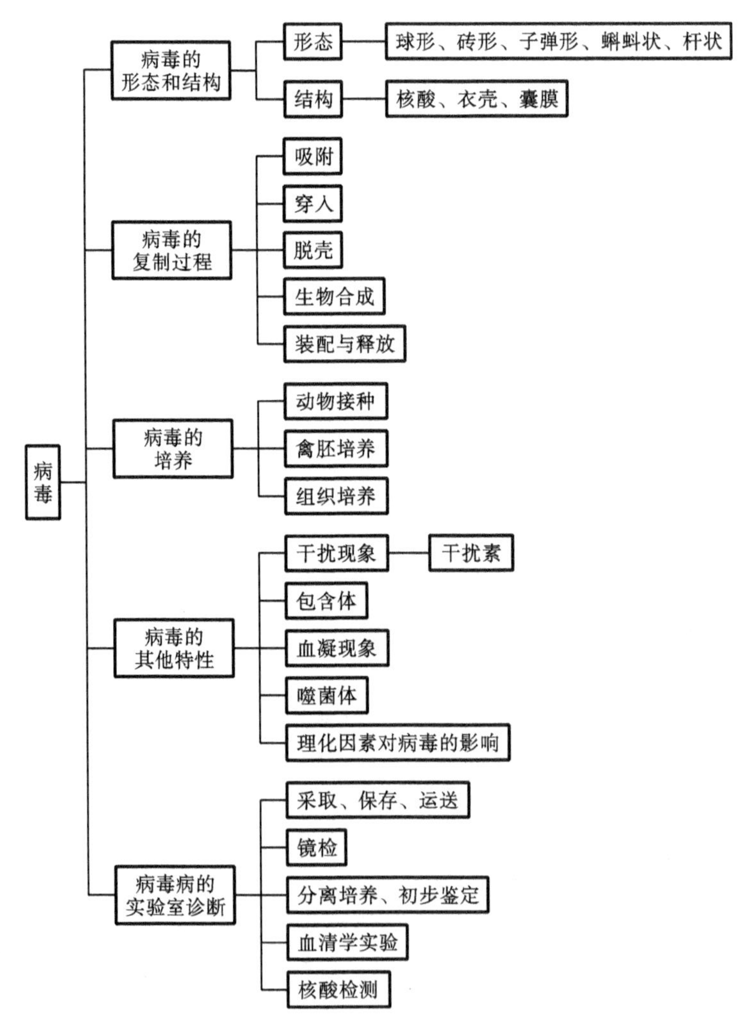

复习思考题

1. 什么是病毒？病毒与其他微生物有哪些主要区别？
2. 什么叫包含体？它在诊断上有何意义？
3. 简述病毒的结构和化学组成。
4. 病毒是怎样进行复制的？
5. 什么是病毒的干扰现象和干扰素？有何研究意义？
6. 试述病毒的血凝现象及其在诊断上的重要意义。
7. 病毒的培养方法有哪些？
8. 病毒病的实验室诊断方法有哪些？

实训

实训一　病毒的鸡胚接种技术

目的要求

会进行病毒的鸡胚接种和鸡胚培养操作。

设备和材料

注射器、接种环、滴管、酒精灯、鸡胚、检卵灯、恒温培养箱、吸管、培养皿、碘酊、75%乙醇、镊子、剪刀、封蜡等。

操作内容

1. 胚的准备

孵育前的鸡卵先用清水以布洗净，再用干布擦干，放入孵卵器内进行孵育（37 ℃，相对湿度是 45%～60%），孵育 3 d 后，每日翻动鸡卵 1～2 次。孵至第 4 天，用检卵灯观察鸡胚发育情况，未受精卵，只见模糊的卵黄黑影，不见鸡胚的形迹，这种鸡卵应淘汰。活胚可看到清晰的血管和鸡胚的暗影，比较大一些的可以看见胚动，随后每日观察一次，胚动呆滞或没有运动、血管昏暗模糊者，即可能是已死或将死的鸡胚，要随时加以淘汰。生长良好的蛋胚一直孵育到接种前，具体胚龄视所拟培养的病毒种类和接种途径而定。

2. 接种

(1) 绒毛尿囊膜接种。

① 将孵育 10～12 d 的蛋胚放在检卵灯上，用铅笔勾出气室与胚胎略近气室端的绒

毛尿囊膜发育得好的地方。

② 用碘酊消毒气室顶端与绒毛尿囊膜记号处，并用磨壳器或齿钻在记号处的卵壳上磨开一三角形或正方形(每边 5～6 mm)的小窗，不可弄破下面的壳膜。在气室顶端钻一小孔。

③ 用小镊子轻轻揭去所开小窗处的卵壳，露出壳下的壳膜，在壳膜上滴一滴生理盐水，用针尖小心地划破壳膜，但注意切勿伤及紧贴在下面的绒毛尿囊膜，此时生理盐水自破口处流至绒毛尿囊膜，以利于两膜分离。

④ 用针尖刺破气室小孔处的壳膜，再用橡皮乳头吸出气室内的空气，使绒毛尿囊膜下陷而形成人工气室。

⑤ 用注射器通过窗口的壳膜窗孔滴 0.05～0.1 mL 牛痘病毒液于绒毛尿囊膜上。

⑥ 在卵壳的窗口周围涂上半凝固的石蜡，做成堤状，立即盖上消毒盖玻片。也可用揭下的卵壳封口，则将卵壳盖上，接缝处涂以石蜡，但石蜡不能过热，以免流入卵内。将鸡卵始终保持人工气室在上方的位置于 37 ℃进行培养，48～96 h 后观察结果。

(2) 尿囊腔接种　用孵育 10～12 d 的蛋胚，因这时尿囊液积存得最多。

① 将蛋胚在检卵灯上照视，用铅笔画出气室与胚胎位置，并在绒毛尿囊膜血管较少的地方做记号。

② 将蛋胚竖放在蛋座木架上，钝端向上。用碘酊消毒气室蛋壳，并用钢针在记号处钻一小孔。

③ 用带 18 mm 长针头的 1 mL 注射器吸取鸡新城疫病毒液，针头刺入孔内，经绒毛尿囊膜入尿囊腔，注入 0.1 mL 病毒液。

④ 用石蜡封孔后于 37 ℃培养 72 h。

(3) 羊膜腔接种。

① 将孵育 10～11 d 的蛋胚照视，画出气室范围，并在胚胎最靠近卵壳的一侧做记号。

② 用碘酊消毒气室部位的蛋壳。用齿钻在气室顶端磨一三角形、每边约 1 cm 的裂痕。注意勿划破壳膜。

③ 用灭菌镊子揭去蛋壳和壳膜，并滴加灭菌液体石蜡一滴于下层壳膜上，使其透明，以便观察。若将蛋胚放在检卵灯上，则看得更清楚。

④ 用灭菌尖头镊子，两页并拢，刺穿下层壳膜和绒毛尿囊膜没有血管的地方，并夹住羊膜从刚才穿孔处拉出来。

⑤ 左手用另一把无齿镊子夹住拉出的羊膜，右手持带有 26 号针头的注射器，刺入羊膜腔内，注入鸡新城疫病毒液 0.1 mL。针头最好用无斜削尖端的钝头，以免刺伤胚胎。

⑥ 用绒毛尿囊膜接种法的封闭方法将卵壳的小窗封住，于 37 ℃培养 48～72 h，保持蛋胚的钝端朝上。

3. 收获

(1) 绒毛尿囊膜。

① 用碘酊消毒人工气室上的卵壳，去除窗孔上的盖子。

② 将灭菌剪子插入窗内，沿人工气室的界限剪去壳膜，露出绒毛尿囊膜，再用灭菌眼科镊子将膜正中夹起，用剪刀沿人工气室边缘将膜剪下，放入加有灭菌生理盐水的培养皿

内，观察病灶形状。然后或用于传代，或用50%甘油保存。

(2) 尿囊腔接种法收获尿囊液。

① 将蛋胚放在冰箱内冷冻半日或一夜，使血管收缩，以便得到无胎血的纯尿囊液。

② 用碘酊消毒气室处的卵壳，并用灭菌剪刀除去气室的卵壳。切开壳膜及其下面的绒毛尿囊膜，翻开到卵壳边上。

③ 将鸡卵倾向一侧，用灭菌吸管吸出尿囊液。一个蛋胚可收获6 mL左右的尿囊液。若操作时损伤了血管，则病毒会吸附在红细胞上，此尿囊液不能用。收获的尿囊液经无菌实验后可在4 ℃以下的温度中保存。

④ 观察鸡胚，看有无典型的症状。

(3) 羊膜腔接种法收获羊水。

① 按收获尿囊液的方法消毒、去壳，翻开壳膜和尿囊膜。

② 先吸出尿囊液，再用镊子夹出羊膜，以尖头毛细吸管插入羊膜腔，吸出羊水，放入灭菌试管内，每蛋胚可吸0.5～1.0 mL。经无菌实验后，保存于低温中。

③ 观察鸡胚的症状，参考图1-2-6。

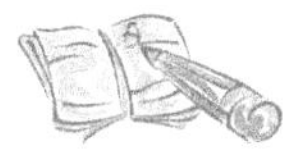

实训二　病毒的常规分离和鉴定技术

目的要求

(1) 会进行病毒常规检验。

(2) 会进行病毒常规分离、鸡胚培养、细胞培养及血清学鉴定。

设备和材料

超净工作台、恒温培养箱、离心机、眼科镊子、眼科剪、牙科探针、病料、注射器、研磨器、酒精灯、灭菌吸管、试管架、记号笔、废物缸、鸡胚、碘酊、75%乙醇、石蜡、实验动物、无菌生理盐水等。

操作内容

(一) 病毒常规检验程序

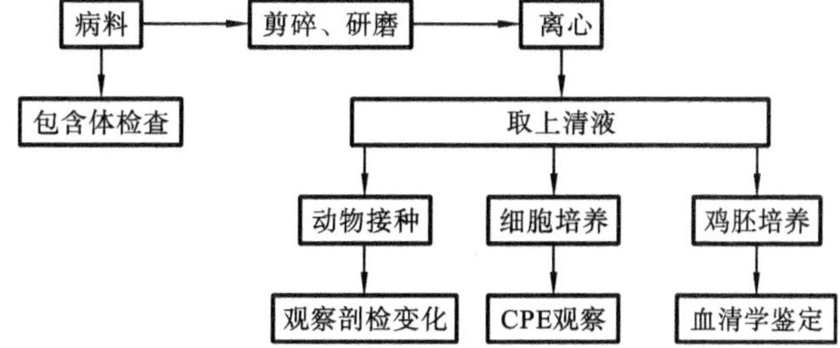

（二）操作要点

（1）将病料进行相应处理，释放病毒。

（2）包含体检查：病料直接涂片或组织切片，染色后观察细胞内或细胞外包含体。

（3）细胞培养：培养用品准备、培养液的配制及病毒致细胞病变作用(CPE)观察。

（4）鸡胚培养：利用鸡胚培养收集病毒，进行血清学鉴定，如凝集反应、沉淀反应；进行各成分稀释、结果观察及结果评价。

（5）动物接种，观察剖检变化。

注意事项

（1）病料、培养液等要做好无菌处理。

（2）玻璃器皿洗涤、灭菌要彻底。

第三章

其他微生物

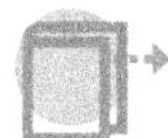

知识目标

- 掌握真菌的形态结构和培养方式。
- 了解真菌的增殖及菌落特征。
- 掌握放线菌、螺旋体、支原体、立克次氏体、衣原体的形态结构、培养。
- 掌握放线菌、螺旋体、支原体、立克次氏体、衣原体的致病性。

技能目标

- 能进行真菌、放线菌、螺旋体、支原体、立克次氏体、衣原体的鉴别诊断。

第一节　真菌

真菌是一类真核微生物，包括存在于自然界中的一大群菌类。真菌有复杂的分类系统，一般从形态上分为酵母菌、霉菌及担子菌三大类，均可能对动物致病。下面重点介绍酵母菌和霉菌。

一、形态结构

(一) 酵母菌

酵母菌(yeasts)是单细胞微生物，其形态取决于酵母菌的种属和培养条件。一般为圆形、卵形、椭圆形、腊肠形，少数为瓶形、柠檬形等；比细菌大，其大小为(1～5) μm×(5～30) μm；具有典型的细胞形态(图 1-3-1)，有细胞壁、细胞膜、细胞质及细胞核。

细胞壁厚度因菌龄而异，幼龄酵母菌细胞壁很薄，进入老龄变厚，其化学组成主要为葡聚糖、甘露聚糖、几丁质。在细胞壁表面有许多凹凸的出芽痕迹。

细胞壁包裹着细胞膜，细胞膜和所有的生物膜一样，呈液态镶嵌型。细胞膜包裹细胞

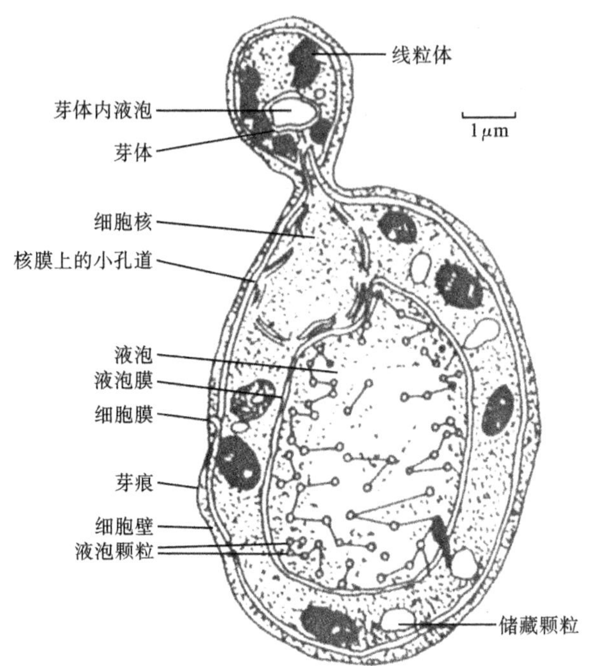

图 1-3-1　酵母菌细胞的结构

质，内含内质网、核糖体、高尔基体、溶酶体、微体、线粒体、液泡等。幼龄酵母菌的细胞质均匀，随着菌龄增长可出现1～2个液泡、各种颗粒(异染颗粒、脂肪滴和肝糖)。

细胞核外有核膜，核中有核仁和染色体。幼龄时细胞核呈圆形，成年时由于液泡的逐渐扩大而被挤到一边，常变为肾形。纺锤体在核附近呈球状结构，包括中心染色质和中心体。中心体为球状，内含1～2个中心粒。

(二) 霉菌

凡是生长在营养基质上，能形成绒毛状、蛛网状或絮状菌丝体的真菌，均称为霉菌(molds)。

霉菌为微生物中数量最大的菌类，是在工农业生产中被广泛应用的一类微生物，也是历史上应用较早的微生物。它能分解一些复杂的有机物(如纤维素、木质素、几丁质等)，在自然界物质转化中起着很大的作用。

霉菌是由许多菌丝组成的菌丝体。霉菌的菌丝由孢子萌发生长而成，菌丝顶端延长，旁侧分支，互相交错成团，形成菌丝体，称为霉菌的菌落。

霉菌菌丝在功能上有了一定的分化。一部分菌丝伸入营养基质中，起吸收营养作用，称为营养菌丝或基质菌丝；另一部分伸向空气中，称为气生菌丝，一部分气生菌丝发育到一定阶段，分化成能产生孢子的繁殖器官，称为繁殖菌丝。

按菌丝中有无横隔，将霉菌菌丝分为无隔菌丝与有隔菌丝两种(图1-3-2)。无隔菌丝呈长管状分支，呈多核单细胞状态，如毛霉、根霉；有隔菌丝由分支成串的多细胞组成，菌丝中有隔，隔中央有小孔，细胞核及原生质可流动，如青霉、曲霉。

菌丝平均宽度为3～10 μm，细胞构造基本同酵母菌，都具有细胞壁、细胞膜、细胞质、

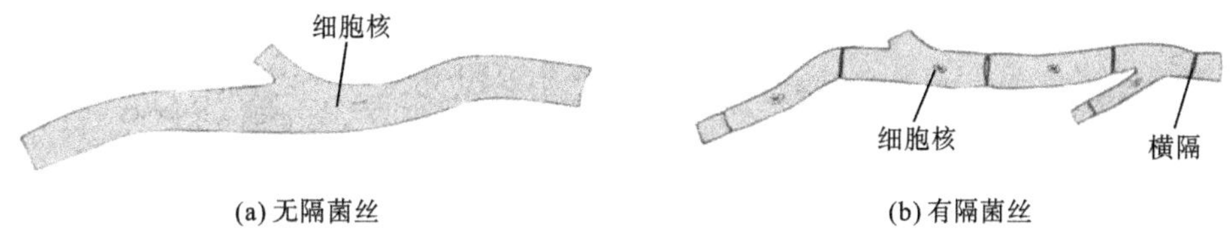

(a) 无隔菌丝　　(b) 有隔菌丝

图 1-3-2　霉菌的菌丝

细胞核及内容物。幼龄菌丝细胞胞浆均匀，老龄时出现液泡。

各种霉菌的菌丝形态不同，有螺旋状、球拍状、鹿角状、梳状和结节状等，此外不同霉菌菌丝的颜色也有差异。菌丝形态、结构与颜色是鉴别霉菌的重要依据。

二、增殖与培养

（一）增殖

1. 酵母菌

酵母菌可进行无性繁殖和有性繁殖，一般以无性繁殖为主。无性繁殖主要为芽殖、裂殖和产生掷孢子，其中以芽殖最为多见。

(1) 芽殖　首先是在成熟细胞（称母细胞）上的芽痕处长出一个称为芽体的突起，随后细胞核分裂成两个核，一个留在母细胞，一个与其他细胞物质一起进入芽体。当芽体逐渐长大到与母细胞相仿时，子细胞基部收缩，脱离母细胞成为新的个体，如啤酒酵母（*Saccharomyces cerevisiae*）。母细胞与子细胞相连成串而不脱离，似丝状，称为假菌丝（pseudomycelium）。

(2) 裂殖　裂殖为少数酵母菌的繁殖方式，其过程与细胞分裂方式相似。母细胞伸长，细胞核分裂，细胞中央出现横隔，将细胞分为两个具有单核的子细胞。

(3) 产生掷孢子　在营养细胞生出的小梗上形成无性孢子，成熟后通过一种特有的喷射机制将孢子射出，如掷孢酵母属（*Sporobolomyces*）。

某些种类的酵母菌（如酿酒酵母和八孢裂殖酵母等）进行有性繁殖，是由两个性别不同的单倍体营养细胞接近，各伸出一根管状突出物，然后相互接触，接触处的细胞壁溶解，形成一个通道，称为结合桥。两细胞的细胞质融合（即质配），两核各自向结合桥移动，核配在此进行，形成一个二倍体的细胞核。随即进行 1～3 次分裂，其中一次为减数分裂，形成 2 个、4 个或 8 个子核，每个子核与其周围的细胞质形成孢子，即子囊孢子，而原来的细胞壁成为子囊。子囊破裂后孢子散出，在适宜环境下可萌发形成新的酵母菌个体。酵母菌产生的子囊和子囊孢子有不同形状，是酵母菌分类的重要依据。

2. 霉菌

在自然界中，霉菌以产生各种无性孢子和有性孢子进行繁殖，一般无性繁殖产生个体多、快，是霉菌的主要繁殖方式。霉菌孢子的形态特征也是分类的重要依据。

(1) 无性繁殖　霉菌的无性繁殖是指不经过两性细胞的结合而形成新个体的过程。大多数霉菌进行无性繁殖，产生不同的无性孢子，如芽孢子、节孢子、厚垣孢子、孢子囊孢子、分生孢子（图 1-3-3），这些孢子萌发后形成新的个体。

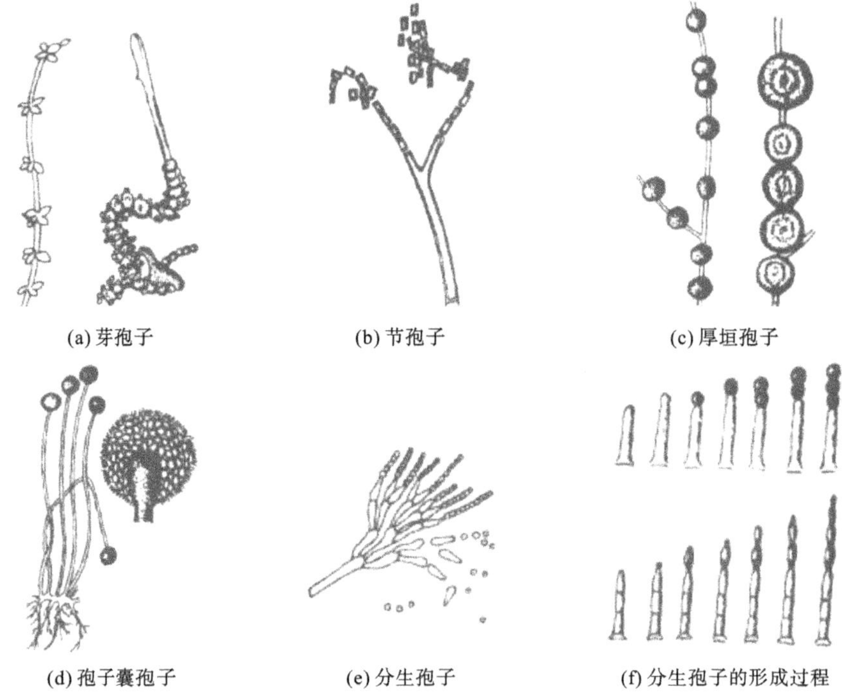

图 1-3-3　霉菌的无性孢子

（2）有性繁殖　霉菌的有性繁殖是经两性细胞结合（质配与核配）后，产生有性孢子来实现的。交配繁殖过程可分三个阶段：第一阶段是质配，即两个性细胞的细胞质融合在同一细胞中，此时细胞核并不融合；第二阶段是核配，即两个细胞核融合为一个细胞核，此时染色体数目是双倍的；第三阶段是减数分裂，双倍体的细胞核进行减数分裂，子核的细胞具有单倍体核。

多数霉菌是由菌丝体分化出称为配子囊的性器官进行交配，性器官里如产生性细胞则称为配子。由两性细胞结合产生的孢子称为有性孢子，有卵孢子、接合孢子、子囊孢子及担孢子等（图 1-3-4）。

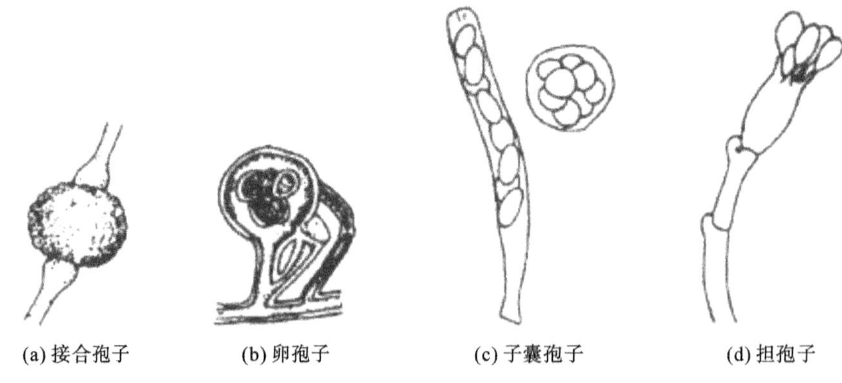

图 1-3-4　霉菌的有性孢子

（二）菌落特征

1．酵母菌

酵母菌在培养基上的菌落形状与细菌的相似，呈圆形或卵圆形，一般具有湿润、较光滑、有一定的透明度、容易挑起、菌落质地均匀以及正反面和边缘、中央部位的颜色都很均匀等特点，但较细菌菌落大且厚，多呈乳白色或奶油样。

单独的酵母菌细胞是无色的，但在固体培养基上常形成乳白色的菌落，少数为黄色或红色，个别为黑色。有些酵母菌表面呈干燥粉状；有些酵母菌培养时间长，菌落呈皱缩状；还有些可以形成同心圆等。产生假菌丝的酵母菌，菌落表面较平坦，表面和边缘较粗糙；不产生假菌丝的酵母菌，菌落更为隆起，边缘十分圆整。酵母菌的菌落还会散发出一股悦人的酒香味。

酵母菌菌落的颜色、光泽、质地、表面与边缘的形状和气味等特征，常作为酵母菌菌种鉴定的依据。

2．霉菌

霉菌的菌落比细菌、酵母菌的都要大，常常呈绒毛状、絮状和蜘蛛网状等。有些霉菌在固体培养基上呈扩散性生长，有的则呈局限性生长。菌落与培养基紧密连接，不易挑起。

菌落开始呈浅色或白色，当菌落上长出各种颜色的孢子后，菌落呈现黄、绿、青、黑、橙等颜色。有的霉菌由于能产生色素，菌落背面带有颜色，甚至扩散到培养基中，使培养基变色，正反面的颜色、边缘与中心的颜色常不一致。

第二节　放线菌

放线菌是一类形态介于细菌与真菌之间，形态极为多样（杆状到丝状）、多数呈菌丝状生长和以孢子繁殖的、陆生性强的革兰氏阳性原核细胞型微生物。由于放线菌的菌丝体在培养基上呈放线状生长，故得名放线菌。放线菌在分类学上属放线菌目，下有 8 个科，其中分枝杆菌科中的分枝杆菌属和放线菌科中的放线菌属与畜禽疾病关系较大。

一、分枝杆菌属

（一）概述

分枝杆菌属是一类平直或微弯的革兰氏阳性杆菌，需氧，无运动性，无芽孢，有抗酸染色特性。菌体细胞壁含有大量类脂，占干重的 20％～40％；培养时需要特殊营养条件才能生长，根据生长速度分为快生长和慢生长两类。结核分枝杆菌菌体细长，牛分枝杆菌较粗短，禽分枝杆菌短小且具有多形性，菌体常单在排列。副结核分枝杆菌菌体细长，常排列成丛或堆。

（二）致病性

本属菌在自然界分布广泛，许多是人和多种动物的病原菌，对动物有致病性的主要是结核分枝杆菌、牛分枝杆菌、禽分枝杆菌和副结核分枝杆菌。结核分枝杆菌、牛分枝杆菌和禽分枝杆菌能引起人和畜禽的结核病。家禽一般没有治疗价值，贵重动物可用异烟肼、链霉素、对氨基水杨酸等治疗。副结核分枝杆菌能引起牛、羊等反刍动物的副结核病（慢性消耗性传染病），目前尚无有效疗法，曾用链霉素、苯砜、异烟肼进行治疗，效果不理想，现在以对症治疗和淘汰净化牛、羊群为主要防治措施。

二、放线菌属

（一）概述

本属菌染色呈革兰氏阳性，着色不均，有分支，无运动性，无芽孢，厌氧，生长时需二氧化碳，不具抗酸染色特性，能发酵葡萄糖。菌体细胞大小不一，呈棒状或短杆状，常有分支而形成菌丝体。放线菌种类很多，大多为腐生菌，对人畜无害，有些为人类所利用，用于生产抗生素。

（二）致病性

病原性放线菌的代表种是牛放线菌，牛、猪、马、羊均易感染，主要侵害牛和猪，奶牛发病率较高。牛感染后主要侵害颌骨、唇、舌、咽、头颈部皮肤，尤以颌骨缓慢肿大为多见，又称为“大腭病”，常采用外科手术治疗。此外，还有狗、猫放线菌病的病原体，可引起狗、猫的放线菌病；衣氏放线菌，可引起牛的骨髓放线菌病和猪的乳房放线菌病。

第三节　螺旋体

螺旋体是一类介于细菌和原虫之间，菌体细长、柔软、弯曲呈螺旋状，能活泼运动的单细胞原核型微生物。螺旋体有8个属，其中与兽医临床关系密切的有4个属，即密螺旋体属、疏螺旋体属、蛇形螺旋体属和钩端螺旋体属。

一、形态结构

螺旋体细胞呈螺旋状或波浪状圆柱形，具有多个完整的螺旋。其大小极为悬殊，长可为5～250 μm，宽可为0.1～3 μm，菌体柔软易弯曲、无鞭毛。由于个体小且能活泼运动，因此有些种类能通过细菌滤器或滤膜。细菌的螺旋数目、螺距及回旋角度各不相同，在分类学上可作为一项重要指标。

螺旋体细胞中心为由细胞膜包裹的原生质柱，外有2～100根轴丝（又称轴鞭毛、内鞭毛或鞭毛），沿原生质柱的长轴缠绕其上。原生质柱具有细胞膜，最外层是由细胞壁和黏液层构成的外鞘。轴丝则夹在外鞘和细胞膜之间。

螺旋体通过轴丝运动，运动有三种方式：一为沿长轴旋转快速前进；二为细胞伸缩前进；三为作螺旋状或蛇状运动前进。

二、培养特性

螺旋体的培养与细菌的相似，但较细菌困难。多数需厌氧培养，但有些属种，特别是细螺旋体（钩端螺旋体）的培养并不难，可需氧生长。非致病性螺旋体、蛇形螺旋体、钩端螺旋体以及个别致病性密螺旋体与疏螺旋体可用含血液、腹水或其他特殊成分的培养基培养，其余螺旋体迄今尚不能用人工培养基培养，但可用易感动物来培养和保种。

三、致病性

螺旋体广泛存在于自然界水域中，也有很多存在于人和动物的体内。大部分螺旋体是非致病性的，只有一小部分具有致病性。如鸡疏螺旋体引起禽类的急性、败血性疏螺旋体病；猪痢疾蛇形螺旋体是猪痢疾的病原体；兔梅毒密螺旋体可导致兔梅毒；钩端螺旋体可感染多种家禽、家畜和野生动物，导致钩端螺旋体病。

目前，对猪痢疾蛇形螺旋体病尚无可靠或实用的免疫制剂供预防之用，但可用抗生素或化学治疗剂控制。对钩端螺旋体，国内外已有疫苗应用，效果良好。

第四节 支原体

支原体又称霉形体，是一类介于细菌和病毒之间、无细胞壁、能独立生活的最小的单细胞原核微生物。细胞柔软，高度多形性，能通过除菌滤器，含 DNA 和 RNA，以二分裂或芽生方式繁殖。在固体培养基上形成特征性的荷包蛋状菌落，对青霉素有抵抗力。在进化关系上介于细菌和病毒之间，是目前所知能在无生命的人工培养基中生长繁殖的最小微生物。

一、形态结构

支原体个体微小，直径一般为 0.1～0.3 μm，形态高度多形和易变，但基本形态是球状和丝状，此外还有两极状、环状、杆状、分支状及螺旋状等。其多形性的原因与它无细胞壁和繁殖方式多样化有关，此外还与菌型、菌株、培养条件和生长期有关。球状者直径为 0.2～0.8 μm，丝状细胞大小为(0.3～0.4) μm×(2～150) μm。质膜含固醇或脂聚糖等稳定组分，细胞质内无线粒体等膜状细胞器，但有核糖体，无鞭毛，有的有微荚膜。革兰氏染色呈阴性，常用姬姆萨染色或瑞氏染色，呈淡紫色。

二、增殖培养

支原体可在人工培养基中生长，但对营养要求较高，培养基中除需要基础营养物质外，还需要牛心浸液、酵母浸膏、辅酶Ⅰ、氨基酸以及10%～20%的动物血清等。血清主要用于提供胆固醇和其他长链脂肪酸。培养基中的琼脂浓度应小于1.5%，以利于形成荷包蛋样菌落。为抑制杂菌生长，常加入青霉素、乙酸铊、叠氮钠等药物。最适生长的

pH 为 7.6～8.0，最适温度为 36～37 ℃，需氧或兼性厌氧，少数菌株为专性厌氧。某些菌株在初次分离时需 5% CO_2 环境。

支原体的繁殖方式多样化，主要以二分裂法繁殖，但也可见以出芽、长丝体断裂、球状体膨大然后裂解成小颗粒的方式繁殖，因此形态呈多样化。

支原体生长缓慢，繁殖 1 代需 3～4 h，初次分离往往需 1 周左右才见生长，继代培养后生长可加快，经 3～5 d 可见生长。

支原体在固体培养基上形成典型的荷包蛋状菌落。菌落直径为 10～600 μm，呈圆形、透明、露滴状，必须用显微镜才能观察到。在液体培养基中生长数量较少，不易见到混浊，有时见到小颗粒粘于管壁或沉于管底。支原体可在鸡胚的卵黄囊或绒毛尿囊膜上生长，有些菌株可致鸡胚死亡；也能在细胞培养中生长，不一定引起细胞病变，但可妨碍病毒的细胞培养。

三、致病性

病原性支原体常分布于多种动物呼吸道、泌尿生殖道、消化道、眼等黏膜表面及乳腺、胸腺、腹膜、关节滑液囊膜、中枢神经系统等处。单独感染时常常症状轻微或无临床症状，当细菌或病毒等继发感染或受外界不利因素的作用引起疾病时，才表现出症状。特点是潜伏期长，呈慢性经过，地方性流行，多具有种的特性。如猪肺炎支原体可致猪地方流行性肺炎（猪喘气病），无乳支原体可致牛乳房炎，火鸡支原体可致火鸡气囊炎，山羊支原体可致山羊传染性胸膜肺炎、传染性无乳症，结膜支原体可致绵羊结膜炎，异相支原体可致犊牛肺炎。

第五节　立克次氏体

立克次氏体是一类介于细菌和病毒之间、专性细胞内寄生的小型革兰氏阴性原核单细胞微生物。为纪念发现落基山斑点热病原体的美国医生 H. T. Ricketts 而命名。此类微生物为人和动物立克次氏体病（如 Q 热、斑疹伤寒、恙虫病等）的病原体。

一、形态结构

立克次氏体细胞多形，呈球杆形、球形、杆形等，主要是球杆形。球状菌直径为 0.2～0.7 μm，杆状菌大小为(0.3～0.6) μm×(0.8～2) μm。除贝氏柯克斯体外，均不能通过细菌滤器。立克次氏体具有类似于革兰氏阴性细菌的细胞壁结构和化学组成，胞壁内含有肽聚糖、脂多糖和蛋白质，胞浆内有 DNA、RNA 及核蛋白体。革兰氏染色阴性，姬姆萨染色呈紫色或蓝色，马基维洛(Macchiavello)法可染成红色。

二、培养特性

立克次氏体为专性细胞内寄生，酶系统不完整，不能利用葡萄糖，由宿主细胞提供

ATP、辅酶Ⅰ和辅酶A等才能生长繁殖。除罗沙利马体外，均不能在人工培养基上生长繁殖。常用的培养方法有动物接种、鸡胚卵黄囊接种以及细胞培养，以菌体断裂的方式进行繁殖。

三、致病性

致人畜疾病的立克次氏体多寄生于人和动物网状内皮系统、血管内皮细胞或红细胞，并常寄生在虱、蚤、蜱、螨等节肢动物体内，节肢动物为其寄生宿主或储存宿主及重要的或必要的传播媒介。

立克次氏体主要寄生于上述节肢动物的肠壁上皮细胞中，兼或能进入它们的唾液腺或生殖道内。人畜主要经这些节肢动物的叮咬或其粪便污染伤口而感染立克次氏体。

人和动物感染立克次氏体后，可产生特异性体液免疫和细胞免疫。前者可中和立克次氏体的毒性物质，但同时也能形成抗原抗体复合物，从而加重晚期立克次氏体病。细胞免疫一方面可使机体产生迟发型变态反应，另一方面致敏淋巴细胞所产生的淋巴因子可抵御疾病发生和发展。

Q热立克次氏体主要是导致人和大型家畜（牛、羊、马等）发生Q热的病原体，通常发病急骤；东方立克次氏体可导致人、家畜和鸟类发生恙虫病；反刍兽可厥体可导致牛、山羊、绵羊及野生反刍动物发生心水病。

第六节　衣原体

衣原体是一类具有滤过性、严格细胞内寄生，并经独特发育周期以二分裂法繁殖和形成包含体的革兰氏阴性原核细胞型微生物，能引起人和家畜的衣原体病。

一、形态结构

衣原体细胞呈圆形或椭圆形，直径为0.3～1.0 μm，具有由黏肽组成的细胞壁，其结构和组成类似于革兰氏阴性菌，但胞壁酸缺少或含量微少，含DNA和RNA两种核酸以及核糖体。

衣原体为严格细胞内寄生的微生物，因此必须用活细胞培养，常用的培养方法有动物接种、鸡胚接种和细胞培养。

二、致病性

沙眼衣原体能引起人类沙眼、包含体性结膜炎以及性病淋巴肉芽肿等病；肺炎亲衣原体可引起人的急性呼吸道疾病，对动物无致病性；鹦鹉热亲衣原体可引起人的肺炎，畜禽肺炎、流产、关节炎等疾病；牛羊亲衣原体可导致牛、绵羊腹泻、关节炎、脑脊髓炎等。

我国已试制成功绵羊衣原体性流产疫苗，其他类型的衣原体病尚无实用或可靠的疫苗，治疗药物可以选用四环素等。

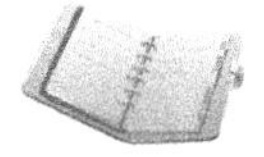

本章小结

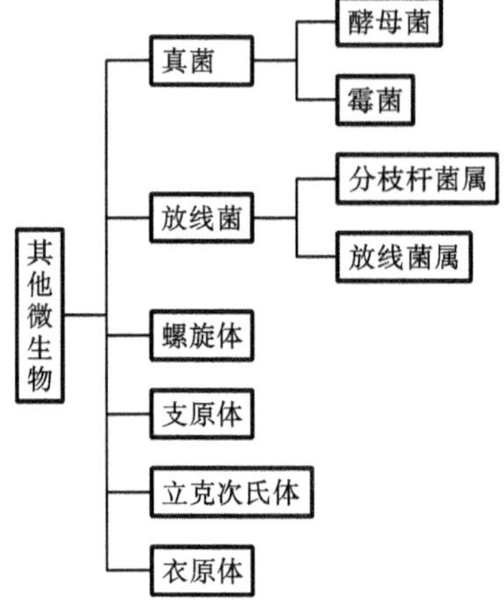

复习思考题

1. 简述酵母菌和霉菌的菌落特征。
2. 阐明真菌的培养条件。
3. 简述真菌的形态结构及致病性。
4. 列表说明放线菌、支原体、螺旋体、支原体、立克次氏体和衣原体的致病性。

实训

实训一　真菌及放线菌的形态观察

目的要求

(1) 会制备真菌和放线菌标本片。
(2) 能识别真菌和放线菌的形态结构。

设备和材料

显微镜、凹玻片、载玻片、盖玻片、滴管、试管、蒸馏水、接种针、香柏油、二甲苯、解剖针、20%甘油、0.1%美蓝染色液、石炭酸复红液、乳酸石炭酸棉蓝液、酵母菌培养物、毛霉或其他霉菌培养物、牛放线菌培养物。

操作内容

(一)酵母菌水浸片的制备及形态观察

取0.1%美蓝染色液一滴,滴在一块凹玻片凹窝中,以满而不溢为度。用接种针无菌勾取酵母培养物少许,放于凹窝中,混合均匀,染色3~5 min后,取盖玻片一块,小心地将盖玻片一端与菌液接触,然后缓慢将盖玻片放下,以避免产生气泡。

制好的酵母菌水浸片先用显微镜低倍镜观察,再用高倍镜观察,观察时注意酵母细胞的形状及出芽情况和死活菌体的比例。菌体为卵圆形,死菌体染成蓝色,活菌体则为无色透明的空泡样。

(二)霉菌水浸片的制备及形态观察

加一滴乳酸石炭酸棉蓝液于洁净的载玻片中央,用解剖针从菌落的边缘处挑取少量带有孢子的菌丝,放入乳酸石炭酸棉蓝液中,再细心地把菌丝挑散开,加盖玻片,注意不要有气泡产生。

将制好的霉菌水浸片置于显微镜低倍镜下观察,注意观察菌丝的形态大小和孢子囊的形态结构。菌丝呈蓝色,颜色的深度随着菌龄的增加而减弱。

(三)放线菌压片的制备及形态观察

取洁净的盖玻片一块,在菌落上面轻轻地压一下,然后将印有痕迹的一面朝下,放在另一载玻片上,轻轻用力挤压即成压片。如需染色检查,可揭去盖玻片,待标本干燥后进行革兰氏染色。

制成的放线菌压片先用显微镜低倍镜,后用高倍镜观察。菌丝体中心由于菌丝交叉缠绕重叠而呈暗色,边缘可见放射排列的菌丝末端,如棒状膨大,膨大部分朝外。革兰氏染色镜检时菌丝体中心为革兰氏阳性,四周的放线状排列部分为革兰氏阴性。

注意事项

(1)制备酵母菌水浸片时,酵母菌不宜过多,否则显微镜下菌体过密,不便观察。

(2)制备霉菌水浸片时,应将菌丝在染色液中尽量挑散,否则菌丝堆积,影响观察。

第四章

微生物与外界环境

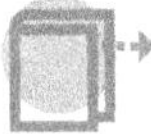

知识目标

• 熟悉微生物在自然界的分布。

• 掌握物理性因素、化学性因素和生物性因素对微生物的影响，并能利用这些影响解决生产中的问题。

• 掌握常见的微生物变异现象及微生物变异的应用。

技能目标

• 能正确使用高压蒸汽灭菌器、电热干燥箱、紫外灯、超净工作台以及细菌滤器等工具进行消毒和灭菌。

• 能针对畜禽生产中的不同对象选择合适的方法进行消毒。

• 能够利用细菌的药物敏感实验筛选抗生素。

• 能够将微生物常见的变异现象应用于动物传染病的预防、诊断和治疗中。

• 具备良好的安全防护意识和生态环境保护意识。

微生物种类繁多，代谢类型多样，繁殖迅速，适应环境能力强，无论是土壤、水、空气、饲料、动物的体表和某些与外界相通的腔道，甚至在一些极端环境中都有微生物存在，因此微生物与外界环境的关系极为密切。一方面，微生物通过新陈代谢活动对外界环境产生影响；另一方面，外界环境中的多种因素也影响着微生物的生命活动。了解微生物与外界环境之间的相互关系，有利于我们利用有益的微生物，控制和消灭有害的微生物，服务于畜牧业生产。

第一节 微生物在自然界的分布

一、土壤中的微生物

土壤有“微生物天然培养基”之称，是一切自然环境中微生物的总发源地，是人类利用微生物资源的最丰富的“菌种资源库”。因为土壤具备多种微生物生长繁殖所需的营养、水分、气体、酸碱度、渗透压和温度等条件，并能防止日光直射的杀伤作用，所以土壤是多种微生物生活的良好环境。1 g 肥沃的土壤含微生物达几亿至几十亿个。

土壤中微生物的种类很多，有细菌、放线菌、真菌、螺旋体、藻类和噬菌体等，其中细菌最多(70%～90%)，其次是放线菌(5%～30%)，真菌次于放线菌，其他的较少。

从南、北极到赤道，从高山到海底的泥土中都有微生物的存在。土壤中微生物的分布并不是均匀的，其种类和数量随地区、土质、植被、土层深度及季节的变化而变化，通常距地面 10～20 cm 的土层中，微生物的种类和数量最多，表层及深层土壤中较少。

土壤中微生物有两个方面的来源：一是土壤中的土著微生物类群；二是随动物尸体、分泌物、排泄物及植物残体进入土壤的微生物。

土壤中的病原微生物主要是由人和动物分泌物、排泄物及植物残体、动物尸体等污染而来。土壤并不是病原微生物生存的良好环境，进入土壤的病原微生物由于受理化及生物因素的影响，绝大多数很快死亡，只有少数形成芽孢和对理化因素抵抗力强的细菌能在土壤中存活较长时间。此类微生物能以土壤为媒介，引起人和动物感染，称为土壤感染或土壤传播。

土壤中微生物的分离和计算一般是根据该微生物对营养、氧气等的要求不同，而供给它们适宜的生活条件，或加入某种抑制剂造成只利于该微生物生长，不利于其他微生物生长的环境，从而淘汰不需要的微生物，然后用稀释平板法对所分离的微生物进行计数。

二、水中的微生物

水中存在大量的微生物，水是仅次于土壤的微生物生存的良好自然环境，但各种水域中的微生物种类和数量有明显差异。水中的微生物主要为腐生性细菌，其次还有真菌、螺旋体、噬菌体等。

水中微生物的来源包括四个方面：一是水中固有的微生物；二是来自土壤的微生物；三是空气中的微生物落入；四是人畜排泄物、分泌物的污染等。

水中微生物的分布、种类和数量受很多因素的影响，如水的类型、水中有机物的含量、水的深度及流速、季节、温度、阳光照射及水中微生物的拮抗作用等。通常静水较流动水含微生物多，地表水比地下水含微生物多，有机物含量高、污浊度大的水含微生物多。

水中的病原微生物是由人和病畜的排泄物、分泌物，动物尸体及植物残体等污染而来。特别是医院、兽医院、屠宰场、皮毛加工厂等附近的水源最容易受到污染。水源受到

污染可引起传染病的传播，借水源传播的常见病原微生物有伤寒杆菌、副伤寒杆菌、痢疾杆菌、霍乱弧菌等几十种。

检查水中微生物的含量和病原微生物的存在，对人、畜卫生有很重要的意义。国家对饮用水实行法定的公共卫生学标准，其中微生物学指标有细菌总数和大肠菌群数。我国饮用水的卫生标准是：每毫升水中细菌总数不超过 100 个，每 1000 mL 水中大肠菌群数不超过 3 个。

三、空气中的微生物

空气不是微生物生存的环境，因为空气中缺乏微生物生存所必需的营养物质，加上干燥、流动以及阳光的直接照射，进入空气中的微生物一般很快死亡。只有少数对干燥和阳光抵抗力强的细菌产生的芽孢以及真菌的孢子能在空气中存活较长时间，所以空气中微生物种类和数量都较少。

空气中微生物的主要来源是人、动物、植物及土壤中的微生物，通过水滴、尘埃、飞沫等一并散布进入，以气溶胶的形式存在。霉菌的孢子则能被气流直接吹入空气中。一般在畜舍、医院、宿舍、城市街道等的空气中含微生物量较高，而在大洋、高山或极地上空的空气中，微生物的含量就很少。

空气中的微生物较为常见的是霉菌的孢子、酵母菌、细菌的芽孢、抵抗力较强的球菌和放线菌。这些菌是食品、生物制品、发酵工业和微生物学实验的常见污染菌。

空气中一般没有病原微生物，但在病人、病畜的附近，医院、兽医院的周围及一些公共场所的空气中，往往含有病原微生物。它们附着在飞沫及尘埃上，健康人和动物往往因吸入而感染，称为飞沫传染或尘埃传染。病原微生物在空气中存活的时间一般不长，只有一些抵抗力强的细菌，如化脓球菌、结核杆菌、炭疽杆菌等可在空气中存活一定的时间。

检测空气中微生物常用的方法主要有过滤法和沉降法两种。过滤法的原理是使一定体积的空气通过一定体积的某种无菌吸附剂（通常为无菌水），然后用平板培养吸附于其中的微生物，以平板上出现的菌落数推算空气中的微生物数；沉降法的原理是将盛有培养基的平板置于空气中暴露一定时间后，经过培养用出现的菌落数来推算空气中的微生物数。

四、正常动物体的微生物

动物的皮肤、黏膜以及一切与外界相通的腔道（如口腔、消化道、呼吸道、泌尿生殖道等）都有不同类群微生物的存在。其种类和数量因动物种类、年龄、动物所处环境等而异。动物机体的微生物，有些是长期生活在动物体表或体内的共生或寄生的微生物，称为自身菌系或常住菌系；有些是由土壤、空气和动物所处环境污染而来，称为外来菌系或过路菌系，它们通常不能繁殖，只有在自身菌系失调时才能乘机繁殖或致病。

（一）正常菌群

在正常动物的体表或与外界相通的腔道经常有一些微生物存在，它们对宿主不但无害，而且是有益的和必需的，这些微生物称为正常菌群或正常微生物群。

在生物进化的过程中，微生物通过适应和自然选择的作用，微生物与微生物之间，微生物与其宿主之间，以及微生物、宿主和环境之间形成了一个相互依赖、相互制约并呈现动态平衡的生态系统。保持这种动态平衡是维持宿主健康状态必不可少的条件。

正常菌群对动物机体的重要意义是多方面的，现以消化道正常菌群为例，来阐明其在营养、免疫和生物拮抗等方面的重要作用。

1. 营养

消化道的正常菌群需从消化道获取营养，同时通过帮助消化而合成维生素等对宿主起营养作用。胃肠道细菌产生的纤维素酶能分解纤维素，产生的消化酶能降解蛋白质等其他物质。肠道细菌能合成B族维生素和维生素K，参与脂肪的代谢，有的能利用含氮物合成蛋白质。另外，消化道中的正常菌群有助于破坏饲料中的有害物质并阻止其吸收。

2. 免疫

正常菌群对宿主的体液免疫、细胞免疫和局部免疫均有一定的影响，尤其对局部免疫影响更大。当动物的正常菌群失去平衡，其细胞免疫和体液免疫功能下降，无菌动物的体液免疫或细胞免疫均显著低于普通动物的，表现为脾脏不发达，浆细胞减少，免疫球蛋白水平低，致敏淋巴细胞和分泌型IgA减少。

3. 生物拮抗

消化道中的正常菌群对包括病原菌在内的非正常菌群的入侵具有很强的拮抗作用。生物拮抗作用存在的原因是厌氧菌的作用、细菌素的作用、免疫作用以及特殊的生理生化环境。给饲养小鼠服用肠炎沙门菌，在肠菌群正常时，小鼠无发病和死亡；若先服用链霉素和红霉素，则全部死亡。

正常菌群对机体有重要作用，但在下述条件下也能致病：①菌群失调；②正常菌群寄居部位改变；③机体抵抗力受某些因素影响下降。

（二）正常动物体的微生物

1. 哺乳动物

(1) 体表　动物体表的微生物很多，其种类和数量常随动物所处的环境、动物的种类和体表的部位而变化。球菌最多，有葡萄球菌、链球菌和八叠球菌等；杆菌有大肠杆菌、棒状杆菌、绿脓杆菌和枯草杆菌等。其中葡萄球菌、链球菌、大肠杆菌、绿脓杆菌等细菌是引起伤口化脓的主要原因。偶尔也见其他病原菌，如结核杆菌、布氏杆菌、痘病毒等。

(2) 呼吸道　鼻腔的细菌最多，气管黏膜也有细菌，肺泡和支气管末梢是无菌的，在病理情况下才有细菌存在。在上呼吸道常可发现葡萄球菌、链球菌、肺炎双球菌和巴氏杆菌等，这些菌呈无害状态寄生，但在动物抵抗力下降时，就可能成为原发、并发或继发感染的病原菌。

(3) 消化道　初生幼畜的消化道是无菌的，数小时后微生物随着动物吮乳、采食等过程进入消化道。消化道的细菌随动物种类、消化道部位等不同而异。口腔细菌最多，常见的有葡萄球菌、乳酸杆菌、链球菌、棒状杆菌、螺旋体等；食道因没有食物停留，所以细菌极少；胃内由于胃酸的限制细菌极少，胃中可见一些耐酸性细菌，如乳杆菌、幽门螺杆菌、胃八叠球菌等，偶见芽孢杆菌，但反刍动物的前胃因没有消化腺，主要靠微生物的发酵来消化食物，故存在着大量的微生物，其中瘤胃的微生物更具有代表性，据报道有29个属、69个种，大多数为无芽孢的厌氧菌，也有一些兼性厌氧菌，这些菌在反刍动物的消化过程中起重要作用;在小肠部位,特别是十二指肠,由于各种消化液的杀菌作用,细菌较少,可见一些大肠杆菌、肠球菌、芽孢杆菌和产气荚膜杆菌等;大肠呈弱碱性反应,消化液的杀菌作用减弱或消失,食物残渣停留时间长,营养丰富,条件适宜,所以细菌最多,而且大多数为定居肠道的土著菌,有100种以上的细菌,每克粪便含菌数达1000亿以上,主要是厌氧菌,如双歧杆菌、拟杆菌和真杆菌等,占总数的90%～99%,其次是肠球菌、大肠杆菌、乳杆菌和其他细菌及酵母菌。

(4) 泌尿生殖道　在正常情况下,肾脏、输尿管、睾丸、卵巢、子宫以及输精管、输卵管是无菌的,仅在泌尿生殖道口才有细菌存在。阴道中主要是乳杆菌,其次是葡萄球菌、大肠杆菌、链球菌和抗酸性细菌等,有些还可检出支原体;尿道口可检出葡萄球菌、棒状杆菌及螺旋体等。

(5) 其他组织器官　动物的其他组织器官在正常情况下是无菌的,但在隐性感染过程中、传染病的恢复期和动物的濒死期,也可出现一些相关的细菌。

2. 禽类

禽类在胚胎期一般是无菌的,出壳后受到外界环境污染,消化道内很快就有细菌繁殖并定居,形成一个微生物群体。嗉囊中主要为乳杆菌;小肠段兼性厌氧菌逐渐增多,如链球菌、葡萄球菌、大肠杆菌和芽孢杆菌等;大肠和盲肠内主要是厌氧菌,如双歧杆菌、乳杆菌和拟杆菌等。盲肠的优势菌是真杆菌、梭杆菌等。

第二节　外界环境因素对微生物的影响

微生物多为单细胞生物,其生命活动极易受外界因素的影响。在适宜的环境条件下,微生物能正常生长发育;当环境条件不适宜或发生显著变化时,可以抑制微生物的生长,甚至导致微生物死亡。了解物理、化学和生物因素对微生物的影响及相关的消毒灭菌方法,在微生物学工作中是十分重要的。本节主要介绍物理、化学、生物因素对微生物的抑制或杀灭作用及消毒灭菌方法。在具体讨论这些内容之前,先介绍几个基本概念。

(1) 杀菌作用(bacteriocidal action):某些物质或因素具有的杀死微生物的作用。

(2) 抑菌作用(bacteriostatic action):某些物质或因素所具有的抑制微生物生长繁殖的作用。

(3) 抗菌作用(antibiotic action):某些药物所具有的抑制或杀灭微生物的作用。

(4) 灭菌(sterilization):杀灭物体表面和内部的一切微生物,包括细菌的芽孢和真菌的孢子。

(5) 消毒(disinfection):杀灭物体中的病原微生物。它只要求达到消除传染性的目的。用来消毒的化学药品称为消毒剂。

(6) 防腐(antisepsis):阻止或抑制微生物生长繁殖的方法。用来防腐的化学药品称为防腐剂,它与消毒剂无严格的界限,同种化学药品高浓度时为消毒剂,低浓度时为防腐剂。

(7) 无菌(asepsis):没有活微生物的状态。防止微生物进入动物机体或其他物体的方法称为无菌法。以无菌法进行的操作称为无菌技术或无菌操作。

一、物理因素对微生物的影响

影响微生物生命活动的物理因素主要有温度、辐射、干燥、超声波、微波、过滤除菌等。

(一) 温度

温度是微生物生长繁殖的重要条件。若温度适宜，则微生物生长繁殖良好；若温度过高或过低，则其生长受到抑制，甚至死亡。

1. 低温

大多数微生物对低温有很强的抵抗力，在低温条件下微生物的代谢活动降到最低水平，生长繁殖停止，但仍可长时间保持活力，所以低温主要用于保存菌种、毒种、疫苗、血清、食品和某些药物等。通常在0～4 ℃保存细菌、酵母菌、霉菌，在－70～－20 ℃保存病毒和某些细菌，最好在－196 ℃液氮中保存，可长期保持活力。

低温保存微生物时要注意以下三点：一是有少数细菌和病毒对低温特别敏感，如淋球菌、巴氏杆菌在4 ℃保存比室温保存死亡更快，疱疹病毒在－20 ℃保存比4 ℃保存死亡更快；二是反复冻融容易引起微生物死亡；三是冷冻保存细菌时，温度必须迅速降低，以免菌体内的水分形成结晶而损伤细胞膜。

目前，保存微生物及生物制品最好的方法是冷冻真空干燥法(简称冻干法)。方法是先将要保存物加上保护剂(如甘油、蔗糖、脱脂乳、血清、二甲基亚砜等)，装到玻璃容器中，在冻干机中迅速冷冻、抽真空、干燥、封口。这样保存的菌种、毒种、疫苗、血清等经多年不失去活性。

2. 高温

高温是指比最高生长温度还要高的温度。高温对微生物有明显的致死作用，可直接破坏菌体蛋白、核酸及酶系统，导致菌体死亡。因此，高温常用于消毒灭菌。高温灭菌分干热灭菌法和湿热灭菌法两类。

(1) 干热灭菌法　包括火焰灭菌法和和热空气灭菌法两种。

① 火焰灭菌法　火焰灭菌法是以火焰直接灼烧杀死物体中的全部微生物的方法，是一种最彻底的灭菌法，分为灼烧和焚烧两种。灼烧主要用于耐烧物品，如试管口、接种环、金属器具等的灭菌；焚烧常用于烧毁的物品，直接点燃或在焚烧炉内焚烧，如传染病畜及实验感染动物的尸体、病畜的垫料及其他污染的废弃物的灭菌。

② 热空气灭菌法　热空气灭菌法又称干烤灭菌，是利用干热灭菌器中的干热空气进行灭菌的方法。它适用于耐高温的物品，如各种玻璃器皿、瓷器、金属器械等的灭菌。在干热情况下，由于热对空气的穿透力较低，因此干热灭菌时需要160～170 ℃维持1～2 h，才能杀死一切微生物及其芽孢和孢子。灭菌时，要使温度逐渐升降，切忌太快。

(2) 湿热灭菌法　包括煮沸灭菌法、流通蒸汽灭菌法、巴氏消毒法和高压蒸汽灭菌法等。

① 煮沸灭菌法　煮沸10～20 min可杀死细菌的繁殖体、真菌和病毒，但杀不死芽孢，芽孢常需煮1～2 h才能被杀死。若在水中加入1%碳酸钠或2%～5%石炭酸，可以提高沸点，加强杀菌力，加速芽孢的死亡。此法常用于刀剪、注射器、针头及橡胶制品的消毒。

② 流通蒸汽灭菌法　此法是利用蒸汽在蒸笼或流通蒸汽灭菌器内进行灭菌的方法，也称间歇灭菌法。100 ℃的蒸汽维持 30 min，可杀死细菌的繁殖体，但不能杀灭细菌芽孢和霉菌的孢子。要达到灭菌的目的，需在第一次蒸后，将被灭菌物品放于 37 ℃温箱过夜，使芽孢萌发成繁殖体，第二天再蒸，如此连续 3 d，最终达到完全灭菌的目的。此法常用于某些不耐高温的培养基，如鸡蛋培养基、血清培养基、糖培养基等的灭菌。

③ 巴氏消毒法　这是以较低温度杀灭液态食品中的病原菌或特定微生物，而又不致严重损害其营养成分和风味的消毒方法。此法由巴斯德首创，用以消毒乳品和酒类，目前主要用于葡萄酒、啤酒、果酒及牛乳等食品的消毒。具体方法可分为三类：第一类是低温维持巴氏消毒法（low temperature holding pasteurization，LTH），于 62～65 ℃维持 30 min；第二类是高温瞬时巴氏消毒法（high temperature short time pasteurization，HTST），于 71～72 ℃保持 15 s；第三类是超高温巴氏消毒法（ultra high temperature pasteurization，UHT），于 132 ℃保持 1～2 s，加热消毒后迅速冷却到 10 ℃以下，故此法也称冷击法，这样可进一步促使细菌死亡，也有利于消毒的食品马上转入冷冻保存，例如经超高温巴氏灭菌的鲜乳，在常温下保存期可长达半年。

④高压蒸汽灭菌法　利用高压蒸汽灭菌器进行灭菌，是应用最广、最有效的灭菌方法。高压蒸汽灭菌器是一种密闭的容器，所产生的蒸汽不能外逸，随着加热，里面压力不断增高，温度也随之不断提高，从而增强杀菌力。通常用 1.02 kg/cm^2（1 kg/cm^2＝9.8×10^4 Pa）的压力、121.3 ℃的温度维持 15～20 min，可杀死一切微生物及芽孢。一切耐高温的物品均可用此法灭菌，如各种培养基、溶液、玻璃器皿、金属器械、敷料、橡皮手套、工作服和小实验动物尸体等均可用这种方法灭菌。

湿热灭菌效果比干热灭菌好，原因如下：湿热时有水分，菌体蛋白易凝固变性；湿热以对流传导热，干热以辐射传导热，故湿热比干热穿透力强，易进入物体深部；热蒸汽遇物体凝结成水，放出潜热，能迅速提高被灭菌物体的温度。

（二）辐射

辐射对微生物的作用可分为电离辐射和非电离辐射。

1. 非电离辐射

非电离辐射包括可见光、日光、紫外线。

（1）可见光的影响。

可见光短时间照射对微生物影响不大，但长时间照射可影响微生物代谢，故培养和保存微生物时应置于暗处。

如果将某些染料（如结晶紫、美蓝、汞溴红、沙黄等）加到培养基中，能增强可见光的杀菌作用，这种现象称为光感作用。

（2）日光的影响。

直射日光有强烈的杀菌作用，是天然的杀菌因素，许多微生物在日光直射下容易死亡，其中紫外线是日光杀菌的主要因素。细菌在日光直射下半小时到数小时即可死亡，芽孢需要经 20 h 才死亡。日光的杀菌效力因时因地而异，如烟尘严重污染的空气、玻璃、有机物的存在能减弱日光的杀菌力。此外，影响日光的杀菌作用的因素有空气中水分的多少，温度的高低以及微生物本身的抵抗力强弱等。

在实践中，日光对被污染的土壤、牧场、畜舍、牧场、草地表层的消毒均具有重要意义。

(3) 紫外线的影响。

波长为 200～300 nm 的紫外线具有杀菌作用，其中 253～265 nm 波段杀菌力最强。实验室常用的紫外灭菌灯波长为 253.7 nm，杀菌力强而稳定。

紫外线对微生物的杀菌原理主要有两个方面，即诱发微生物的致死性突变和强烈的氧化杀菌作用。致死性突变是因为微生物经紫外线照射后，微生物细胞内 DNA 的构型发生改变，使 DNA 分子中间形成胸腺嘧啶二聚体，干扰 DNA 的复制过程，造成微生物的死亡或变异。另外，紫外线能使空气中的分子氧变为臭氧，臭氧放出氧化能力极强的原子氧，也具有杀菌作用。

紫外线杀菌的最大缺点是穿透力差，普通玻璃、尘埃等均可阻挡紫外线，所以紫外线只适合空间及物体表面的消毒，如无菌室及手术室等空间、墙壁及实验台表面的消毒。

细菌受致死量的紫外线照射后，3 h 以内若再以可见光照射，则部分细菌又能恢复其活力，这种现象称为光复活作用。这种现象在实际工作中应引起注意。

若紫外线照射量不足以致死细菌等微生物，则可引起蛋白或核酸的部分改变，促使其发生突变，所以紫外线照射也常用于微生物的诱变。

2. 电离辐射

放射性同位素的射线（α 射线、β 射线、γ 射线）、X 射线以及高能质子、中子等可使被照射物质发生电离，称为电离辐射。

α 射线、β 射线、γ 射线及 X 射线照射，小剂量可诱发微生物变异，大剂量具有抑菌及杀菌作用。在实际工作中主要是将 X 射线、β 射线、γ 射线用于消毒、食品保鲜和微生物育种等方面。

(三) 干燥

水分是微生物新陈代谢过程中必需的基本物质。在干燥的环境中，微生物细胞会脱水，酶失去活性，从而使微生物的新陈代谢活动发生障碍，使其生长繁殖受阻，并最终死亡。因此，多数微生物在干燥环境中不能生长繁殖，甚至可导致死亡。

不同微生物对干燥的抵抗力差异很大，如巴氏杆菌在干燥环境中仅存活几天，而结核分枝杆菌在干燥的病料中可耐受 90 d 以上，炭疽杆菌和破伤风梭菌的芽孢抗干燥能力极强，在污染的干燥环境中可存活几十年，仍然保持其致病性。霉菌孢子对干燥也有很强的抵抗力。因为微生物不能在干燥的环境中生长繁殖，所以常用晒干、风干、烘干等方法保存食品、饲料、果蔬及药材等物品。

(四) 超声波

频率在 20000～200000 Hz 的声波称为超声波。超声波几乎对所有的微生物都有杀灭作用，主要是以机械作用和氧化作用破坏菌体细胞壁、细胞膜，使内容物释出。

不同的微生物对超声波的抵抗能力不同，通常细菌的芽孢比繁殖体强，球菌比杆菌强，体积小的细菌比体积大的强。多数细菌和酵母菌对超声波敏感，其中以革兰氏阴性菌最敏感，葡萄球菌抵抗力最强。

超声波虽然可使细菌死亡，但往往有许多残留菌体。因此，超声波在消毒灭菌方面无实用价值。超声波常用于裂解菌体细胞，研究菌体的构造、化学组成、核酸、抗原、酶等，也可用超声波从组织中提取病毒。

(五) 微波

从几百兆赫至几十万兆赫频率的无线电波称为微波。微波灭菌主要是利用微波的加热作用完成。在微波电磁场的作用下，微生物分子运动加速，温度升高，细胞内部分子结构被破坏，导致细胞死亡。微波可用于非金属医药用品等的灭菌，也广泛用于食品加工。在实验室，微波也用于冷冻物品的快速解冻。

(六) 过滤除菌

过滤除菌是通过机械阻留作用除去液体及气体中的细菌等微生物的方法，所用装置称为滤器。但滤器不能除去病毒、支原体和 L 型细菌。细菌滤器种类繁多，常用的有薄膜滤器、石棉滤器、玻璃滤器、空气滤器等，近年已普遍使用可更换滤膜的滤器或一次性滤器，滤膜孔径常用 0.22 μm 和 0.45 μm 两种。

过滤除菌主要用于不耐高温的物体，常用于液体培养基和药物除菌，如糖培养液、特殊培养基、血清、毒素、抗毒素、抗生素、维生素、氨基酸等液体的除菌，还可用于病毒液分离除菌。

二、化学因素对微生物的影响

化学物质都对微生物的形态、生长、繁殖、致病性、抗原性和其他特性有不同程度的影响。一般情况下，同一药物在高浓度时，对微生物具有杀灭作用，而在低浓度时抑制微生物的生长繁殖。所以许多化学药物已广泛用于消毒、防腐及治疗疾病。

用于抑制微生物生长繁殖的化学药物称为防腐剂，用于杀灭动物体外病原微生物的化学制剂称为消毒剂。消毒剂在低浓度时只能抑菌，而防腐剂在高浓度时也能杀菌，它们之间并没有严格的界限，统称为防腐消毒剂。用于消灭宿主体内病原微生物的化学制剂称为化学治疗剂。

(一) 消毒剂的原理

消毒剂的种类很多，其杀菌作用的原理也不尽相同。根据对菌体的作用，消毒剂大致可分为以下几种：①使菌体蛋白变性或凝固的，如酚类(高浓度)、醇类、重金属盐类(高浓度)、酸碱类、醛类；②损伤细胞膜的，如酚类(低浓度)、表面活性剂、醇类等脂溶剂；③干扰细菌酶系统和代谢的，如某些氧化剂、重金属盐类(低浓度)；④改变核酸功能的，如染料、烷化剂等。

这些药物不仅可杀死病原菌，同时对动物的组织细胞也有损害作用，所以它只能外用，用于体表、环境及物体的消毒。使用方法有浸泡、擦拭、气体熏蒸、喷雾及喷洒等。在实际工作中应根据用途与消毒剂的特点来选择药品、使用方法和浓度。最理想的消毒剂是杀菌力强、价格低、无腐蚀性、能长期保存、对动物无毒性或毒性较小、无残留或对环境无污染的化学药品。

(二) 影响消毒效果的因素

(1) 消毒剂的性质、浓度与作用时间　不同消毒剂的理化性质不同，对微生物的作用大小也有差异。一般来说，只有在水中溶解的化学药品，杀菌作用才显著。绝大多数消毒剂在高浓度时杀菌，而在低浓度时抑菌，但乙醇例外。微生物死亡数随作用时间延长而增加，因此，消毒时必须持续足够的时间，才能达到消毒的目的。

(2) 微生物的种类与数量　同一消毒剂对不同种类和处于不同生长期的微生物的杀菌效果不同。例如，一般消毒剂对结核分枝杆菌的作用要比对其他细菌繁殖体的作用差。70%的乙醇可杀死细菌的繁殖体，但不能杀死细菌的芽孢。因此，消毒时必须根据消毒对象选择合适的消毒剂。另外，污染的程度越严重，微生物的数量越多，消毒所需要的时间就越长。

(3) 温度与 pH 的影响　一般消毒剂的温度越高，杀菌效果越好。消毒剂的温度每升高 10 ℃，金属盐类的杀菌作用提高 2～5 倍，石炭酸的杀菌作用提高 5～8 倍。消毒剂的杀菌作用受 pH 的影响。在碱性溶液中，细菌带的负电荷较多，所以阳离子去污剂的作用较强；在酸性溶液中，阴离子去污剂的杀菌作用较强。同时 pH 也影响消毒剂的解离度，一般来说，未解离的分子较易通过细菌细胞壁，杀菌效果较好。

(4) 环境中有机物的存在　消毒剂与环境中的有机物尤其是蛋白质结合后，就减少了与菌体细胞结合的机会，从而降低了消毒剂的消毒效果。

(5) 消毒剂的相互拮抗　由于消毒剂理化性质不同，两种消毒剂合用时，可能相互拮抗，使消毒剂药效降低。如阴离子清洁剂肥皂与阳离子清洁剂新洁尔灭共用时，可发生化学反应而使消毒效果减弱，甚至完全消失。

影响消毒效果的其他因素还有湿度、穿透力、表面张力及拮抗物质等。

(三) 化学治疗剂

用于消除动物体内病原微生物或其他寄生物的化学药品称为化学治疗剂。如磺胺类药物、呋喃类药物和其他抗代谢药物。这些药物的作用有选择性，主要作用于病原微生物，而对机体毒副作用较小，主要用于临床治疗。

三、生物因素对微生物的影响

在自然界中影响微生物生命活动的生物学因素很多，在微生物与微生物之间、微生物与动植物之间经常存在着相互作用，如寄生、共生、协同、拮抗等。它们彼此相互制约，相互影响，共同促进了整个生物界的发展和进化。下面先介绍几个基本概念。

(1) 共生：两种或多种生物共同生活在一起，互相依赖，共同得利。

(2) 拮抗：一种生物在生长发育过程中，能产生某些对他种微生物呈现毒害作用的物质，抑制或杀死他种微生物的现象。

(3) 寄生：一种生物从另一种生物获取所需的营养，赖以为生，并对后者具有损害作用的现象。

(4) 协同：两种或多种生物生活在同一环境中，互相协助，共同完成或加强某种作用。

(一) 抗生素

抗生素是某些微生物在代谢过程中产生的一类能杀死或抑制另一些微生物的化学物质。它们主要来源于放线菌(如链霉素)，少数来源于某些真菌(如青霉素)和细菌(如多黏

菌素)，有些也能用化学方法合成。目前发现的抗生素有2500多种，但临床常用的仅几十种，如青霉素、链霉素、土霉素、庆大霉素等。抗生素对细菌的作用有其专一的选择性和特异性，抗生素分为广谱抗生素和窄谱抗生素，可用于治疗细菌感染和抑菌。

抗生素的抗菌作用主要是干扰细菌的代谢过程，达到抑制其生长繁殖或直接杀灭的目的。抗生素的作用原理可概括为四种类型：干扰细菌细胞壁的合成；损伤细胞膜而影响其通透性；影响菌体蛋白质的合成；影响核酸的合成。

(二) 细菌素

细菌素是某些细菌产生的一类具有杀菌作用的蛋白质，只能作用于同种细菌不同的菌株或与它有亲缘关系的其他细菌。例如，大肠杆菌产生的细菌素称为大肠菌素，它除了作用于大肠杆菌其他菌株外，还能作用于与它有亲缘关系的志贺菌、沙门菌、克雷伯氏菌等。细菌素目前只用于细菌的分型和流行病学调查，对治疗疾病意义不大。

(三) 植物杀菌素

植物杀菌素是某些植物中存在的杀菌物质。中草药如黄连、黄芩、大蒜、金银花、连翘、鱼腥草、穿心莲、马齿苋、板蓝根等都含有杀菌物质，其中有的已制成注射液或其他剂型的药品。

(四) 噬菌体

噬菌体是寄生于细菌、放线菌、真菌、支原体等其他微生物的一类病毒，具有病毒的一般生物学特性。因为能使细菌裂解，故称为噬菌体。噬菌体在自然界分布很广，凡是有上述各类微生物存在的地方，都有相应种类的噬菌体。

第三节　微生物的变异

微生物和其他生物一样，遗传和变异是其基本特征之一。亲代的性状可传给子代，并在子代表现出来，称为遗传性，它是物种存在的基础。细菌的性状包括形态结构、培养特性、毒力、生化特性、抗原性和耐药性等，都由细菌的遗传物质决定。亲代与子代以及子代之间的不相似性称为变异性，它是物种发展的基础。生物离开遗传和变异就没有进化。由于微生物体内遗传物质的改变发生的，可以遗传给后代的变异，称为遗传性变异；由于环境条件的改变引起的，一般不遗传给后代的变异，称为非遗传性变异。

一、常见的微生物变异现象

(一) 形态变异

细菌在异常条件下生长发育时，常出现形态、大小等特征的变异。例如，在陈旧培养基上出现的衰老型细菌、在青霉素培养基上形成的L型细菌等。病原菌在动物特定的组织、器官中，也可出现形态的变异，例如猪丹毒杆菌在慢性病猪的心内膜上不呈杆状而呈长丝状，炭疽杆菌在猪咽喉部不呈典型的竹节状等都是形态变异。在实验室保存菌种，如不定期移植和通过易感动物接种，形态也会发生变异。形态变异多数是非遗传性的，将其放回到正常环境，形态即可复原。

（二）结构与抗原性的变异

（1）荚膜变异　有荚膜的细菌，在特定条件下，可能丧失其形成荚膜的能力，此种变异有的能遗传，有的不能遗传。例如炭疽杆菌在动物体内和特殊培养基上能形成荚膜，而在普通培养基上则不形成荚膜。当将其通过易感动物机体时，便可完全或部分恢复形成荚膜的能力。荚膜是病原菌的毒力因素之一，又是一种抗原物质，所以荚膜的丧失必然导致病原菌毒力和抗原性的改变。

（2）芽孢变异　有些能形成芽孢的细菌，在一定条件下，可丧失产生芽孢的能力。例如在 43 ℃和含 $CaCl_2$ 的培养基中生长，可育成不形成芽孢的菌株。

（3）鞭毛变异　一些有鞭毛的细菌变异后可失去鞭毛，此为鞭毛变异。在普通培养基上呈薄膜状生长的变形杆菌，称 H 型菌（H 为德文“Hauch”的缩写，“薄膜”之意），此种菌有鞭毛；在含 0.075%～0.1%的石炭酸琼脂培养基上生长的变形杆菌，称为 O 型菌（“Ohne Hauch”的缩写，“无膜”之意），此菌菌落呈单个孤立，无鞭毛。H→O 变异就由此而来，是指有鞭毛到无鞭毛的变异。细菌失去了鞭毛，也就丧失了运动力和鞭毛抗原。

（三）菌落变异

细菌的菌落最常见的有两种类型：一种为光滑型（smooth type，S 型），其菌落表面光滑、湿润、边缘整齐；另一种为粗糙型（rough type，R 型），菌落表面粗糙、干枯、边缘不整齐。绝大多数细菌的正常菌落为 S 型（毒力强），经长期人工培养后可变成 R 型（无毒或毒力低），这种变异称为 S→R 变异。少数细菌（如炭疽杆菌、结核杆菌等）正常菌落为 R 型，变异后形成 S 型。S→R 变异经常伴随细菌毒力、生化特性、抗原性等的变异。

（四）毒力变异

病原微生物可发生毒力增强或减弱的变异。将病原微生物连续通过易感动物，可增强其毒力。将病原微生物长期培养于不适宜的环境中（如培养于含化学物质的培养基或高温下）或反复通过非易感动物时，可减弱其毒力，这种毒力减弱的菌株或毒株可用于疫苗的制造。如炭疽芽孢苗、猪瘟兔化弱毒疫苗等都是利用毒力减弱的菌株或毒株制造的预防生物制品。由于细菌毒力可发生变异，所以在实验室保存细菌时，除采用低温及冻干法外，还应定期通过易感动物。

（五）耐药性变异

正常情况下，细菌对许多抗菌药物是敏感的，但发现在使用某些药物治疗疾病过程中，其疗效逐渐降低，甚至无效，这是由于细菌对该种药物产生了抵抗力，这种现象称为耐药性变异。如对青霉素敏感的金黄色葡萄球菌发生耐药性变异后，成为对青霉素有耐受性的菌株。细菌的耐药性大多是自发突变产生的，也有是由于诱导而产生的。

二、微生物变异的应用

在实践方面，微生物的变异在传染病的诊断与防治方面具有重要意义。

(一) 传染病诊断方面

在微生物学检查过程中，要作出准确的诊断，不仅要知道微生物的典型特征，还要了解微生物的变异现象。微生物在异常条件下生长发育，可以发生形态、结构、菌落特征的变异，在临床传染病的诊断中应注意防止误诊。

(二) 传染病防治方面

可利用人工变异方法，获得抗原性良好、毒力减弱的菌株或毒株，制造预防传染病的疫苗。在传染病的流行中，要注意变异株的出现，并采取相应的预防措施。由于耐药菌株的不断出现与增加，使用抗菌药物预防和治疗细菌病时，针对性要强，不能滥用药物，必要时先做药物敏感性实验。

本章小结

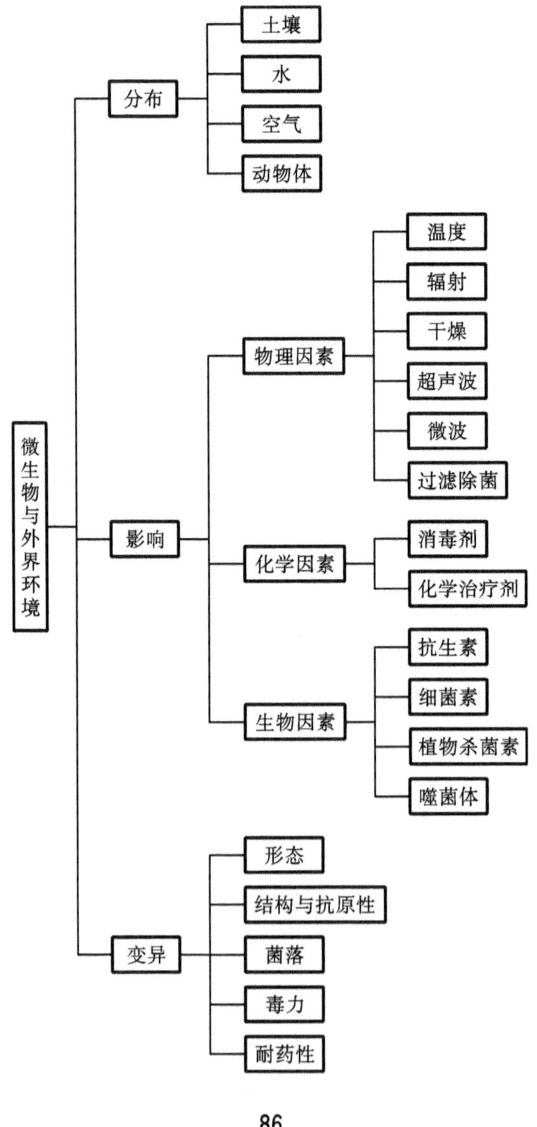

复习思考题

1. 维持动物消化道正常菌群的稳定有什么积极意义？
2. 简述常用的消毒灭菌方法及用途。
3. 温度对微生物有何影响？谈谈此影响在生产实践中的应用。
4. 简述紫外线杀菌的作用机理和注意事项。
5. 试述化学消毒剂杀菌的作用机理及影响因素。
6. 常见的微生物变异现象有哪些？有何实际应用？

实训

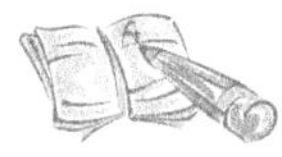

实训一　水的细菌学检查

目的要求

会检验水中菌落总数和大肠菌群数。

设备和材料

普通营养琼脂、乳糖胆盐发酵管、麦康凯培养基、远藤氏培养基、伊红美蓝培养基、玻璃瓶、灭菌吸管、量筒、待检水、恒温培养箱等。

操作内容

(一) 水中菌落总数的测定

水中菌落总数是指每毫升水在需氧情况下，在 37 ℃培养 48 h 后，能在普通营养琼脂平板上生长的细菌菌落总数。其测定方法如下。

1. 水样标本的采取

(1) 自来水　先将水龙头用火焰灼烧灭菌，然后打开水龙头，让水流 5 min 后，以无菌容器接取水样。

(2) 池水、河水、湖水　应取水面下 10～15 cm 处的水样。先将无菌的带玻璃塞的小口瓶瓶口向下浸入水中，然后翻转过来，取下玻璃塞，待盛满水后将瓶塞盖好，再从水中取出。一般立即检查，否则须放入冰箱中保存。

2. 水中菌落总数测定

(1) 自来水。

① 用灭菌吸管吸取 1 mL 水样，注入灭菌培养皿中，平行做 3 个。

② 分别注入约 15 mL 已融化并冷却到 45 ℃左右的普通琼脂培养基，并立即在平面旋转，使水样与培养基充分混合均匀。

③ 另取一空的灭菌培养皿，注入普通琼脂培养基 15 mL，作空白对照。

④ 待上述培养基凝固后，倒置于 37 ℃温箱中，培养 48 h，进行菌落计数。

三个培养皿的平均菌落数即为 1 mL 水样中的菌落总数。

(2) 池水、河水或湖水。

① 取 1 mL 水样，注入盛有 9 mL 灭菌水的试管内摇匀，再由此管吸 1 mL 至下一个含 9 mL 灭菌水的试管，连续稀释至 10^{-4}(若水污浊，则继续稀释)。每稀释一次，即换用一支 1 mL 灭菌吸管。

② 从最后 3 个稀释度的试管中各取 1 mL 稀释水，加入灭菌培养皿中，每个稀释度做 3 个培养皿。

③ 在上述培养皿中，分别注入 15 mL 已融化并冷却到 45 ℃左右的普通营养琼脂培养基，立即放在桌上摇匀。

④ 凝固后置于 37 ℃温箱中培养 48 h，然后进行菌落计数。

⑤ 菌落计数方法。

a. 先计算同一稀释度的平均菌落数，当其中一个培养皿有较大片状菌苔生长时，不应采用，而应以无片状菌苔生长的培养皿的菌落数作为该稀释度的平均菌落数。当片状菌苔的面积不到培养皿的一半，而其余的一半菌落分布又很均匀时，可将无片状菌苔这一半的菌落数乘以 2 代表全培养皿的菌落数，然后计算该稀释度的平均菌落数。

b. 首先选择平均菌落数在 30～300 范围内的稀释度，乘以稀释倍数报告。

c. 若有两个稀释度，其平均菌落数均在 30～300 范围内，则按两者平均菌落数之比值来确定。若比值不大于 2，应报告其平均数。

d. 若所有稀释度的平均菌落数均大于 300，则按稀释度最高的平均菌落数乘以稀释倍数报告。

e. 若所有稀释度的平均菌落数均小于 30，则应按稀释度最低的平均菌落数乘以稀释倍数报告。

f. 当所有稀释度的平均菌落数均不在 30～300 范围内，其中一部分稀释度的平均菌落数大于 300 或小于 30 时，则以最接近 30 或 300 的平均菌落数乘以稀释倍数报告。

⑥ 菌落数的报告。菌落数在 100 以内时，按实有数报告，大于 100 时，采用两位有效数值，在两位有效数值后面的数字，以“四舍五入”方法计算。为了减少数字后面的零，也可用以 10 为底的指数来表示。

(二) 水中大肠菌群数的测定

大肠菌群是指一群在 37 ℃，经 24 h 培养能发酵乳糖产酸产气、需氧或兼性厌氧的革兰氏阴性无芽孢杆菌。大肠菌群数在食品及水中有不同的含义。食品中大肠菌群数以每 100 mL(g)检样中大肠菌群的最近似数(MPN)表示，水中大肠菌群数以每 1000 mL 检样中大肠菌群的最近似数表示。通过对水中菌落总数和大肠菌群数的测定，可以了解水质的污染情况。我国《生活饮用水卫生标准》规定，生活用水的菌落总数每毫升不得超过 100 个，大肠菌群数每 1000 mL 水中不得超过 3 个。大肠菌群数的测定程序和方法如下。

(1) 初发酵实验　样品的采取及稀释方法与水中菌落总数的测定相同。根据水样的卫生学标准或对污染情况的估计，选择适宜的3个稀释度无菌操作采取与稀释样品，将其接种于乳糖胆盐发酵管内，接种量在1 mL以上者，用双料乳糖胆盐发酵管；接种量在1 mL及其以下者，用单料乳糖胆盐发酵管，每一稀释度接种3管。置于37 ℃温箱中培养24 h，如所有乳糖胆盐发酵管都不产气，可报告大肠菌群阴性。如有产气者，则按下列程序进行。

(2) 分离培养　将产气的发酵管分别接种于伊红美蓝琼脂平板(或麦康凯或远藤氏琼脂平板)上，置于37 ℃温箱中培养24 h，作菌落特征观察及革兰氏染色镜检和乳糖发酵实验。

(3) 复发酵实验　在上述平板上，挑取大肠菌群可疑菌落1～2个，接种于乳糖发酵管，置于37 ℃温箱中培养24 h，观察产气情况。凡乳糖管产酸产气、革兰氏阴性、无芽孢杆菌，即可报告大肠菌群阳性；如乳糖管不产气或革兰氏阳性，则报告大肠菌群阴性。

(4) 报告　根据证实为大肠菌群阳性的管数，报告大肠菌群的最近似数。

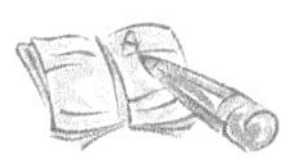

实训二　饲料中微生物的检查

目的要求

会进行饲料中霉菌的实验室检测。

设备和材料

天平、恒温培养箱、冰箱、高压灭菌器、水浴锅、微型混合器、振荡器、试管、试管架、培养皿、接种棒、具塞三角瓶、吸管、广口瓶、玻璃珠、霉菌用培养基等。

操作内容

(1) 以无菌操作称取样品25 g(或25 mL)，放入含有225 mL灭菌稀释液的具塞三角瓶中，置于振荡器上振摇30 min，即为1∶10的稀释液。

(2) 用灭菌吸管吸取1∶10的稀释液，注入带玻璃珠的试管中，置于微型混合器上混合3 min，或注入试管中，另用带橡皮乳头的1 mL灭菌吸管反复吹吸50次，使霉菌孢子分散开。

(3) 取1 mL 1∶10的稀释液，注入含有9 mL灭菌稀释液的试管中，另换一支吸管吹吸5次，此液为1∶100的稀释液。

(4) 按上述操作顺序做10倍递增稀释液，每稀释一次，换用一支1 mL灭菌吸管，根据对样品污染情况的估计，选择3个合适稀释度，分别在做10倍稀释的同时，吸取1 mL液于灭菌培养皿中，每个稀释度做2个培养皿，然后将45 ℃左右的高盐察氏培养基注入培养皿中，充分混合，待琼脂凝固后，倒置于25～28 ℃温箱中，培养3 d后开始观察，应培养观察一周。或者先将高盐察氏培养基注入培养皿中，待琼脂凝固后，吸取一定体积的稀释液于培养基表面，涂布均匀后培养。一般先生长出白色菌落后因产生孢子和色素使菌落带上不同的颜色。

(5) 计算。菌落计数通常选择霉菌数在 10～100 范围内的培养皿进行计数，同稀释度的 2 个培养皿霉菌平均数乘以稀释倍数，即为每克(或每毫升)检样中所含霉菌总数。

附：高盐察氏培养基和稀释液的制法

1. 高盐察氏培养基的配制

(1) 配方：

硝酸钠　2 g　　磷酸二氢钾　1 g

硫酸镁($MgSO_4 \cdot 7H_2O$)　0.5 g　　氯化钾　0.5 g

硫酸亚铁　0.01 g　　氯化钠　60 g

蔗糖　30 g　　琼脂　20 g

蒸馏水　1000 mL

(2) 配制方法：将上述药品加入 1000 mL 蒸馏水中，加热溶解，分装，在 121 ℃高压灭菌 30 min。

2. 稀释液的配制

(1) 配方：

氯化钠　8.5 g　　蒸馏水　1000 mL

(2) 配制方法：将 8.5 g 氯化钠加入 1000 mL 蒸馏水中，加热溶解，分装，121 ℃高压灭菌 30 min。

实训三　玻璃器皿的清洗、包装、干燥与灭菌

目的要求

(1) 能进行玻璃器皿的清洗、包装、干燥。

(2) 能熟练进行湿热灭菌和干热灭菌操作。

设备和材料

清洗用大盆、洗涤用品(肥皂水、洗洁精或洗衣粉)、2%盐酸、2%来苏儿或 5%石炭酸溶液、95%乙醇、烧杯、量筒、量杯、吸管、试管、三角烧瓶、培养皿、载玻片、盖玻片等。

操作内容

(一) 清洗

1. 新购玻璃器皿的清洗

新购玻璃器皿常附有游离碱质，不可直接使用，应先在 2%盐酸中浸泡数小时，以中和碱性，然后用肥皂水及洗衣粉洗刷玻璃器皿之内外，再以清水反复冲洗数次，以除去遗

留的酸质，最后用蒸馏水冲洗。

2. 用后玻璃器皿的清洗

凡被病原微生物污染过的玻璃器皿，在洗涤前必须进行严格的消毒，再行处理，其方法如下。

(1) 一般玻璃器皿(如培养皿、试管、烧杯、烧瓶等)均可置于高压灭菌器内 121.3 ℃ 20～30 min 灭菌。随即趁热将内容物倒净，用温水冲洗，再用 5%肥皂水煮沸 5 min，然后按新购玻璃器皿的方法同样处理。

(2) 吸管类使用后，投入 2%来苏儿或 5%石炭酸溶液内 48 h，以使其消毒，但要在盛来苏儿溶液的玻璃筒底部垫一层棉花，以防投入吸管时损坏。洗涤吸管时，先在 2%肥皂水中浸 1～2 h，取出，用清水冲洗以后再用蒸馏水冲洗。

(3) 载玻片与盖玻片用过后，可投入 2%来苏儿或 5%石炭酸溶液，取出煮沸 20 min，用清水反复冲洗数次，浸入 95%乙醇中备用。

若各种玻璃器材用上述方法处理后，尚未达到清洁目的，则可将其浸泡于清洁液中过夜，取出后用水反复冲洗数次，最后用蒸馏水冲洗。

(二) 干燥

玻璃器材洗净后，一般自然干燥，必要时也可放在干燥箱中干燥(50 ℃)。

(三) 包装

玻璃器皿在消毒之前，须包装妥当，以免消毒后又被杂菌污染。

(1) 一般玻璃器材(如试管、三角烧瓶、烧杯等)的包装　先做好适宜大小的棉塞，将试管或三角烧瓶口塞好，外面再用纸张包扎(图 1-4-1)，烧杯可直接用纸张包扎。

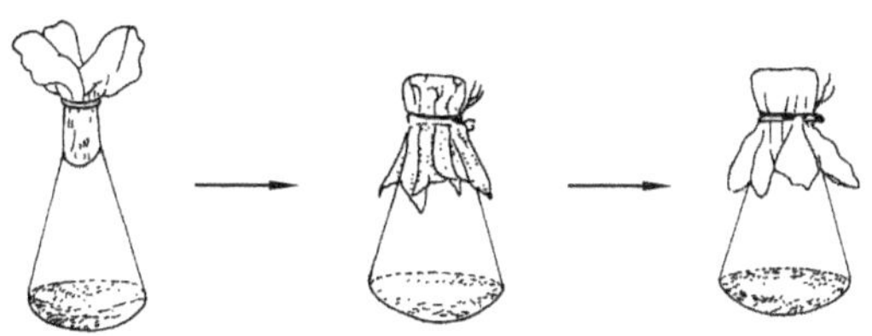

图 1-4-1　三角烧瓶的包装

(2) 吸管的包装　用细铁丝或长针头塞少许棉花于吸管上口端，以免使用时，将病原微生物吸入上口，同时又可过滤从上口中吹入的空气。塞进的棉花团大小要适度，太松或太紧对其使用都有影响。最后，每个吸管均需用纸分别包卷(图 1-4-2)，有时也可用报纸每 5～10 支包成一束或装入金属筒内进行干烤灭菌。

(3) 培养皿、青霉素瓶、乳钵等的包装　用无油质的纸将其单个或数个包成一包，置于金属盒内(图 1-4-3)灭菌，或仅包裹瓶口部分直接进行灭菌。

(四) 灭菌

玻璃器材干燥包装后，置于干热灭菌器内 160 ℃维持 1～2 h 进行灭菌，或者 121 ℃高压蒸汽灭菌 20～30 min。灭菌后的玻璃器材须在 1 周内用完，过期应重新灭菌，再行使用。

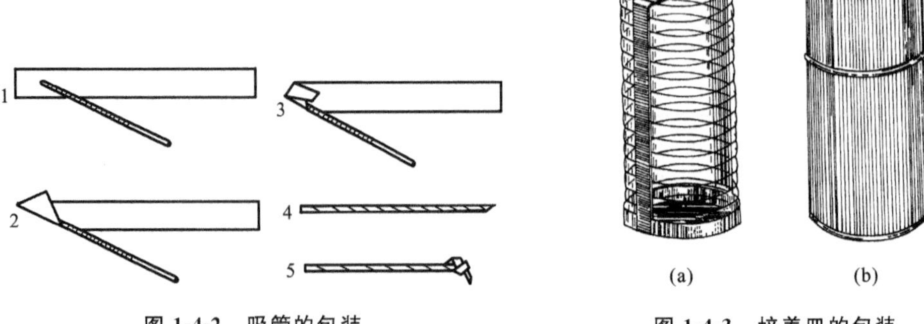

图 1-4-2　吸管的包装　　　　图 1-4-3　培养皿的包装

注意事项

(1) 吸管口端塞入的棉花团应大小适宜。太小则在吹吸时随气流上下移动,失去其作用;太大则阻塞气流,不便吹吸。

(2) 橡胶制品(如橡皮塞、胶头滴管、橡胶管等)不能用干热灭菌法灭菌。

附:棉塞的制作和清洁液的配制

1. 棉塞的制作

制作棉塞时,最好选择纤维长的新棉花,绝不能用脱脂棉。视试管或瓶口的大小取适量棉花,分成数层。互相重叠,使其纤维纵横交叉,然后折叠卷紧,用两层纱布捆系结实,做成长 4～5 cm 的棉塞(图 1-4-4)。棉塞应上下粗细一致,并且与管口紧接,没有可见空隙。

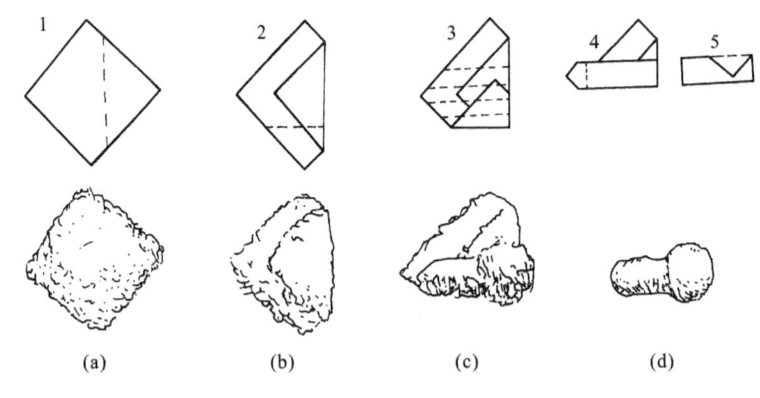

图 1-4-4　棉塞的制作

2. 清洁液的配制

配方如下:

重铬酸钾 60 g　硫酸 60 mL　自来水 100 mL

此清洁液可连续使用,直至液体变绿。清洁液内含有硫酸,腐蚀性很强,使用时应注意防止造成对衣服和皮肤的灼损。

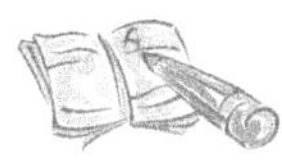

实训四　细菌的药物敏感性实验(纸片扩散法)

目的要求

(1) 会进行药物敏感性实验和结果判定。

(2) 能利用药物敏感性实验对临床用药进行指导。

设备和材料

接种环、酒精灯、恒温培养箱、镊子、试管架、常用消毒剂、普通琼脂平板、各种抗生素、浸有药物的干燥滤纸片、大肠杆菌和金黄色葡萄球菌的肉汤培养物。

操作内容

各种致病菌对于抗生素的敏感度不同,细菌的药物敏感性实验主要是通过比较来筛选某种细菌的敏感性药物,为细菌病的治疗提供依据。下面以纸片扩散法为例,介绍药物敏感性实验的操作方法和结果判定。

(1) 取6～8 h的大肠杆菌与金黄色葡萄球菌的肉汤培养物1 mL,用涂布棒均匀地涂在两个普通琼脂平板表面。

(2) 用灭菌镊子夹取浸有药物的干燥滤纸片,按标记位置,轻轻贴在已接种好细菌的琼脂培养基的表面,一次放好,不得移动。

(3) 在培养皿底部背面用记号笔将每个药敏片做好标记。

(4) 在37 ℃温箱内培养18～24 h后取出,观察并记录结果。根据纸片周围有无抑菌圈及抑菌圈的直径大小,按表1-4-1标准确定细菌对各种抗生素的敏感度。

表1-4-1　细菌对不同抗菌药物敏感性标准

药物名称	每片含药量/μg	抑菌圈直径/mm	敏感度
青霉素	10	＜20	不敏感
		21～28	中度敏感
		＞29	高度敏感
四环素	300	＜12	不敏感
		13～18	中度敏感
		＞19	高度敏感
庆大霉素	10	＜12	不敏感
		13～14	中度敏感
		＞15	高度敏感

续表

药 物 名 称	每片含药量/μg	抑菌圈直径/mm	敏 感 度
氯霉素	30	<12	不敏感
		13～17	中度敏感
		>18	高度敏感
红霉素	15	<13	不敏感
		14～17	中度敏感
		>18	高度敏感

附:浸有药物的干燥滤纸片的制备

将灭菌滤纸片用无菌镊子摊布于灭菌培养皿中,以每张滤纸片饱和吸水量为0.01 mL计,每50张滤纸片加入药液0.5 mL,不时翻动滤纸片,使滤纸片将药液均匀吸净,一般浸泡30 min即可。然后取出含药滤纸片,置于一纱布袋中,以真空抽气使之干燥。或直接将含药滤纸片摊于37 ℃温箱中烘干,烘烤的时间不宜过长,以免某些抗生素失效。对含青霉素、氯霉素、红霉素等滤纸片的干燥宜用低温真空干燥法。干燥后,立即装入无菌的小瓶加塞,置于干燥器内保存,也可将含药滤纸片储藏于－20 ℃或家用冰箱冰冻。少量供工作用的含药滤纸片从冰箱中取出后应在室温中放置1 h,使含药滤纸片温度和室温一致,防止冷的含药滤纸片遇热空气产生凝结水。含药滤纸片的有效期一般为4～6个月。

第五章
微生物的致病性与传染

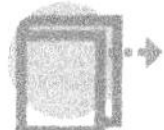

知识目标

- 熟练掌握病原微生物的致病性、毒力、半数致死量、半数感染量、传染等的概念。
- 掌握细菌的致病作用。
- 了解病毒的致病作用。
- 掌握传染发生的必要条件。

技能目标

- 会利用实验动物测定细菌的毒力，特别是半数感染量、半数致死量的测定。

第一节　病原微生物的致病作用

一、病原微生物的致病性与毒力

微生物在自然界分布十分广泛，种类繁多。它们与人类和动植物有着密切的关系，其中绝大多数微生物对人类和动物是无害的，甚至是有益的，将此类微生物称为非病原微生物。只有少数微生物对人类和动植物是有害的，能引起人类和动植物的疾病，将这些具有致病性的微生物称为病原微生物（或病原体），如猪瘟病毒、猪丹毒杆菌等。

绝大多数病原微生物是寄生性病原微生物，从宿主获得营养，并对宿主造成损伤和疾病。有些病原微生物只能在宿主细胞内生活，属于严格寄生物，如病毒、立克次氏体等。有些病原微生物（如大肠杆菌、布氏杆菌等）长期生活在人和动植物体内，一般不致病，只有在一定条件下（如机体抵抗力降低），才会对人和畜禽表现出寄生性的致病作用，这类病原微生物称为条件性病原微生物。大多数病原微生物既可寄生于宿主体内，又可在适宜的外界环境中生长繁殖，属于兼性寄生物。还有一些微生物本身并不一定侵入动物机体，

而是以其代谢产生的毒素，随同饲料进入动物体，呈现毒害作用，此类微生物称为腐生性病原微生物，如肉毒梭菌等。

传染是病原微生物的致病作用与机体抗感染作用相互斗争的过程，由传染激发免疫，又由免疫终止传染。

病原微生物的致病作用取决于它的致病性和毒力。

（一）致病性

致病性（pathogenicity）又称病原性，是指一定种类的病原微生物在一定条件下能在宿主体内引起传染过程的能力。病原微生物的致病性是针对宿主而言的，有的仅对人致病，有的则仅对某些动物致病，而有的则兼而有之。不同的病原微生物对宿主可引起不同的疾病，表现为不同的临床症状和病理变化，也就是说，某种病原微生物只能引起一定的疾病。因此，致病性是微生物“种”的特征，是质的概念。如猪瘟病毒只能使猪患猪瘟。

（二）毒力

毒力（virulence）是指病原微生物的不同菌株或毒株的致病力程度（或病原微生物致病力的强弱程度）。各种病原微生物的毒力常常不一致，并可因宿主及环境条件的不同而发生改变。同种病原微生物也可因型或株的不同而有毒力强弱的差异。不同菌株或毒株根据其毒力的差别可分为强毒、弱毒、无毒三种菌（毒）株。因此，毒力是微生物“株”的特征，是量的概念。

1. 毒力的表示方法

在微生物实验中，毒力的测定特别重要，尤其在疫苗效价、血清效力鉴定或药物疗效研究时，必须先将实验用的细菌、病毒或毒素的毒力加以测定，毒力的表示方法如下。

(1) 最小致死量（MLD）：特定动物于感染后一定时间内发生死亡所需的最小活微生物的量或毒素量。

(2) 半数致死量（LD_{50}）：一定时间内能使半数实验动物感染后发生死亡所需的活微生物的量或毒素量。

(3) 最小感染量（MID）：病原微生物对实验对象（如组织培养等）引起传染的最小剂量。

(4) 半数感染量（ID_{50}）：病原微生物对半数实验对象发生感染的剂量。

2. 改变毒力的方法

(1) 增强毒力的方法　在自然条件下，回归易感动物为增强细菌毒力的最佳方法。易感动物既可以是本动物，也可以是实验动物。特别是回归易感实验动物，已广泛用于增强细菌的毒力。如多杀性巴氏杆菌通过小鼠，猪丹毒杆菌通过鸽子等。有的细菌与其他微生物共生或被温和噬菌体感染也可增强毒力，如产气荚膜梭菌与八叠球菌共生时毒力增强，白喉杆菌只有被温和噬菌体感染时才能产生毒素而成为有毒细菌。实验室为了保持所藏菌种（或毒种）的毒力，除了改善保存方法（如冻干保存）外，可适时将其通过易感动物。

(2) 减弱毒力的方法　病原微生物的毒力可自发地或人为地减弱。人工减弱病原微生物的毒力在疫苗生产上有重要意义，常用的方法如下：长时间在体外连续培养传代；在高于最适生长温度条件下培养；在含有特殊化学物质的培养基中培养；在特殊气体条件下培养；通过非易感动物；通过基因工程的方法等。此外，在含有抗血清、特异噬菌体或抗生素的培养基中培养，也都能使病原微生物的毒力减弱。

3. 病原微生物致病性的确定

(1) 经典柯赫法则　著名的柯赫法则(Koch's postulates)是确定某种细菌是否具有致病性的主要依据，其要点如下：第一，特殊的病原菌应在同一疾病中查到，在健康者不存在；第二，此病原菌能被分离培养而得到纯种；第三，此纯培养物接种易感动物，能导致同样病症；第四，自实验感染的动物体内能重新获得该病原菌的纯培养物。柯赫法则在确定细菌致病性方面具有重要意义，特别是鉴定一种新的病原体时非常重要，但它有一定的局限性，某些情况并不符合该法则。如健康带菌或隐性感染，有些病原菌迄今仍无法在体外人工培养，有的则没有可用的易感动物。另外，该法则只强调了病原微生物这一方面，忽略了它与宿主的相互作用，这是其不足之处。

(2) 基因水平的柯赫法则　随着分子生物学的发展，"基因水平的柯赫法则"(Koch's postulates for genes)应运而生。其要点如下：第一，应在致病菌株中检出某些毒力或其产物，而无毒力菌株中则无；第二，如有毒力菌株的某个基因被损坏，则菌株的毒力应减弱或消除，或者将此基因克隆到无毒菌株内，后者成为有毒力菌株；第三，将细菌接种动物时，这个基因应在感染的过程中表达；第四，在接种动物能检测到这个基因产物的抗体，或产生免疫保护。该法则也适用于细菌以外的微生物，如病毒。

二、细菌的致病作用

细菌的致病作用包括细菌对宿主引起致病的特性，以及对宿主致病能力的大小两个方面。如猪丹毒杆菌引起猪丹毒，这是由细菌的种属特性决定的。另一方面，在同一种细菌的不同菌株之间，往往反映出不同的致病能力，通常把这种不同程度的致病能力称为细菌的毒力。构成细菌的毒力因素有侵袭力和毒素两个方面。

(一) 侵袭力

侵袭力是指病原菌突破机体的防御机能并在体内生长繁殖、蔓延扩散的能力。影响细菌侵袭力的因素包括黏附素、侵袭性物质、荚膜、细菌生物被膜等，主要涉及细菌的表面结构、释放的侵袭蛋白和酶类。

1. 黏附素

病原菌突破宿主的皮肤、黏膜等防御屏障后，首先要黏附并定植于黏膜上皮，然后才能侵入细胞生长繁殖并进行扩散。

细菌表面与黏附相关的蛋白质称为黏附素。黏附素分为菌毛黏附素和非菌毛黏附素两大类。菌毛黏附素由细菌菌毛分泌于菌毛顶端，如大肠杆菌的菌毛黏附素；非菌毛黏附素是细菌表面的其他成分，如革兰氏阴性菌的外膜蛋白和革兰氏阳性菌的细胞壁。

细胞表面与黏附素结合的成分称为受体，多为糖类或蛋白质。如大肠杆菌(K99)菌毛结合的受体是肠黏膜上皮细胞的D-甘露醇，衣原体的表面凝集素与靶细胞 *N*-乙酰葡萄糖胺结合。

细菌的黏附作用与其致病性密切相关。如产毒性大肠杆菌大多数具有菌毛，黏附在肠黏膜上皮细胞表面引起腹泻；A 群链球菌黏附在咽喉黏膜的细胞上，引起呼吸道感染。

2. 侵袭性物质

（1）侵袭素　侵袭素是能介导细菌侵入黏膜上皮细胞内的蛋白质。细菌的黏附只是感染的第一步，除少数细菌引起定植局部感染外，大多数细菌还会侵入细胞内并扩散到其他细胞、组织乃至全身，引起感染。具有侵袭力的病原菌常见的有分枝杆菌、李氏杆菌、衣原体等严格的胞内寄生菌，以及大肠杆菌、沙门菌、链球菌等胞外寄生菌。这些细菌一旦丧失进入细胞的能力，则毒力会显著下降。

（2）侵袭性酶类　许多细菌能产生侵袭性酶类，有利于病原菌的抗吞噬作用及向四周组织的扩散。

与侵袭力有关的酶类均属胞外酶，本身不具毒性。因为是酶类，可以分解或凝固动物组织中的某些物质，有利于细菌侵入组织，并在其中生长繁殖，呈现毒害作用。病原菌能产生一种或数种与侵袭力有关的酶类。

① 透明质酸酶（hyaluronidase）　能水解机体结缔组织中的透明质酸，使组织疏松，通透性增强，有利于细菌在组织中扩散蔓延，如葡萄球菌、链球菌等均能产生透明质酸酶。

② 凝血浆酶（coagulase）　大多数致病性葡萄球菌能产生此酶，它可使血浆中的纤维蛋白原转变成纤维蛋白，从而使血液凝固，可保护细菌不易被机体的吞噬细胞吞噬或免受抗体的作用。

③ 链激酶（streptokinase）　链激酶又称链球菌溶纤维蛋白酶，是一种激酶，能激活血液中的溶纤维蛋白酶原，成为溶纤维蛋白酶，可溶解感染组织局部凝固的纤维蛋白，有利于链球菌及其毒性产物在组织内的扩散。

④ 卵磷脂酶（lecithinase）　能水解组织细胞和红细胞上的卵磷脂，使组织细胞坏死和红细胞溶解，如魏氏梭菌产生此酶。

⑤ 脱氧核糖核酸酶　能溶解组织坏死时所析出的 DNA，DNA 使渗出液变黏稠，溶解后有利于细菌的扩散。

⑥ 胶原酶　魏氏梭菌能产生这种蛋白水解酶，它能水解肌肉或皮下网状结缔组织，使肌肉溶解、软化、坏死，有利于细菌的侵袭蔓延。

3. 荚膜

荚膜是细菌表面结构，具有抵抗吞噬细胞吞噬和抵抗体液中杀菌物质的作用，使致病菌能在体内大量繁殖、扩散。如炭疽杆菌的荚膜是致病的重要因素，溶血性链球菌的 M 蛋白也具有抗吞噬作用，大肠杆菌的 K 抗原等也有荚膜的作用。

4. 细菌生物被膜

细菌生物被膜是由细菌及其分泌的胞外多糖等多聚物共同组成的呈膜状的细菌群体。葡萄球菌就可以形成细菌生物被膜。细菌生物被膜常常附着在黏膜上皮及植入体内的医疗材料表面，能阻挡抗生素的渗入及体内免疫系统的杀伤作用；生物被膜内的细菌彼此之间容易进行耐药基因转移；生物被膜菌脱落后还可以扩散到其他部位引起感染。

（二）毒素

病原菌可以通过两种方式损害宿主：一种是由细菌的毒素直接引起；另一种是使宿主对细菌产生致敏，然后通过免疫反应间接地造成组织损伤。后一种方式属于免疫病理学范畴，在后面的有关章节中介绍。

毒素是细菌在生长繁殖中产生和释放的具有损害宿主组织、器官并引起生理功能紊乱的毒性成分。细菌如金黄色葡萄球菌、破伤风梭菌、肉毒梭菌等，都能产生对机体有毒害作用的毒素。细菌毒素按其来源、性质和作用的不同，可分为外毒素、内毒素两大类。

1. 外毒素

外毒素（exotoxin）主要是由革兰氏阳性菌和少数革兰氏阴性菌产生并释放到菌体外的毒性蛋白质，存在于细菌的培养液中。通过细菌滤器即可获得粗制的外毒素。产生外毒素的细菌主要是革兰氏阳性的厌氧菌（如破伤风梭菌、肉毒梭菌等）和某些霉菌（如黄曲霉菌等），某些革兰氏阴性菌（如大肠杆菌、霍乱弧菌、多杀性巴氏杆菌等）也可产生外毒素。

外毒素是蛋白质，对理化因素不稳定，不耐热。如白喉毒素 58～60 ℃经 1～2 h，破伤风毒素 60 ℃经 20 min 即可被破坏。大多数在 60～80 ℃经 10～80 min 即可失去毒性。但也有少数例外，如葡萄球菌肠毒素、大肠杆菌肠毒素能耐受 100 ℃ 30 min。外毒素可被蛋白酶分解，遇酸发生变性。

外毒素的毒性作用强，小剂量即能使易感机体致死。如纯化的肉毒毒素毒性最强，1 mg可杀死 2000 万只小鼠；破伤风毒素对小鼠的致死量是 10^{-6} mg；白喉毒素对豚鼠的致死量为 10^{-3} mg。

不同病原微生物产生的外毒素对机体的组织器官具有选择性（或称为亲和性），引起特征性的病症。神经毒素主要作用于神经组织，引起神经传导功能紊乱；细胞毒素能直接损伤宿主细胞；肠毒素作用于肠上皮细胞，引起肠道功能紊乱。例如，破伤风梭菌产生的破伤风毒素（痉挛毒素）选择性地作用于脊髓腹角的运动神经细胞，引起骨骼肌的强直性痉挛；肉毒梭菌产生的肉毒毒素选择性地作用于眼神经和咽神经，引起眼肌和咽肌麻痹。但霍乱弧菌、大肠杆菌、金黄色葡萄球菌等许多细菌均可产生作用类似的肠毒素。

外毒素具有良好的免疫原性，可刺激机体产生特异性的抗体，从而使机体具有免疫保护作用。这种抗体称为抗毒素（antitoxin），可用于紧急治疗和预防。将外毒素放在 0.3%～0.5%甲醛溶液中于 37 ℃经过一段时间的作用，使其毒性丧失，但仍保留其抗原性，制成的生物制品称为类毒素（toxoid）。类毒素注入机体后，仍可刺激机体产生抗毒素，可作为疫苗进行免疫接种。

2. 内毒素

内毒素（endotoxin）是革兰氏阴性菌细胞壁中的一种结构成分，活的细菌不能释放内毒素，只有菌体细胞死亡溶解后才能释放出毒性脂多糖，是革兰氏阴性菌的主要毒力因子。大多数革兰氏阴性杆菌都能产生内毒素，如大肠杆菌、沙门杆菌等。内毒素也存在于螺旋体、衣原体、立克次氏体中。革兰氏阳性菌中不存在。

内毒素为脂多糖，对理化因素稳定，可耐 100 ℃经 1 h 不失活，加热到 160 ℃经 2～4

h,或用强碱、强酸、强氧化剂煮沸 30 min 才能灭活。

内毒素不能用甲醛脱毒制成类毒素。内毒素的毒性作用相对较弱,对组织无选择性。各种革兰氏阴性菌产生的内毒素的毒性作用大致相同,原因是其成分均基本相同,都是细胞壁的最外层的脂多糖。内毒素的毒性作用主要包括以下四个方面。

(1) 发热反应　极少量的内毒素注入人体,即可引起发热。自然感染时,因革兰氏阴性菌不断生长繁殖,同时伴有陆续死亡、释放内毒素,故发热反应将持续到体内病原菌完全消灭为止。内毒素能直接作用于体温调节中枢,使体温调节功能紊乱,引起发热,也可作用于嗜中性粒细胞及吞噬细胞等,使之释放一种内源性致热原,作用于体温调节中枢,间接引起发热。

(2) 白细胞反应　内毒素进入血液后,由于外周血液的嗜中性粒细胞黏附到组织毛细血管壁,导致其数量骤减。数小时后,内毒素刺激骨髓,大量嗜中性粒细胞进入血液循环,其数量显著增多。绝大多数被革兰氏阴性菌感染的动物血液中白细胞总数都会增加。

(3) 弥漫性血管内凝血　内毒素能活化凝血系统的Ⅻ因子,当凝血作用开始后,纤维蛋白原转变为纤维蛋白,造成弥漫性血管内凝血,然后由于血小板与纤维蛋白原大量消耗,以及内毒素活化胞浆素原为胞浆素,分解纤维蛋白,进而产生出血倾向。

(4) 内毒素血症与内毒素休克　当病灶或血液中革兰氏阴性菌死亡,释放出来的大量内毒素进入血液时,可发生内毒素血症。由于内毒素激活了血管活性物质(5-羟色胺、激肽释放酶与激肽)的释放,这些物质作用于小血管,造成其功能紊乱,导致微循环障碍,临床表现为微循环衰竭、低血压、缺氧、酸中毒等,最终导致休克,这种病理反应称为内毒素休克。

外毒素和内毒素的主要区别见表 1-5-1。

表 1-5-1　外毒素和内毒素的主要区别

	外　毒　素	内　毒　素
产生细菌	主要是革兰氏阳性菌,少数阴性菌分泌	革兰氏阴性菌分泌
来源	由活的细菌释放到菌体外	是细菌细胞壁成分,细菌崩解后释放出来
化学成分	蛋白质	脂多糖
毒性	毒性强,各种细菌的外毒素对某些组织细胞有特殊的亲和力,可引起特殊病变	毒性弱,各种细菌内毒素的毒性作用相似
耐热性	一般不耐热,60 ℃以上迅速被破坏	耐热,耐 60 ℃数小时
致热性	对宿主不致热	常致宿主发热
抗原性(免疫原性)	强,能刺激机体产生抗毒素,经甲醛处理可脱毒成为类毒素	弱,不能刺激机体产生抗毒素,不能经甲醛处理脱毒成为类毒素

三、病毒的致病作用

病毒对宿主细胞的致病作用颇为复杂,有些是由病毒的特定化学成分的直接作用引起,但更主要的是通过干扰宿主细胞的营养和代谢,引起宿主细胞和分子水平的病变,导致机体组织器官的损伤和功能改变，造成机体持续性感染。病毒感染也可通过免疫系统的相互作用诱发免疫反应、逃避免疫而损伤机体。

（一）病毒感染对宿主细胞的直接作用

病毒感染对宿主细胞的直接作用主要包括以下五个方面。

1．杀细胞效应

宿主细胞被病毒感染后，病毒在细胞内增殖，可在短时间内释放大量子病毒，使细胞裂解死亡，称为杀细胞效应，主要见于无囊膜、杀伤性强的病毒，如脊髓灰质炎病毒、腺病毒等。其机理很多，既可由新的病毒颗粒在细胞内堆积或从细胞内释放过程中引起，也可因病毒的增殖，阻断了细胞蛋白质和核酸的合成，导致正常细胞代谢障碍，引起细胞死亡。此外，有的病毒增殖，堆积大量的病毒衣壳蛋白质，对细胞也有直接的损伤作用。有的病毒能使受染细胞的溶酶体膜通透性发生改变，使酶释放到细胞浆内，引起细胞溶解。在体外实验中，通过细胞培养和接种杀细胞性病毒，经一段时间后，可用显微镜观察到细胞变圆、坏死，从瓶壁脱落的现象，称为致细胞病变作用。

2．稳定状态感染

某些病毒进入细胞后，能够复制并以出芽方式释放子代，但其过程缓慢，不阻碍细胞的代谢，也不破坏溶酶体膜，因而不引起细胞溶解死亡。这些不具有杀细胞效应的病毒引起的感染，称为稳定状态感染。稳定状态感染常见于有囊膜病毒，如流感病毒、疱疹病毒等。稳定状态感染可引起宿主细胞发生多种变化，其中以细胞融合及细胞表面产生新抗原具有重要意义。

（1）细胞融合　有些病毒如麻疹病毒、副流感病毒等，能使感染的细胞膜发生改变，导致感染细胞与邻近未感染的细胞发生融合。细胞融合是病毒扩散的方式之一。病毒借助细胞融合，扩散到未受感染的细胞。其机理是囊膜的某些糖蛋白能与宿主细胞膜相互作用，因而与邻近细胞发生细胞膜融合，不论活病毒或灭活病毒均有此特性。细胞融合的结果是形成多核细胞或合胞体。

（2）细胞表面出现病毒基因编码的抗原　病毒感染细胞后，在复制的过程中，细胞膜上常出现由病毒基因编码的新抗原。如流感病毒、副黏病毒等，在细胞内组装成熟后，以出芽方式释放时，细胞表面形成血凝素，能吸附某些动物的红细胞。有的病毒导致细胞癌变后，因病毒核酸整合到细胞染色体上，细胞表面也表达病毒基因编码的特异性新抗原。

3．形成包含体

包含体是某些病毒在细胞内增殖过程中出现的、在普通显微镜下可看到的、与正常细胞结构和着色不同的圆形或卵圆形小体（或斑块）。各种病毒的包含体形态各异，或单或多，或大或小，多数位于细胞浆内，如狂犬病病毒形成的包含体；少数位于细胞核内，如腺病毒形成的包含体；也有些位于细胞浆和细胞核内，如麻疹病毒形成的包含体。本质上，有些病毒的包含体就是病毒颗粒的聚集体，有些是病毒增殖留下的痕迹，有些是病毒感染引起的细胞反应物。

病毒包含体的形态、染色性及存在的部位对某些病毒有一定的诊断价值，故检查包含体对诊断某些病毒性传染病具有重要的意义。

4. 细胞凋亡

细胞凋亡是由宿主细胞基因控制的程序性细胞死亡，是一种正常的生物学现象。当细胞受到凋亡诱导因子作用后，将信息传导入细胞内部，细胞的死亡基因即被激活。启动凋亡基因后，便会出现细胞膜鼓泡、核浓缩、染色体 DNA 降解等凋亡特征。细胞 DNA 降解时，可通过凝胶电泳观察到凋亡特征性的阶梯式条带。已经证实，人类免疫缺陷病毒、腺病毒等可以直接由感染病毒本身引发细胞凋亡，也可以由病毒编码蛋白作为诱导因子间接引发宿主细胞凋亡。

5. 基因整合与细胞转化

某些病毒的全部或部分核酸结合到宿主细胞染色体中，称为基因整合，见于某些 DNA 病毒和逆转录 RNA 病毒。逆转录 RNA 病毒是先以 RNA 为模板逆转录合成 cDNA，再以 cDNA 为模板合成双链 DNA，然后将此双链 DNA 全部整合于细胞染色体 DNA 中；DNA 病毒在复制中，偶尔将部分 DNA 片段随机整合于细胞染色体 DNA 中。

整合后的病毒核酸随宿主细胞的分裂而传给子代，一般不复制出病毒颗粒，宿主细胞也不被破坏，但整合作用可使细胞的遗传性发生改变，引起细胞转化。细胞转化除基因整合外，病毒蛋白诱导也可发生。转化细胞的主要变化是生长、分裂失控，在体外培养时，失去单层细胞相互间的接触抑制，形成细胞间重叠生长，并在细胞表面出现新抗原等。

(二) 病毒感染的免疫病理作用

病毒在感染损伤宿主的过程中，通过与免疫系统相互作用，诱发免疫反应损伤机体是重要的致病机制，在病毒病中常见。免疫损伤机制包括特异性体液免疫和特异性细胞免疫，还可能存在非特异性免疫。

1. 抗体介导的免疫病理作用

在病毒感染中，病毒的囊膜蛋白、衣壳蛋白均为良好的抗原，能刺激机体产生相应抗体，抗体与抗原结合可阻止病毒的扩散，使病毒被清除。然而，许多病毒的抗原可出现于宿主细胞表面，与抗体结合，激活补体，破坏宿主细胞，引起Ⅱ型变态反应。

抗体介导损伤的另一种途径是抗原-抗体复合物引起的，即Ⅲ型变态反应。病毒抗原-抗体复合物可经常出现于血液循环中，沉积在任何部位均可导致损伤。沉积在一定部位时，激活补体，吸引嗜中性粒细胞，引起局部组织损伤。如沉积于肾小球基底膜，引起蛋白尿、血尿等症状；沉积于关节滑膜则引起关节炎。若发生在肺部，则引起细支气管炎和肺炎。登革热病毒的抗原-抗体复合物可沉积于血管壁，激活补体引起血管通透性增强，导致出血和休克。

2. 细胞介导的免疫病理作用

特异性细胞免疫是宿主机体清除细胞内病毒的重要机制之一，细胞毒性 T 细胞(CTL)对靶细胞膜病毒抗原识别后引起的杀伤能终止细胞内病毒复制，对感染的恢复起关键作用。但细胞免疫也能损伤宿主细胞，造成宿主功能紊乱，这可能是病毒致病机制中的一个重要方面，属Ⅳ型变态反应。

3. 免疫抑制作用

某些病毒感染可抑制免疫功能，如人类免疫缺陷病毒、鸡传染性法氏囊病病毒能使整个免疫系统全部发生缺陷。许多病毒感染都能引起暂时性免疫抑制，如流感、麻疹、风疹、登革热等。病毒感染所致的免疫抑制可激活体内潜伏的病毒或促进某些肿瘤的生长，使疾病复杂化，这也可能成为病毒持续性感染的原因之一。

（三）病毒的免疫逃避

病毒可通过逃避免疫监视、防止免疫被激活或抑制免疫反应等方式来逃避免疫应答。如有些病毒通过产生特异性抑制免疫反应的蛋白质实现免疫逃避，病毒寄生于细胞内可逃避抗体及补体的作用。

第二节 传染的发生

一、传染的概念

病原微生物在一定的环境条件下侵入机体，突破机体的防御机能，在一定部位定居生长繁殖，并引起不同程度的病理过程，称为传染或感染(infection)。在传染过程中，病原微生物及其代谢产物对机体组织器官造成损害或引起生理功能障碍，出现临床症状，称为传染病。

传染过程是机体与病原体相互斗争的过程，这一过程的发生、发展、结局取决于病原体与宿主双方势力的动态平衡状态，即取决于病原体的毒力大小和数量、侵入门户、机体的防御机能和免疫力的强弱。另外，外界环境条件也直接或间接影响传染的发生、发展。

二、传染发生的条件

传染的发生是有条件的，其中病原微生物是引起传染过程的首要条件，动物的易感性和环境因素是传染发生的必要条件。

（一）病原微生物的毒力、数量和侵入门户

病原微生物要有病原性和足够的毒力才能引起传染。因此，病原微生物必须具备强大的毒力，才能突破机体的防御机能，进而生长繁殖。在入侵过程中，病原微生物还必须有足够的数量才行。

具有一定毒力和足够数量的病原微生物，还要有适当的侵入门户，如消化道、呼吸道、皮肤、黏膜、生殖道等，才能引起感染。如破伤风梭菌，必须在深而窄的伤口感染，才能引起破伤风，由消化道侵入对机体无害。但少数病原微生物，如炭疽杆菌、结核杆菌、布氏杆菌等，可通过皮肤、黏膜，又可通过消化道、呼吸道、生殖道等多种侵入门户侵入。

（二）易感动物

对病原微生物具有感受性的动物称为易感动物。各种病原微生物的易感动物各不相同，这是“种”的特性。如猪气喘病只能感染猪，而牛、羊则不感染。也有同种动物中的不同品种或品系甚至不同个体，对病原微生物的易感性也各不相同，如猪瘟流行时常有个别的或部分的猪不发病的情况。

另外,易感动物由于年龄、性别、营养状况等的不同,对病原微生物的易感性也有差别,如小鹅瘟只感染小鹅,不感染成年鹅。母畜由于生理上的特点,泌乳期易感染乳房炎链球菌。易感动物缺乏B族维生素时,对大肠杆菌、魏氏梭菌等易感性增加。

(三) 外界环境条件在传染发生中的作用

外界环境因素包括气候、温度、湿度、地理环境、生物因素、饲养管理、使役情况等,对于传染的发生是不可忽视的条件,是传染发生相当重要的诱因。

外界环境因素在传染过程中的作用,一是影响动物机体的防御机能及病原微生物的生命活动和毒力,二是影响病原微生物接触和侵入动物机体的可能性和程度。如夏秋季节易发生猪丹毒的流行,因为由媒介昆虫(蚊)传播,故此类传染病多发生在昆虫活跃的季节。

总之,对于传染的发生,病原微生物的侵入是首要条件,但还必须与易感动物及适宜的外界环境条件相配合,才能引起感染。

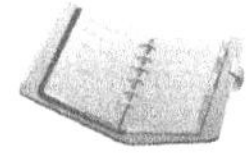

本章小结

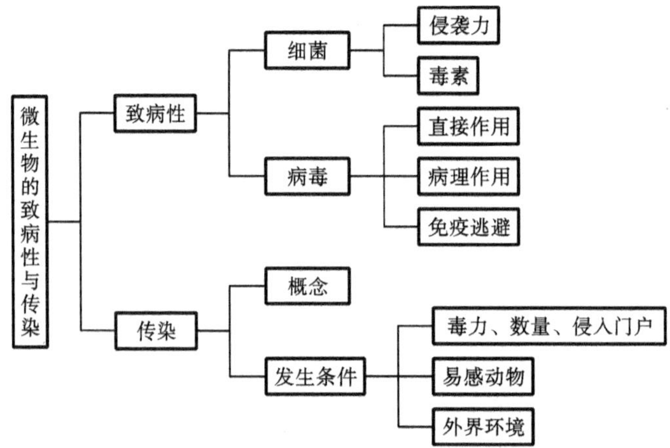

复习思考题

1. 什么是传染和传染病?
2. 什么是病原性和毒力?构成细菌毒力的因素有哪些?
3. 病原菌产生哪些与侵袭力有关的酶?
4. 外毒素与内毒素的主要区别有哪些?
5. 引起动物传染的条件有哪些?

第二篇
免疫学基础知识

一、免疫的概念与功能

(一) 免疫的概念

“免疫(immune)”一词来自于拉丁文“immunis”。很早以前，人们就注意到传染病患者痊愈后，对该病产生不同程度的不感受性，即抗御病原微生物在机体内生长繁殖，解除毒素或毒性酶等有害代谢产物的毒害作用。因此，在相当长的时期内，就将这种不感受性称为“免疫”，意即免除感染、免除疫病。免疫学是研究抗原性物质、机体的免疫系统和免疫应答的规律和调节，以及免疫应答的各种产物和各种免疫现象的一门科学。免疫学从一开始就是伴随着抗传染病的研究而发展起来的。这就是说，免疫与微生物密切相关，使人们认为免疫仅指机体抗感染的防御功能，而且免疫对机体都是有利的。

免疫发源于抵抗微生物感染的研究，但现代免疫的概念已不再局限于该范围，如过敏反应、不同血型的输血反应、组织移植排斥反应等，现代免疫的概念是指动物(人)机体识别自身和非自身物质，并清除非自身的大分子物质，从而保持机体内、外环境平衡的生理学反应。执行这种功能的是机体的免疫系统，是动物在长期进化过程中形成的防御功能。

(二) 免疫的基本功能

(1) 抵抗感染　抵抗感染是指动物机体抵御病原微生物的感染和侵袭的能力，又称免疫防御。当病原微生物侵入机体时，通过机体的免疫，将病原微生物消灭从而免于感染。动物的免疫功能正常时，能充分发挥对进入动物体内的各种病原微生物的抵抗力；当免疫功能异常亢进时，可引起变态反应；若免疫功能低下或免疫缺陷，可引起机体微生物的机会感染。

(2) 自身稳定　自身稳定又称免疫稳定。在动物的新陈代谢过程中，每天可产生大量的衰老死亡的细胞，免疫的第二个重要功能就是将这些细胞清除出体内，以维持机体的生理平衡。若此功能失调，则可导致自身免疫性疾病。

(3) 免疫监视　机体内的细胞常因物理、化学和病毒等致癌因素的作用变为肿瘤细胞。动物机体免疫功能正常时，即可对这些细胞加以识别，然后清除，这种功能即为免疫监视。若此功能低下或失调，则可导致肿瘤的发生。

二、免疫的类型

动物在生存过程中不断受到外界入侵的病原微生物和内部产生的肿瘤细胞的破坏。免疫是机体为了抵御和清除病原微生物及其产物的有害作用，以保持或恢复生理平衡的一系列保护性机制。机体的免疫一般按免疫的产生及其特点，分为非特异性免疫和特异性免疫。

非特异性免疫与特异性免疫之间有着极为密切的联系。非特异性免疫是基础，它出现快、作用范围广，当病原体侵入机体后，非特异性免疫第一时间发挥作用。但非特异性免疫作用强度较弱，尤其对某些致病性较强的病原体一时难以消灭，这就需要特异性免疫来发挥作用。特异性免疫是在非特异性免疫的基础上形成的。进入机体的抗原经过吞噬细胞的加工处理，刺激免疫系统发生特异性免疫。同时，特异性免疫的形成又反过来增强机体的非特异性免疫。

第六章

非特异性免疫

知识目标

- 理解非特异性免疫的概念与特点。
- 了解非特异性免疫的构成。
- 掌握补体及补体的功能。

第一节 非特异性免疫的概念与机理

一、非特异性免疫的概念

非特异性免疫(nonspecific immunity)是指机体一出生就具有的、无特殊针对性的对多种病原微生物的一定程度的天然抵抗力。非特异性免疫又称先天免疫或天然免疫，其特点如下：

(1) 每个正常个体都具有；

(2) 能迅速发生防御作用，当初次与外来异物接触时就立即出现防护反应，随后才产生特异免疫力；

(3) 没有专一性，对所有入侵的病原微生物均发生作用。

二、非特异性免疫的机理

(一) 防御屏障

防御屏障是生理状态下动物具有的正常组织结构，包括皮肤和黏膜等构成的外部屏障和多种重要器官中的内部屏障。它们对病原微生物的侵入起阻挡作用。

1. 皮肤和黏膜屏障

皮肤和黏膜构成机体的第一道防御线，健康完整的皮肤和黏膜具有强大的阻挡病原

微生物入侵的作用。鼻孔中的鼻毛、呼吸道黏膜表面的黏液和纤毛，都能机械地阻挡并排斥微生物。皮肤的汗腺分泌的不饱和脂肪酸也有一定的杀灭细菌作用。气管和支气管黏膜表面的纤毛层自上而下有节律的摆动有利于异物排出。当皮肤黏膜损伤时，细菌则乘虚而入，引起感染。但少数病原微生物如羊布氏杆菌和钩端螺旋体等，可突破健康皮肤和黏膜的屏障作用，侵入体内引起传染。

2. 内部屏障

（1）淋巴结的内部屏障　淋巴结是机体的第二道防御线，一旦病原体突破皮肤、黏膜的外围屏障进入机体组织内，它们将随着组织液及淋巴液运送到淋巴结内，淋巴结内的树状细胞可将其捕获固定，继而被吞噬细胞消灭，阻止它们向深部组织扩散蔓延。

（2）血脑屏障　血脑屏障由脑毛细血管壁、软脑膜和胶质细胞等组成，能阻止病原微生物和大分子毒性物质由血液进入脑组织及脑脊液，是防止中枢神经系统感染的重要防卫机构。幼小动物的血脑屏障发育尚未完善，容易发生中枢神经感染。

（3）胎盘屏障　胎盘屏障是妊娠动物母-胎界面的一种防卫机构，可以阻止母体内的多种病原微生物通过胎盘感染胎儿。不过，这种屏障是不完全的，如猪瘟病毒感染怀孕母猪后可经胎盘感染胎儿，妊娠母体感染布氏杆菌后往往引起胎盘发炎而导致胎儿感染。

动物体还有多种内部屏障，能保护体内重要器官免受感染。如肺脏中的气血屏障，能防止病原体经肺泡壁进入血液；睾丸中的血睾屏障，能防止病原微生物进入精细管。

（二）吞噬细胞的吞噬作用

吞噬作用是非特异性免疫的重要因素，是动物在进化过程中形成的一种原始有效的防御反应。当病原体或其他异物进入机体后，吞噬细胞会将其吞噬破坏，并将这种信息传递给淋巴细胞，发挥特异性免疫作用。

吞噬细胞是吞噬作用的基础。动物机体内的吞噬细胞主要有两大类。一类是中性粒细胞，即存在于血液中具有高度移行性和非特异性吞噬功能的小吞噬细胞，能吞噬并破坏异物，吸引其他吞噬细胞向异物移动，在机体的抗感染免疫中起重要作用。另一类是单核吞噬细胞系统，包括血液中的单核细胞，以及由单核细胞移行于各组织器官而形成的多种巨噬细胞。如肺脏中的尘细胞、肝脏中的枯否氏细胞、皮肤和结缔组织中的组织细胞、骨组织中的破骨细胞、神经组织中的小胶质细胞等。它们不仅能分泌免疫活性分子，而且具有强大的吞噬能力。

不同吞噬细胞吞噬微生物的作用是不相同的，例如嗜中性白细胞主要吞噬一些引起急性传染的病原体，如葡萄球菌、链球菌等；单核细胞和巨噬细胞则吞噬那些引起慢性传染病的病原体，如布氏杆菌、结核分枝杆菌等。

当吞噬细胞与病原菌或其他异物接触后，能伸出伪足将其包围，并吞入细胞浆内形成吞噬体。接着，吞噬体逐渐向溶酶体靠近，并相互融合成吞噬溶酶体，其中的溶酶体扩散后，就能消化和破坏异物。其结果往往因为机体的抵抗力、病原菌的种类和致病力不同而不同。当动物整体抵抗力和吞噬细胞的功能较强时，病原微生物在吞噬溶酶体中被杀灭、消化后连同溶酶体内容物一起以残渣的形式排出细胞外，形成完全吞噬；某些细胞内寄生的细菌如结核杆菌、布氏杆菌及某些病毒等，虽然被吞噬却不能被吞噬细胞破坏而排出，称为不完全吞噬。不完全吞噬可使吞噬细胞内的病原微生物逃避体内杀菌物质及药物的杀灭作用，甚至在吞噬细胞内生长、繁殖，或者随吞噬细胞的游走而扩散，引起更大范围的感染。此外，吞噬细胞在吞噬过程中可向细胞外释放溶酶体酶，因而过度的吞噬可能损伤周围健康组织。

（三）体液的抗微生物作用

正常体液中含有多种非特异性抗微生物物质，具有广泛的抑菌、杀菌及增强吞噬的作用。

1. 补体系统

补体(C)是正常人和动物血清及组织液中具有酶活性的球蛋白。它包括九大类(C1～C9)近 30 种球蛋白，故称为补体系统。补体广泛存在于哺乳类、鸟类及部分水生动物体内，含量相对稳定，其中以豚鼠血清中补体成分含量最高，活性最强。

(1) 补体的生物学特性　补体极不耐热，61 ℃ 2 min 或 56 ℃ 15～30 min 均能使补体失去活性。0～10 ℃条件下活性仅能保持 3～4 d，－20 ℃以下能保持较长时间。紫外线、机械振荡、酸、碱、蛋白酶等均可灭活补体。

正常生理情况下，补体没有活性。补体与抗原-抗体复合物中的抗体结合后才能被激活，从而发挥一系列作用。补体能和任何一种抗原-抗体复合物结合，这种结合没有特异性，补体结合实验就是根据这一特性而设计的。

(2) 补体的功能　补体的功能包括溶细胞作用、抗病毒作用、调理作用和炎症介质作用等。

① 溶细胞作用　细胞性抗原与抗体结合后，能激活补体系统，使细胞表面出现穿孔或破坏细胞膜，起到溶细胞或杀菌作用。动物的红细胞、血小板、淋巴细胞等组织细胞、革兰氏阴性细菌、有囊膜病毒等都能被补体破坏，而革兰氏阳性细菌、酵母菌、霉菌、癌细胞等对补体不敏感。动物缺乏补体时易发生细菌感染。

② 抗病毒作用　补体能增强抗体对病毒的中和作用，阻止病毒吸附和穿入易感细胞，促进吞噬细胞对病毒-抗体复合物的吞噬。

③ 调理作用　补体可以作为“桥梁”，把抗原-抗体复合物与吞噬细胞、红细胞或血小板等结合起来，增强机体的吞噬作用及免疫反应。

④ 炎症介质作用　补体能吸引嗜中性粒细胞和单核巨噬细胞到达炎症区域，并使微血管扩张、通透性增强，使局部炎症反应加剧。补体还能刺激嗜碱性粒细胞和肥大细胞释放组织胺等血管活性物质，在Ⅱ型和Ⅲ型过敏反应中扩大炎症反应。

2. 溶菌酶

溶菌酶主要来源于吞噬细胞，广泛存在于分泌液、组织液及白细胞中。乳汁、唾液、肠液、鼻液、泪液中的溶菌酶能水解革兰氏阳性菌细胞壁中肽聚糖，使细菌崩解。革兰氏阴性菌外因有脂多糖等包绕，故溶菌酶不能直接发挥作用。但是，抗体和补体同时存在时，对革兰氏阴性菌也有溶解作用。

3. 干扰素

干扰素是一种广谱的抗病毒物质，它能干扰病毒在宿主细胞中的复制，属于小分子蛋白质。干扰素可由各种微生物包括病毒、细菌、立克次氏体、衣原体、原虫或干扰素诱生剂，作用于白细胞、淋巴细胞、巨噬细胞等后产生。干扰素不具有特异性，由一种病毒诱生的干扰素能抗御多种病毒。

(四) 炎症反应

炎症是一种病理过程，也是一种防御、消灭病原体的积极方式，它是宿主对病原体的非特异性免疫反应的一种。当病原微生物侵入机体时，被侵害局部往往汇集大量的吞噬细胞和体液杀菌物质，其他组织细胞还释放溶菌酶、白细胞介素等抗感染物质；同时，炎症局部的糖酵解作用增强，产生大量的乳酸等有机酸。这些反应均有利于杀灭病原微生物。

(五) 机体组织的不感受性

机体组织的不感受性即某种动物或动物的某种组织对该种病原微生物或其毒素没有反应性。例如，龟于皮下注射大量破伤风毒素而不发病，但几个月后取其血液注入小鼠体内，却使小鼠死于破伤风。鸡的体温降至 37 ℃后，注射炭疽杆菌会引起感染，但正常鸡体温较高，不感染炭疽杆菌。

第二节　影响非特异性免疫的因素

一、种属因素

不同动物个体对病原微生物的易感性和免疫力不同。例如在正常情况下，草食动物对炭疽杆菌十分易感，而家禽无感受性。偶蹄兽牛、羊、猪对口蹄疫病毒极其敏感，而单蹄兽马、骡有天然免疫力。同一动物的不同遗传品系对微生物的感受性也不同。这些取决于动物种的遗传因素。

二、年龄因素

不同年龄的动物对病原微生物易感性和免疫反应性也不同。在自然条件下，有不少微生物只侵染幼龄动物，如鸡白痢杆菌、小鹅瘟病毒；有些只侵害一定年龄的动物，如猪丹毒杆菌感染 3 月龄以上的动物，布氏杆菌主要侵害性成熟后的动物。老龄动物细胞免疫功能趋于低下，因此容易发生肿瘤、结核等疾病。

三、环境因素

自然环境(如气候、温度、湿度)对机体的免疫力有一定影响。例如，寒冷能使呼吸道黏膜的抵抗力下降，故呼吸道疾病多发生于冬季；营养不良、管理不善往往使机体的抵抗力及吞噬细胞的吞噬能力下降。因此，加强管理和改善营养状况，可以提高机体非特异性免疫力。

四、应激因素

应激反应是机体受到强烈刺激(如剧痛、创伤、烧伤、缺氧、过冷、过热、饥饿、疲劳等)时机体出现防御反应,引起各种机能和代谢改变。应激反应影响机体的抵抗力和易感性。

本章小结

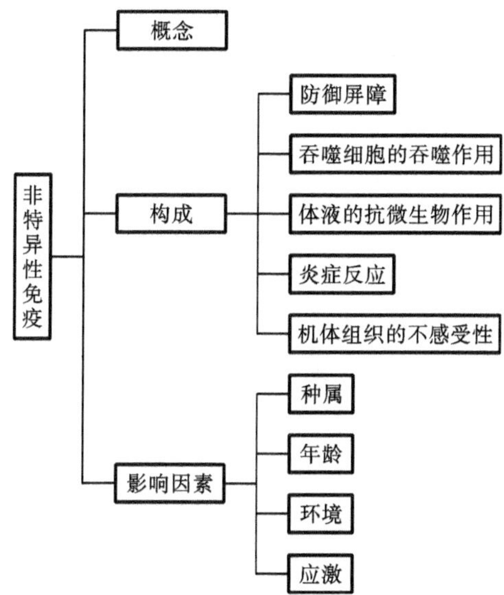

复习思考题

1. 名词解释

免疫　非特异性免疫　补体　调理作用

2. 简答题

(1) 简述免疫的基本功能。

(2) 补体的功能有哪些?

(3) 简述影响非特异性免疫的因素。

第七章

特异性免疫

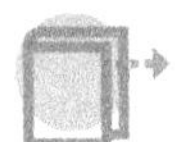

知识目标

- 了解机体免疫系统的组成及功能。
- 了解免疫球蛋白的类型、特点、功能及生物学活性。
- 了解抗原的概念、构成抗原的基本条件。
- 掌握抗体产生的规律、影响因素及实际意义。
- 掌握免疫应答的概念及基本过程。

特异性免疫是指机体针对某一种或某一类微生物或其产物所产生的特异性抵抗力。它是个体在生活过程中通过隐性感染或预防接种等方式，使抗原与免疫系统的细胞相接触后而获得的防卫机能，又称后天获得性免疫。特异性免疫根据获得途径不同，可分为天然主动免疫、人工主动免疫、天然被动免疫和人工被动免疫(图 2-7-1)。天然主动免疫是动物自然感染了某种传染病，痊愈后或经过隐形感染后获得了对该病的免疫力，如猪感染猪瘟耐过后可以获得较长时间的免疫；天然被动免疫是动物在胚胎发育期通过胎盘、卵黄或出生通过初乳从母体被动获得的抗体而形成的免疫力；人工主动免疫是给动物注射某种疫苗或类毒素等生物制品，使动物产生免疫力；人工被动免疫是给动物注射高免血清、免疫球蛋白、康复动物的血清或高免卵黄抗体而获得的免疫力。不同途径获得的免疫，其免疫特点不同(表 2-7-1)。

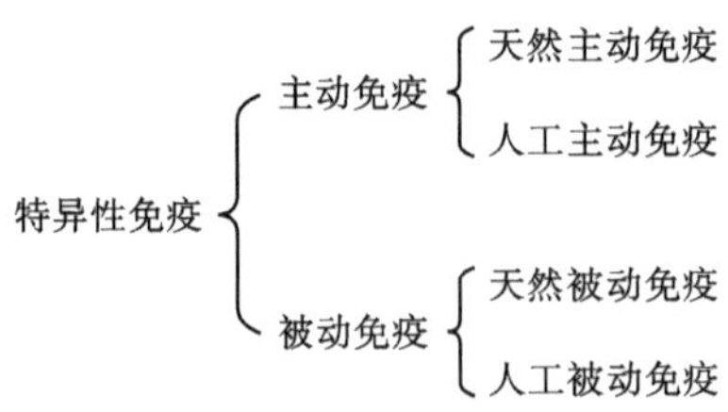

图 2-7-1 特异性免疫的获得途径

表 2-7-1 主动免疫和被动免疫的区别

	主动免疫	被动免疫
免疫材料	抗原	抗体
免疫作用产生时间	慢(1～4 周)	快(立即获得)
免疫作用维持时间	长(几月～几年)	短(2～3 周)
用途	预防	治疗,紧急预防

第一节 免疫器官和免疫细胞

免疫系统是机体防卫病原体入侵的最有效武器,它能发现并清除异物、外来病原微生物等引起内环境波动的因素。免疫系统是机体执行免疫应答及免疫功能的一个重要系统,由免疫器官和免疫细胞组成。

一、免疫器官

免疫器官是淋巴细胞和其他免疫细胞发生、分化成熟、定居和增殖的场所。免疫器官按其发生和功能不同(表 2-7-2),可分为中枢免疫器官和外周免疫器官(图 2-7-2),两者通过血液循环及淋巴循环互相联系。

表 2-7-2 中枢免疫器官和外周免疫器官的比较

	中枢免疫器官	外周免疫器官
器官名称	骨髓、胸腺、法氏囊	脾脏、淋巴结、禽哈德尔氏腺、黏膜免疫系统
起源	内外胚层结合部	中胚层
形成时期	胚胎早期	胚胎晚期
存在时间	青春期后退化	终生
切除后的影响	免疫应答功能减弱或消失	影响小
对抗原刺激	无反应	有免疫应答反应

(一) 中枢免疫器官

中枢免疫器官又称初级淋巴器官或一级淋巴器官,是免疫细胞发生、分化和成熟的场所,包括骨髓、胸腺和法氏囊。胸腺和法氏囊在胚胎早期出现,青春期后退化。中枢免疫器官的特点是在胚胎期发生较早,为淋巴上皮结构,可诱导来自骨髓的造血干细胞分化为具有免疫活性的细胞,此过程不需要抗原物质的刺激作用。若在动物发育早期切除中枢免疫器官,会使机体的免疫功能低下或丧失。

1. 骨髓

骨髓是各种血细胞和免疫细胞发生和分化的场所,具有免疫和造血双重功能,是机体

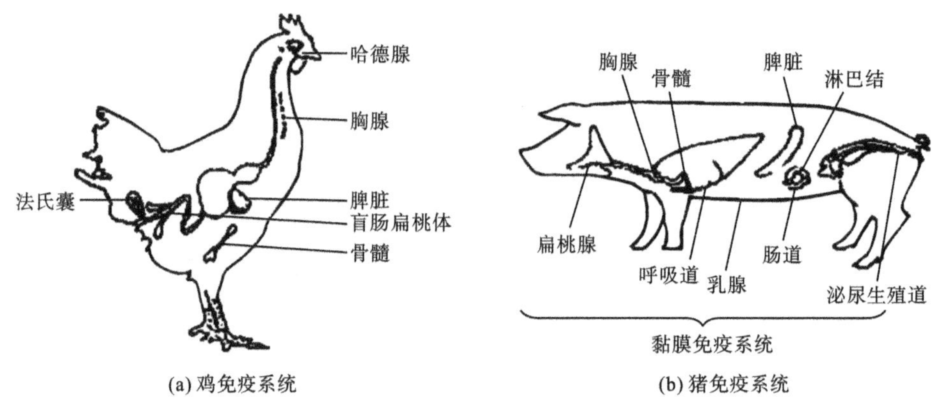

(a) 鸡免疫系统　　(b) 猪免疫系统

图 2-7-2　猪、鸡免疫系统

重要的中枢免疫器官，主要包括四肢长骨骨髓。

骨髓中的多能干细胞先分化成髓样干细胞和淋巴样干细胞（图 2-7-3）。髓样干细胞进一步分化成红细胞系、单核细胞系、粒细胞系和巨核细胞系等。淋巴样干细胞则发育成各种淋巴细胞的前体细胞，如一部分淋巴干细胞分化为 T 细胞的前体细胞，随血流进入胸腺后，被诱导并分化为成熟的淋巴细胞，称为胸腺依赖性淋巴细胞（简称 T 细胞），参与细胞免疫。一部分淋巴样干细胞分化为 B 细胞的前体细胞。在鸟类，这些前体细胞随血流进入法氏囊发育为成熟的 B 细胞，又称囊依赖性淋巴细胞，参与体液免疫。在哺乳动物，这些前体细胞则在骨髓内进一步分化发育为成熟的 B 细胞。骨髓也是形成抗体的重要部位，抗原免疫动物后，骨髓可缓慢、持久地大量产生抗体，骨髓中产生的抗体的量可达总量的 40%，所以骨髓也是重要的外周免疫器官。若骨髓受到破坏，不仅严重损害造血功能，也将导致免疫缺陷症的发生，如大剂量放射线可破坏骨髓功能，使机体的造血功能和免疫功能同时丧失。

2. 胸腺

胸腺是畜禽重要的中枢免疫器官，是胚胎期发生最早的淋巴组织，它不仅诱导 T 细胞的发育成熟，而且对机体免疫系统的总体控制起着非常重要的作用。根据动物的种类和年龄的不同，其部位和大小也稍有差异。通常哺乳动物的胸腺位于胸腔纵隔内，猪、马、牛、狗等动物的胸腺可伸展至颈部直达甲状腺。禽类的胸腺沿颈部在颈静脉一侧呈多叶分布。胸腺的大小视年龄不同而不同，幼畜、幼禽胸腺随年龄增大而增大，到性成熟期为最大。随后胸腺逐渐趋于退化，实质萎缩，皮质被脂肪组织所代替。长期应激、严重营养不良、长期患病都会导致胸腺的迅速萎缩。

胸腺外包以结缔组织，故称被膜，当被膜伸入腺体后，将腺体实质分成许多小叶。小叶的外周是皮质，分布着大量的淋巴细胞，即未成熟的幼稚 T 细胞；中心为髓质，分布着上皮细胞（又称网状细胞），也有少量淋巴细胞。上皮细胞分泌胸腺素，此激素能使幼稚小淋巴细胞分化增殖成为具有免疫活性的 T 细胞。在胸腺髓质内还有一种由髓质上皮细胞、巨噬细胞组成的圆形或椭圆形的结构，称为胸腺小体，其功能尚不清楚。

胸腺是 T 细胞分化成熟的中枢免疫器官。实验证明，新生期摘除胸腺后，动物在成

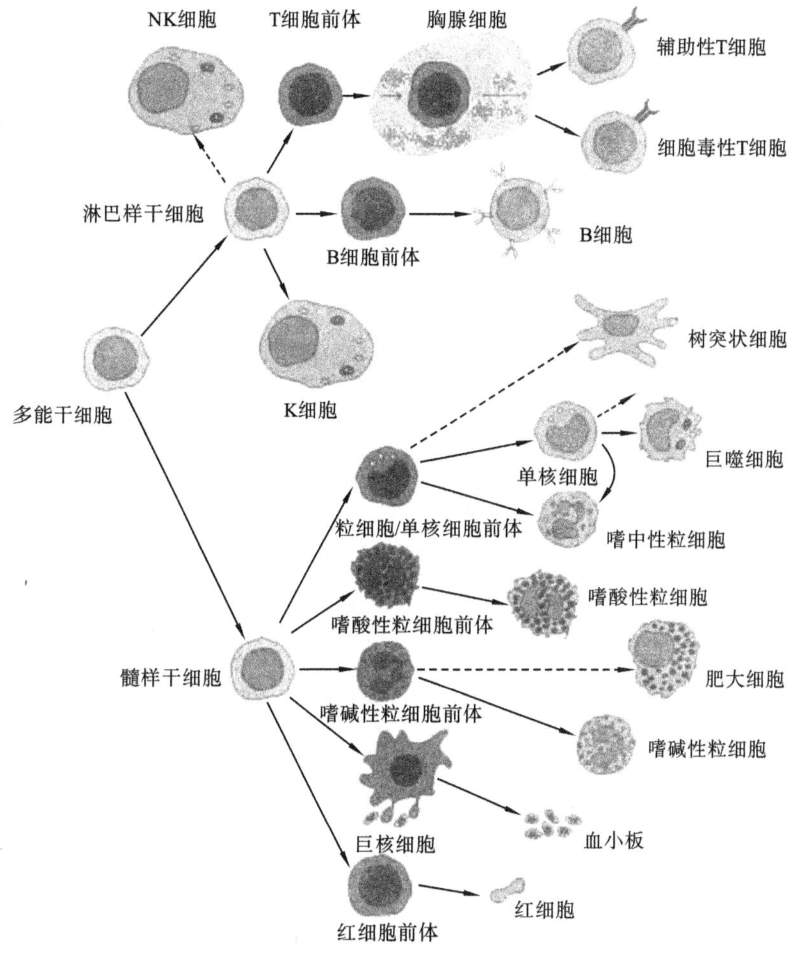

图 2-7-3 造血干细胞的分化过程

年后，外周血和淋巴组织内淋巴细胞显著减少，不能排斥异体移植皮肤，对抗体生成也有严重的影响，动物容易因病死亡。而在动物出生后数周摘除胸腺，则其免疫功能受损不明显，因为在新生期前后已经建立了细胞免疫功能，故摘除成年动物的胸腺所造成的后果就不严重。老龄动物胸腺萎缩，多被脂肪组织取代，功能衰退，造成细胞免疫力下降，容易发生感染和肿瘤。

胸腺的功能主要表现在以下两个方面。

(1) 作为 T 细胞成熟的场所　骨髓中的淋巴样干细胞随血液进入胸腺外皮质层，在浅皮质上皮细胞(即胸腺哺育细胞)中增殖和分化，随后进入深皮质层进行选择性分化增殖，约 95% 的细胞死亡，只有约 5% 的细胞继续分化为较成熟的胸腺细胞，随后进入髓质进一步分化为成熟的 T 细胞，成熟的 T 细胞进入外周免疫器官，参与细胞免疫。

(2) 分泌产生胸腺激素　胸腺能够产生多种胸腺激素，如胸腺血清因子、胸腺素、胸腺生成素及胸腺体液因子等，它们对诱导 T 细胞成熟具有重要的作用。

3. 法氏囊

法氏囊是禽类特有的免疫器官，位于禽类泄殖腔上方，并有短管与之相连，呈盲囊状结构，故又称腔上囊。法氏囊形似樱桃，鸡为球形椭圆状囊，鹅、鸭法氏囊呈圆筒形（图 2-7-4）；性成熟前达到最大，以后逐渐萎缩退化直到完全消失。法氏囊的内层黏膜形成数条皱褶，突入囊腔内；在黏膜的固有层有大量淋巴小结，排列紧密。

法氏囊是诱导 B 细胞分化和成熟的场所。来自骨髓的淋巴样干细胞在法氏囊诱导分化为成熟的 B 细胞，然后经淋巴和血液循环迁移到外周淋巴器官，参与体液免疫。哺乳动物没有法氏囊，相应的功能由骨髓兼管，B 细胞在骨髓发育成熟。胚胎后期和初孵出壳的雏禽如被切除法氏囊，则体液免疫应答受到抑制，表现出浆细胞减少或消失，在抗原刺激后不能产生特异性抗体。但是法氏囊对细胞免疫则影响很小，被切除法氏囊的雏禽仍能排斥皮肤移植。某些病毒感染（如传染性法氏囊病病毒）或者某些化学药物（如注射睾丸酮等）均可使法氏囊萎缩。如果鸡群感染了传染性法氏囊病病毒，由于法氏囊受到损伤，其免疫功能被破坏，可导致免疫接种的失败。

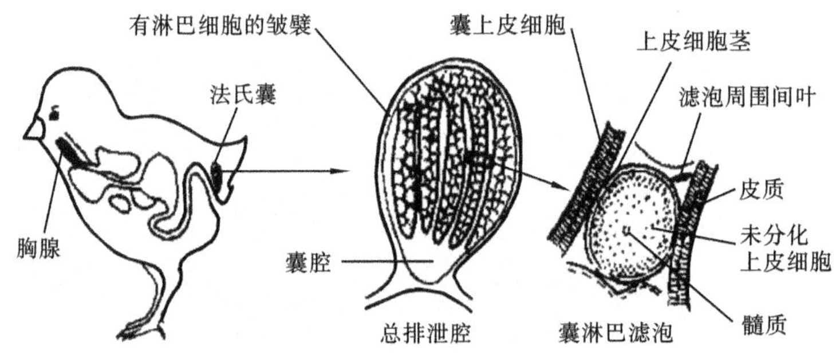

图 2-7-4　禽法氏囊部位和结构

法氏囊除担负中枢免疫器官任务外，还兼有外周免疫器官的功能（禽的擦肛免疫基于此原理），并且随着法氏囊中淋巴细胞群的成熟及转移，该功能越发重要和明显。

（二）外周免疫器官

外周免疫器官或称次级淋巴器官，是成熟 T 细胞、B 细胞等免疫细胞定居的场所，也是产生免疫应答的部位。外周免疫器官包括淋巴结、脾脏、禽哈德尔氏腺和黏膜免疫系统等。

1. 淋巴结

淋巴结呈圆形或豆状，是结构完整的外周免疫器官，广泛存在于全身非黏膜部位的淋巴通道上。在身体浅表部位，淋巴结常位于凹陷隐蔽处，如颈部、腋窝、腹股沟等处；内脏的淋巴结多成群存在于器官门附近，沿血管干排列，如肺门淋巴结。这些部位都是易受病原微生物和其他抗原性异物侵入的部位。

（1）淋巴结的结构。

淋巴结表面覆盖有致密的结缔组织被膜，被膜结缔组织深入实质，构成小梁，作为淋巴结的支架。被膜外侧有数条输入淋巴管，输出淋巴管则由淋巴结门部离开。

淋巴结的实质分为皮质区和髓质区两个部分（图 2-7-5）。皮质区又分为浅皮质区和深皮质区。靠近被膜下为浅皮质区，是 B 细胞定居的场所，称为非胸腺依赖区。在该区内，大量 B 细胞聚集形成淋巴滤泡，或称淋巴小结。未受抗原刺激的淋巴滤泡无生发中心，称为初级淋巴滤泡，主要含静止的初始 B 细胞；受抗原刺激后，淋巴滤泡内出现生发中心(GC)，称为次级淋巴滤泡，内含大量增殖分化的 B 淋巴母细胞。后者可向内转移至淋巴结中心部髓质，分化为浆细胞并产生抗体。髓质区由髓索和髓窦组成。髓索由致密聚集的淋巴细胞组成，主要为 B 细胞和浆细胞，也含部分 T 细胞及巨噬细胞(Mφ)。髓窦内富含 Mφ，有较强的过滤作用。浅皮质区与髓质区之间的深皮质区又称副皮质区，是 T 细胞定居的场所，称为胸腺依赖区。深皮质区有许多由内皮细胞组成的毛细血管后微静脉(PCV)，也称高内皮小静脉(HEV)，在淋巴细胞再循环中起主要作用。随血流来的淋巴细胞由此部位进入淋巴结。

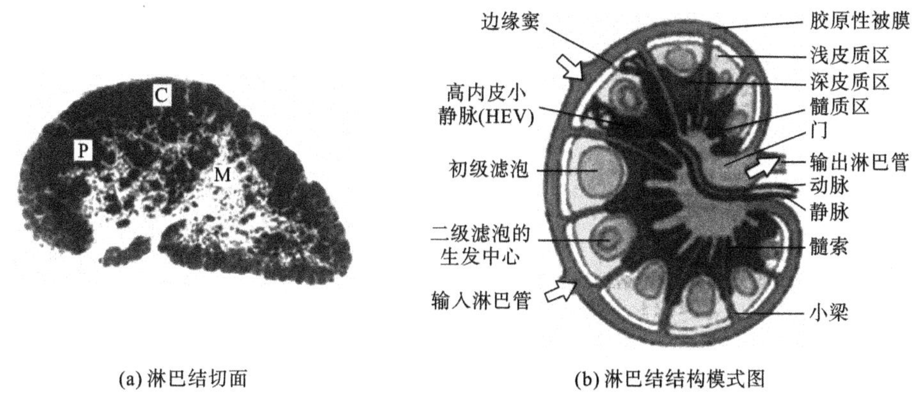

(a) 淋巴结切面

(b) 淋巴结结构模式图

图 2-7-5 淋巴结的结构

C—浅皮质区(B 细胞区)；P—深皮质区(T 细胞区)；M—髓质区

猪淋巴结的结构与其他哺乳动物淋巴结的结构不同，其组织学图呈现相反的构成，淋巴小结在淋巴结的中央，相当于髓质的部分在淋巴结外层。淋巴液由淋巴结门进入淋巴结，流经中央的皮质和四周的髓质，最后由输出管流出淋巴结。

鸡无淋巴结，但淋巴组织广泛分布于体内，有的为弥散性，消化道管壁中的淋巴组织为淋巴集结，如盲肠扁桃体，有的呈小结状等，它们在抗原刺激后都能形成生发中心。鹅、鸭等水禽类主要有两对淋巴结，即颈胸淋巴结和腰淋巴结。

(2) 淋巴结的功能。

① T 细胞和 B 细胞定居的场所　淋巴结是成熟 T 细胞和 B 细胞的主要定居部位。其中，T 细胞约占淋巴结内淋巴细胞总数的 75%，B 细胞约占 25%。

② 免疫应答发生的场所　Mφ 或 DC 等抗原处理及提呈细胞在周围组织中摄取抗原后可迁移至淋巴结，并将经加工、处理的抗原肽提呈给 T 细胞，使其活化、增殖、分化为效应 T 细胞。淋巴结中的 B 细胞可识别和结合游离的或被滤泡树突状细胞(FDC)捕获的抗原，通过 T-B 细胞的协同作用，B 细胞增殖、分化为浆细胞，并分泌抗体。效应 T 细胞除在淋巴结内发挥免疫效应外，更主要的是与抗体一样，随输出淋巴管，经胸导管进入血流，再分布至全身，发挥免疫应答效应。故淋巴结是发生免疫应答的主要场所之一。

③ 参与淋巴细胞再循环　正常时，只有少数淋巴细胞在淋巴结内分裂增殖，大部分

是由血液经淋巴系统再循环来的淋巴细胞。血液中淋巴细胞随血流到淋巴结，通过毛细血管后静脉进入皮质区，然后经淋巴窦汇入输出淋巴管，经胸导管进入血流，如此反复循环。淋巴结是体内淋巴细胞再循环的主要部位。

④ 过滤作用　侵入机体的病原微生物、毒素或其他有害异物，通常随组织淋巴液进入局部引流淋巴结。淋巴液在淋巴窦中缓慢移动，有利于窦内 Mф 吞噬、清除抗原性异物，从而发挥过滤作用。

2. 脾脏

脾脏是动物体内造血、贮血、滤血和淋巴细胞分布及进行免疫应答的器官，也是体内最大的淋巴器官。

(1) 脾脏的结构。

脾脏外层为结缔组织被膜，被膜向脾内伸展形成若干小梁。脾实质可分为白髓和红髓。脾脏的结构如图 2-7-6 所示。

白髓为密集的淋巴组织，由围绕中央动脉而分布的动脉周围淋巴鞘、淋巴滤泡和边缘区组成。脾动脉入脾后，分支随小梁走行，称为小梁动脉。小梁动脉分支进入脾实质，称为中央动脉。中央动脉周围有厚层弥散淋巴组织，称为动脉周围淋巴鞘(PALS)，主要由密集的 T 细胞构成，也含有少量 DC 及 Mф，为 T 细胞区。在动脉周围淋巴鞘的旁边有淋巴滤泡，又称脾小结，为 B 细胞区，内含大量 B 细胞及少量 Mф 和滤泡树突状细胞(FDC)。未受抗原刺激时为初级滤泡，受抗原刺激后中央部位出现生发中心，为次级滤泡。红髓分布于被膜下、小梁周围及白髓边缘区外侧的广大区域，由脾索和脾血窦组成。脾索为索条状组织，主要含 B 细胞、浆细胞、Mф 和 DC。脾索之间为脾血窦，其内充满血液。脾索和脾血窦壁上的 Mф 能吞噬和清除衰老的血细胞、抗原-抗体复合物或其他异物，并具有抗原提呈作用。

白髓与红髓交界的狭窄区域为边缘区，内含 T 细胞、B 细胞和较多 Mф。中央动脉的侧支末端在此处膨大形成边缘窦，内含少量血细胞。边缘窦内皮细胞之间存在间隙，血细胞可经该间隙不断地进入边缘区的淋巴组织内，是淋巴细胞由血液进入淋巴组织的重要通道。T 细胞经边缘窦迁入动脉周围淋巴鞘，而 B 细胞则迁入脾小结、脾索或脾血窦。白髓内的淋巴细胞也可进入边缘窦，参与淋巴细胞再循环。

(2) 脾脏的功能。

① T 细胞和 B 细胞定居的场所　脾脏是各种成熟淋巴细胞定居的场所。其中，脾脏中 T 细胞占 35%～50%，B 细胞占 50%～65%。

② 免疫应答发生的场所　脾脏是机体对血源性抗原产生免疫应答的主要场所。血液中的病原体等抗原性异物经血液循环进入脾脏，可刺激 T、B 细胞活化、增殖，产生效应 T 细胞和浆细胞，并分泌抗体，发挥免疫效应。脾脏是体内产生抗体的主要器官，在机体的防御、免疫应答中具有重要地位。

③ 合成某些生物活性物质　脾脏可合成并分泌某些重要生物活性物质，如补体成分；脾脏还能产生一种含苏-赖-脯-精氨酸的四肽激素。它能增强巨噬细胞及嗜中性粒细胞的吞噬作用。

④ 血液过滤作用　体内约 90% 的循环血液要流经脾脏，脾脏内的 Mф 和网状内皮细

(a) 脾纵切面

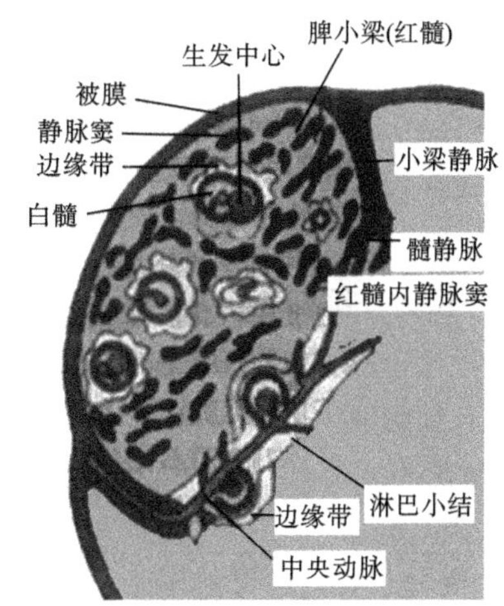

(b) 脾内淋巴组织结构示意图

图 2-7-6 脾脏的结构

WP—白髓;RP—红髓

胞均有较强的吞噬作用,可清除血液中的病原体、衰老的红细胞与白细胞、免疫复合物和异物,从而发挥过滤作用,使血液得到净化。

3. 禽哈德尔氏腺

禽哈德尔氏腺又称付泪腺或瞬膜腺,较发达,通常呈淡红色至褐红色的带状,位于眶内眼球腹侧和后内侧,疏松地附着于眶周筋膜上。整个腺体由结缔组织分割成许多小叶,小叶由腺泡、腺管及排泄管组成,腺泡上皮由一层柱状腺上皮细胞排列而成,上皮基膜下是大量浆细胞和部分淋巴细胞。它能分泌泪液润滑瞬膜,使眼睛具有机械保护作用;分布有 T 细胞、B 细胞,能接受抗原刺激,分泌特异性抗体,通过泪液带入上呼吸道黏膜,成为口腔、上呼吸道的抗体来源之一,在上呼吸道免疫中起着非常重要的作用。禽哈德尔氏腺不仅可在局部形成坚实的屏障,而且能激发全身免疫系统,协调体液免疫。在雏鸡免疫时,它对疫苗发生应答反应,不受母源抗体的干扰,对免疫效果的提高起着非常重要的作用。所以对于某些弱毒苗,在幼禽时以滴鼻点眼的方式进行免疫即可取得较好的免疫效果。

4. 黏膜免疫系统

黏膜免疫系统(MIS)也称黏膜相关淋巴组织(MALT),包括肠黏膜、气管黏膜、肠系膜淋巴结(MLT)、腮腺、泪腺和乳腺管黏膜等的淋巴组织,共同组成一个黏膜免疫应答网络,故称为黏膜免疫系统。据研究,这一系统中分布的淋巴细胞总量比脾脏和淋巴结中分布的还要多,均含有丰富的 T 细胞和 B 细胞及巨噬细胞等。黏膜下层的淋巴组织中 B 细胞比 T 细胞多,而且多是能产生分泌型 IgA 的 B 细胞。当疫苗抗原到达黏膜淋巴组织时引起免疫应答,产生大量分泌型 IgA 抗体分布在黏膜表面,形成第一道特异性免疫保护防线,尤其对经呼吸道、消化道感染的病原微生物,黏膜免疫作用至关重要。

二、免疫细胞

凡参与免疫应答的细胞统称为免疫细胞。该类细胞较多,依据其功能差异,可以划分

为三大类：①免疫活性细胞，即在淋巴细胞中受抗原物质刺激后能分化增殖，产生特异性免疫应答的细胞，如T细胞、B细胞；②免疫辅助细胞(accessory cell，A cell)，即在特异性免疫应答过程中，必须有单核吞噬细胞和树突状细胞的协助参与，对抗原进行捕捉、加工和处理的细胞；③其他免疫细胞，主要包括各种粒细胞和肥大细胞，它们往往参与免疫应答的某一特定环节。

(一) 免疫活性细胞

免疫活性细胞在免疫应答过程中起核心作用，依据其作用方式以及来源不同，可以分为T细胞、B细胞两大群，还有NK细胞及其他细胞。

1. T细胞

(1) 来源与分布。

T细胞来源于骨髓的多能干细胞。多能干细胞首先分化为T细胞前体和B细胞前体。T细胞前体进入胸腺后，在胸腺素的诱导下，分化增殖为胸腺依赖性细胞(简称T细胞)。成熟T细胞由胸腺迁出，移居于周围淋巴组织中淋巴结的副皮质区和脾白髓小动脉周围，并可经血液→组织→淋巴→血液再循环周游全身以发挥免疫调节和细胞免疫功能。T细胞受抗原刺激后即可分化成为淋巴母细胞，除少数变为长寿的记忆细胞外，多数继续分化增殖为具有免疫效应的致敏T细胞，参与细胞免疫应答。

(2) 表面标志。

淋巴细胞表面存在着大量不同种类的蛋白质分子，这些表面分子又称为表面标志。T细胞和B细胞的表面标志包括表面受体和表面抗原，可用于鉴别T细胞和B细胞及其亚群。

表面受体是指淋巴细胞表面上能与相应配体(特异性抗原、绵羊红细胞、补体等)发生特异性结合的分子结构。表面抗原是指在淋巴细胞或其亚群细胞表面上能被特异性抗体(如单克隆抗体)所识别的表面分子。由于表面抗原是在淋巴细胞分化过程中产生的，故又称为分化抗原。不同的研究者和实验室已建立了多种单克隆抗体系统用以鉴定淋巴细胞表面抗原，出现了多种命名。为避免混淆，从1983年起，经国际会议商定，以分化群(CD)统一命名淋巴细胞表面抗原或分子，如将单抗OKT3和单抗Leu4所识别的同一分化抗原命名为CD3等，至今已命名130余种CD抗原。

(3) T细胞的表面标志。

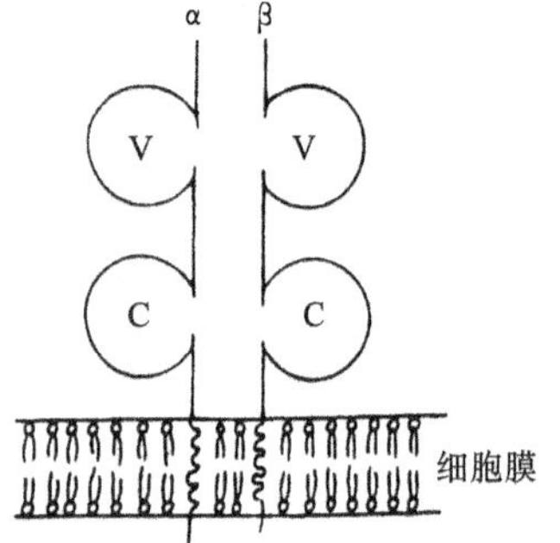

图2-7-7 TCR结构示意图

① TCR 所有T细胞表面具有识别和结合特异性抗原的分子结构，称为T细胞抗原受体(TCR)(图2-7-7)。95% T细胞的TCR是由α链和β链经二硫键连接组成的异二聚体，每条链又可折叠形成可变区(V区)和恒定区(C区)两个功能区。C区与细胞膜相连，并有4～5个氨基酸伸入细胞浆，而V区则为与抗原结合部位。α链有248个氨基酸，相对分子质量为40000～50000，β链有282个氨基酸，相对分子质量为40000～45000。在T细胞发育过程中，各个幼稚T细胞克隆的TCR基因经过不同的重排后可形成几百万种

以上不同序列的基因，因而可编码相应数量的不同特异性的 TCR 分子。每个成熟的 T 细胞克隆内各个细胞具有相同的 TCR，能识别同一种特异性抗原。在同一个体内，可能有数百万种 T 细胞克隆及其特异性的 TCR，故能识别许多种抗原。TCR 与细胞膜上的 CD3 抗原通常紧密结合在一起形成复合体。

② CD2　CD2 曾称为红细胞受体，是 T 细胞的重要表面标志，B 细胞无此抗原。一些动物和人的 T 细胞在体外能与绵羊红细胞结合，形成红细胞花环，E 花环实验是鉴别 T 细胞及检测外周血中的 T 细胞的比例及数目的常用方法。

③ CD3　CD3 仅存在于 T 细胞表面，由 6 条肽链组成，常与 TCR 紧密结合形成含有 8 条肽链的 TCR-CD3 复合体。CD3 分子的功能是把 TCR 与外来结合的抗原信息传递到细胞内，启动细胞内的活化过程，在 T 细胞被抗原激活的早期过程中起重要作用。CD3 也常用于检测外周血 T 细胞总数。

④ CD4 和 CD8　CD4 和 CD8 分别称为 MHCⅡ类分子和Ⅰ类分子的受体。CD4 和 CD8 分别出现在不同功能亚群的 T 细胞表面，在同一 T 细胞表面只表达其中一种，因此，T 细胞可分成两大亚群：$CD4^+$ 的 T 细胞和 $CD8^+$ 的 T 细胞。$CD4^+$ 与 $CD8^+$ 细胞的比值是评估机体免疫状态的重要依据，在正常情况下此比值应为 2∶1。

此外，在 T 细胞表面还有丝裂原受体、IgG 或 IgM 的 Fc 受体、白细胞介素受体以及各种激素和介质如肾上腺素、皮质激素、组胺的受体。

(4) T 细胞亚群及功能。

关于 T 细胞亚群划分的原则和命名，尚无统一标准。由于 T 细胞有许多功能和分化抗原均不相同的亚群，目前对 T 细胞亚群的划分就是基于其 CD 抗原的不同，而分为 $CD4^+$ 和 $CD8^+$ 两大亚群。

① $CD4^+$ 细胞　具有 $CD2^+$、$CD3^+$、$CD4^+$、$CD8^-$ 的 T 细胞简称 $CD4^+$ 细胞，包括：a. 辅助性 T 细胞(TH)，其主要功能为协助其他细胞发挥免疫功能；b. 诱导性 T 细胞(TI)，能诱导 TH 和 TS 细胞的成熟；c. 迟发型超敏反应性 T 细胞(TD)，在免疫应答的效应阶段和Ⅳ型变态反应中能释放多种淋巴因子，导致炎症反应，发挥排除抗原的功能。

② $CD8^+$ 细胞　具有 $CD2^+$、$CD3^+$、$CD4^-$、$CD8^+$ 的 T 细胞简称 $CD8^+$ 细胞，包括：a. 抑制性 T 细胞(TS)，能抑制 B 细胞产生抗体和其他 T 细胞分化增殖，从而调节体液免疫和细胞免疫；b. 细胞毒性或杀伤性 T 细胞(TC、TK，或称 CTL)，在免疫效应阶段，识别带有抗原的靶细胞，如被病毒感染的细胞或癌细胞等，通过释放穿孔素和通过其他机理使靶细胞溶解。

2. B 细胞

(1) 来源与分布。

B 细胞由骨髓多能干细胞分化来的 B 细胞前体，在哺乳动物的骨髓或禽类的法氏囊分化发育为成熟的 B 细胞，又称骨髓依赖性淋巴细胞或囊依赖性淋巴细胞。B 细胞分布在外周免疫器官的非胸腺依赖区，在抗原刺激下，可分化为浆细胞，产生特异性抗体，形成机体的体液免疫。大部分浆细胞只能存活 2 d，少数转化为记忆细胞，记忆细胞可以存活 100 d 以上。

(2) B 细胞的表面标志。

① B细胞抗原受体(BCR)　B细胞表面的抗原受体是细胞表面的免疫球蛋白(SmIg)。这种SmIg的分子结构与血清中的Ig相同,其Fc段的几个氨基酸镶嵌在细胞膜脂质双层中,Fab段则向细胞外侧以便与抗原结合,SmIg主要是单体的IgM和IgD。每个B细胞表面有10000～100000个免疫球蛋白分子。BCR的作用是识别结合抗原,引起B细胞的免疫应答。所以SmIg是B细胞的主要鉴别特征,常用荧光素或铁蛋白标记的抗免疫球蛋白抗体来鉴别B细胞。

② Fc受体(FcR)　此受体能与免疫球蛋白的Fc片段结合,大多数B细胞有IgG的Fc受体(称Fc(γ)R),能与IgG的Fc片段结合。B细胞表面的Fc(γ)R与抗原-抗体复合物结合,有利于B细胞对抗原的捕获和结合以及B细胞的激活和抗体产生。检测带有Fc受体的B细胞可用抗牛(或鸡)红细胞抗体致敏的牛(或鸡)红细胞(EA)做EA花环实验。

③ 补体受体(CR)　大多数B细胞表面存在能与C3b和C3d发生结合的受体,分别称为CRⅠ和CRⅡ(即CD35和CD21)。CR有利于B细胞捕捉与补体结合的抗原-抗体复合物,CR被结合后,可促使B细胞活化。B细胞的补体受体常用EAC花环实验测出,即将红细胞(E)、抗红细胞(A)和补体(C)的复合物与淋巴细胞混合后,可见B细胞周围有红细胞围绕形成的花环。

此外,B细胞表面还有丝裂原受体、CD79(类似于T细胞的CD3,常与B细胞抗原受体形成复合物)、白细胞介素受体以及CD9、CD10、CD19和CD20分子等。

(3) B细胞亚群及功能。

B细胞的亚群尚不确定,目前按其成熟程度和细胞表面是否有CD5表面标志,可将B细胞分成B1和B2两个亚群。B1细胞为T细胞非依赖性细胞,在接受胸腺非依赖性抗原刺激后活化增殖,不需TH细胞的协助,只产生IgM,不表现再次应答,易形成耐受现象。B2细胞为T细胞依赖性细胞,这类细胞在接受胸腺依赖抗原刺激后发生免疫应答,必须有TH细胞的协助,有再次应答,不易形成耐受现象,可产生IgM和IgG抗体。

3. 其他免疫活性细胞

除了以上T细胞和B细胞两类主要的淋巴细胞外,还有其他一些淋巴细胞样细胞。

(1) K细胞　杀伤细胞(killer cell,K cell)简称K细胞,主要存在于腹腔渗出液、血液和脾脏,淋巴结中很少,在骨髓、胸腺和胸导管中含量极微。K细胞膜表面具有IgG的Fc受体,当靶细胞与相应的IgG抗体结合,K细胞可与结合在靶细胞上的IgG的Fc片段结合,从而被活化,释放溶细胞因子,裂解靶细胞,这种作用称为抗体依赖性细胞介导的细胞毒作用(antibody-dependent cell-mediated cytotoxicity),即ADCC作用。在ADCC反应中,IgG抗体与靶细胞的结合是特异性的,而K细胞的杀伤作用是非特异性的,任何被IgG结合的靶细胞均可被K细胞非特异性地杀伤。K细胞杀伤的靶细胞包括病毒感染的宿主细胞、恶性肿瘤细胞、异体细胞和某些较大的病原体(如寄生虫体)等。

(2) NK细胞　自然杀伤细胞(natural killer cell,NK cell)简称NK细胞,主要存在于外周血和脾脏中,淋巴结和骨髓中很少,胸腺中不存在。NK细胞表面存在着识别靶细胞表面分子的受体结构,通过此受体直接与靶细胞结合而发挥杀伤作用,是一群既不依赖抗体,也不需要抗原刺激和致敏就能杀伤靶细胞的淋巴细胞。NK细胞的主要功能是非特异性地杀伤肿瘤细胞,抵抗多种微生物感染。

（二）免疫辅佐细胞

T细胞、B细胞是免疫应答的主要承担者，但这一反应的完成必须有辅佐细胞(accessory cell)参加。辅佐细胞简称A细胞，由于A细胞是一类在免疫应答中将抗原呈递给抗原特异性淋巴细胞的免疫细胞，故又称抗原呈递细胞(antigen presenting cell，APC)。

1. 单核-巨噬细胞系统

单核-巨噬细胞系统包括血液中的单核细胞和组织中固定或游走的巨噬细胞，在功能上都具有吞噬作用。

单核-巨噬细胞均起源于骨髓干细胞，在骨髓中经前单核细胞分化发育为单核细胞，进入血液，随血流到全身各种组织。进入组织中随即发生形态变化，如肝脏中的枯否氏细胞、肺脏中的尘细胞、结缔组织中的组织细胞、神经组织中的小胶质细胞、脾和淋巴结中的固定和游走巨噬细胞等。当血液中的单核细胞进入组织转变为巨噬细胞后，一般不再返回血液循环。巨噬细胞在组织中虽有增殖潜能，但很少分裂，主要通过血液中的单核细胞补充。

在单核-巨噬细胞的膜表面有许多功能不同的受体分子，如Fc受体和补体分子的受体(CR)。这两种受体通过与IgG和补体结合，能促进巨噬细胞的活化和吞噬功能。但因无抗原识别受体，所以不具有特异识别功能。此外，巨噬细胞还能与淋巴细胞分泌的许多因子结合，诸如巨噬细胞活化因子(MAF)、巨噬细胞移动因子(MIF)、干扰素以及某些白细胞介素等。

单核-巨噬细胞具有多方面的生物功能，主要概括为以下几个方面：①非特异性免疫防御，当外来病原体进入机体后，在激发免疫应答前就可被单核-巨噬细胞吞噬清除，但少数病原体可在其胞内繁殖；②清除外来细胞，机体生长、代谢过程中不断产生衰老与死亡的细胞以及某些衰变的物质，它们均可被单核-吞噬细胞吞噬、消化和清除，从而维持内环境稳定；③非特异性免疫监视；④呈递抗原，即当外来抗原进入机体后，首先由单核-巨噬细胞吞噬、消化，将有效的抗原决定簇和MHCⅡ类分子结合成复合体，这种复合体被T细胞识别，从而激发免疫应答；⑤分泌介质IL-1、干扰素、补体(C1、C4、C2、C3、C5、B因子)等。

2. 树突状细胞

树突状细胞(dendritic cell，D cell)简称D细胞，来源于骨髓和脾脏的红髓，成熟后主要分布在脾脏和淋巴结中，结缔组织中也广泛存在。树突状细胞表面伸出许多树状突起，胞内线粒体丰富，高尔基体发达，但无溶酶体及吞噬体，故无吞噬消化能力。大多数D细胞有较多的MHCⅠ类和Ⅱ类分子，少数D细胞表面有Fc受体和C3b受体，可通过抗原-抗体复合物将抗原呈递给淋巴细胞。根据所在部位不同，树突状细胞包括皮肤黏膜的朗罕氏细胞，外周免疫器官T细胞区和胸腺的髓质的并指状树突状细胞，血液、淋巴液中的循环树突状细胞等。树突状细胞是定居于体内不同部位的由不同干细胞分化而来的一类专职的抗原提呈细胞，也是体内抗原提呈作用最强的一类细胞。

（三）其他免疫细胞

1. 粒细胞系统

粒细胞是指分布于外周血中的、细胞浆含有特殊染色颗粒的一群白细胞。粒细胞的细胞核呈明显的多形性(杆状或分叶状等)，因此又称为多形核细胞。粒细胞占外周血细胞总数的60%～70%，寿命较短，不断地由骨髓中产生补充到外周血。粒细胞包括嗜中性粒细胞、嗜酸性粒细胞、嗜碱性粒细胞三种。嗜中性粒细胞具有吞噬和杀灭细菌的功能；嗜酸性粒细胞表面有IgE受体，它能通过IgE抗体与某些寄生虫接触，释放颗粒内含物，杀灭寄生虫，同时释放一些酶类，如组胺酶、磷脂酶D等，可分别作用于组胺、血小板活化因子，在Ⅰ型变态反应中发挥负反馈调节作用，因此在寄生虫感染及Ⅰ型变态反应性疾病中常见嗜酸性粒细胞数目增多。嗜碱性粒细胞内含大小不等的嗜碱性颗粒，颗粒内含有组胺、白三烯、肝素等参与Ⅰ型过敏应的介质，嗜碱性粒细胞膜上有IgE的Fc受体，能和IgE结合，当有变应原与嗜碱性粒细胞的IgE结合后，可导致细胞嗜碱性颗粒内物质的释放，引发Ⅰ型变态反应。

此外，还有肥大细胞，为广泛分布于黏膜下和皮下疏松结缔组织内的细胞浆中含嗜碱性颗粒的细胞，膜表面也有IgE的Fc受体，因此其性质和作用与嗜碱性粒细胞相似。

2. 红细胞

长期以来，人们一直认为红细胞的主要功能只是运输O_2和CO_2。1981年，Siegel提出了“红细胞具有免疫功能”的理论，随后许多学者对红细胞的免疫功能进行了系统研究。研究表明，红细胞和白细胞一样具有重要的免疫功能，它具有识别抗原、清除体内免疫复合物、增强吞噬细胞的吞噬功能、呈递抗原物质和免疫调节等功能。

第二节　抗原

一、抗原的概念

凡是能刺激机体产生抗体和致敏淋巴细胞，并能与之结合引起特异性反应的物质，称为抗原。抗原具有抗原性，抗原性包括免疫原性与反应原性两个方面的含义。免疫原性是指能刺激机体产生抗体和致敏淋巴细胞的特性。反应原性是指抗原与相应的抗体或致敏淋巴细胞发生反应的特性，又称为免疫反应性。比如猪瘟疫苗作为抗原注入猪体内，会发生免疫应答从而产生抗猪瘟抗体，这种特性为免疫原性；用猪瘟疫苗和抗猪瘟抗体在体外可进行琼脂扩散反应，这种特性为反应原性。所以猪瘟疫苗既具有免疫原性，又有反应原性，说明猪瘟疫苗具有抗原性。

像猪瘟疫苗这样既具有免疫原性又有反应原性的物质，称为完全抗原，也可称为免疫原。只具有反应原性而缺乏免疫原性的物质称为不完全抗原，也称为半抗原。半抗原又分为简单半抗原和复合半抗原，前者的相对分子质量较小，只有一个抗原决定簇，不能与相应的抗体发生可见反应，但能与相应的抗体结合，如抗生素、酒石酸、苯甲酸等；后者的相对分子质量较大，有多个抗原决定簇，能与相应的抗体发生肉眼可见的反应，如细菌的荚膜多糖、类脂、脂多糖等都为复合半抗原。

二、构成抗原的条件

抗原物质要有良好的免疫原性，需具备以下条件。

(一) 异源性

异源性又称异质性，是抗原的核心。在正常情况下，动物机体能识别自身物质与非自身物质，只有非自身物质进入机体内才能具有免疫原性。因此，异种动物之间的组织、细胞及蛋白质，同种动物不同个体的某些成分及自身抗原均是良好的抗原。

(二) 分子大小

抗原物质的免疫原性与其分子大小有直接关系。一般是相对分子质量越大，免疫原性越强。免疫原性良好的物质相对分子质量一般在 10000 以上。相对分子质量小于 5000 的物质，其免疫原性较弱。相对分子质量在 1000 以下的物质为半抗原，没有免疫原性，但与大分子蛋白质载体结合后可获得免疫原性。因此，蛋白质分子大多是良好的抗原，例如，细菌、病毒、外毒素、异种动物的血清都是抗原性很强的物质。

(三) 化学组成、分子结构与立体构象的复杂性

抗原物质除了要求具有一定的相对分子质量外，相同大小的分子如果化学组成、分子结构和空间构象不同，其免疫原性也有一定的差异。蛋白质是良好的免疫原，蛋白质的氨基酸组成对免疫原性有很大影响。一般来说，分子结构和空间构象越复杂的物质免疫原性越强，如含芳香族氨基酸的蛋白质比含非芳香族氨基酸的蛋白质免疫原性强。要使抗原具有强抗原性，就要保证抗原在接触免疫细胞时有复杂的分子结构和立体构象。如明胶相对分子质量也在 10 万以上，但分子结构简单，免疫原性弱。蛋白质食物在消化道内被降解为小分子的肽类或氨基酸，吸收入血液，便失去抗原性。所以抗原物质通常要通过非消化道途径以完整分子状态进入体内，才能保持抗原性。

如果用物理化学的方法改变抗原的空间构象，其原有的免疫原性也随之改变或消失。同一分子不同的光学异构体之间，免疫原性也有差异。

(四) 物理状态

不同物理状态的抗原物质，其免疫原性也有差异。颗粒性抗原的免疫原性通常比可溶性抗原的强。可溶性抗原分子聚合后或吸附在颗粒表面可增强其免疫原性。例如将甲状腺球蛋白与聚丙烯酰胺凝胶颗粒结合后免疫家兔，可使其产生的 IgM 效价提高 20 倍。免疫原性弱的蛋白质如果吸附在氢氧化铝胶、脂质体等大分子颗粒上，可增强其抗原性。

三、抗原决定簇

一种抗原物质只能刺激机体产生相应的抗体，这种抗体也只能与相应的抗原结合发生反应，这种现象称为抗原的特异性。抗原的分子结构十分复杂，但抗原分子的活性和特异性并不取决于整个抗原分子，是由抗原决定簇所决定的。抗原决定簇是抗原分子表面具有特殊立体构型和免疫活性的化学基团。由于抗原决定簇通常位于抗原分子表面，因

而又称为抗原表位。抗原决定簇决定抗原的特异性，即决定抗原与抗体发生特异性结合的能力。

抗原分子抗原决定簇的数目称为抗原的抗原价。含有多个抗原决定簇的抗原称为多价抗原，若其含有两种以上不同特异性的决定簇，为多特异性决定簇；只有一个抗原决定簇的抗原称为单价抗原，如简单半抗原，若其只有一种特异性决定簇，为单特异性决定簇（图 2-7-8）。天然抗原一般是多价和多特异性决定簇抗原。

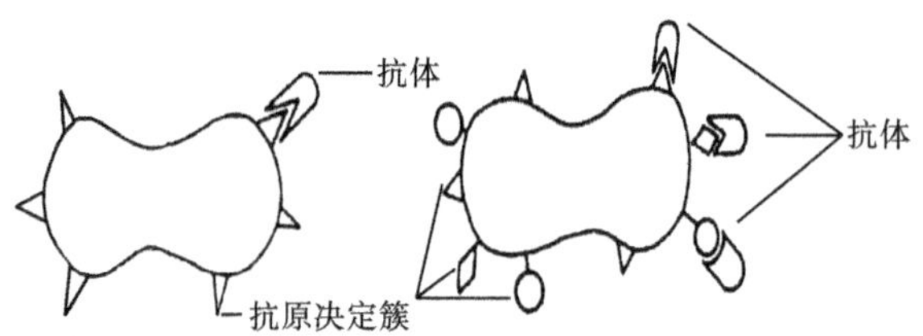

图 2-7-8　单特异性和多特异性决定簇

不同抗原物质之间、不同种属的微生物之间、微生物与其他抗原物质之间，难免有相同或相似的抗原组成或结构，也可能存在共同的抗原决定簇，这种现象称为抗原的交叉性或类属性。这些共有的抗原组成或决定簇称为共同抗原或交叉抗原。如 A 群沙门杆菌有抗原决定簇 2，B 群沙门杆菌有抗原决定簇 4，D 群沙门杆菌有抗原决定簇 9，而抗原决定簇 12 为 A、B、D 三群所共有。如果两种微生物有共同抗原，它们与相应抗体相互之间可以发生交叉反应。

四、抗原的分类

（一）根据抗原的性质分类

根据抗原的性质可将其分为完全抗原与半抗原。完全抗原既具有免疫原性，又有反应原性。小分子的半抗原不具有免疫原性，不能诱导机体产生免疫应答，但当与大分子物质（载体）连接后，就能诱导机体产生免疫应答，并能与相应的抗体结合。

（二）根据亲缘关系分类

（1）异种抗原　异种抗原是与被免疫动物无任何亲缘关系的抗原。通常动物之间的亲缘关系相距越远，生物种系差异越大，免疫原性越好，如各种疫苗、各类微生物、异种动物蛋白质等。

（2）同种异型抗原　同种动物不同个体的某些成分也具有一定的抗原性，如血型抗原、组织移植抗原。

（3）自身抗原　动物自身组织细胞在通常情况下不具有免疫原性，但当出现某些情况使自身组织细胞改变而具有抗原性时便成为自身抗原。如机体组织遭受烧伤、感染及电离辐射等作用，使原有的结构发生改变而具有抗原性；机体的免疫识别功能紊乱，将自身组织视为异物；某些组织成分，如眼球晶状体蛋白、精子蛋白、甲状腺球蛋白等因外伤或感染而进入血液循环系统，机体视之为异物而引起免疫反应。

（三）根据对胸腺（T 细胞）的依赖性分类

（1）胸腺依赖性抗原（thymus dependent antigen，TD-Ag）　胸腺依赖性抗原简称

TD抗原，刺激B细胞分化成抗体产生细胞的过程中，需要辅助性T细胞的协助。多数抗原属于此类，如异种组织与细胞、异种蛋白、微生物及人工复合抗原等。TD抗原刺激机体产生的抗体主要是IgG，易引起细胞免疫和免疫记忆。

（2）胸腺非依赖性抗原（thymus independent antigen，TI-Ag） 胸腺非依赖性抗原简称TI抗原，不需要T细胞协助就能直接刺激B细胞产生抗体，如大肠杆菌脂多糖（LPS）、肺炎链球菌荚膜多糖（SSS）、聚合鞭毛素（POL）等。TI抗原仅刺激机体产生IgM抗体，不易产生细胞免疫，无免疫记忆。

（四）根据来源分类

（1）外源性抗原 外源性抗原是指被单核-巨噬细胞等自细胞外吞噬、捕获或与B细胞特异性结合，然后进入细胞的抗原，如微生物、疫苗、异种血清、异体组织等，通过感染、注射、移植等多种途径进入体内。

（2）内源性抗原 内源性抗原是指自身细胞内合成的新抗原，如感染胞内菌、病毒、原虫的细胞或肿瘤细胞等。

五、主要微生物抗原

（一）细菌抗原

细菌的抗原结构比较复杂，细菌的各种结构都有多种抗原成分，因此细菌是由多种成分构成的复合体。细菌抗原主要有以下几种。

（1）菌体抗原 菌体抗原又称O抗原，主要指革兰氏阴性菌细胞壁抗原，其化学本质为脂多糖，较耐热。

（2）鞭毛抗原 鞭毛抗原又称H抗原，主要指鞭毛蛋白的抗原性。

（3）菌毛抗原 菌毛抗原为许多革兰氏阴性菌和少数革兰氏阳性菌所具有，菌毛由菌毛素组成，有很强的抗原性。

（4）荚膜抗原 荚膜抗原又称K抗原，细菌荚膜构成有荚膜细菌的外表面，是细菌主要的表面抗原。荚膜抗原主要是指荚膜多糖或荚膜多肽的抗原性。

各种抗原又有多种抗原决定簇。例如大肠杆菌已知有164种O抗原、64种H抗原和103种K抗原。沙门菌有58种O抗原、63种H抗原。每一种细菌都有自己的抗原结构，又称血清型，例如沙门菌属的血清型达2200多种。根据细菌的抗原结构，用对应抗体血清做凝集实验，可对细菌作血清学鉴定。若不同细菌具有部分相同的抗原结构，称为共同抗原或类属抗原，它们可与对应抗血清之间发生交叉凝集反应。

（二）毒素抗原

破伤风梭菌、肉毒梭菌等多种细菌能产生外毒素，其成分为糖蛋白或蛋白质，具有很强的抗原性，能刺激机体产生抗体，称为抗毒素。外毒素经0.3%～0.5%甲醛处理后失去毒力，保持免疫原性，称为类毒素。类毒素注射动物机体后可刺激机体产生抗毒素。

（三）病毒抗原

各种病毒都有相应的抗原结构。有囊膜病毒的抗原特异性由囊膜上的纤突所决定，将病毒表面的囊膜抗原称为V抗原，并具有型和亚型的特异性。例如流感病毒外膜上的

血凝素(H)和神经氨酸酶(N)都具有很强的抗原性和特异性,通常以 HN 表示流感病毒的血清亚型分类。无囊膜病毒的抗原特异性取决于病毒颗粒表面的衣壳结构蛋白,将病毒表面的衣壳抗原称为 VC 抗原,如口蹄疫病毒的结构蛋白 VP1、VP2、VP3、VP4 即为此类抗原,其中 VP1 为口蹄疫病毒的保护性抗原。另外还有可溶性抗原(S 抗原)、核蛋白抗原(NP 抗原)。

(四) 真菌和寄生虫抗原

真菌、寄生虫及其虫卵都有特异性抗原,但免疫原性较弱,特异性也不强,交叉反应较多,在同一虫体的不同发育时期之间可存在共同抗原和特异性抗原,在不同虫体之间甚至在同种不同株之间,以及在寄生虫与宿主之间,也可存在共同抗原和特异性抗原。

(五) 保护性抗原

微生物具有多种抗原成分,但其中只有 1～2 种抗原成分能刺激机体产生抗体具有免疫保护作用,将这些抗原称为保护性抗原或功能抗原。如口蹄疫病毒的 VP1 保护性抗原、鸡传染性法氏囊病病毒的 VP2 保护性抗原,肠致病性大肠杆菌的菌毛抗原(K88、K99 等)和肠毒素抗原(如 ST、LT 等)。

除了上述微生物抗原以外,异种动物的血清、血细胞也具有良好的抗原性,将异源血清注入动物体内,能产生抗该血清的抗体,又称抗抗体。将绵羊红细胞给家兔注射,可以刺激家兔产生抗绵羊红细胞的抗体,称此抗体为溶血素。

第三节　免疫应答

一、免疫应答的概念

免疫应答是指动物机体免疫系统受到抗原物质刺激后,免疫细胞对抗原分子识别并产生一系列复杂的免疫连锁反应和表现出一定的生物学效应的过程。这一过程包括抗原呈递细胞(巨噬细胞等)对抗原的处理、加工和呈递,抗原特异性淋巴细胞(即 T 细胞、B 细胞)对抗原的识别、活化、增殖、分化,最后产生免疫效应分子抗体与细胞因子以及免疫效应细胞——细胞毒性 T 细胞(CTL)和迟发型变态反应性 T 细胞(TD),并最终将抗原物质和对再次进入机体的抗原物质产生清除效应。

参与机体免疫应答的核心细胞是 T 细胞、B 细胞,巨噬细胞等是免疫应答的辅佐细胞,也是免疫应答所不可缺少的。免疫应答的表现形式为体液免疫和细胞免疫,分别由 B 细胞、T 细胞介导。免疫应答具有三大特点:一是特异性,即只针对某种特异性抗原物质;二是具有一定的免疫期,这与抗原的性质、刺激强度、免疫次数和机体反应性有关,从数月至数年,甚至终身;三是具有免疫记忆。通过免疫应答,动物机体可建立对抗原物质(如病原微生物)的特异性抵抗力,即免疫力,这是后天获得的,因此特异性免疫又称获得性免疫。

免疫应答的主要场所是淋巴结和脾脏。抗原进入机体后一般先通过淋巴循环进入淋巴结，进入血流的抗原则滞留于脾脏和全身各淋巴组织，随后被淋巴结和脾脏中的抗原呈递细胞捕获、加工和处理，然后表达于抗原呈递细胞表面。与此同时，血液循环中成熟的T细胞和B细胞经淋巴组织中的毛细血管后静脉进入淋巴器官，与表达于抗原呈递细胞表面的抗原接触而被活化、增殖和分化为效应细胞，并滞留于该淋巴器官内。正常淋巴细胞的滞留、特异性增殖，以及因血管扩张所致体液成分增加等因素引起淋巴器官的迅速增长，待免疫应答减退后才逐渐恢复到原来的大小。

二、免疫应答的基本过程

免疫应答是一个十分复杂的生物学过程，除了由单核-巨噬细胞系统和淋巴细胞系统协同完成外，在这个过程中还有很多细胞因子发挥辅助效应（图2-7-9）。这一过程可人为地划分为致敏阶段、反应阶段、效应阶段。

（一）致敏阶段

致敏阶段又称感应阶段或识别阶段，是抗原物质进入体内，抗原递呈细胞对其识别、捕获、加工处理和递呈以及抗原特异性淋巴细胞（T细胞和B细胞）对抗原的识别阶段。

当抗原进入机体，抗原呈递细胞比如单核-巨噬细胞、树突状细胞等首先对其进行识别，然后通过吞噬、吞饮作用或细胞自噬作用将其吞入细胞内，在细胞内经过胞内酶消化降解成抗原肽，抗原肽与主要组织相容性复合体（MHC）分子结合形成抗原肽-MHC复合物，然后将其运送到抗原呈递细胞表面，通过直接接触将抗原信息传递给T细胞或者再经T细胞将信息传递给B细胞，T细胞和B细胞对抗原进行识别。

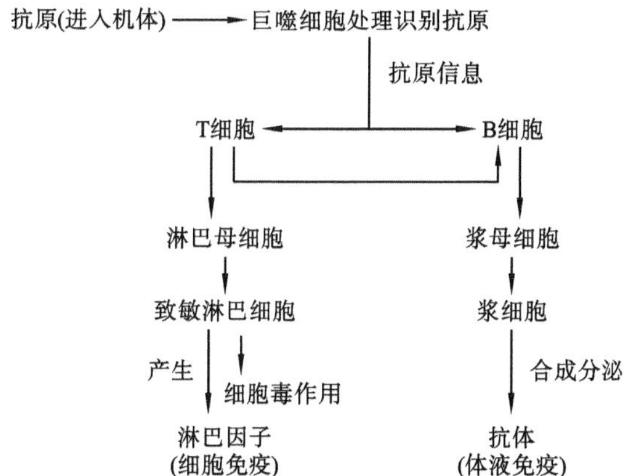

图2-7-9 免疫应答基本过程示意图

（二）反应阶段

反应阶段又称增殖与分化阶段，此阶段是抗原特异性淋巴细胞识别抗原后活化，进行增殖与分化，以及产生效应性淋巴细胞和效应分子的过程。

T细胞和B细胞对进入机体的抗原进行识别后，T细胞增殖分化为淋巴母细胞，最终成为效应性淋巴细胞，并产生多种细胞因子；B细胞增殖分化为浆细胞，合成并分泌抗体。一部分T细胞、B细胞在分化的过程中变为记忆性细胞（Tm和Bm）。记忆细胞储存

着抗原信息，可在体内存活数月或数年，以后再次接触同种抗原时，能迅速大量增殖、分化成致敏淋巴细胞和浆细胞。

（三）效应阶段

此阶段是由活化的效应性细胞（细胞毒性 T 细胞与迟发型变态反应性 T 细胞）和效应分子（细胞因子和抗体）发挥细胞免疫效应和体液免疫效应，最终清除抗原的过程。

三、体液免疫应答

体液免疫应答是 B 细胞对抗原的识别、活化、增殖，最后分化成浆细胞，浆细胞针对抗原的特性，合成及分泌特异性免疫球蛋白，发挥特异性体液免疫作用的过程。

B 细胞是介导体液免疫应答的核心细胞，一个 B 细胞表面有 10^4～10^5 个抗原受体，可以和大量的抗原分子相结合而被选择性地激活。所以不同抗原能够刺激机体所对应的特异性抗体，发挥体液免疫作用。

抗原不同，B 细胞被激活的过程不同。由 TI 抗原引起的体液免疫不需要抗原呈递细胞和 TH 细胞的协助，抗原能直接与 B 细胞表面的抗原受体特异性结合，引起 B 细胞活化。而由 TD 抗原引起的体液免疫，抗原必须经过抗原呈递细胞的捕捉、吞噬、处理，然后把含有抗原决定簇的片段提呈到抗原呈递细胞表面，只有 TH 细胞识别带有抗原决定簇的抗原呈递细胞后，B 细胞才能与抗原结合而被激活。B 细胞被激活后，代谢增强，体积增大，然后增殖、分化为浆母细胞，进一步分化为成熟的浆细胞，由浆细胞合成并分泌抗体。在正常情况下，抗体产生后很快排出细胞，进入血液，并在全身发挥免疫效应。由 TD 抗原激活的 B 细胞，一小部分在分化过程中停留下来不再继续分化，成为记忆性 B 细胞。当记忆性 B 细胞再次遇到同种抗原时，可迅速分裂，形成众多的浆细胞，表现快速免疫应答。而由 TI 抗原活化的 B 细胞，不能形成记忆细胞，并且只产生 IgM 抗体，不产生 IgG 抗体。

四、细胞免疫应答

细胞免疫应答是 T 细胞接受抗原的刺激后，活化、增殖形成致敏淋巴细胞，当机体再次受到相同的抗原物质刺激时，合成并释放多种具有免疫效应的物质，直接杀伤或激活其他细胞杀伤、破坏抗原或靶细胞，以清除抗原的过程。

T 细胞是介导细胞免疫应答的核心细胞。一般 T 细胞只能结合肽类抗原，对于其他异物和细胞性抗原须经抗原呈递细胞的吞噬，将其消化降解成抗原肽，再与 MHC 分子结合成复合物，提呈于抗原呈递细胞表面，供 T 细胞识别。识别后的 T 细胞开始增殖、分化成为致敏的 T 细胞，一方面，杀伤性 T 细胞（或称细胞毒性 T 细胞）直接杀伤靶细胞，另一方面，致敏淋巴细胞能释放多种具有免疫活性的物质——淋巴因子，使机体内多种细胞活化，以抑制、排斥和消灭抗原物质和靶细胞。其中一部分 T 细胞在分化初期就形成记忆 T 细胞而暂时停止分化，受到同种抗原的再次刺激时，便迅速活化增殖，产生再次应答。

体液免疫与细胞免疫的区别列于表 2-7-3。

表 2-7-3　体液免疫与细胞免疫的区别

	体 液 免 疫	细 胞 免 疫
参与细胞	B 细胞	T 细胞
反应出现时间	快，几分钟至数小时	慢，24～48 h
被动转移	血清或抗体	淋巴细胞或其提取物
活性物质	抗体	淋巴因子
反应区域	全身	局部
有利作用	抗毒素、化脓性球菌、某些病毒的免疫	细胞内寄生物、真菌、多数病毒的免疫，肿瘤免疫
有害作用	Ⅰ、Ⅱ、Ⅲ 型变态反应，某些自身免疫疾病	Ⅳ型变态反应，某些自身免疫疾病，移植物排斥反应

第四节　免疫应答的效应物质及作用

机体受到抗原刺激后产生免疫应答反应，以清除进入体内的抗原。由 B 细胞介导的体液免疫应答，以最终产生抗体来发挥免疫效应；由 T 细胞介导的细胞免疫应答，以最终产生效应性的 T 细胞和细胞因子发挥免疫效应。

一、体液免疫的效应物质——抗体

（一）抗体的概念

抗体是动物机体受到抗原物质刺激后，由 B 细胞转化为浆细胞产生的，能与相应抗原发生特异性结合反应的免疫球蛋白。免疫球蛋白是指具有抗体活性或化学结构与抗体相似的球蛋白。抗体的本质是免疫球蛋白，它是机体对抗原物质产生免疫应答的重要产物，具有各种免疫功能，主要存在于动物的血液（血清）、淋巴液、组织液及其他外分泌液中，因此将抗体介导的免疫称为体液免疫。有的抗体可与细胞结合，如 IgG 可与 T 细胞、B 细胞、K 细胞、巨噬细胞等结合，IgE 可与肥大细胞和嗜碱性粒细胞结合，这类抗体称为亲细胞性抗体。免疫球蛋白是蛋白质，因此一种动物的免疫球蛋白对另一种动物而言是良好的抗原，能刺激机体产生抗这种免疫球蛋白的抗体，即抗抗体。

（二）免疫球蛋白的分子结构

免疫球蛋白分子都是由相似的基本结构——单体构成。

1. 单体分子结构

免疫球蛋白单体分子是由两条相同的重链和两条相同的轻链通过链间二硫键连接而成的四肽链结构。免疫球蛋白单体分子排列呈 Y 形（图 2-7-10）。IgG、IgE、血清型 IgA、IgD 均是以单体分子形式存在的，IgM 是以 5 个单体分子构成的五聚体，分泌型的 IgA 是以 2 个单体构成的二聚体。

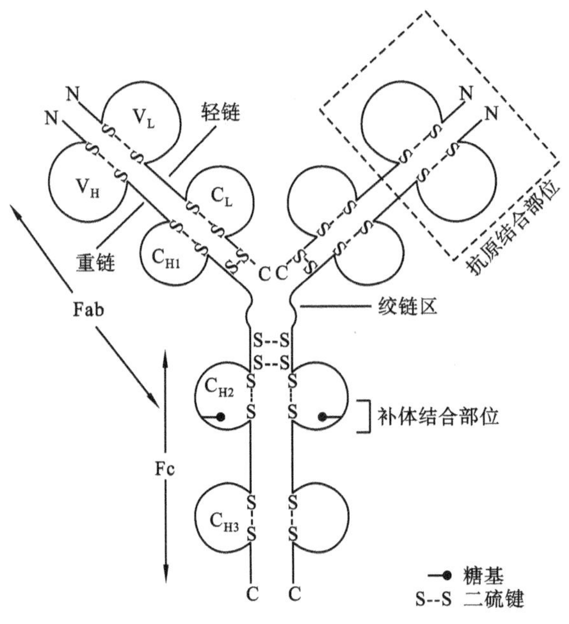

图 2-7-10 免疫球蛋白单体(IgG)

重链又称 H 链，由 420～440 个氨基酸组成，相对分子质量为 50000～77000，两条重链之间由一对或一对以上的二硫键互相连接。重链从氨基端(N 端)开始最初的 110 个氨基酸的排列顺序及结构随抗体分子的特异性不同而有所变化，这一区域称为重链的可变区(V_H)，其余的氨基酸比较稳定，称为恒定区(C_H)。免疫球蛋白的重链有 γ、μ、α、ε、δ 五种类型，由此决定了免疫球蛋白的类型，IgG、IgM、IgA、IgE 和 IgD 分别具有上述的重链。因此，同一种动物，不同免疫球蛋白的差别就是由重链所决定的。

轻链又称 L 链，由 213～214 个氨基酸组成，相对分子质量约为 22500。两条相同的轻链，其羧基端(C 端)靠二硫键分别与两条重链连接。轻链从 N 端开始最初的 109 个氨基酸的排列顺序及结构随抗体分子的特异性变化而有差异，称为轻链的可变区(V_L)，与重链的可变区相对应，构成抗体分子的抗原结合部位，其余的氨基酸比较稳定，称为恒定区(C_L)。免疫球蛋白的轻链根据其结构和抗原性的不同可分为 κ 型和 λ 型，各类免疫球蛋白的轻链都是相同的，而各类免疫球蛋白都有 κ 型和 λ 型两种轻链分子。

2. 免疫球蛋白的功能区

免疫球蛋白的多肽链分子可折叠形成几个由链内二硫键连接成的环状球形结构，这些球形结构称为免疫球蛋白的功能区。IgG、IgA、IgD 的重链有 4 个功能区，其中有一个功能区在可变区，其余的在恒定区，分别称为 V_H、C_{H1}、C_{H2}、C_{H3}；IgM 和 IgE 有 5 个功能区，即多了一个 C_{H4}。轻链有 2 个功能区，即 V_L 和 C_L，分别位于可变区和恒定区。免疫球蛋白的每一个功能区都由约 110 个氨基酸组成，虽功能不同，但结构上具有明显的相似性，表明这些功能区最初可能是由单一基因编码的，通过基因复制和突变衍生而成。此外，在两条重链之间二硫键连接处附近的重链恒定区，即 C_{H1} 与 C_{H2} 之间大约 30 个氨基酸残基的区域为免疫球蛋白的铰链区，此部位含较多的脯氨酸，与抗体分子的构型变化有关。

3. 水解片段与生物学活性

用木瓜蛋白酶可将 IgG 抗体分子水解成大小相近的三个片断，其中有两个相同的片断，可与抗原特异性结合，称为抗原结合片断(Fab)，相对分子质量为 45000；另一个片断可形成蛋白结晶，称为 Fc 片断，相对分子质量为 55000。IgG 抗体分子可被胃蛋白酶消化成两个大小不同的片断，一个是具有双价抗体活性 F(ab)'2 片断，小片断类似于 Fc，称为 pFc'片断，后者无任何生物活性(图 2-7-11)。

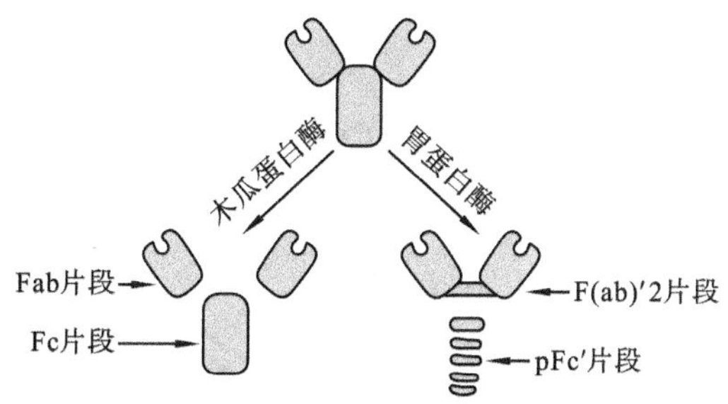

图 2-7-11 免疫球蛋白分子的酶消化片断

Fab 片段由一条完整的轻链和 N 端 1/2 重链所组成。由 V_L 与 C_L 两个轻链同源区和 V_H、C_{H1} 两个重链同源区在可变区和恒定区各组成一个功能区。抗体结合抗原的活性就是由 Fab 所呈现的、由 V_H 和 V_L 所组成的抗原结合部位。除了结合抗原外，还是决定抗体分子特异性的部位。Fc 片段由重链 C 端的 1/2 组成，包含 C_{H2} 和 C_{H3} 两个功能区。该片段无结合抗原活性，但与抗体分子的生物学活性有密切关系，如选择性地通过胎盘，与补体结合活化补体，决定免疫球蛋白分子的亲细胞性(即与带 Fc 受体细胞的结合)，免疫球蛋白通过黏膜进入外分泌液等都是 Fc 片段的功能。补体结合位点位于 C_{H2} 上，而与细胞 Fc 受体的结合则取决于 C_{H3}。Fc 片段是免疫球蛋白分子中的重链稳定区，因此它是决定各类免疫球蛋白抗原特异性的部位。用免疫球蛋白免疫异种动物产生的抗抗体(第二抗体)即是针对免疫球蛋白 Fc 片段的。

(三) 免疫球蛋白的种类、主要特性和功能

依据化学结构和抗原性差异，免疫球蛋白可分为 IgG、IgM、IgA、IgE 和 IgD。

1. IgG

IgG 是人和动物血清中含量最高的免疫球蛋白，占血清免疫球蛋白总量的 75%～80%。IgG 是介导体液免疫的主要抗体，多以单体形式存在，相对分子质量为 160000～180000。IgG 主要由脾脏和淋巴结中的浆细胞产生，大部分存在于血浆中，其余存在于组织液和淋巴液中。IgG 是唯一可通过人(和兔)胎盘的抗体，因此在新生儿的抗感染中起着十分重要的作用。IgG 是动物自然感染和人工主动免疫后，机体所产生的主要抗体，在动物体内不仅含量高，而且持续时间长，可发挥抗菌、抗病毒、抗毒素以及抗肿瘤等免疫学活性，能调理、凝集和沉淀抗原。

2. IgM

IgM 是动物机体初次体液免疫应答最早产生的免疫球蛋白，其含量仅占血清的 10%

左右，主要由脾脏和淋巴结中B细胞产生，分布于血液中。IgM是由五个单体组成的五聚体，单体之间由J链连接(图2-7-12)，相对分子质量为900000左右，是所有免疫球蛋白中相对分子质量最大的，又称为巨球蛋白。IgM在体内产生最早，但持续时间短，因此不是机体抗感染免疫的主力，但在抗感染免疫的早期起着十分重要的作用，也可通过检测IgM抗体进行疫病的血清学早期诊断。IgM具有抗菌、抗病毒、中和毒素等免疫活性，由于其分子上含有多个抗原结合部位，所以它是一种高效能的抗体，其杀菌、溶菌、溶血、调理及凝集作用均比IgG高。IgM也具有抗肿瘤作用。

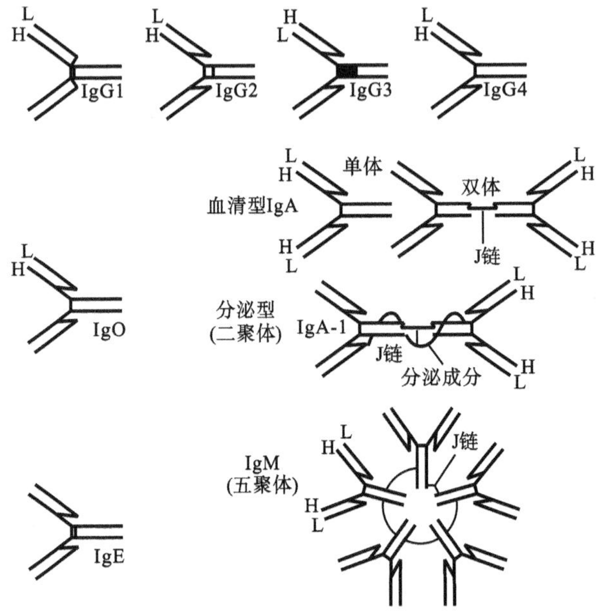

图 2-7-12　各类免疫球蛋白的基本结构示意图

3. IgA

IgA以单体和二聚体两种分子形式存在。单体存在于血清中，称为血清型IgA，占血清免疫球蛋白的10%～20%；二聚体为分泌型IgA，是由呼吸道、消化道、泌尿生殖道等部位的黏膜固有层中的浆细胞所产生的，因此分泌型的IgA主要存在于呼吸道、消化道、生殖道的外分泌液以及初乳、唾液、泪液中，此外在脑脊液、羊水、腹水、胸膜液中也含有IgA。分泌型IgA对机体呼吸道、消化道等局部黏膜免疫起着相当重要的作用，是机体黏膜免疫的一道屏障，可抵御经黏膜感染的病原微生物，具有抗菌、抗病毒、中和毒素的作用。在传染病的预防接种中，经滴鼻、点眼、饮水及喷雾途径免疫，均可产生分泌型IgA而建立相应的黏膜免疫力。

4. IgD

IgD以单体形式存在，在血清中的含量极低，成人血清中含量为0.03 mg/mL。已证实猪和一些实验动物有分泌性IgD存在，而且极不稳定，容易降解。IgD主要作为成熟B细胞的细胞膜上的抗原特异性受体，是B细胞的主要表面标志，而且与免疫记忆有关。

5. IgE

IgE 以单体形式存在，在血液中含量最低，但能介导Ⅰ型(速发型)变态反应。IgE 有独特的 Fc 片断，能与具有该受体的肥大细胞和嗜碱性粒细胞等结合，使机体呈致敏状态。当其再与相应抗原结合触发细胞脱颗粒，释放多种生物活性物质如组胺、5-羟色胺、百三烯等，使血管扩张、腺体分泌增加和平滑肌痉挛，引起炎症和一系列过敏反应。IgE 在抗寄生虫(如蠕虫)感染中，也是一种重要的体液免疫应答因素。

表 2-7-4 列出了各类免疫球蛋白的分布和作用。

表 2-7-4 各类免疫球蛋白的分布与作用

种类	分数/(%)	分布	作用
IgG	75～80	血清(能通过胎盘)	主要的抗传染抗体(抗感染、中和毒素及调理作用)
IgA	10～20	主要分泌液(分泌型)，少量血清(血清型)	主要在局部组织免疫中起作用(抗菌、抗毒素、抗病毒)
IgM	5～10	血清	重要的抗细菌抗体，参与Ⅱ、Ⅲ型变态反应
IgD	1	血清	B 细胞表面的重要受体，在识别抗原激发 B 细胞和调节免疫应答中起重要作用
IgE	极少(0.002)	血清(可吸附在肥大细胞或嗜碱性粒细胞上)	与Ⅰ型变态反应有关

(四) 抗体产生的一般规律

动物机体初次和再次接触抗原后，引起体内抗体产生的种类、抗体的水平等都有差异。

1. *初次应答*

动物机体初次接触抗原，也就是某种抗原首次进入体内引起的抗体产生过程，称为初次应答。抗原首次进入体内后，B 细胞被选择性活化，随之进行增殖分化，大约经过 10 次分裂，形成一群浆细胞，导致特异性抗体的产生。初次应答有以下几个特点(图 2-7-13)。

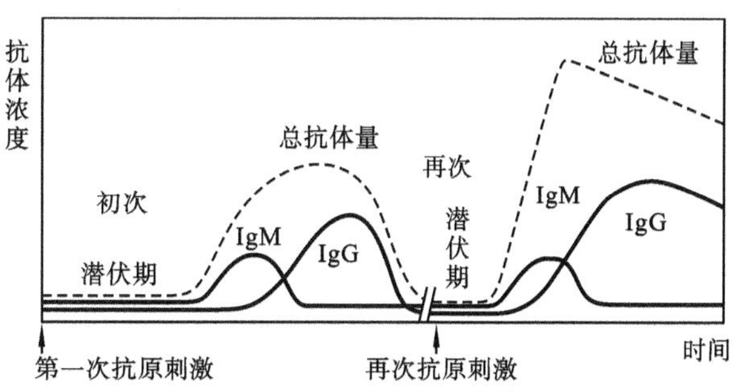

图 2-7-13 初次应答与再次应答抗体产生的动态图

(1) 具有潜伏期。机体初次接触抗原后，在一定时期内体内查不到抗体或抗体产生很少，这一时期称为潜伏期，又称为诱导期。潜伏期的长短视抗原的种类而异，如细菌抗原一般经 5～7 d 血液中才出现抗体，病毒抗原为 3～4 d，而毒素则需 2～3 周才出现抗体。潜伏期之后为抗体的对数上升期，抗体含量直线上升，然后为高峰持续期，抗体产生和排出相对平衡，最后为下降期。

(2) 初次应答最早产生的抗体为 IgM，可在几天内达到高峰，然后开始下降；接着才产生 IgG，即 IgG 抗体产生的潜伏期比 IgM 长。如果抗原剂量小，可能仅产生 IgM。IgA 产生最迟，常在 IgG 产生后 2 周至 1～2 个月才能在血液中检出，而且含量低。

(3) 初次应答产生的抗体总量较低，维持时间也较短。其中 IgM 的维持时间最短，IgG 可在较长时间内维持较高水平，其含量也比 IgM 高。

2. 再次应答

动物机体第二次接触相同的抗原时体内产生的抗体过程称为再次应答。再次应答有以下几个特点(图 2-7-13)。

(1) 潜伏期显著缩短(2～3 d)。机体再次接触与第一次相同的抗原时，起初原有抗体水平略有降低，接着抗体水平很快上升。

(2) 抗体含量高，而且维持时间长。再次应答可产生高水平的抗体，可比初次应答多几倍到几十倍，而且维持很长时间。

(3) 再次应答产生的抗体大部分为 IgG，而 IgM 很少，再次应答间隔的时间越长，产生的 IgM 越少。

3. 回忆应答

抗原刺激机体产生的抗体经一定时间后，在体内逐渐消失，此时若机体再次接触相同的抗原物质，可使已消失的抗体快速回升，这称为抗体的回忆应答。再次应答和回忆应答取决于体内存在的记忆性 T 细胞和 B 细胞，记忆性 T 细胞保留了对抗原分子载体决定簇的记忆，在再次应答中，记忆性 T 细胞可被诱导很快增殖分化成 TH 细胞，对 B 细胞的增殖和产生抗体起辅助作用；记忆性 B 细胞为长寿的，可以再循环，具有对抗原分子半抗原决定簇的记忆，可分为 IgG 记忆细胞、IgM 记忆细胞、IgA 记忆细胞等。机体与抗原再次接触时，各类抗体的记忆细胞均可被活化，然后增殖分化成产生 IgG、IgM 的浆细胞。其中 IgM 记忆细胞寿命较短，所以再次应答的间隔时间越长，机体越倾向于只产生 IgG，而不产生 IgM。

再次应答和回忆应答说明，在预防接种时间隔一定时间进行再次免疫，可起到强化免疫的功效。

(五) 影响抗体产生的因素

抗体是机体免疫系统受抗原的刺激后产生的，因此影响抗体产生的因素就在于抗原和机体两个方面。

1. 抗原方面

(1) 抗原的性质　抗原的物理性状、化学结构及毒力不同，产生的免疫效果也不一样。如给动物机体注射颗粒性抗原，只需 2～5 d 血液中就有抗体出现，而注射可溶性抗原类毒素则需 2～3 周才出现抗毒素；活苗与死苗相比，活苗的免疫效果好，因为在活微生物的刺激下，机体产生抗体较快。

(2) 抗原的用量　在一定限度内,抗体的产生随抗原用量的增加而增加,但当抗原用量过多,超过了一定限度,抗体的形成反而受到抑制,称此为免疫麻痹。而抗原用量过少,又不足以刺激机体产生抗体。因此,在预防接种时,疫苗的用量必须按规定使用,不得随意增减。一般活苗用量较小,灭活苗用量较大。

(3) 免疫次数及间隔时间　为使机体获得较强而持久的免疫力,往往需要刺激机体产生再次应答。活疫苗因为在机体内有一定程度的增殖,只需免疫一次即可,而灭活苗和类毒素通常需要连续免疫 2～3 次,灭活苗间隔 7～10 d,类毒素需间隔 6 周左右。

(4) 免疫途径　免疫途径的选择以刺激机体产生良好的免疫反应为原则,不一定是自然感染的侵入门户。由于抗原易被消化酶降解而失去免疫原性,所以多数疫苗采用非经口途径免疫,如皮内、皮下、肌肉等注射途径以及滴鼻、点眼、气雾免疫等,只有少数弱毒疫苗,如鸡传染性法氏囊病疫苗可经饮水免疫。

2. 机体方面

动物机体的年龄因素、遗传因素、营养状况、某些内分泌激素及疾病等均可影响抗体的产生。如初生或出生不久的动物免疫应答能力较差。其原因主要是免疫系统发育尚未健全,其次是受母源抗体的影响。母源抗体是指动物机体通过胎盘、初乳、卵黄等途径从母体获得的抗体。母源抗体可保护幼畜禽免于感染,还能抑制或中和相应抗原。因此,给幼畜禽初次免疫时必须考虑到母源抗体的影响。另外,雏鸡感染鸡传染性法氏囊病病毒,使法氏囊受损,导致雏鸡体液免疫应答能力下降,影响抗体的产生。

(六) 人工制备抗体的种类

人工制备的抗体分为多克隆抗体和单克隆抗体。

(1) 多克隆抗体　克隆是指一个细胞经无性增殖而形成的一个细胞群体,由一个 B 细胞增殖而来的 B 细胞群体即为 B 细胞克隆。一种天然抗原物质由多个抗原分子组成,即使是纯蛋白质抗原分子也含有多种抗原决定簇,将此种抗原经各种途径免疫动物,可激活机体多淋巴细胞克隆,由此产生的抗体是一种多克隆的混合抗体,即为多克隆抗体,也称第一代抗体。由于这种抗体是不均一的,无论是对抗体分子结构与功能的研究,还是临床应用都受到很大限制,因此,单克隆抗体的研究及应用前景广阔。

(2) 单克隆抗体　由一个 B 细胞克隆针对单一抗原决定簇产生的抗体,称为单克隆抗体。但在实际工作中应用的单克隆抗体并非如此生产而成,因为 B 细胞在体外无限增殖培养很难完成。1975 年 Kohler 和 Milstein 建立了体外淋巴细胞杂交瘤技术,用人工方法将产生特异性抗体的 B 细胞与能无限增殖的骨髓瘤细胞融合,形成 B 细胞杂交瘤,该杂交瘤细胞既能产生抗体,又能无限增殖,由这种克隆化 B 细胞杂交瘤产生的抗体即为生产中应用的单克隆抗体,也称第二代抗体。此抗体具有多克隆抗体无可比拟的优越性,有高纯度、高特异性、均质性好、重复性好、效价高、成本低等特点,主要用于血清学技术、肿瘤免疫治疗、抗原纯化、抗独特型抗体疫苗的研制等方面。单克隆抗体的问世推动了免疫学及相关学科的发展,使这两位科学家于 1984 年获得诺贝尔奖。

二、细胞免疫的效应物质——效应 T 细胞及细胞因子

在细胞免疫应答中最终发挥免疫效应的是效应 T 细胞和细胞因子。效应 T 细胞主

要包括细胞毒性T细胞和迟发型变态反应性T细胞，细胞因子是细胞免疫的效应因子，它们对细胞性抗原的清除作用较抗体明显。

(一) 效应T细胞

(1) 细胞毒性T细胞(CTL)与细胞毒作用　细胞毒性T细胞在动物机体内以非活化的前体形式存在，当CTL与抗原结合并在活化的TH产生的白细胞介素的作用下，CTL前体细胞活化、增殖，分化为具有杀伤能力的效应CTL。效应CTL与靶细胞(病毒感染细胞、肿瘤细胞、胞内感染细菌的细胞)能特异性结合，直接杀伤靶细胞。杀伤靶细胞后的CTL可完整无缺地与裂解的靶细胞分离，继续攻击其他靶细胞，一般一个CTL在数小时内可杀死数十个靶细胞，杀伤效率较高。CTL在细胞免疫效应中主要表现为抗细胞内感染作用、抗肿瘤作用。

(2) 迟发型变态反应性T细胞(TD)与炎症反应　TD在动物体内也是以非活化的前体细胞形式存在，当其表面抗原受体与靶细胞特异性结合，并在活化的TH细胞释放的IL-1、IL-4、IL-5、IL-6、IL-9等细胞因子的作用下，活化、增殖、分化成具有免疫效应的TD细胞。其免疫效应是通过TD释放多种可溶性淋巴因子而发挥作用的，主要引起以局部的单核细胞浸润为主的炎症反应。

(二) 细胞因子

细胞因子是免疫细胞受抗原或丝裂原刺激后产生的非抗体、非补体的具有激素样活性的蛋白质分子。在免疫应答和炎症反应中有多种生物学活性作用。许多细胞能够产生细胞因子，概括起来主要有三类：第一类是活化的免疫细胞；第二类是基质细胞类，包括血管内皮细胞、成纤维细胞、上皮细胞等；第三类是某些肿瘤细胞。抗原刺激、感染、炎症等许多因素都可刺激细胞因子的产生，而且各细胞因子之间也可相互促进合成和分泌。

1. 种类与命名

细胞因子的种类繁多，就目前所知，具体包括干扰素(IFN-α、β、γ)、白细胞介素(IL)、肿瘤坏死因子(TNF-α、β)、集落刺激因子(CSF)等四大系列、十几种。这些细胞因子有各自的生物学活性，它们在介导机体多种免疫反应(如肿瘤免疫、感染免疫、移植免疫、自身免疫)过程中发挥着重要的，甚至是中心的作用。在细胞因子这一概念提出之前，人们将由活化淋巴细胞产生的除抗体之外的免疫效应物质称为淋巴因子，其名称相当混乱。1979年，在瑞士举行的第二届国际淋巴因子专题讨论会上，将在白细胞间发挥作用的一些淋巴因子统一命名为白细胞介素(IL)，并按发现顺序以阿拉伯数字排列，如IL-1，IL-2，…，现已命名了近20种白细胞介素。

2. 共同特性

尽管细胞因子种类繁多，生物学活性广泛(表2-7-5)，但它们均具有以下特点。

(1) 一种细胞因子可由多种细胞产生，单一刺激(如LPS、病毒感染等)也可使同一种细胞产生多种细胞因子。

(2) 均为相对分子质量较小(小于80000)的分泌型蛋白，绝大多数为糖蛋白。

(3) 几乎都是在细胞受抗原或丝裂原刺激后的活化过程中合成和分泌，并通过自分泌(即作用于产生细胞)或旁分泌(即作用于邻近细胞)的方式短暂地产生并在局部发挥作用，而不是通过内分泌的方式作用于远处细胞。

(4) 具有激素样活性作用，即细胞因子的产量非常微小，却具有极高的生物学活性。在极低浓度水平(10～12 mol/L)时即可发挥生物学作用。

(5) 需与靶细胞上特异性高亲和力受体结合后才能介导生物学效应。

(6) 单种细胞因子可具有多种生物学效应，但多种细胞因子也常常具有某些相同的生物学活性。除参与机体的多种免疫反应外，有些细胞因子还参与炎症、发热等，甚至影响某些生理活动。

表 2-7-5　主要的淋巴因子及其免疫生物学活性

淋巴因子名称	免疫生物学活性
巨噬细胞移动抑制因子(MIF)	抑制巨噬细胞移动
巨噬细胞活化因子(MAF)	活化和增强巨噬细胞杀伤靶细胞的能力
巨噬细胞趋化因子(MCF)	吸引巨噬细胞至抗原所在部位
巨噬细胞聚集因子(MaggF)	促使巨噬细胞聚集
趋化因子类(CFs)	分别吸引粒细胞、单核细胞、巨噬细胞、淋巴细胞等至炎症部位
白细胞移动抑制因子(LIF)	抑制嗜中性粒细胞的随机移动
肿瘤坏死因子(TNF-β)	选择性地杀伤靶细胞
γ 干扰素(INF-γ)	抑制病毒的增殖，激活 NK 细胞，增强巨噬细胞的活性，免疫调节作用
Ia 抗原诱导因子	诱导巨噬细胞表达 MHCⅡ类分子
转移因子(TF)	将特异性免疫信息传递给正常淋巴细胞，使其致敏
皮肤反应因子(SRF)	引起血管扩张，增加血管通透性

第五节　特异性免疫的抗感染作用

特异性免疫在抗微生物感染中起关键作用，其效应比先天性免疫强，包括体液免疫和细胞免疫两种。在具体的感染中，以何种免疫为主，因不同的病原而异，由于抗体难以进入细胞对细胞内寄生的微生物发挥作用，故体液免疫主要对细胞外的病原起作用，而对细胞内寄生的病原则主要靠细胞免疫发挥作用。

一、体液免疫的抗感染作用

体液免疫的抗感染作用主要是通过抗体来实现的。抗体在动物体内通过中和作用、免疫溶解作用、免疫调理作用、局部黏膜免疫作用、抗体依赖性细胞介导的细胞毒作用、对病原微生物生长的抑制作用和免疫损伤作用等来清除病原体。

(1) 中和作用　机体内针对细菌毒素和针对病毒的抗体,可对相应的毒素和病毒产生中和作用。

(2) 免疫溶解作用　一些革兰氏阴性菌(如霍乱弧菌)和某些原虫(如锥虫)与体内的抗体结合后,可激活补体,从而导致菌体或虫体溶解或死亡。

(3) 免疫调理作用　抗体与细菌等颗粒抗原结合后,能促进后者被吞噬细胞吞噬。

(4) 局部黏膜免疫作用　由黏膜固有层中浆细胞产生的分泌型 IgA 是机体抵抗呼吸道、消化道及泌尿生殖道感染病原体的主要力量。分泌型 IgA 可阻止病原体吸附黏膜上皮细胞。

(5) 抗体依赖细胞介导的细胞毒作用(ADCC)　靶细胞与 IgG 的 Fab 端结合,IgG 的 Fc 端又与 K 细胞表面的 Fc 受体结合,形成靶细胞-IgG-K 细胞复合物后,K 细胞可使靶细胞成分漏出,裂解死亡。

(6) 对病原微生物生长的抑制作用　一般来说,细菌的抗体与之结合后,不会影响细菌的生长和代谢,仅表现为凝集和滞动现象。而支原体和钩端螺旋体的抗体与之结合后,表现出生长抑制作用,但其机理尚不清楚。

(7) 免疫损伤作用　抗体可引起Ⅰ型(IgE)、Ⅱ型(IgG、IgM)、Ⅲ型(IgG、IgM)变态反应,以及一些自身免疫性疾病。

二、细胞免疫的抗感染作用

细胞免疫的抗感染作用主要是通过细胞毒性 T 细胞(CTL)、迟发型变态反应性 T 细胞(TD)以及细胞因子来体现(表 2-7-6)。CTL 可直接杀伤被微生物(病毒、胞内菌)感染的靶细胞。TD 细胞被激活后,能释放多种细胞因子,使巨噬细胞被吸引、聚集、激活,引起迟发型变态反应,最终导致细胞内寄生菌的清除。

表 2-7-6　细胞免疫效应

细胞免疫效应	针对的对象	参与因素
抗感染作用	胞内菌,如结核杆菌、布氏杆菌、沙氏菌等; 病毒; 真菌,如白色念珠菌; 寄生虫,如原虫	CTL 和 TD 细胞、淋巴因子
抗肿瘤作用	肿瘤细胞	CTL、肿瘤坏死因子(TNF-β)、穿孔素等
免疫损伤作用	Ⅳ型变态反应 移植排斥反应 自身免疫病	TD 细胞与淋巴因子 CTL 与淋巴因子 淋巴因子

(一) 抗感染作用

(1) 抗胞内菌感染　胞内菌有结核杆菌、布氏杆菌、鼻疽杆菌等。抗胞内菌感染主要依靠的是细胞免疫。致敏淋巴细胞释放出一系列淋巴因子,与细胞一起参加细胞免疫,以清除抗原和携带抗原的靶细胞,使机体得到抗感染的能力。

(2) 抗真菌感染　深部感染的真菌，如白色念珠菌、球孢子菌等，可刺激机体产生特异性抗体和细胞免疫，其中以细胞免疫更为重要。

(3) 抗病毒感染　某些病毒病的免疫主要以细胞免疫为主。致敏淋巴细胞可直接破坏被病毒感染的靶细胞。另外，淋巴因子可激活吞噬细胞，增强其吞噬功能，以及合成干扰素抑制病毒的增殖。

(二) 抗肿瘤作用

肿瘤细胞抗原被机体的 T 细胞识别后，产生可直接破坏肿瘤细胞的 CTL，同时释放淋巴因子，以杀伤或破坏肿瘤细胞，并动员机体的免疫器官，监视突变细胞的出现。

(三) 同种异体组织移植排斥反应

由于供体与受体的组织相容性抗原不同，受体 T 细胞在供体抗原刺激下，产生 CTL，并释放淋巴因子，引起移植组织细胞损伤和排斥。

(四) 发生迟发型变态反应

机体受抗原刺激后，在某些淋巴因子作用下，引起以局部单核细胞浸润为主的炎症反应，反应部位血管通透性增高，巨噬细胞聚集于感染部位，机体在消灭病原体的同时，引起局部组织损伤、坏死及溃疡等反应。

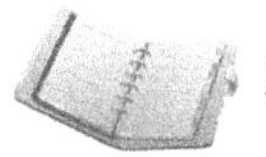

本章小结

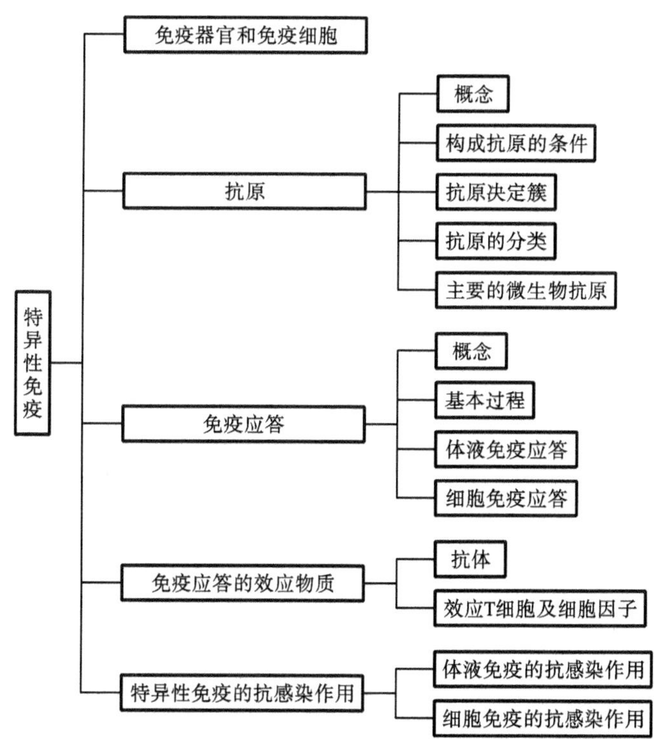

复习思考题

1. 名词解释

特异性免疫　免疫活性细胞　抗原　半抗原　免疫应答　体液免疫　细胞免疫　抗体　单克隆抗体　细胞因子

2. 简答题

(1) 机体的免疫器官包括哪些?

(2) 构成抗原的基本条件是什么?

(3) 简述免疫应答的基本过程。

(4) 简述免疫球蛋白的基本结构。

(5) 根据化学结构的特性,免疫球蛋白分为哪几种?

(6) 简述抗体产生的一般规律。

(7) 抗体产生受哪些因素的影响?

(8) 简述体液免疫和细胞免疫的抗感染作用。

第八章

变 态 反 应

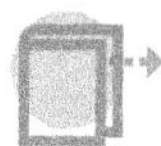

知识目标

- 了解变态反应的概念、类型。
- 掌握变态反应的发生过程、作用机理及临床表现。

技能目标

- 学会变态反应病的防治方法。

第一节 变态反应的概念与类型

一、变态反应的概念

变态反应是指免疫系统对再次进入机体的同种抗原物质作出的过于强烈或不适当的反应,而导致组织器官的炎症、损伤和机能紊乱。由于变态反应主要表现为对特定抗原的反应异常增强,故又称为超敏反应。

引起变态反应的抗原称为变应原。完全抗原、半抗原或小分子化学物质均可成为变应原,如异种动物血清、异种动物组织细胞、病原微生物、寄生虫、动物皮毛、药物等,可通过呼吸道、消化道、皮肤、黏膜等途径进入动物体内,导致机体出现变态反应。所致疾病称为变态反应性疾病或免疫性疾病,严重时,可导致动物过敏性休克,甚至死亡。

二、变态反应的类型

Gell 和 Coombs 根据变态反应原理和临床特点,将其分为Ⅰ、Ⅱ、Ⅲ和Ⅳ型变态反应。

(一) Ⅰ型变态反应

Ⅰ型变态反应也称为速发型超敏反应、过敏反应,指机体再次接触同种抗原时,在几分钟或数小时之内出现的以炎症为特点的一种变态反应。

1. Ⅰ型变态反应的特点

Ⅰ型变态反应的特点如下：

(1) 发生快，消退也快，为可逆性反应；

(2) 由结合在肥大细胞和嗜碱性粒细胞上的 IgE 抗体所介导；

(3) 有明显个体差异和遗传背景，只有少数过敏性体质的机体易发；

(4) 补体不参与此型反应，仅引起生理机能紊乱，而无后遗性的组织损伤；

(5) 主要病变在小动脉，毛细血管扩张，通透性增加，平滑肌收缩；

(6) 反应重，不但可引起局部反应，而且发生全身症状，重者可因休克而死亡。

2. Ⅰ型变态反应的变应原

引起Ⅰ型变态反应的变应原多种多样，根据变应原进入机体的途径可分为以下几类。

(1) 吸入性变应原　如粉尘、花粉、动物的皮屑、螨虫及其代谢产物、微生物等物质通过呼吸道进入机体。

(2) 食物性变应原　如鱼、虾、肉、蛋、防腐剂和香料等物质通过消化道进入机体。

(3) 药物性变应原　多数情况下是由药物通过肌肉注射或静脉途径进入机体所引起，如异种动物血清、异种组织细胞、青霉素、磺胺、奎宁、非那西丁、普鲁卡因等，也可由药物中的污染物引起。

上述变应原中，吸入性变应原和食物性变应原为完全抗原，而化学药物为半抗原，进入机体后需与蛋白质结合才能获得免疫性。Ⅰ型变态反应主要由特异性 IgE 抗体介导产生，发生于局部或全身。

3. Ⅰ型变态反应的发生过程与机制

(1) 机体致敏阶段　变应原初次进入机体后，刺激机体的 B 细胞产生特异性 IgE 抗体，这些抗体同肥大细胞、嗜碱性粒细胞表面的 FcεR 结合，形成致敏的肥大细胞、嗜碱性粒细胞，这种致敏状态可维持半年至数年。

(2) 发敏阶段　机体再次接触相同的变应原后，可迅速同结合在肥大细胞、嗜碱性粒细胞表面 Fc εR 上的紧密相连的 IgE 抗体形成“桥联”结合，使肥大细胞、嗜碱性粒细胞脱颗粒，释放出胞内的生物活性介质，引起过敏反应。

Ⅰ型变态反应的发生机制如图 2-8-1 所示。

4. Ⅰ型变态反应的常见疾病

(1) 全身性过敏反应　因大量变应原进入机体而引起，如药物(最常见为青霉素)过敏性休克、血清过敏性休克。

(2) 局部性过敏反应　具体如下：①呼吸道过敏反应，如过敏性鼻炎、过敏性哮喘；②消化道过敏反应，如过敏性肠炎；③皮肤过敏性反应，如荨麻疹、皮炎等。局部性过敏反应往往因表现较温和，而被临床兽医忽视。

(二) Ⅱ型变态反应

Ⅱ型变态反应又称细胞毒型变态反应。由 IgG 或 IgM 抗体与靶细胞表面相应抗原结合后，在补体、吞噬细胞和 NK 细胞参与下，引起以细胞溶解或组织损伤为主的病理性

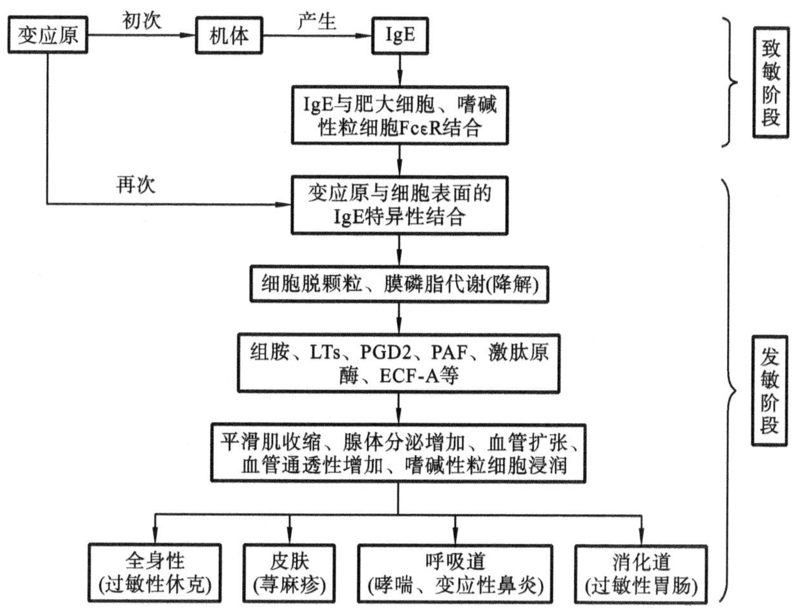

图 2-8-1 Ⅰ型变态反应的发生机制

免疫反应。

1. Ⅱ型变态反应的特点

Ⅱ型变态反应的特点如下：

(1) IgG、IgM 类抗体直接作用于细胞表面的完全抗原或半抗原；

(2) 激活补体系统、单核吞噬细胞及其他细胞参与，造成细胞损伤和溶解。

2. Ⅱ型变态反应的发生机制

Ⅱ型变态反应的发生机制如图 2-8-2 所示。

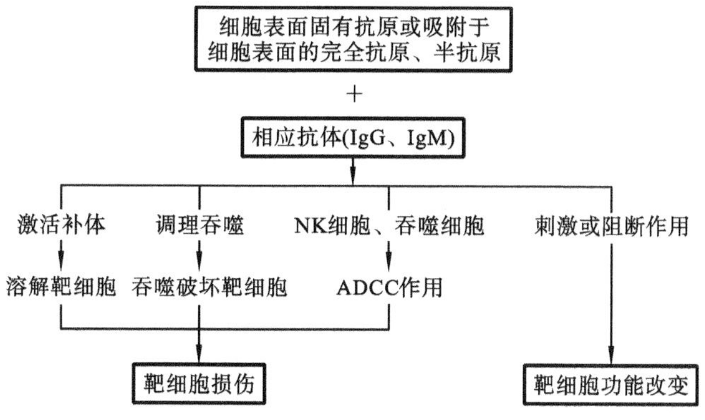

图 2-8-2 Ⅱ型变态反应的发生机制

(1) 变异抗原常为细胞性抗原(细胞固有抗原，如同种异型抗原 ABO 血型抗原、Rh 抗原、HLA 和血小板)。

(2) 参与抗体与调理性抗体主要为 IgG 和 IgM 类抗体。

(3) 损伤细胞机制为激活补体、吞噬细胞、NK 细胞等。

3. 细胞损伤机制

细胞损伤机制如下:

(1) 抗原-抗体复合物经经典途径激活补体系统,靠补体的攻膜复合体杀伤细胞;

(2) 对体内游离并结合 IgG 抗体的血细胞,通过位于单核吞噬细胞表面的 Fc γR 或 C3bR 的介导产生调理吞噬作用;

(3) 对固定的组织细胞,在特异性 IgG 的介导下,具有 Fc γR 的 NK 细胞参与下产生 ADCC 效应而杀伤靶细胞。

4. Ⅱ型变态反应的常见疾病

Ⅱ型变态反应的常见疾病如下。

(1) 输血反应　由 ABO 血型不合和 Rh 血型不合的输血引起红细胞溶解。

(2) 新生动物溶血症　主要见于母子间 Rh 血型不合的第二胎妊娠。

(3) 血细胞减少症　如自身免疫性溶血性贫血、药物过敏性血细胞减少症。

(三) Ⅲ型变态反应

Ⅲ型变态反应又称免疫复合物型变态反应。抗原与体内相应的抗体(IgG、IgM、IgA)结合形成的免疫复合物在某些条件下未被及时清除,则可沉积于全身或局部毛细血管基底膜,激活补体吸引嗜中性粒细胞的聚集,从而引起血管及其周围的炎症,故本型变态反应又称为血管炎型变态反应。

1. 免疫复合物

(1) 免疫复合物(ICC)的形成　抗原与抗体形成免疫复合物时,由于抗原与抗体的比例不同,形成的复合物大小也不同。如抗原与抗体比例比较适当(4∶6),常形成较大分子的不溶性免疫复合物,易在血液中被巨噬细胞吞噬清除;当抗原量明显超过抗体量(如 2∶1)时,则形成细小的可溶性免疫复合物,容易通过肾小球被滤除,随尿排出体外;只有当抗原量稍多于抗体(如 3∶2),形成中等大小分子的可溶性免疫复合物时,既不易被吞噬细胞清除,又不能通过肾小球排出,而是较长时间循环于血流中,有的则向毛细血管壁外渗,并沉积于血管壁的基底膜、肾小球基底膜、关节滑膜等处,激活补体,并在嗜碱性粒细胞、嗜中性粒细胞、血小板等的参与下引起水肿、出血、炎症、局部组织坏死等一系列反应。

IgG 和 IgM 类抗体虽均可与抗原形成免疫复合物,但 IgM 形成的免疫复合物相对分子质量大,多迅速被清除,故引起免疫复合物的抗体以 IgG 类居多。

(2) 影响沉积的因素　①免疫复合物的大小。这是一个主要因素,实则是抗原和抗体的相对比例问题,抗体过剩或轻度抗原过剩的复合物迅速沉积在抗原进入的局部。②机体清除免疫复合物的能力。它同免疫复合物在组织中的沉积程度成反比。③细胞吞噬能力。如吞噬能力降低或缺陷促进免疫复合物的沉积。④抗原和抗体的理化性质。复合物中的抗原如带正电荷,那么这种复合物就很容易与肾小球基底膜上带负电荷的成分相结合,因而沉积在基底膜上。⑤炎症介质的作用。活性介质使血管通透性增加,有利于免疫复合物的沉积。⑥局部解剖和血液动力学因素。循环免疫复合物较易沉积在血压较高和有旋流(血管迂回处)的部位,如肾小球基底膜和关节滑膜等处的毛细血管迂回曲折,血流缓慢且易产生旋流，同时该处毛细血管内压较高，因此最易使中等大小可溶免疫复合物沉积并嵌入血管内皮细胞间隔中。⑦补体的作用。补体（如 C3bR）具有促进吞噬细胞对免疫复合物的吸附和吞噬的作用，当补体缺陷时，就使沉积过程加剧。⑧抗原在抗体内持续存在，也为免疫复合物的沉积提供了条件。

2. 发生机理

当免疫复合物沉积于抗原进入部位附近时，发生局部的 Arthus 反应，当在血中形成循环免疫复合物时，沉积可发生在全身任何部位。沉积后，可通过以下几种方式致病。

(1) 激活补体　免疫复合物的沉积是Ⅲ型变态反应的起因，但沉积的免疫复合物本身并不直接损伤组织。免疫复合物可通过经典途径激活补体系统，产生膜攻击复合物和过敏素（C3a、C5a）。膜攻击复合物可导致局部组织损伤；过敏素可刺激肥大细胞、嗜碱性粒细胞释放组胺、血小板活化因子等生物活性介质，使局部血管通透性增加，导致渗出性炎症反应，并为后续的免疫复合物继续沉积创造了更为有利的条件。

(2) C3a、C5a、C567 的趋化作用　补体激活过程中产生的水解片段 C5a、C3a 和 C567 也是嗜中性粒细胞趋化因子，可招引嗜中性粒细胞定向集中于免疫复合物的沉积部位，中性粒细胞的浸润为本型变态反应病理改变的主要特征之一。局部聚集的嗜中性粒细胞在吞噬沉积的免疫复合物过程中，释放部分溶酶体酶，包括中性水解酶、碱性水解酶、胶原酶、弹力纤维酶等多种酶类，可水解血管的基底膜和内弹力膜以及结缔组织等，造成血管和周围组织的损伤；溶酶体的碱性蛋白酶、激肽原酶等可直接或间接产生血管活性介质，有加重和延续组织损伤和炎症的作用。

(3) 血小板的聚集和活化　脱颗粒产生的血小板因子（PAF）可诱导血小板聚集和活化，释放血管活性胺类及凝血因子，进一步增强血管通透性。一方面引起充血和水肿；另一方面通过凝血机制形成微血栓，造成局部组织缺血进而出血，从而加重局部组织细胞的损伤。

Ⅲ型变态反应的发生机理如图 2-8-3 所示。

3. Ⅲ型变态反应的常见疾病

(1) 局部免疫复合物病　如 Arthus 反应及类 Arthus 反应，当家兔再次注入马血清时，兔体局部红肿、出血及坏死。糖尿病人注射胰岛素时，局部出现红肿。

(2) 全身免疫复合物病　①血清病。抗毒素血清（大量）注射机体，产生的抗体与抗原（局部尚未被完全排除）结合，出现局部红肿、全身荨麻疹、淋巴结肿大、关节肿痛等症状。②链球菌感染后肾小球肾炎。一般发生于 A 族溶血性链球菌感染后 2～3 周，由体内产生的相应抗体与链球菌可溶性抗原如 M 蛋白结合后沉积在肾小球基底膜所致。其他病原体如乙肝病毒、疟原虫等感染也可引起免疫复合物型肾炎。③慢性免疫复合物病。如系统性红斑狼疮、类风湿性关节炎等。系统性红斑狼疮是核抗原与体内持续出现的核抗体（ANA）结合形成的免疫复合物沉积于肾小球、关节、皮肤等处，可有皮肤红斑、关节炎、肾小球炎和多部位脉管炎的表现。类风湿性关节炎是由自身变性的 IgG 分子作为自身抗原，刺激机体产生抗变性 IgG 的自身抗体（以 IgM 类为主，临床上称为类风湿因子），两者结合形成免疫复合物，反复沉积在小关节滑膜，引起类风湿性关节炎。

(3) 过敏性休克　与特异性 IgE 抗体无关，而与血流中迅速出现的大量循环免疫复

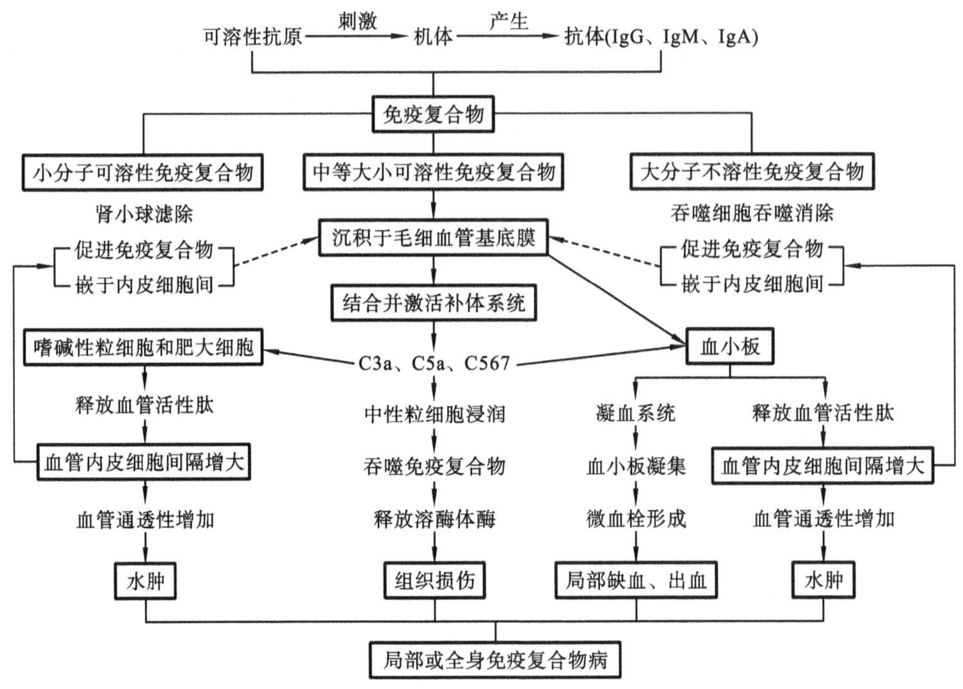

图 2-8-3　Ⅲ型变态反应的发生机制

合物有关。临床大剂量注射青霉素治疗钩体病时，由于病原体被破坏，释放出大量抗原，在血流中与相应抗体结合形成循环免疫复合物，激活补体产生大量过敏毒素，使嗜碱性粒细胞脱颗粒，释放组胺等血管活性物质，引起过敏性休克。

（四）Ⅳ型变态反应

Ⅳ型变态反应是由效应T细胞与相应抗原作用后，引起的以单核细胞（巨噬细胞、淋巴细胞）浸润和组织细胞损伤为主要特征的炎症反应。此型变态反应发生较慢，当机体再次接受相同抗原刺激后，通常需24～72 h出现炎症反应，因此，又称为迟发型变态反应。

1. Ⅳ型变态反应的特点

Ⅳ型变态反应的特点如下：

（1）反应发生慢（24～72 h），消退也慢；

（2）无抗体与补体参与；

（3）炎症细胞因子可参与致病；

（4）病变特征是以单个核细胞浸润为主的炎症反应；

（5）无明显个体差异。

2. Ⅳ型变态反应的发生机制

（1）T细胞致敏阶段　引起Ⅳ型变态反应的抗原主要有胞内寄生菌、某些病毒、寄生虫、化学物质和某些药物等，这些抗原性物质经抗原呈递细胞（APC）加工处理后，能以抗原肽：MHC-Ⅱ/Ⅰ类分子复合物的形式表达于APC表面，使具有相应抗原受体的$CD4^+$初始T细胞和$CD8^+$ CTL细胞活化。这些活化T细胞在IL-12和IFN-γ等细胞因子作用下，有些增殖分化为效应 T 细胞，即 $CD4^+$ Th1 细胞（炎性 T 细胞）和 $CD8^+$ 效应 CTL 细胞，有些成为静止的记忆 T 细胞。

（2）致敏 T 细胞的效应阶段　迟发型变态反应是由 T 细胞介导的免疫损伤。Th1 是细胞免疫的参与者，自然也介导 DTH，因此，相应的 T 细胞亚群曾被称为迟发型变态反应 T 细胞。T 细胞的激活必须依赖 APC 和抗原的加工呈递，DTH 中的 Th1 也不例外；Th1 活化后，通过其表面的黏附分子如 L-选择素、迟现抗原-4（VLA-4）、LFA-1 以及 CD44 等分子，与活化血管内皮细胞表达的黏附分子，如 E-选择素、VCAM-1、ICAM-1 等结合，完成其趋化、游出过程，到达炎症区域。致敏 Th1 同时释放大量和 DTH 有关的介质，包括趋化因子、细胞因子和细胞毒素，功能是招募巨噬细胞及发挥效应作用。同时，巨噬细胞对炎症区域的细胞和组织碎片的吞噬以及消化过程也参与迟发型变态反应的病理损伤。

Ⅳ型变态反应的发生机制如图 2-8-4 所示。

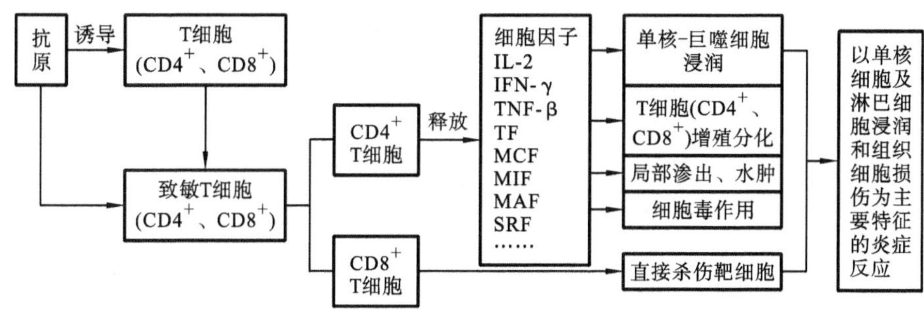

图 2-8-4　Ⅳ型变态反应的发生机制

3. Ⅳ型变态反应的常见疾病

（1）传染性变态反应　由胞内寄生菌（结核杆菌、麻风杆菌等）、病毒和真菌等引起的感染，可使机体在产生细胞免疫的同时产生迟发型变态反应，如结核病人肺部空洞的形成，麻风病人皮肤肉芽肿的形成等均是由Ⅳ型变态反应引起的组织坏死和单核细胞浸润性炎症。临床上对结核分枝杆菌、布氏杆菌、鼻疽杆菌等细胞内寄生菌引起的慢性传染病，常利用传染性变态反应来诊断。如利用结核菌素给牛点眼的同时进行颈部皮内注射，然后根据局部炎症情况判定牛是否感染结核病，以进行结核病的检疫。结核菌素实验阳性者，表明该动物已感染过结核分枝杆菌，发生了传染性变态反应。利用鼻疽菌素进行鼻疽病的检疫原理也是如此。

（2）接触性皮炎　接触性皮炎是由细胞介导的细胞毒反应引起。某些过敏体质的人经皮肤接触某些化学制剂等而致敏，当再次接触这些变应原时，24 h 后接触部位的局部皮肤可出现红肿、皮疹或水疱，严重者甚至出现剥脱性皮炎。

第二节　变态反应病的防治

在变态反应发生前，须确定过敏原，避免动物与之接触。变态反应开始发生时，应降低机体免疫应答的强度，以防止反应加重。出现明显症状后，需要及时进行对症治疗，促使损伤组织结构和机能的恢复。

一、确定变应原

一定剂量的变应原可以引起明显的局部变态反应，但对动物整体功能无影响。利用这一原理进行过敏实验，如人的青霉素皮内实验等，从而确定过敏原。检出变应原后，避免与之接触。

二、脱敏疗法

脱敏治疗分为急性脱敏治疗和慢性脱敏治疗两种情况。

(1) 急性脱敏治疗　采用小量(0.1 mL、0.2 mL、0.3 mL)短间隔(20～30 min)多次注射，主要用于外毒素所致疾病危及生命且对青霉素、血清过敏者。

(2) 慢性脱敏治疗　采用微量(几毫克甚至几纳克)长时间反复多次皮下注射，应用于已查明难以避免接触环境中变应原等者。

三、药物疗法

治疗变态反应病所用药物包括以下几类。

(1) 抑制免疫功能的药物　如地塞米松、氢化可的松等。

(2) 抑制生物活性介质释放的药物　如肾上腺素、异丙肾上腺素及儿茶酚胺类和前列腺素 E 等。

(3) 生物活性介质拮抗剂　如苯海拉明、氯苯那敏、异丙嗪等抗组胺药物。

(4) 改善效应器反应性的药物　如肾上腺素使毛细血管收缩、血压升高。

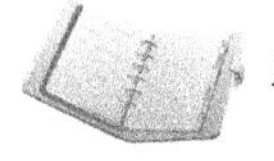

本章小结

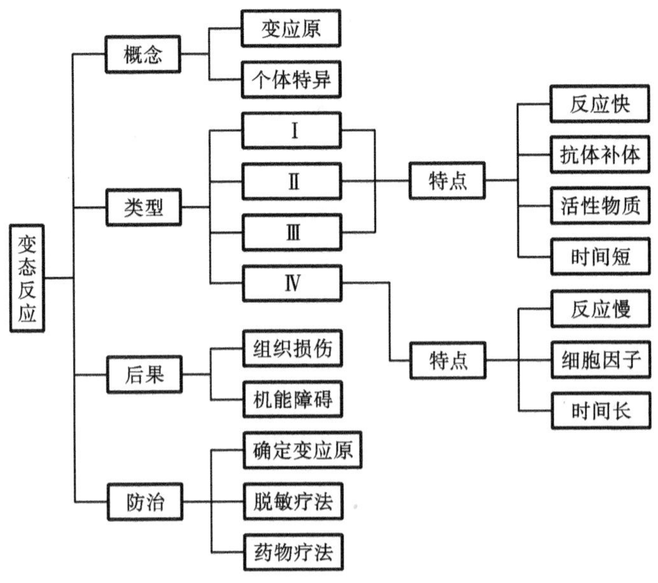

复习思考题

1. 什么是变态反应？变态反应有哪些类型？各类型之间有何联系？
2. 以青霉素过敏性休克为例，简述Ⅰ型变态反应的发病机制。
3. 以血细胞减少症为例，简述Ⅱ型变态反应的发病机制。
4. 简述Ⅲ型变态反应病的发病机制。
5. 以接触性皮炎为例，说明Ⅳ型变态反应病是如何发生的。
6. 变态反应病可采取哪些防治措施？

第九章

免疫血清学实验

知识目标

- 了解血清学反应的概念。
- 熟悉血清学反应的一般规律、特点和影响因素。
- 掌握凝集实验、沉淀实验、中和实验的类型和注意事项。
- 掌握 ELISA 的原理及方法。

技能目标

- 能应用血清学实验技术对临床病例进行诊断及抗体检测。

第一节　概　　述

一、血清学反应的概念

抗原与抗体的特异性结合既会在体内发生，也可以在体外进行。在体内发生的抗原抗体反应是体液免疫应答的效应作用。体外进行的抗原抗体反应主要用于检测抗原或抗体，用于免疫学诊断。因抗体主要存在于血清中，所以习惯上将体外发生的抗原抗体反应称为血清学反应或血清学实验，而将体内发生的抗原抗体反应称为免疫反应。血清学实验具有高度的特异性，广泛用于微生物的鉴定、传染病及寄生虫病的诊断和监测。

二、血清学反应的规律和特点

（一）特异性和交叉性

所谓特异性，即一种抗原只能和由它刺激产生的抗体相结合，不能跟与它无关的抗体发生反应。如抗鸡瘟病毒的抗体只能与鸡瘟病毒结合，而不能与鸡传染性法氏囊病病毒结合。当两种抗原物质之间具有共同抗原成分时，则可与相应抗体发生交叉反应。如鼠伤寒沙门菌抗体能凝集肠炎沙门菌。

（二）适比性

抗原一般是多价的，有 10～50 个不等的结合点，而抗体最多只有 10 个结合点（IgM），因此，只有两者比例合适时，抗原、抗体才能结合得最充分，形成的抗原-抗体复合物最多，反应最明显，结果出现最快，称此为等价带。如抗原或抗体过多，则两者结合后均不能形成大的复合物，不呈现可见反应，称此为带现象。抗体过量时称为前带，抗原过剩时称为后带。所以在进行血清学反应时，将抗原或抗体一方作适当稀释，以避免抗体或抗原过剩。

（三）可逆性

抗原与抗体的结合虽相当稳定，但由于两者之间为非共价键结合，因此又是可逆的，在一定条件下可以解离，且解离后各自的生物活性不变。

（四）分阶段反应

抗原抗体反应分为两个阶段：第一阶段为抗原抗体特异性结合，此阶段反应快，仅需几秒到几分钟的时间；第二阶段为可见反应阶段，此阶段反应慢，往往需要数分钟到数小时，表现为凝集、沉淀、细胞溶解等肉眼可见的反应。实际上两个阶段难以严格区分，而且两阶段的反应所需时间也受多种因素和反应条件的影响，若反应开始时抗原、抗体浓度较大且两者比例合适，则很快能形成可见反应。

（五）敏感性

抗原抗体反应不仅具有高度特异性，还具有较高敏感性，不仅可用于定性，还可用于检测极微量的抗原、抗体，其灵敏程度大大超过当前应用的常规化学方法。不过视反应的类型不同，其敏感性有很大的差异。

三、影响血清学反应的因素

（一）电解质

抗原与抗体发生特异性结合后，由亲水胶体变为疏水胶体的过程中，须有电解质参与，才能进一步使抗原-抗体复合物表面失去电荷，水化层破坏，复合物相互靠拢聚集形成大块的凝集物或沉淀。常用电解质为生理盐水，如果电解质浓度过高，则会出现盐析现象。

（二）酸碱度

多数血清学反应的最适 pH 为 6～8，超出这个范围，不管是过高还是过低，均可使复合物解离。pH 在蛋白质的等电点（pH 5～5.5）时，可引起非特异性沉淀。

（三）温度

温度升高时，反应速度快，可导致已结合的抗原抗体解离，甚至变性或破坏。低温时，反应时间延长，速度变慢，但结合完全，更易于观察。最适温度通常为 37 ℃。

(四) 振荡

适当的机械振荡能增加分子或颗粒间的相互碰撞，加速抗原、抗体的结合反应，但强烈的振荡可使抗原-抗体复合物解离。

(五) 杂质和异物

当实验介质中有与反应无关的杂质、异物（如蛋白质、类脂质、多糖等物质）存在时，会抑制反应的进行或引起非特异性反应。

四、血清学反应的应用

血清学检查是一种特异性的诊断方法。根据抗原抗体结合形成免疫复合物的性状与活性特点，对样品中的抗原或抗体进行定性、定位或定量的检测，广泛用于动物传染病的诊断、免疫学检查、生化制药检测、蛋白质纯化等各个方面。下面着重介绍一些常用的血清学检测技术。

第二节　凝集实验

一、凝集实验的概念

某些微生物颗粒性抗原（细菌、螺旋体、红细胞等）的悬液与含有相应的特异性抗体的血清混合，在一定条件下，抗原与抗体凝集成肉眼可见的凝集物，这种现象称为凝集反应（图 2-9-1）。凝集中的抗原称为凝集原，抗体称为凝集素。参与凝集实验的抗体主要为 IgG 和 IgM。

凝集反应广泛应用于疾病的诊断和各种抗原性质的分析，既可用已知免疫血清来检查未知抗原，也可用已知抗原检测特异性抗体，操作简便快速，适用于基层的诊断工作。

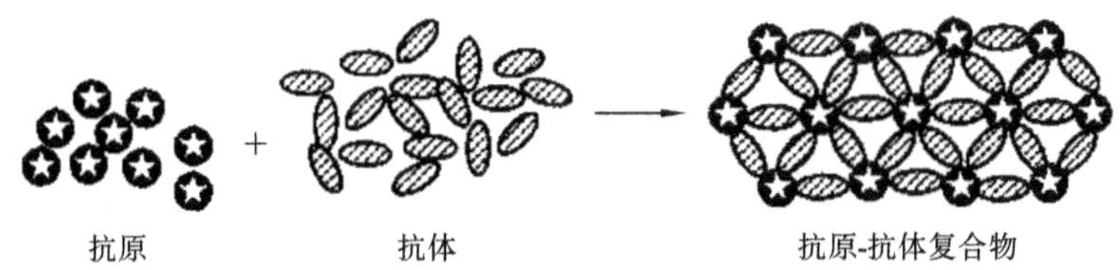

图 2-9-1　凝集反应原理示意图

二、凝集实验的类型

(一) 直接凝集实验

直接凝集实验指颗粒性抗原与相应抗体直接结合，在电解质的参与下凝聚成团块的现象。按操作方法可分为平板凝集实验和试管凝集实验。

1. 平板凝集实验

平板凝集实验(图 2-9-2)是一种定性实验,可在玻璃板或载玻片上进行。将含有已知抗体的诊断血清与待检菌悬液各一滴在载玻片上混合均匀,数分钟后,如出现颗粒状或絮状凝集,即为阳性反应。反之,也可用已知的诊断抗原悬液检测待检血清中有无相应的抗体。此法简便快速,适用于新分离细菌的鉴定、分型和抗体的定性检测。如大肠杆菌和沙门菌等的鉴定,布氏杆菌病、鸡白痢、禽伤寒和败血支原体病的检疫,也可用于血型的鉴定等。

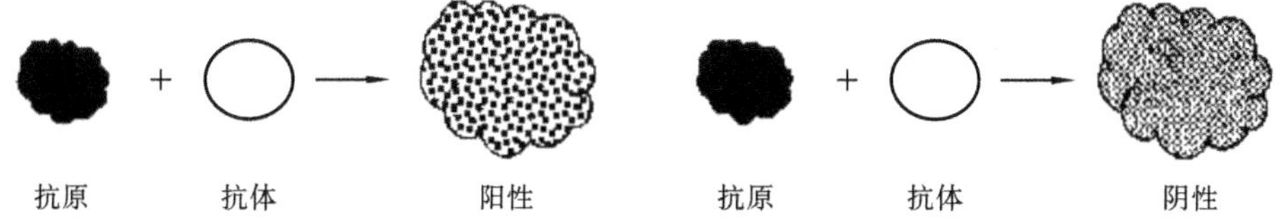

图 2-9-2　平板凝集实验示意图

2. 试管凝集实验

试管凝集实验是一种定量实验,可在小试管中进行。操作时将待检血清用生理盐水或其他稀释液作倍比稀释,然后每管加入等量抗原,混匀,37 ℃水浴或放入温箱中数小时,观察液体澄清度及沉淀物,视不同凝集程度记录为++++(100%凝集)、+++(75%凝集)、++(50%凝集)、++(25%凝集)和-(不凝集)。根据每管内细菌的凝集程度判定血清中抗体的含量。以出现 50%凝集(++)以上的血清最高稀释倍数为该血清的凝集价,也称效价或滴度。本实验主要用于检测待检血清中是否存在相应的抗体及其效价,如布氏杆菌病的诊断与检疫。

(二) 间接凝集实验

将可溶性抗原(或抗体)先吸附于与免疫无关的小颗粒的表面,再与相应的抗体(或抗原)结合,在有电解质存在的适宜条件下所发生的特异性凝集实验,称为间接凝集实验(图 2-9-3)。用于吸附抗原(或抗体)的颗粒称为载体。常用的载体有动物红细胞、聚苯乙烯乳胶、硅酸铝、活性炭和葡萄球菌 A 蛋白等。抗原多为可溶性蛋白质,如细菌、立克次氏体和病毒的可溶性抗原、寄生虫的浸出液、动物的可溶性物质、各种组织器官的浸出液、激素等,也可为某些细菌的可溶性多糖。吸附抗原(或抗体)后的颗粒称为致敏颗粒。

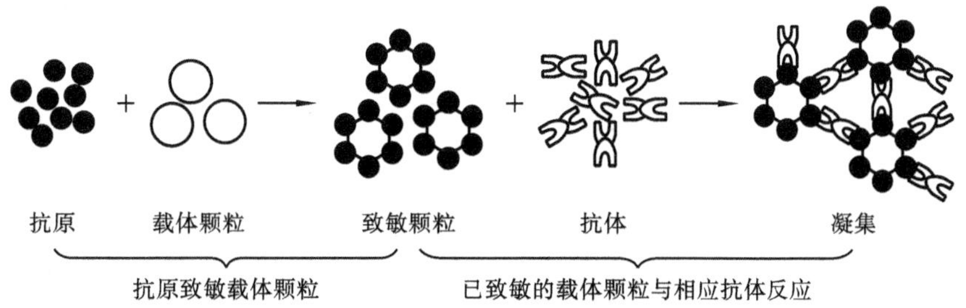

图 2-9-3　间接凝集反应原理示意图

将抗原吸附于载体颗粒,然后与相应的抗体反应产生的凝集现象,称为正向间接凝集反应，又称为正向被动间接凝集反应；将特异性抗体吸附于载体颗粒表面，再与相应的可溶性抗原结合产生的凝集现象，称为反向间接凝集反应。

间接凝集实验根据载体的不同，可分为间接血凝实验、乳胶凝集实验、协同凝集实验和炭粉凝集实验等。

1. 间接血凝实验

以红细胞为载体的间接凝集实验，称为间接血凝实验。吸附抗原的红细胞称为致敏红细胞。致敏红细胞与相应抗体结合后，能出现红细胞凝集现象。用已知抗原吸附于红细胞上检测未知抗体，称为正向间接血凝实验；用已知抗体吸附于红细胞上鉴定未知抗原，称为反向间接血凝实验。常用的红细胞有绵羊、家兔、鸡及人的O型红细胞。由于红细胞几乎能吸附任何抗原，而且红细胞是否凝集容易观察，因此，利用红细胞作载体进行的间接凝集实验已广泛应用于血清学诊断的各个方面，如多种病毒性传染病、支原体病、衣原体病、弓形体病等的诊断和检疫。

抗体与游离抗原结合后就不能凝集抗原致敏的红细胞，从而使红细胞凝集现象受到抑制，这一实验称为间接血凝抑制实验(图2-9-4)。通常是用抗原致敏的红细胞和已知抗血清检测未知抗原或测定抗原的血凝抑制价。血凝抑制价即抑制血凝的抗原最高稀释倍数。

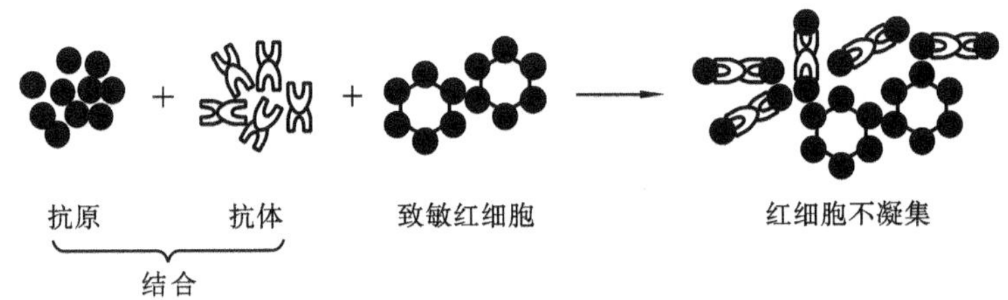

图2-9-4 间接血凝抑制反应原理示意图

2. 乳胶凝集实验

乳胶又称胶乳，为聚苯乙烯聚合的高分子乳状液，乳胶颗粒直径为0.6～0.8 μm，对蛋白质、核酸等大分子物质具有良好的吸附性能。以乳胶颗粒作为载体的间接凝集实验，称为乳胶凝集实验。该实验既可检测相应的抗体，也可鉴定未知的抗原，而且方法具有简便、快速、准确和保存方便等优点，在临床诊断中广泛应用于鼠疫、流感等细菌性疾病，以及伪狂犬病、流行性乙型脑炎、猪细小病毒病等病毒性疾病的诊断。

3. 协同凝集实验

葡萄球菌A蛋白(SPA)是大多数金黄色葡萄球菌的特异性表面抗原，能与人及多种哺乳动物(猪、兔、羊、鼠)血清中IgG类抗体的Fc段结合，结合后的IgG仍保持其抗体活性。当这种覆盖着特异性抗体的葡萄球菌与相应抗原结合时，可以相互连接引起协同凝集反应，在玻璃板上数分钟内即可判定结果。目前已广泛应用于快速鉴定细菌、支原体和病毒等。

4. 炭粉凝集实验

以极细的活性炭粉作为载体的间接凝集实验，称为炭粉凝集实验。反应在玻璃板上或塑料反应盘中进行，数分钟后即可判定结果。通常是用抗体致敏炭粉颗粒制成炭血清，用以检测抗原，如马流产沙门菌；也可用抗原致敏炭粉，用以检测抗体，如腺病毒感染、沙门氏菌病、大肠杆菌病、囊虫病等的诊断。

第三节　沉淀实验

一、沉淀实验的概念

可溶性抗原与相应抗体结合，在适量电解质存在下，经过一定时间，出现肉眼可见的白色沉淀，称为沉淀实验。参与实验的抗原称为沉淀原，主要是蛋白质、多糖、类脂等，如细菌的外毒素、内毒素、菌体裂解液、病毒悬液、病毒的可溶性抗原、血清和组织浸出液。反应中的抗体称为沉淀素。沉淀反应的发生机制与凝集反应基本相同。不同之处在于，沉淀原分子小，单位体积内总面积大，故在定量实验时，通常稀释抗原。

二、沉淀实验的类型

常用的沉淀实验有环状沉淀实验、絮状沉淀实验、琼脂扩散实验和免疫电泳实验等。

（一）环状沉淀实验

环状沉淀实验是一种快速检测溶液中的可溶性抗原或抗体的方法，也是最早的一种沉淀实验（图 2-9-5）。方法是将可溶性抗原叠加在小口径试管中的抗体表面，数分钟后在抗原、抗体相接触的界面出现白色环状沉淀带，即为阳性反应。实验中要设阴性和阳性对照。本法主要用于抗原的定性实验，如炭疽病的诊断（Ascoli 实验）、链球菌的血清型鉴定和血迹鉴定等。

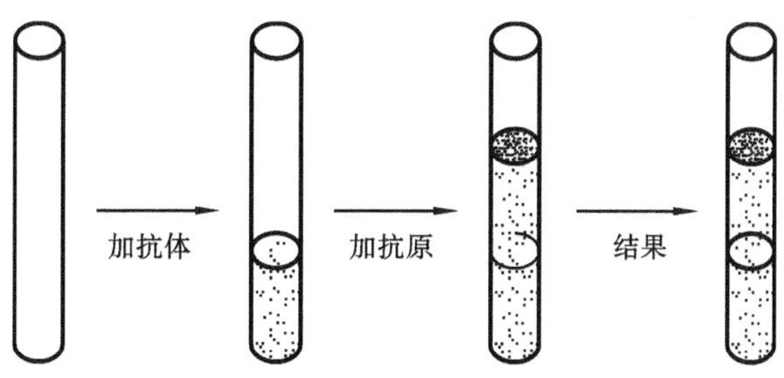

图 2-9-5　环状沉淀反应原理示意图

（二）絮状沉淀实验

抗原与抗体在试管内混合，在电解质存在下，抗原-抗体复合物可形成混浊沉淀或絮状沉淀凝集物。当比例最适时，出现反应最快，絮状物最多。本法常用于毒素、类毒素和抗毒素的定量测定。

(三) 琼脂扩散实验

琼脂扩散实验简称琼扩。抗原、抗体在含有电解质的琼脂凝胶中扩散，当两者在比例适当处相遇时，即发生沉淀反应，此沉淀物因颗粒较大而不扩散，出现肉眼可见的沉淀带。

琼脂扩散实验有单向单扩散、单向双扩散、双向单扩散和双向双扩散四种类型。最常用的是双向双扩散。

(1) 单向单扩散　单向单扩散即在冷至 45 ℃左右、质量分数为 0.5%～1.0%的琼脂中加入一定量的已知抗体，混匀后加入小试管中，凝固后将待检抗原加于其上，置于密闭湿盒内，于 37 ℃温箱或室温扩散数小时，抗原在含抗体的琼脂凝胶中扩散，在比例最适处出现沉淀带。此沉淀带的位置随着抗原的扩散而向下移动，直至稳定。抗原浓度越大，则沉淀带的距离也越大，因此可用于抗原定量。

(2) 单向双扩散　单向双扩散在小试管内进行。先将含有抗体的琼脂加于管底，中间加一层不含抗体的同样浓度的琼脂，凝固后加待检抗原，置于密闭湿盒内，于 37 ℃温箱或室温扩散数日。抗原、抗体在中间层相向扩散，在比例最适处形成沉淀带。此法主要用于复杂抗原的分析，目前较少应用。

(3) 双向单扩散　双向单扩散又称辐射扩散，即在冷至 45 ℃左右、质量分数为 2%的琼脂中加入一定量的已知抗体，制成厚 2～3 mm 的琼脂凝胶板，在板上打孔，孔径为 3 mm，孔距为 10～15 mm，于孔内滴加抗原后，置于密闭湿盒内，于 37 ℃温箱或室温进行扩散。抗原在孔内向四周辐射扩散，与琼脂凝胶中的抗体接触形成白色沉淀环，环的大小与抗原浓度成正比。本法可用于抗原的定量和传染病的诊断，如马立克氏病的诊断。

(4) 双向双扩散　双向双扩散即用质量分数为 1%的琼脂制成厚 2～3 mm 的凝胶板，在板上按规定图形、孔径和孔距打圆孔，于相应孔内滴加抗原、阳性血清和待检血清，放于密闭湿盒内，置于 37 ℃温箱或室温扩散数日，观察结果。

当用于检测抗原(图 2-9-6)时，将抗体加入中心孔，待检抗原分别加入周围相邻孔，若均出现沉淀带且完全融合，说明是同种抗原；若两相邻孔沉淀带有部分相连并有交角，表明两者有共同抗原决定簇；若两相邻孔沉淀带互相交叉，说明两者抗原完全不同。

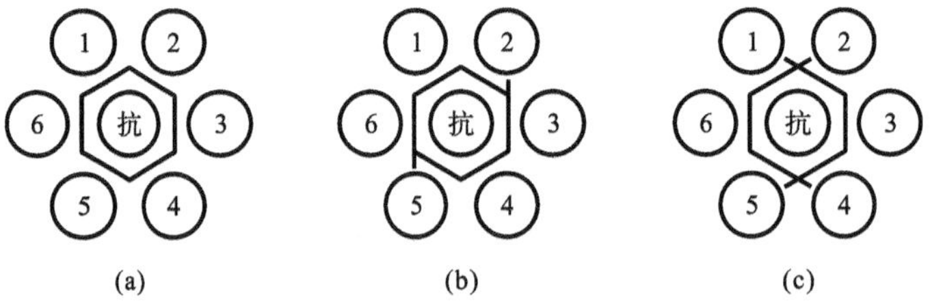

图 2-9-6　双向双扩散用于检测抗原结果判定

抗—抗体；1、2、3、4、5、6—被检抗原

当用于检测抗体(图 2-9-7)时，将已知抗原置于中心孔，周围 1、2、3、4 孔分别加入待检血清，其余两对应孔加入标准阳性血清，若待检血清孔与相邻阳性血清孔出现的沉淀带完全融合，则判为阳性；若待检血清孔无沉淀带或出现的沉淀带与相邻阳性血清孔出现的沉淀带相互交叉，判为阴性；若待检血清孔无沉淀带，但两侧阳性血清孔的沉淀带在接近

待检血清孔时向内弯曲，判为弱阳性，若向外弯曲，则判为阴性。

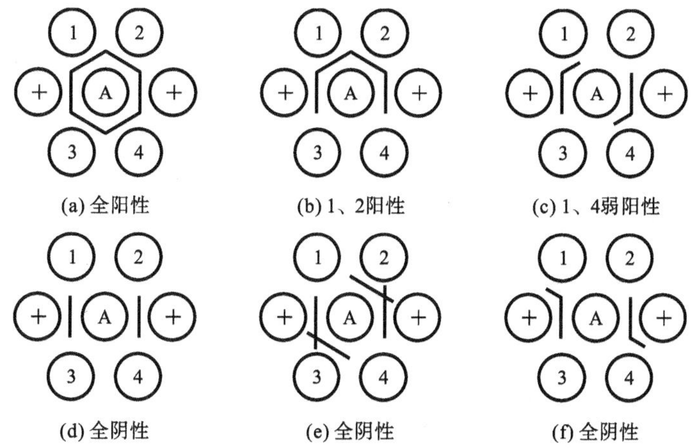

图 2-9-7 双向双扩散用于检测抗体结果判定

A—抗原；+—阳性血清；1、2、3、4—被检血清

本法应用广泛，已普遍用于传染病的诊断和抗体的检测，如鸡马立克氏病、鸡传染性法氏囊炎、禽流感、支原体病、鸡传染性喉气管炎、伪狂犬病、牛地方性白血病、马传染性贫血和蓝舌病等。

(四) 免疫电泳技术

免疫电泳技术是将琼脂凝胶扩散与琼脂电泳技术两种方法结合起来的一种血清学检测技术。即将琼脂扩散置于直流电场中进行，让电流来加速抗原与抗体的扩散并规定其扩散方向，在比例适合处形成可见的沉淀带。此技术在琼脂扩散的基础上，提高了反应速度、反应灵敏度和分辨率。在临床上应用比较广泛的有对流免疫电泳和火箭免疫电泳等。

1. 对流免疫电泳

对流免疫电泳(图 2-9-8)是将双向双扩散与电泳技术相结合的免疫检测技术。它是在电场的作用下，利用抗原、抗体相向扩散的原理，使抗原、抗体在电场中定向移动，限制了双向双扩散时抗原、抗体向多方向的自由扩散，可以提高实验的敏感性，缩短反应时间。

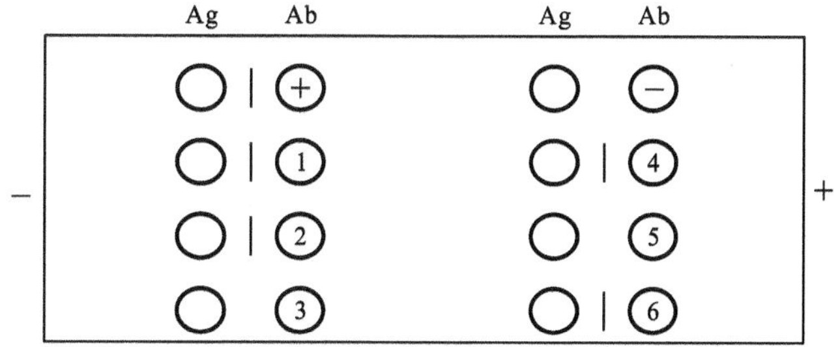

图 2-9-8 对流免疫电泳示意图

Ag—抗原；Ab—抗体；+—阳性血清；-—阴性血清；1、2、3、4、5、6—待检血清

实验时，在 pH 为 8.2～8.6 的琼脂凝胶板上打孔，两孔为一组，孔径为 3 mm，抗原、抗体孔间距为 4～5 mm。将抗原加入负极端孔内，抗体加入正极端孔内，用 2～4 mA/cm

电流电泳 1 h 左右，观察结果，在两孔之间出现沉淀带的为阳性反应。沉淀带出现的位置与抗原、抗体的泳动速度及含量有关，当两者平衡时所形成的沉淀带在两孔之间，呈一直线。若两者泳动速度相差悬殊，则沉淀带位于对应孔附近，呈月牙形。当抗原或抗体含量过高时，可使沉淀带溶解。因此，对每份检样应选 2～3 个稀释度进行实验。

对流免疫电泳比双向双扩散敏感 10～16 倍，并大大缩短了沉淀带出现的时间，简易快速，现已用于多种传染病的快速诊断，如口蹄疫、猪传染性水疱病等病毒病的诊断。

2. 火箭免疫电泳

火箭免疫电泳（图 2-9-9）是单向单扩散和电泳技术相结合的一种血清学实验。它是让抗原在电场的作用下，在含有抗体的琼脂中定向泳动，两者比例合适时形成火箭状的沉淀峰。沉淀峰的高度与抗原的浓度成正比。经染色或放射自显影，即可定量测定抗原。

实验时，在冷至 56 ℃左右的巴比妥缓冲液琼脂中加入一定量的已知抗体，制成琼脂凝胶板。在板的负极端打一排孔，孔径为 3 mm，孔距为 8 mm，然后滴加待检抗原和已知抗原，以 2～4 mA/cm 电流电泳 1～5 h。若抗原与抗体比例合适，则孔前出现顶端完全闭合的火箭状沉淀峰；抗原大量过剩时，或不形成沉淀峰，或沉淀峰不闭合；抗原中等过剩时，沉淀峰呈圆形；当两者比例不适当时，常不能形成火箭状沉淀峰。本实验多用于检测抗原的量（用已知浓度抗原作对比）。

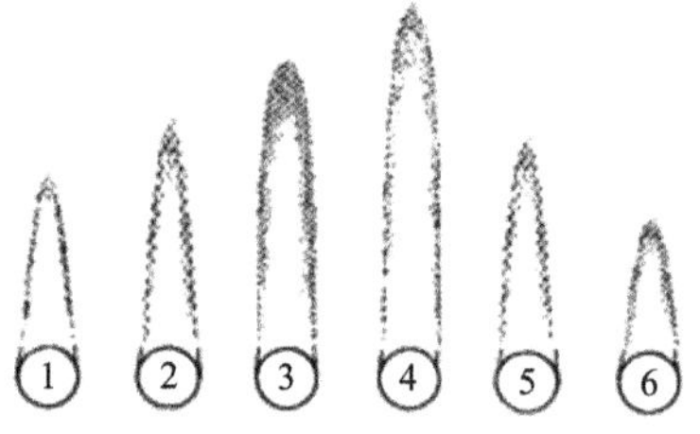

图 2-9-9　火箭免疫电泳示意图

①②③④为标准抗原；⑤⑥为标本

第四节　补体结合实验

一、补体结合实验的概念

补体结合实验是应用可溶性抗原，如蛋白质、多糖、类脂质和病毒等，与相应抗体结合后，其抗原-抗体复合物可以结合补体。但这一反应肉眼不能觉察，如再加入红细胞和溶血素，即可根据是否出现溶血反应，判定反应系统中是否存在相应的抗原和抗体。这个反应就是补体结合反应。参与补体结合反应的抗体称为补体结合抗体，补体结合抗体主要是 IgG 和 IgM。通常是利用已知抗原检测未知抗体。

二、补体结合实验的原理

补体结合实验有溶菌和溶血两大系统，含抗原、抗体、补体、溶血素和红细胞五种成分。补体没有特异性，能与任何一组抗原-抗体复合物结合。如果与细菌及相应抗体形成的复合物结合，就会出现溶菌反应；如果与红细胞及溶血素形成的致敏红细胞结合，就会出现溶血反应。实验时，首先将抗原、待检血清和补体按一定比例混匀，保温一定时间，然后加入红细胞和溶血素，作用一定时间后，观察结果。不溶血为补体结合实验阳性，表示待检血清中有相应的抗体，抗原-抗体复合物结合了补体，加入溶血系统后，由于无补体参加，所以不溶血。溶血则为补体结合实验阴性，说明待检血清中无相应的抗体，补体未被抗原-抗体复合物结合，当加入溶血系统后，补体与溶血系统复合物结合而出现溶血反应（表 2-9-1）。

表 2-9-1　补体结合反应原理

反应系	指标系	溶血反应	补体结合反应
Ag　○　C →	EA	+	−
○　Ab　C →	EA	+	−
Ag—Ab ← C	EA	−	+

注：Ag 为抗原，Ab 为抗体，C 为补体，EA 为致敏红细胞。

三、补体结合实验的基本过程及应用

实验分两步进行。第一步为反应系统作用阶段，由倍比稀释的待检血清加最适浓度的抗原和抗体。混合后 37 ℃水浴作用 30～90 min 或 4 ℃冰箱过夜。第二步是溶血系统作用阶段，在上述管中加入致敏红细胞，置于 37 ℃水浴作用 30～60 min，观察是否有溶血现象。若最终表现为不溶血，说明待检的抗体与相应的抗原结合了，反应结果为阳性；若最终结果表现为溶血，则说明待检的抗体不存在或与抗原不相对应，反应结果为阴性。

补体结合反应操作繁杂，且须十分细致，参与反应的各个因子的量必须有恰当的比例，特别是补体和溶血素的用量。补体的用量必须恰如其分，例如，抗原、抗体呈特异性结合，吸附补体，不应溶血，但因补体过多，多余部分转向溶血系统，发生溶血现象。又如抗原、抗体为非特异性，抗原、抗体不结合，不吸附补体，补体转向溶血系统，应完全溶血，但由于补体过少，不能全溶，影响结果的判定。此外，溶血素的量也有一定影响，例如阴性血清应完全溶血，但溶血素量少，溶血不全，可被误以为弱阳性。而且这些因子的量又与其

活性有关:活性强,用量少;活性弱,用量多。故在正式实验前,必须准确测定溶血素效价、溶血系统补体价、溶菌系统补体价等,测定活性以确定其用量。

补体结合实验可用于检测未知抗原或抗体,生产上用于多种传染病如口蹄疫、水疱病、副结核病、山羊传染性胸膜肺炎、禽衣原体病等的诊断及抗原的定型。但由于操作较烦琐,影响因素较多,已逐渐被其他简易、敏感的实验所替代。

第五节　中和实验

一、中和实验的概念

病毒或毒素与相应抗体结合后,抗体中和了病毒或毒素,丧失了对易感动物、鸡胚和易感细胞的致病力,这种实验称为中和实验。本实验具有高度的特异性和敏感性,既能定性又能定量,主要用于病毒感染的血清学诊断、病毒分离株的鉴定、病毒抗原性的分析、疫苗免疫原性的评价、血清抗体效价的检测等。中和实验既可在易感的实验动物体内进行,也可在细胞培养或鸡胚上进行。

二、中和实验方法

(一) 简单定性中和实验

本法主要用于鉴定病料中的病毒及病毒的类型,也可用于毒素(如肉毒毒素)的鉴定和分型。实验方法如下。先根据病毒易感性选定实验动物(鸡胚或细胞)及接种途径。将动物分为对照组和实验组。实验组:将待检病料研磨,加生理盐水稀释,加双抗,在冰箱中作用 1 h 或经过滤器过滤,与已知的抗血清等量混合,于 37 ℃中作用 1 h 后接种动物。对照组则用正常血清加入稀释病料,作用后,接种另一种动物。分别隔离饲喂,观察发病和死亡情况。对照组动物发病死亡,而实验组动物不死,即证实该病料中含有与已知该抗血清相应的病毒。

(二) 终点法中和实验

终点法中和实验是滴定使病毒感染力减少至 50%时,血清的中和效价或中和指数。有固定病毒-稀释血清法和固定血清-稀释病毒法两种方法。

1. 固定病毒-稀释血清法

将已知的病毒量固定,血清做倍比稀释,常用于测定抗血清的中和效价。

(1) 病毒毒价单位　病毒毒价(毒力)的单位过去多用最小致死量(MLD),但由于剂量的递增与死亡率递增的关系不呈一条直线,而是呈 S 形曲线,在越接近 100%死亡时,对剂量的递增越不敏感。而死亡率接近 50%时,剂量与死亡率呈直线关系,所以现在基本上采用半数致死量(LD_{50})作为毒价单位,而且 LD_{50} 的计算应用了统计学方法,减少了个体差异的影响,因此比较准确。以感染发病作为指标的,可用半数感染量(ID_{50})。用鸡胚测定时,毒价单位为鸡胚半数致死量(ELD_{50})或鸡胚半数感染量(EID_{50});用细胞培养测定时，可用组织细胞半数感染量($TCID_{50}$)。在测定疫苗的免疫性能时，则用半数免疫量(IMD_{50})或半数保护量(PD_{50})。

(2) 病毒毒价测定　将病毒原液作10倍递进稀释，即10^{-1}，10^{-2}，10^{-3}，…；选择4～6个稀释倍数接种一定体重的实验动物(或鸡胚、细胞)，每组3～6只(个、孔)。接种后，观察一定时间内的死亡(或出现细胞病变)数和生存数。根据累计死亡数和生存数计算致死百分率。然后按Reed-Muench法、内插法或Karber法计算半数剂量。

以$TCID_{50}$测定为例，运用Karber法计算，其公式为

$$\lg TCID_{50}=L+d(S-0.5)$$

式中：L为病毒最低稀释度的对数；d为组距，即稀释系数的对数，10倍递进稀释时d为-1；S为死亡(或感染)比值之和(计算固定病毒-稀释血清法中和实验效价时，S应为保护比值之和)，即各组死亡(感染)数/实验数相加。

以测定某种病毒的$TCID_{50}$为例，病毒作10^{-4}～10^{-7}稀释，记录出现细胞病变(CPE)的情况(表2-9-2)，则

$$L=-4,\quad d=-1,\quad S=6/6+5/6+2/6+0/6=2.16$$

$$\lg TCID_{50}=(-4)+(-1)\times(2.16-0.5)=-5.66$$

即

$$TCID_{50}=10^{-5.66}/0.1\ \text{mL}$$

$TCID_{50}$为毒价的单位，$10^{-5.66}$是一个稀释度，表示该病毒经稀释至$10^{-5.66}$($1/10^{5.66}$)时，每孔细胞接种0.1 mL，可使50%的细胞孔出现CPE。而病毒的毒价通常以每毫升或每毫克含多少$TCID_{50}$(或LD_{50}等)表示。如上述病毒的毒价为$10^{5.66}TCID_{50}/0.1$ mL，即$10^{6.66}TCID_{50}$/mL。

表2-9-2　病毒毒价滴定(接种剂量为0.1 mL)

病毒稀释	CPE		
	阳性数	阴性数	阳性分数/(%)
10^{-4}	6	0	100
10^{-5}	5	1	83
10^{-6}	2	4	33
10^{-7}	0	6	0

(3) 正式实验　将病毒原液稀释成每一单位剂量含$200LD_{50}$(或EID_{50}、$TCID_{50}$)，与等量递进稀释的待检血清混合，于37 ℃作用1 h。每一稀释度接种3～6只(个、管)实验动物(或鸡胚、细胞)，记录每组动物的存活数和死亡数，同样按Reed-Muench法或Karber法计算其半数保护量(PD_{50})，即该血清的中和效价。

2. 固定血清-稀释病毒法

将病毒原液作10倍递进稀释，分装两列无菌试管，第一列加等量正常血清(对照组)，第二列加等量待检血清(中和组)；混合后于37 ℃作用1 h，每一稀释度接种3～6只实验动物(或鸡胚、组织细胞)，记录每组动物死亡数、累积死亡数和累积存活数(表2-9-3)，按Karber法计算LD_{50}，然后计算中和指数。中和指数为中和组与对照组的$TCID_{50}$或LD_{50}对数之差的反对数。本法适用于大量检样的检测。

按表2-9-3的结果，中和指数$=10^{-2.2}/10^{-5.5}=10^{3.3}$，查3.3的反对数为1995，即$10^{3.3}=1995$，也就是说，该待检血清中和病毒的能力比正常血清大1995倍。本法多用以检出待检血清中的中和抗体，对病毒而言，通常待检血清的中和指数不小于50者即可判为阳性，10～49为可疑，小于10为阴性。

表2-9-3　固定血清-稀释病毒法中和实验数据

病毒稀释	10^{-1}	10^{-2}	10^{-3}	10^{-4}	10^{-5}	10^{-6}	10^{-7}	LD_{50}	中和指数
正常血清组	—	—	—	4/4*	3/4	1/4	0/4	$10^{-5.5}$	$10^{3.3}=1995$
待检血清组	4/4	2/4	1/4	0/4	0/4	0/4	0/4	$10^{-2.2}$	

注：*分母为接种数，分子为死亡数。

（三）空斑减数实验

空斑或蚀斑是指把病毒接种于单层细胞，经过一段时间培养，进行染色，原先感染病毒的细胞及病毒扩散的周围细胞会形成一个近似圆形的斑点，类似固体培养基上的菌落形态。空斑减数实验是应用空斑技术，使空斑数减少50%的血清稀释度为该血清的中和效价。实验时，将已知空斑形成单位（PFU）的病毒稀释成每一接种剂量含100 PFU，加等量递进稀释的血清，于37 ℃作用1 h。每一稀释度至少接种3个已形成单层细胞的培养瓶，每瓶0.2～0.5 mL，于37 ℃作用1 h，使病毒与血清充分作用，然后加入在44 ℃水浴预温的营养琼脂（在0.5%水解乳蛋白或Eagles液中，加2%犊牛血清、1.5%琼脂及0.1%中性红3.3 mL）10 mL，平放凝固后，将细胞面朝上放入无灯光照射的37 ℃ CO_2培养箱中。同时用稀释的病毒加等量Hank's液同样处理作为病毒对照。数天后分别计算空斑数，用Reed-Muench法或Karber法计算血清的中和效价。

第六节　免疫标记技术

免疫标记技术是利用抗原抗体反应的特异性和标记分子极易检测的高度敏感性相结合形成的实验技术。免疫标记技术主要有荧光抗体标记技术、酶标抗体技术和同位素标记抗体技术。这些技术可用于检测抗原或抗体，其特异性和敏感性远远高于常规的血清学技术。免疫标记技术现已广泛用于传染病的诊断、病原微生物的鉴定、分子生物学中基因表达产物的分析等方面。其中酶标抗体技术因具有操作简便、灵敏度高、易于商品化及不需特殊设备等优点得到了广泛应用。下面着重介绍荧光抗体标记技术和酶标抗体技术。

一、荧光抗体标记技术

荧光抗体标记技术又称免疫荧光技术，是用荧光色素对抗体或抗原进行标记，再与相应的抗原或抗体特异性结合，然后在荧光显微镜下观察荧光，以分析示踪相应的抗原或抗体的方法。本法既有免疫学的特异性和敏感性，又有借助显微镜观察的直观性与精确性，已广泛应用于细菌、病毒、原虫等的鉴定和传染病的快速诊断。

(一) 原理

荧光素在 1 mg/L 的超低浓度时,仍可被专门的短波光源激发,在荧光显微镜下可观察到荧光。荧光抗体标记技术就是将抗原抗体反应的特异性、荧光检测的敏感性,以及显微镜技术的精确性三者结合的一种免疫检测技术。

(二) 荧光色素的选择

荧光色素是既能产生明显荧光,又能作为染料使用的有机化合物,主要是以苯环为基础的芳香族化合物和一些杂环化合物。它们受到激发光(如紫外光)照射后,可发射荧光。

可用于标记抗原或抗体的荧光色素必须具有活性基团,使之易与蛋白质稳定结合;能发射可见的荧光,荧光效率高;性质较稳定,不影响抗体或抗原的免疫活性以及抗原与抗体的特异性结合。目前广泛用于标记抗体或抗原的荧光色素主要是异硫氰酸荧光素(FITC)、四乙基罗丹明(RB 200)、四甲基异硫氰酸罗丹明(TMRITC)和三氯三嗪基氨基荧光素(DTAF)等。其中 FITC 应用最广,为黄色结晶,最大吸收波长为 490~495 nm,最大发射波长为 520~530 nm,可呈现明亮的黄绿色荧光。FITC 分子中含有异硫氰基,在碱性(pH 9.0~9.5)条件下能与 IgG 分子的自由氨基结合,形成 FITC-IgG 结合物,从而制成荧光抗体。

抗体经荧光色素标记后,不影响与抗原的结合能力和特异性。当荧光抗体与相应的抗原结合时,就形成了带有荧光性的抗原-抗体复合物,从而可在荧光显微镜下检出抗原的存在。

(三) 荧光抗体染色及荧光显微镜检查

1. 标本片的制备

标本制作的要求首先是保持抗原的完整性,并尽可能减少形态变化,抗原位置保持不变。同时还必须使抗原标记抗体复合物易于接受激发光源,以便很好地观察和记录。这就要求标本要相当薄,并有适宜的固定处理方法。

根据被检样品性质的不同,可采用不同的制备方法。细菌培养物、感染动物的组织或血液、脓汁、粪便、尿沉渣等,可制成涂片或压印片。感染组织最好制成冰冻切片或低温石蜡切片。对于病毒,也可用生长在盖玻片上的单层细胞培养作标本。

标本的固定有两个目的:一是防止被检材料从载玻片上脱落,二是消除抑制抗原抗体反应的因素。最常用的固定剂是丙酮和质量分数为 95%的乙醇。固定后用 PBS 反复冲洗,干后即可用于染色。

2. 染色方法

荧光抗体染色法有多种类型,常用的有直接法和间接法两种。

(1) 直接法 用荧光抗体直接检查抗原。即直接滴加相应荧光抗体于标本区,置于湿盒中,于 37 ℃温箱作用 30~60 min 后取出,用 0.01 mol/L PBS(pH 为 7.2~7.4)充分漂洗 3 次,每次 3~5 min,再用蒸馏水漂洗 2 次,每次 1~2 min,吹干,然后滴加缓冲甘油(分析纯甘油 9 份加 PBS 1 份)封片,即可于荧光显微镜下观察。标本片中若有相应抗原存在,即可与荧光抗体结合,在镜下见有荧光抗体围绕在受检的抗原周围,发出黄绿色荧光(图 2-9-10)。直接法应设以下对照:标本自发荧光对照,阳性标本和阴性标本对照。该方法优点是简便、特异性高，非特异性荧光染色少；缺点是敏感性偏低，而且每检一种抗原就需要制备一种荧光抗体。

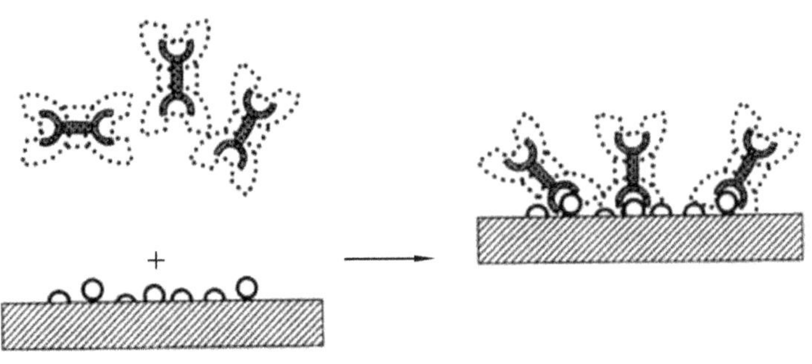

图 2-9-10　直接荧光抗体染色法示意图

(2) 间接法　先将已知未标记的抗体加到未知抗原上或用未知未标记抗体加到已知抗原上，再加相应的荧光抗抗体。如抗原与抗体发生反应，则抗体被固定，并与荧光抗抗体结合，发出荧光，从而可鉴定未知的抗原或抗体。实验时，于标本区滴加未标记的相应抗体，置于湿盒中，于 37 ℃作用 30～60 min 后取出，用 0.01 mol/LPBS(pH 为 7.2～7.4)充分漂洗 3 次，每次 3～5 min，再用蒸馏水漂洗 2 次，每次 1～2 min，吹干，然后滴加荧光抗抗体，置于湿盒内，于 37 ℃温箱染色 30 min；再如前漂洗、吹干，滴加缓冲甘油封片、镜检。阳性者形成抗原-抗体-荧光抗抗体复合物，发出黄绿色荧光。间接法对照除自发荧光、阳性和阴性对照外，首次实验时应设无中间层对照(标本加标记抗抗体)和阴性血清对照(中间层用阴性血清代替特异性抗血清)。

间接法的优点是比直接法敏感，对一种动物而言，只需制备一种荧光抗抗体，即可用于多种抗原或抗体的检测，镜检所见荧光也比直接法明亮。

3. 荧光显微镜检查

标本滴加缓冲甘油后用盖玻片封载，即可在荧光显微镜下观察。荧光显微镜不同于光学显微镜之处，在于它的光源是高压汞灯或溴钨灯，并有一套位于集光器与光源之间的激发滤光片，它只让一定波长的紫外光及少量可见光(蓝紫光)通过。此外，还有一套位于目镜内的屏障滤光片，只让激发的荧光通过，而不让紫外光通过，以保护眼睛并能增加反差。为了直接观察微量滴定板中的抗原抗体反应，如感染细胞培养物上的荧光，可使用倒置荧光显微镜观察。

(四) 荧光抗体标记技术的应用

荧光抗体标记技术具有快速、操作简单的特点，同时又有较高的敏感性、特异性和直观性，已广泛用于细菌、病毒、原虫的鉴定和传染病的快速诊断。此外，还可用于淋巴细胞表面抗原的测定和自身免疫病的诊断等方面。

(1) 细菌病诊断　能利用荧光抗体标记技术直接检出或鉴定的细菌有 30 余种，均具有较高的敏感性和特异性，其中较常应用的是链球菌、致病性大肠杆菌、沙门菌、马鼻疽杆菌、猪丹毒杆菌等。动物的粪便、黏膜拭子涂片、病变部渗出物、体液或血液涂片、病变组织的触片或切片以及尿沉渣均可作为检测样本，经直接法检出目的菌，这对于细菌病的诊断具有很高的价值。

(2) 病毒病诊断　用荧光抗体标记技术直接检出患畜病变组织中的病毒，已成为病毒感染快速诊断的重要手段，如猪瘟、鸡新城疫等可取感染组织制成冰冻切片或触片，用直接或间接免疫荧光染色可检出病毒抗原，一般可在 2 h 内作出诊断报告；猪流行性腹泻在临床上与猪传染性肠胃炎十分相似，将患病小猪小肠冰冻切片，用猪流行性腹泻病毒的特异性荧光抗体做直接免疫荧光检查，即可对猪流行性腹泻进行确诊。

二、酶标抗体技术

酶标抗体技术又称免疫酶技术，是继免疫荧光技术之后发展起来的一大新型的血清学技术，目前该技术已成为免疫诊断、检测和分子生物学研究中应用最广泛的免疫学方法之一。

(一) 原理

酶标抗体技术是根据抗原抗体反应的特异性和酶催化反应的高度敏感性而建立起来的免疫检测技术。酶是一种有机催化剂，催化反应过程中不被消耗，能反复作用，微量的酶即可导致大量的催化过程，如果产物为有色可见产物，则极为敏感。

(二) 用于标记的酶

常用的标记酶有辣根过氧化物酶(HRP)、碱性磷酸酶、葡萄糖氧化酶等，其中以 HRP 应用最广泛，其次是碱性磷酸酶。HRP 广泛分布于植物界，辣根中含量最高。HRP 是由无色的酶蛋白和深棕色的铁卟啉构成的一种糖蛋白，相对分子质量为 40000。HRP 的作用底物是过氧化氢，催化时需要供氢体，无色的供氢体氧化后生成有色产物，使不可见的抗原抗体反应转化为可见的呈色反应。常用的供氢体有邻苯二胺(OPD)和 3,3′-二氨基联苯胺(DAB)，两者作为显色剂，它们能在 HRP 催化 H_2O_2生成 H_2O 的过程中提供氢，而自己生成有色产物。

OPD 氧化后形成可溶性的橙色产物，最大吸收波长为 492 nm，可用肉眼判定。OPD 不稳定，须现用现配，常作为酶联免疫吸附实验中的显色剂。OPD 有致癌性，操作时应予注意。DAB 反应后形成不溶性的棕色物质，可用光学显微镜和肉眼观察，适用于各种免疫酶组织化学染色法。

HRP 可用戊二醛交联法或过碘酸盐氧化法标记于抗体分子上制成酶标抗体。生产中常用的酶标抗体技术有免疫酶组化染色法和酶联免疫吸附实验两种。

(三) 免疫酶组化技术

免疫酶组化技术又称免疫酶组化染色法，是将免疫酶应用于组织化学染色，以检测组织和细胞中或固相载体上抗原或抗体的存在及其分布位置的技术。

1. 标本制备和处理

用于免疫酶染色的标本有组织切片(冷冻切片或低温石蜡切片)、组织压印片、涂片以及细胞培养的单层细胞盖片等。这些标本的制备和固定与荧光抗体技术相同，但还要进行一些特殊处理。

用酶结合物作细胞内抗原定位时，由于组织和细胞内含有内源性过氧化物酶，可与标记在抗体上的过氧化物酶在显色反应上发生混淆，因此在滴加酶结合物之前，通常将制片浸于0.3% H_2O_2溶液中室温处理15～30 min，以消除内原酶。应用1%～3% H_2O_2甲醇溶液处理单纯细胞培养标本或组织涂片，低温条件下作用10～15 min，可同时起到固定和消除内原酶的作用，效果比较好。

组织成分对球蛋白的非特异性吸附所致的非特异性背景染色，可用10%卵蛋白作用30 min进行处理，用0.05%吐温-20和含1%牛血清白蛋白(BSA)的PBS对细胞培养标本进行处理，同时可起到消除背景染色的效果。

2. 染色方法

可采用直接法、间接法、抗抗体搭桥法、杂交抗体法、酶抗酶复合物法、增效抗体法等各种染色方法，其中直接法和间接法最常用。反应中每加一种反应试剂，均需于37 ℃作用30 min，然后以PBS反复洗涤三次，以除去未结合物。

(1) 直接法　以酶标抗体处理标本，然后浸入含有相应底物和显色剂的反应液中，通过显色反应检测抗原-抗体复合物的存在。

(2) 间接法　标本首先用相应的特异性抗体处理，再加酶标记的抗抗体，然后经显色揭示抗原-抗体-抗抗体复合物的存在。

3. 显色反应

免疫酶组化染色中的最后一环是用相应的底物使反应显色。不同的酶所用底物和供氢体不同。同一种酶和底物如用不同的供氢体，则其反应物的颜色也不同。如辣根过氧化物酶，在组化染色中最常用DAB，用前应以0.05 mol/L，pH 7.4～7.6的Tris-HCl缓冲液配成0.50～0.75 mg/mL溶液，并加少量(0.01%～0.03%)H_2O_2溶液混匀后加于反应物中，置于室温10～30 min，反应产物呈深棕色；如用甲萘酚，则反应产物呈红色；如用4-氯-1-萘酚，则反应产物呈浅蓝色或蓝色。

4. 标本观察

显色后的标本可在普通显微镜下观察，抗原所在部位DAB显色呈棕黄色。也可用常规染料作反衬染色，使细胞结构更为清晰，有利于抗原的定位。本法优于免疫荧光技术之处，在于无须应用荧光显微镜，且标本可以长期保存。

(四) 酶联免疫吸附实验

酶联免疫吸附实验简称ELISA，为一种固相免疫酶测定技术，是当前应用最广、发展最快的一项新技术。其基本过程是将抗原(或抗体)吸附于固相载体，在载体上进行免疫酶反应，底物显色后用肉眼或分光光度计判定结果。

1. 固相载体

载体的种类很多，其中包括纤维素、交联右旋糖苷、聚苯乙烯、聚丙烯酰胺等，从使用形式上有凹孔平板、试管和珠粒等。聚苯乙烯凹孔板(40孔或96孔板)是目前最常用的载体。聚苯乙烯塑料微量滴定板吸附蛋白的性能好，操作简便，用量小，有利于大批样品的检测。新板在使用前一般不需特殊处理，直接使用或用蒸馏水冲洗干净，自然干燥后即可使用。一般一次性使用，如使用已用过的微量滴定板，需进行特殊处理。

用于 ELISA 的另一种载体是聚苯乙烯珠，由此建立的 ELISA 又称微球 ELISA。珠的直径为 0.5～0.6 cm，表面经过处理以增强其吸附性能，并可制成不同颜色。此小珠可事先吸附或交联上抗原或抗体，制成商品。检测时将小球放入特制的凹孔板或小管中，加入待检标本将小珠浸没进行反应，最后在底物显色后比色测定。本法现已有半自动化装置，用以检验抗原或抗体，效果良好。

2. 包被

将抗原或抗体吸附于固相表面的过程，称为载体的致敏或包被。用于包被的抗原或抗体必须能牢固地吸附在固相载体的表面，并保持其免疫活性。大多数蛋白质可以吸附于载体表面，但吸附能力不同。可溶性物质或蛋白质抗原，例如病毒蛋白、细菌脂多糖、脂蛋白、变性的 DNA 等均较易包被上去。较大的病毒、细菌或寄生虫等难以吸附，需要将它们用超声波打碎或用化学方法提取抗原成分，才能供实验用。

用于包被的抗原或抗体需纯化，纯化抗原和抗体是提高 ELISA 敏感性与特异性的关键。抗体最好用亲和层析和 DEAE 纤维素离子交换层析方法提纯。有些抗原含有多种杂蛋白，须用密度梯度离心等方法除去，否则易出现非特异性反应。

载体吸附的多少取决于 pH、蛋白质浓度、离子强度和吸附时间。包被的蛋白质浓度一般为 1～100 μg/mL，通常用 0.05～0.1 mol/L pH 9.0～9.6 碳酸盐缓冲液作包被液。一般包被在 4 ℃过夜，也有经 37 ℃ 2～3 h 达到最大反应强度。包被后的滴定板置于 4 ℃冰箱，可储存 3 周。如用真空塑料封口，于 −20 ℃冰箱可储存更长时间。用时充分洗涤。

3. 洗涤

在 ELISA 的整个过程中，需进行多次洗涤，目的是防止重叠反应，避免引起非特异性吸附现象。因此，洗涤必须充分。一般采用 0.01 mol/L pH 7.2 PBS 吐温缓冲液。通常将吐温-20（最终质量分数为 0.05%）加入缓冲液内作为湿润剂，以减少非特异性吸附。也可在 PBS 缓冲液中加入 1%牛血清白蛋白（或 10%小牛血清或卵清蛋白），特别是在抗原包被以后，以牛血清白蛋白缓冲液再包被一次，而占据孔内剩下位置，以减少非特异性反应。洗涤时，先将前次加入的溶液倒空，吸干，然后加入洗涤液洗涤 3 次，每次 3 min，倒空，并用滤纸吸干。

4. 实验方法

ELISA 的核心是利用抗原抗体的特异性吸附，在固相载体上一层层地叠加，可以是两层、三层，甚至多层。整个反应都必须在抗原抗体结合的最适条件下进行。每层试剂均稀释于最适于抗原抗体反应的稀释液（0.01～0.05 mol/L pH7.2 PBS 中加吐温-20 至 0.05%，10%犊牛血清或 1%BSA）中，加入后于 4 ℃过夜或 37 ℃1～2 h。每加一层反应后均需充分洗涤。阳性、阴性应有明显区别。阳性血清颜色深，阴性血清颜色浅，两者吸收值的比值最大时的浓度为最适浓度，实验方法主要有以下几种。

（1）间接法　此法（图 2-9-11）是检测血清中抗体最常用的方法，其步骤如下：①用已知可溶性抗原包被固相载体，经温育后清洗；②加入待检稀释血清，若血清中有相应特异性抗体存在则与吸附的抗原结合，温育后清洗；③加入酶标记的抗球蛋白抗体，此时酶标

记抗抗体与吸附抗原-抗体复合物结合，温育后清洗；④加入酶作用底物（或称基质），酶分解底物并显色，用光电比色计测定底物显色深浅，即可推知抗体量。

（2）夹心法　夹心法又称双抗体法（图 2-9-12），是用于测定待检标本中大分子抗原的方法。其步骤如下：①将已知抗体吸附于载体上，温育后清洗；②加入待检标本溶液，使溶液中的抗原与吸附的抗体结合，温育后清洗；③加入酶标记特异性抗体，温育后清洗；④加入酶作用底物产生显色反应，颜色的改变与②中所加的待检标本溶液中的抗原量成正比。

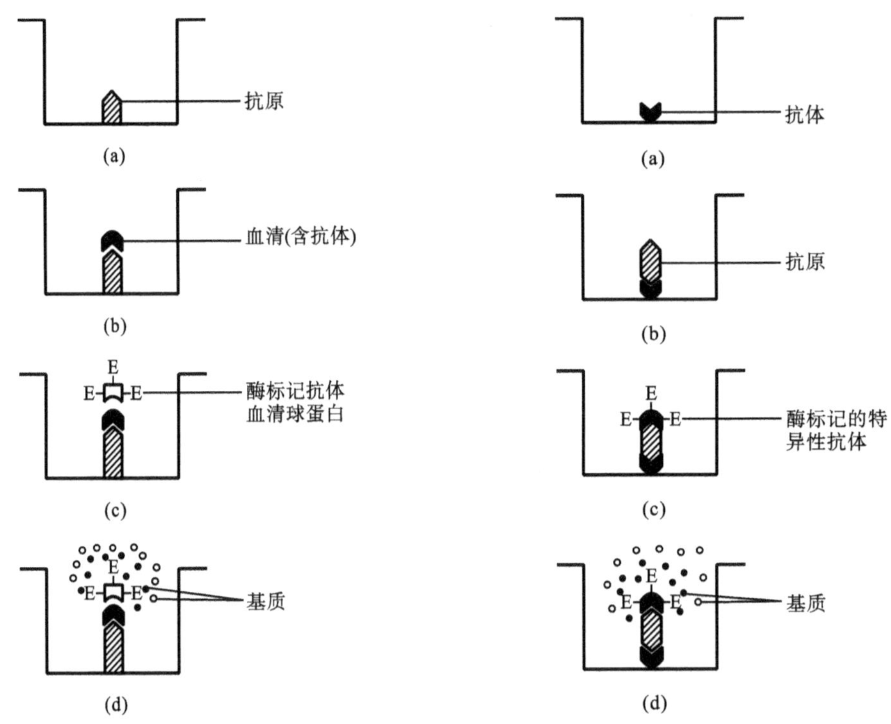

图 2-9-11　ELISA 间接法示意图

图 2-9-12　ELISA 双抗体(夹心)法示意图

（3）抗原竞争法　此法（图 2-9-13）也是一种检测小分子抗原的酶联免疫测定法。其步骤大致如下：①将已知抗体包被固相载体，经温育后清洗；②将可能含抗原的待检溶液和酶标记的已知抗原溶液以适当比例混合，加入已包被的载体孔中，温育后清洗；③加入酶作用的底物，产生显色反应。色深表示结合的酶标记抗原多，而待检溶液中未标记的抗原量少；色浅表示结合的酶标记抗原少，而待检溶液中抗原量多。

5. 底物显色

与免疫酶组化染色法不同，本法必须选用反应后的产物为水溶性色素的供氢体，最常用的为邻苯二胺（OPD），产物呈棕色，可溶，敏感性高，但对光敏感，因此要避光进行显色反应。底物溶液应现用现配。底物显色以室温 10～20 min 为宜。反应结束，每孔加浓硫酸 50 μL 终止反应。也常用四甲基联苯胺（TMB）为供氢体，其产物为蓝色，用氢氟酸终止（如用 H_2SO_4 终止，则为黄色）。

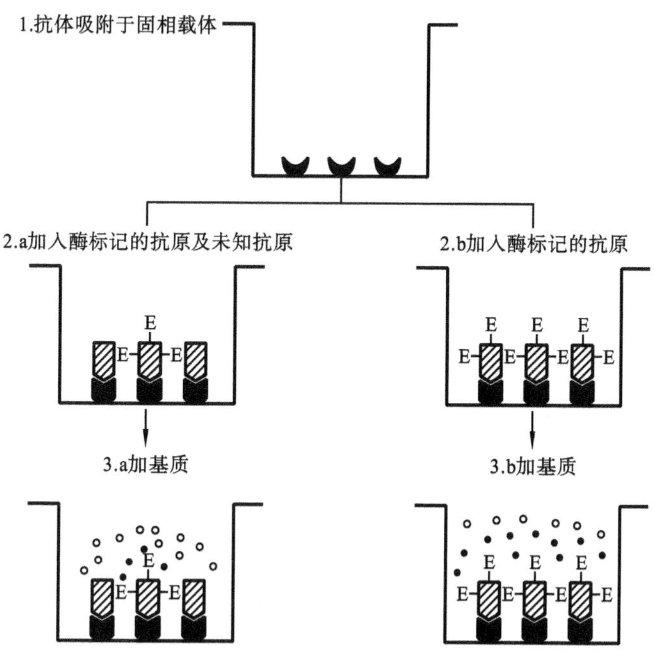

图 2-9-13 ELISA 抗原竞争法示意图

6. 结果判定

ELISA 实验结果可用肉眼观察，也可用 ELISA 测定仪测样本的光密度(OD)值。每次实验都需设阳性和阴性对照，肉眼观察时，如样本颜色反应超过阴性对照，即判为阳性。用 ELISA 测定仪来测定 OD 值，所用波长随底物供氢体不同而异，如以 OPD 为供氢体，测定波长为 492 nm，TMB 为 650 nm(氢氟酸终止)或 450 nm(硫酸终止)。

定性结果通常有两种表示方法：①以 P/N 表示，求出该样本的 OD 值与一组阴性样本 OD 值的比值，即为 P/N 值，若 P/N≥2，即判为阳性；②若样本的吸收值≥规定吸收值(阴性样本的平均吸收值+2×标准差)，为阳性。定量结果以终点效价表示，可将样本稀释，出现阳性(如 P/N>2，或吸收值仍大于规定吸收值)的最高稀释度为该样本的 ELISA 效价。

(五) 斑点-酶联免疫吸附实验(Dot-ELISA)

该实验是近几年创建的一项新技术，不仅保留了常规 ELISA 的优点，而且弥补了抗原或抗体对载体包被不牢的缺点。此法的原理及其步骤与 ELISA 的基本相同，不同之处在于：一是将固相载体以硝酸纤维素滤膜、硝酸醋酸混合纤维素滤膜、重氮苄氧甲基化纸等固相化基质膜代替，用以吸附抗原或抗体；二是显色底物的供氢体为不溶性的。结果以在基质膜上出现有色斑点来判定。可采用直接法、间接法、双抗体法、双夹心法等。

(六) 酶标抗体技术的应用

酶标抗体技术具有敏感、特异、简便、快速、易于标准化和商品化等优点，是当前应用最广、发展最快的一项新技术。目前已广泛应用于多种细菌病和病毒病的诊断和检测，并

多数是利用商品化的 ELISA 试剂盒进行操作，如猪传染性胃肠炎、牛副结核病、牛结核病、鸡新城疫、牛传染性鼻气管炎、猪伪狂犬病、蓝舌病、蓝耳病、猪瘟、口蹄疫等传染病的诊断和抗体监测常用此技术。

第七节　分子免疫学技术

随着现代分子生物学技术的普及和发展，分子免疫学技术也得到了迅速发展，它是目前灵敏度最高的免疫学检测技术。分子免疫学技术在有些领域得到了广泛应用。下面就免疫 PCR 技术(immuno-PCR technique)作一详细介绍。

一、免疫 PCR 技术的基本原理

免疫 PCR 是新近建立的一种灵敏、特异的抗原检测系统，方法是将一段已知序列的 DNA 片段标记到抗原-抗体复合物上，再用 PCR 方法将这段 DNA 扩增，然后用常规方法检测 PCR 产物。免疫 PCR 利用抗原-抗体反应的特异性和 PCR 扩增反应的极高灵敏性来检测抗原。其突出的特点是由于 PCR 强大的扩增效率带来了极高的灵敏度，能检出浓度低至 2 ng/L 的抗原物质，为现行其他免疫定量方法所不及。

免疫 PCR 的原理与 ELISA 等常规免疫学检测方法相同，只不过是用 DNA 片段代替酶或放射性核素作为标记物。通常需要一个对抗体和 DNA 具有双亲和力的连接物将 DNA 与抗体偶联在一起。抗原与抗体结合后，用该 DNA 片段特异的一对引物做 PCR，分析扩增产物。特异性 PCR 产物的存在表明该 DNA 片段标记的抗体所针对的特异性抗原存在。

二、免疫 PCR 体系的组成

免疫 PCR 体系由待检抗原、特异性抗体、连接分子、DNA 和 PCR 扩增系统组成。

(1) 待检抗原　被检测的样品是抗原，或者是作为抗原的某种抗体。待检的抗原可以直接吸附于固相(包被抗原)，这一过程与 ELISA 实验是相同的。

(2) 特异性抗体　免疫 PCR 中的特异性是对应于待测抗原，与 ELISA 一样，抗体的特异性和亲和力将影响免疫 PCR 的特异性和敏感性。一般选用单克隆抗体，这个抗体常采用生物素标记，通过亲和素或叶绿素再结合 DNA。

(3) 连接分子　连接分子是连接特异性抗体与 DNA 分子的分子。Sano 等用亲和素-蛋白 A(stripavidin-protein A)基因工程融合体作为连接分子来连接生物素标记的 DNA 与抗体，此种融合蛋白的链亲和素部分可识别 DNA 上的生物素，蛋白部分可识别抗体的 Fc 段。

(4) DNA 和 PCR 扩增系统　免疫 PCR 中的 DNA 是一指示分子，用 DNA 聚合酶将结合于固相上的 DNA 特异放大，由此定量检测抗原。免疫 PCR 的敏感性高于 ELISA

主要是应用了PCR强大的扩增功能。免疫PCR中的DNA分子可以选择任何DNA，但要保证DNA的纯度，且有较好的均质性，尽可能不选用受检样品中可能存在的DNA。一般可选用质粒DNA或PCR产物等。DNA的生物素化是用生物素标记的dUTP通过聚合酶标记在DNA分子上，一般是1个DNA标记2个生物素，标记率可达百分之百。免疫PCR的PCR扩增系统与一般PCR一样，主要包括引物、缓冲液和耐热DNA聚合酶。

三、免疫PCR产物的检测

PCR产物一般先用琼脂凝胶进行电泳，然后经溴化乙啶染色，再照相记录PCR产物的电泳结果，通过底片上PCR产物的光密度可以得出PCR产物的量，即代表固相上的待检抗原量，将其与标准抗原制备的标准曲线进行比较，就可以准确地得出抗原的实际量。

四、注意事项

(1) 本实验的关键步骤是获得适当的抗体-DNA复合物。用链亲和素将生物素标记的抗体与生物素标记的DNA进行偶联，因每个链亲和素分子可与4个生物素分子结合的，因此，要优化反应条件，以使得每个链亲和素分子既能结合上抗体分子，又能结合上DNA片段。

(2) 另外还可用化学方法将DNA片段与抗体分子共价偶联，即将抗体分子和5′端氨基酸修饰的DNA片段分别用不同的双功能偶联剂激活，然后通过自发的反应偶联到一起。比如，用*N*-琥珀酰亚胺酯-*S*-乙酰基巯基乙二醇酯(SATA)活化氨基修饰的DNA片段，用磺酸-琥珀酰亚胺酯-4-(马来酰亚氨基甲基)环己烷-1-羧酸琥珀酰亚胺酯(sulfo-SMCC)修饰抗体分子，然后将两者在一小管中混合，通过加入盐酸胺(hydroxylamine hydrochloride)使两者偶联在一起。

(3) 免疫PCR具有高度敏感性，因此，抗体与标记DNA的任何非特异性结合均可导致严重的本底问题。因而在加入抗体和标记DNA后必须尽可能彻底地清洗，即使有些特异性结合的抗体或标记DNA被洗掉了，也可在最后通过增加PCR的循环次数得到弥补。此外，应用有效的封闭剂对防止非特异结合也是非常重要的。可用脱脂奶粉和牛血清蛋白做蛋白封闭剂，用鲑精DNA做核酸封闭剂。

(4) 防止本底信号的另一个重要因素是控制污染，这也是所有敏感的检测系统存在的问题。即使每一步骤都做得非常认真，重复使用同样的引物和DNA均会产生假阳性信号。免疫PCR的一个优点是标记DNA序列完全是人为选定的。因此，标记DNA及其引物可经常变换，以避免污染造成的假阳性信号。

(5) 免疫PCR可以检测到常规免疫学方法无法检测的样品。因此，应用免疫PCR可在微观水平(单细胞)检测抗原，利用定量PCR产物可以估计某一标本中的抗原数据，在临床诊断中可在疾病早期抗原量很低时检测到微量的抗原。

本章小结

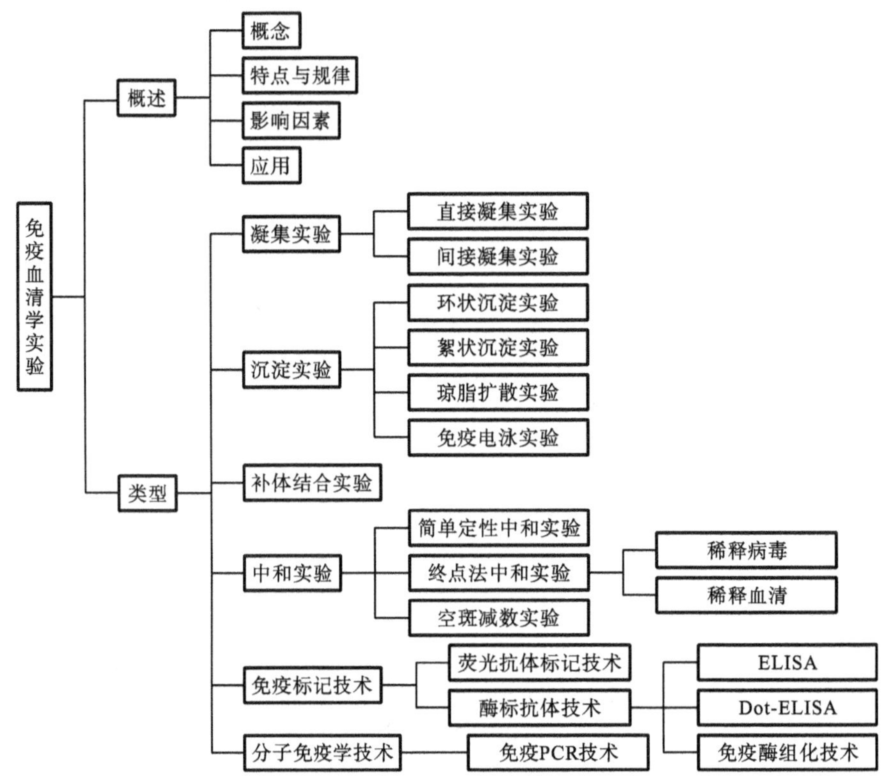

复习思考题

1. 名词解释

血清学反应　带现象　凝集实验　沉淀实验　ELISA　补体结合实验　中和实验　效价　间接血凝实验

2. 简答题

(1) 简述血清学反应的一般规律、特点及影响因素。

(2) 直接凝集实验与间接凝集实验有何异同?

(3) 琼脂双向双扩散与双向单扩散实验有何用途?

(4) 试述 ELISA 实验的原理、主要方法和用途。

(5) 补体结合实验的原理是什么?

(6) 试述荧光抗体标记技术的原理、主要方法及应用。

(7) 免疫 PCR 的原理是什么? 免疫 PCR 技术有何优点?

实训

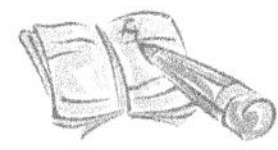

实训一 凝集实验

目的要求

会进行玻片凝集和试管凝集实验的操作，并能进行结果判定。

设备和材料

沙门菌诊断血清、鸭沙门菌及大肠杆菌 24 h 培养物、布氏杆菌阳性及阴性血清、布氏杆菌抗原、生理盐水、毛细吸管、试管架、刻度吸管、接种环、玻片。

操作内容

(一) 玻片凝集实验

将玻片分成 3 格，在第 3 格内加 1 滴生理盐水，第 1、2 格内各加 1 滴沙门菌诊断血清，用接种环自斜面挑取鸭沙门菌液置于第 3 格内混匀，随即再取一环置于第 1 格内混匀；接种环灭菌后取大肠杆菌混匀于第 2 格，静置 2～3 min 后观察结果。

结果判定：第一格内应形成白色块状凝集物，第 2、3 格内均无凝集物形成。

(二) 试管凝集实验

(1) 取小试管 7 支，依次编号，按表 2-9-4 先加入 0.5%石炭酸生理盐水。

(2) 吸取布氏杆菌阳性血清 0.2 mL 于第 1 管，连续吹吸 3 次，充分混匀后，吸出 1.5 mL 弃去，再吸出 0.5 mL 加入第 2 管，同法混匀后又吸取 0.5 mL 于第 3 管，以此类推，连续稀释到第 4 管，混匀后吸弃 0.5 mL。第 5 管不加阳性血清，第 6 管中加 1∶25 稀释的阳性血清 0.5 mL，第 7 管中加 1∶25 稀释的阴性血清 0.5 mL。

(3) 吸取 1∶20 布氏杆菌抗原于各管，每管 0.5 mL，分别摇匀后于 37 ℃放置 24 h，观察结果。

(4) 结果判定。

判定结果时以正、负号表示反应的强度，以产生明显凝集(＋＋)的血清最高稀释度为其凝集效价。

＋＋＋＋　大凝集块，液体透明，为 100%凝集；

＋＋＋　凝集片明显，液体较透明，为 75%凝集；

＋＋　凝集片可见，液体不太透明，为 50%凝集；

＋　液体混浊，少量细菌凝集，为 25%凝集；

—　　　　液体均匀混浊，无凝集。

表 2-9-4　试管凝集实验　　　　（单位：mL）

管号	1	2	3	4	5	6	7
稀释倍数	1∶25	1∶50	1∶100	1∶200	对照		
					抗原对照	阳性血清 1∶25	阴性血清 1∶25
0.5%石炭酸生理盐水	2.3	0.5	0.5	0.5	0.5	—	—
被检血清	0.2 ↘	0.5 ↘	0.5 ↘	0.5 ↘	—	0.5	0.5
	弃1.5			弃0.5			
抗原(1∶20)	0.5	0.5	0.5	0.5	0.5	0.5	0.5

（5）判定标准。

大家畜（如牛、马和骆驼）的血清凝集价为 1∶100 以上时判为阳性，1∶50 时判为可疑；中小家畜（如猪、羊和犬）的血清凝集价为 1∶50 时判为阳性，1∶25 时判为可疑。

可疑反应的家畜，经 3～4 周后再采血重新检查。牛和羊仍为可疑，判为阳性。猪和马仍为可疑，而畜群中又没有病例和大批阳性病畜，则判为阴性。

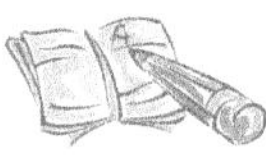

实训二　病毒的微量血凝和血凝抑制实验

目的要求

会进行鸡新城疫病毒的微量血凝和血凝抑制实验的操作，并能进行结果判定。

设备和材料

96 孔 V 形微量血凝集反应板、微量吸液器、微量振荡器、玻璃注射器、离心管、离心机、灭菌生理盐水、3.8%灭菌柠檬酸钠溶液、鸡新城疫弱毒疫苗Ⅱ系或 Lasota 系、鸡新城疫标准阳性血清和阴性血清、被检血清、鸡等。

操作内容

（一）1%鸡红细胞悬液的配制

由鸡翅静脉或心脏采血，放入灭菌试管（按每毫升血加入 3.8%灭菌柠檬酸钠溶液 0.2 mL做抗凝剂）内，迅速混匀，将此血液注入离心管中，经 2000 r/min，离心 5～10 min，用吸管吸去上清液和红细胞上的白细胞薄膜，将沉淀的红细胞加生理盐水洗涤，如此反复洗涤三次，将最后一次离心后的红细胞按 1%的稀释度加入生理盐水，即配成 1%鸡红细胞生理盐水悬液。

(二) 病毒的微量血凝实验(HA)(表 2-9-5)

(1) 用微量吸液器每孔滴加生理盐水 0.025 mL。

(2) 用微量吸液器再吸取 0.025 mL 病毒,滴于第 1 孔中,用微量吸液器挤 5 次混合后吸 0.025 mL 至第 2 孔,依次倍比稀释到第 11 孔,弃去 0.025 mL,病毒稀释倍数依次为 1∶2～1∶2048,第 12 孔做对照。

(3) 再以微量吸液器每孔加 1%鸡红细胞悬液 0.025 mL。

(4) 置于振荡器上振荡混匀约 1 min,放入 37 ℃温箱中 15～30 min,取出观察结果。

表 2-9-5 病毒的微量血凝实验(HA) (单位:mL)

孔号	1	2	3	4	5	6	7	8	9	10	11	12
生理盐水	0.025	0.025	0.025	0.025	0.025	0.025	0.025	0.025	0.025	0.025	0.025	0.025
鸡新城疫弱毒疫苗	0.025	0.025	0.025	0.025	0.025	0.025	0.025	0.025	0.025	0.025	0.025	弃(0.025)
1%鸡红细胞悬液	0.025	0.025	0.025	0.025	0.025	0.025	0.025	0.025	0.025	0.025	0.025	0.025
病毒稀释倍数	1∶2	1∶4	1∶8	1∶16	1∶32	1∶64	1∶128	1∶256	1∶512	1∶1024	1∶2048	
作用温度与时间	振荡器上振荡混匀约 1 min,放入 37 ℃温箱中 15～30 min											
结果(例)	++++	++++	++++	++++	++++	++++	++++	++++	++	−	−	−

注:++++表示完全凝集;++表示不完全凝集;−表示不凝集。

(5) 结果观察。将反应板倾斜成 45°角,若沉于孔底的红细胞沿着倾斜面向下呈线状流动,表明红细胞未被或不完全被病毒凝集;如果孔底的红细胞铺平孔底,凝成均匀薄层,倾斜后红细胞不流动,说明红细胞被病毒所凝集。如上例:病毒液的 HA 效价为 1∶256,HI 实验时,病毒抗原液 0.025 mL 内须含 4 个凝集单位,则应将病毒液制成 256/4=64 倍的稀释液。

(三) 病毒的微量血凝抑制实验(HI)(表 2-9-6)

(1) 用微量吸液器于第 1～11 孔均滴加生理盐水 0.025 mL,第 12 孔滴加 0.05 mL。

(2) 用微量吸液器再吸取 0.025 mL 被检血清,滴于第 1 孔中,用吸液器挤 5 次混合后吸 0.025 mL 至第 2 孔,依次倍比稀释到第 10 孔,弃去 0.025 mL,被检血清稀释倍数依次为1∶2～1∶1024。第 11 孔为病毒对照,第 12 孔为生理盐水对照。

(3) 以微量吸液器每孔加入含有 4 个单位的病毒液 0.025 mL 至第 11 孔。

(4) 置于振荡器上振荡混匀约 1 min,放入 37 ℃温箱中 15～20 min。

(5) 以微量吸液器每孔加 1%鸡红细胞悬液 0.025 mL,置于振荡器上振荡 1 min,混匀,放入 37 ℃温箱中 15～30 min,观察结果。

表 2-9-6　病毒的微量血凝抑制实验(HI)　　(单位:mL)

孔号	1	2	3	4	5	6	7	8	9	10	11	12
生理盐水	0.025	0.025	0.025	0.025	0.025	0.025	0.025	0.025	0.025	0.025	0.025	0.05
被检血清	0.025	0.025	0.025	0.025	0.025	0.025	0.025	0.025	0.025	0.025	弃(0.025)	
4 单位病毒	0.025	0.025	0.025	0.025	0.025	0.025	0.025	0.025	0.025	0.025	0.025	0.025
被检血清稀释倍数	1 : 2	1 : 4	1 : 8	1 : 16	1 : 32	1 : 64	1 : 128	1 : 256	1 : 512	1 : 1024		
作用温度与时间	振荡器上振荡混匀约 1 min,放入 37 ℃温箱中 15～20 min											
1%鸡红细胞悬液	0.025	0.025	0.025	0.025	0.025	0.025	0.025	0.025	0.025	0.025	0.025	0.025
作用温度与时间	振荡器上振荡混匀约 1 min,放入 37 ℃温箱中 15～30 min,观察结果											
结果(例)	−	−	−	−	−	−	−	++	++	++++	++++	−

注:−表示不凝集;++表示不完全凝集;++++表示完全凝集。

(6) 结果观察。将反应板倾斜成 45°角,若沉于管底的红细胞沿着倾斜面向下呈线状流动,表明红细胞未被或不完全被病毒凝集;如果孔底的红细胞铺平孔底,凝成均匀薄层,倾斜后红细胞不流动,说明红细胞被病毒所凝集。

能将 4 单位病毒物质凝集红细胞的作用完全抑制的血清最高稀释倍数,称为该血清的血凝抑制效价,用被检血清的稀释倍数或对数表示。表 2-9-6 所表示的血清的血凝抑制效价为 128 倍或 7lg2。

病毒的血凝和血凝抑制实验可用已知血清来鉴定未知病毒,也可用已知病毒检测血清中的抗体效价,在某些病毒病的诊断及疫苗免疫效果的检测中应用广泛。

实训三　沉淀实验

目的要求

会进行环状沉淀实验和琼脂扩散实验的操作,并能进行结果判定。

设备和材料

沉淀实验用小试管、漏斗、毛细吸管、滤纸、剪刀、乳钵、微量移液器(带吸头)、琼脂打孔器、琼脂平板,生理盐水、0.5%石炭酸生理盐水、炭疽标准抗原、炭疽沉淀素血清、疑似被检材料、禽流感琼脂扩散抗原、禽流感标准阳性血清、被检血清、pH 7.2 0.01 mol/LPBS。

操作内容

可溶性抗原与相应的抗体混合，在电解质存在的条件下，两者比例适合，即有沉淀物出现，称为沉淀反应。沉淀反应的种类有环状沉淀、絮状沉淀、荚膜膨胀、琼脂扩散及免疫电泳等，下面主要介绍环状沉淀实验和琼脂扩散实验。

(一) 环状沉淀实验

以炭疽环状沉淀实验为例。

1. 被检抗原的制备

(1) 热浸出法　取疑似病料(各种实质脏器)1～2 g，在乳钵内剪碎、研磨，然后加入5～10 mL 生理盐水，混合后移至大试管中，煮沸 30 min，冷却后用滤纸过滤，透明的滤液即为被检抗原。

(2) 冷浸出法　将待检皮张置于 37 ℃温箱中烘干，高压蒸汽灭菌，剪成小块称重，然后加入 5～10 倍的 0.5%石炭酸生理盐水，在室温或 4 ℃(冰箱)下浸泡 18～24 h，用滤纸过滤 2～3 次，使之成为透明液体，即为被检抗原。

2. 操作方法

(1) 取沉淀实验用小试管 3 支，用毛细吸管吸取炭疽沉淀素血清，分别加入小试管中，每管约至试管 1/3 处。

(2) 取另 1 支毛细吸管吸取被检抗原，沿管壁轻轻重叠于其中一管的沉淀素血清上面，静置。其余 2 支试管分别加入炭疽标准抗原和生理盐水作对照。

(3) 结果判定。加入抗原后，5～10 min 内判定结果。如在小试管重叠的两液界面处出现白色沉淀环，为阳性反应。加炭疽标准抗原管应出现白色沉淀环，为阳性对照，而加生理盐水管应无沉淀环出现，为阴性对照。

此法可用于诊断牛、羊、马的炭疽病，但不能用于诊断猪炭疽病，因猪患炭疽时，用此法诊断常为阴性。

(二) 琼脂扩散实验

以禽流感琼脂扩散实验为例。

1. 琼脂板的制备

称取琼脂糖 1.0 g，加到 100 mL pH 7.2 0.01 mol/L PBS 中，在水浴中煮沸或用电炉煮沸充分溶解，加入 8 g 氯化钠，充分溶解后加 1%硫柳汞溶液 1 mL。待其冷至 45～55 ℃时，将洁净、干热灭菌、直径为 90 mm 的培养皿置于平台上，向每个培养皿加入 18～20 mL，加盖待凝固后，将培养皿倒置以防水分蒸发，放普通冰箱(4 ℃)中保存备用。

2. 操作

(1) 打孔　在制好的琼脂板上按 7 孔一组的梅花形打孔，孔径为 5 mm，孔距为 2～5 mm，将孔内的琼脂用注射针头斜面向上从右侧边缘插入，轻轻向左侧方向将琼脂挑出，勿伤边缘或使琼脂层脱离皿底。

(2) 封底　用酒精灯轻烤培养皿底部至琼脂板底部刚刚开始熔化(手背感觉微烫手)为止，封闭孔底部，以防侧漏。

(3) 加样　用微量移液器或带有 7 号针头的 0.25 mL 注射器吸取抗原悬液，滴入中间孔，标准阳性血清分别滴入外周的 1 和 4 孔，被检血清按编号顺序分别加入另外 4 个外孔。每孔均以加满不溢出为度，每加一个样品应换一个吸头。

(4) 反应(扩散)　加样完毕后，静置 5～10 min，然后将培养皿轻轻放入湿盒内，37 ℃温箱中作用，分别在 24 h、48 h、72 h 后观察并记录结果。

3. 结果判定

(1) 判定方法　将琼脂板置于日光灯或侧强光下观察，若标准阳性血清与抗原孔之间出现一条清晰的白色沉淀线，则实验成立。

(2) 判定标准　若被检血清孔与中心抗原孔之间出现清晰致密的沉淀线，且该线与中心抗原孔和标准阳性血清孔之间沉淀线的末端相吻合，则被检血清判为阳性；若被检血清孔与中心抗原孔之间出现沉淀线，或虽不出现沉淀线，但标准阳性血清的沉淀线一端向被检血清孔内侧弯曲，则此孔的被检样品判为弱阳性(凡弱阳性者应重复实验，仍为弱阳性者，判为阳性)；若被检血清孔与中心抗原孔之间不出现沉淀线，且标准血清沉淀线直向被检血清孔，则被检血清判为阴性；若被检血清孔与中心抗原孔之间沉淀线粗而混浊或标准阳性血清孔与中心抗原孔之间的沉淀线交叉并直伸，被检血清孔为非特异反应，应重做，若仍出现非特异反应，则判为阴性。

实训四　免疫荧光抗体技术

目的要求

会免疫荧光抗体技术，并能进行结果判定。

设备和材料

0.01 mol/L pH 7.4 的 PBS；猪瘟病毒高免血清(经 56 ℃水浴 30 min 灭活)、异硫氰酸荧光素(FITC)标记的猪瘟病毒抗体、异硫氰酸荧光素(FITC)标记的兔抗猪抗体结合物、待检病料、待检血清、阴性血清、阳性血清、甘油缓冲液、荧光显微镜、载玻片、吸管、盖玻片、染色缸、带盖方盘、滤纸、恒温培养箱等。

操作内容

1. 制片

选无自发性荧光的石英载玻片或普通优质载玻片，洗净后浸泡于无水乙醇和乙醚等量混合液中，用时取出用绸布擦净。将待检病料制成涂片、印片、切片(冰冻切片或石蜡切片)。

2. 固定

将制作的涂片、印片、组织切片用冷丙酮或 95%乙醇室温固定 10 min。

3. 水洗

固定后的制作片以冷 PBS 液浸泡冲洗，最后以蒸馏水冲洗，防止自发性荧光。

4. 染色

染色方法分直接染色法与间接染色法。

(1) 直接染色法。

① 滴加 PBS 液于待检标本片上，10 min 后弃去，使标本保持一定湿度。

② 将固定好的标本片置于湿盘中，滴加经稀释至染色效价的 FITC 标记的猪瘟病毒抗体，以覆盖为度，37 ℃温箱培养 30 min。

③ 取出载玻片，倾去存留的荧光抗体，先用 PBS 漂洗，再按顺序经过 3 缸 PBS 液浸泡，每缸 3 min，其间不时振荡。

④ 用蒸馏水洗 1 min，除去盐结晶。

⑤ 取出标本片，用滤纸条吸干标本四周残余的液体，但不让标本干燥。

⑥ 滴加甘油缓冲液 1 滴，以盖玻片封片。

⑦ 立即用荧光显微镜观察。观察标本的特异性荧光强度，一般可用"+"表示。

⑧ 对照染色。

a. 标本自发荧光对照　标本加 1 或 2 滴 PBS 液。

b. 特异性对照(抑制实验)　荧光抗体染色时，标本加未标记的猪瘟病毒高免血清之后，再加 FITC 标记的猪瘟病毒抗体染色。

c. 阳性对照　已知的阳性标本加 FITC 标记的猪瘟病毒抗体。

(2) 间接染色法——检查抗原。

① 滴加 PBS 液于待检标本片上，10 min 后弃去，使标本保持一定湿度。

② 将固定好的标本片置于湿盘中，滴加已知的猪瘟病毒高免血清，37 ℃温箱培养 30 min。

③ 倾去存留的高免血清，将标本片依次在 2 缸 PBS 液内分别浸洗 3 min，其间不时振荡。

④ 用蒸馏水洗 1 min，除去盐结晶。

⑤ 取出标本片，用滤纸条吸干标本四周残余的液体。

⑥ 滴加 FITC 标记的兔抗猪抗体结合物，37 ℃温箱培养 30 min。

⑦ 同上述③、④将标本片充分浸洗。

⑧ 同上述⑤吸干标本四周残余的液体。

⑨ 滴加甘油缓冲液 1 滴，封片，置于荧光显微镜下观察。

⑩ 对照染色。

a. 标本自发荧光对照　标本加 1 或 2 滴 PBS 液。

b. 荧光抗体对照　标本只加 FITC 标记的兔抗猪抗体结合物染色。

c. 特异性对照(抑制实验)　荧光抗体染色时，标本加未标记的兔抗猪抗体之后，再加 FITC 标记的兔抗猪抗体结合物。

d. 阳性对照　已知的阳性标本加猪瘟病毒高免血清与FITC标记的兔抗猪抗体结合物。

(3) 间接染色法——检查抗体。

① 用已知的猪瘟病毒阳性组织涂片或印片，自然干燥，甲醇固定。

② 将固定好的标本片置于湿盘中，滴加经适当稀释的待检血清，37 ℃温箱培养30 min。

③ 同上述③、④、⑤将标本片充分浸洗，并吸干标本四周残余的液体。

④ 滴加FITC标记的兔抗猪抗体结合物，37 ℃温箱培养30 min。

⑤ 同上述③、④、⑤将标本片充分浸洗，并吸干标本四周残余的液体。

⑥ 滴加甘油缓冲液1滴，封片，置于荧光显微镜下观察。

⑦ 对照染色。

5. 结果判定

用荧光显微镜观察时，主要以两个指标判断结果：一个是形态学特征，另一个是荧光的亮度。在结果的判定中，必须将两者结合起来，综合判定。荧光强度的表示方法如下：

+++～++++	荧光闪亮，呈明显的亮绿色；
++	荧光明亮，呈黄绿色；
+	荧光较弱，但清楚可见；
±	极弱的可疑荧光；
—	无荧光。

在各种对照显示为±或—时，若待检标本特异性荧光染色强度达“++”以上，即可判定为阳性。

注意事项

(1) 制作标本片时应尽量保持抗原的完整性，减少形态变化，力求抗原位置保持不变。同时还必须使抗原-标记抗体复合物易于接受激发光源，以便更好地观察和记录。这就要求标本相当薄，并有适宜的固定处理方法。

(2) 细菌培养物、感染动物的组织或血液、脓汁、粪便、尿沉渣等，可用涂片或压印片。感染组织主要采用冰冻切片或低温石蜡切片，也可用生长在盖玻片上的单层细胞培养作标本。细胞培养可用胰酶消化后制成涂片。细胞或原虫悬液可直接用荧光抗体染色后，再转移至载玻片上直接观察。

(3) 对荧光素标记的抗体进行稀释时，要保证抗体有一定的浓度，一般稀释度不应超过1∶20。抗体浓度过低会导致产生的荧光过弱，影响结果的观察。

(4) 染色的温度和时间需要根据各种不同的标本及抗原而变化，染色时间可以从10 min到数小时，一般30 min已足够。染色温度多采用室温，高于37 ℃可加强染色效果，但对不耐热的抗原可采用0～2 ℃的低温，并延长染色时间。低温染色过夜较37 ℃30 min效果好得多。

实训五 酶联免疫吸附实验(ELISA)

目的要求

会进行酶联免疫吸附实验的操作,并能进行结果判定。

设备和材料

灭活猪瘟病毒抗原、辣根过氧化物酶标记的抗猪 IgG 抗体、猪瘟阳性血清、猪瘟阴性血清、待检血清、包被缓冲液、稀释液、底物缓冲液、洗涤缓冲液、TMB(四甲基联苯胺)溶液、终止液、ELISA 检测仪、96 孔酶标反应板、微量移液器、冰箱、恒温培养箱等。

操作内容

1. 包被

用包被缓冲液将灭活猪瘟病毒抗原稀释至 1～10 μg/mL,在 96 孔酶标反应板中每孔加 100 μL,于 37 ℃反应 2 h 后再冷至 4 ℃过夜。

2. 洗涤

甩去酶标反应板内的包被缓冲液,将 PBS 液加满各孔,室温静置 3 min,倾去 PBS 液,反复洗涤 3 次,吸干。

3. 封闭

每孔加入 300 μL 稀释液,置于 37 ℃温箱培养 2 h。

4. 洗涤

洗涤方法同 2。

5. 加样

将待检血清样品编号后分别用稀释液进行 1∶40 稀释,加入酶标反应板中,每孔 100 μL。同时设立阳性血清和阴性血清对照,置于 37 ℃温箱培养 1 h。

6. 洗涤

洗涤方法同 2。

7. 加酶标抗体

加辣根过氧化物酶标记的抗猪 IgG 抗体每孔 100 μL,置于 37 ℃温箱培养 1 h。

8. 洗涤

洗涤方法同 2。

9. 显色

加新配制的底物溶液每孔 100 μL,在室温下避光反应 15 min。

10. 终止反应

每孔加终止液 50 μL。

11. 测定各孔的OD值

在450 nm波长处检测各孔OD值，并打印结果。

12. 结果判定

ELISA实验结果可用肉眼观察，也可用ELISA检测仪测定样本的OD值。每次实验都需设阳性和阴性对照，肉眼观察时，如样本颜色反应超过阴性对照，即判为阳性。用ELISA检测仪来测定OD值，所用波长随底物供氢体不同而异，如以OPD(邻苯二胺)为供氢体，测定波长为492 nm，TMB为650 nm(氢氟酸终止)或450 nm(硫酸终止)。结果可用下列方法表示。

(1) 用阳性"+"与阴性"-"表示　若样本的OD值超过规定吸收值，判为阳性；否则为阴性。(规定吸收值=一组阴性样本的吸收值之均值+2或3倍SD，SD为标准差。)

(2) 以P/N值表示　样本的OD值与一组阴性样本OD值均值之比即为P/N值，若样本的P/N≥2，即判为阳性。

(3) 以终点效价(即ELISA效价，简称ET)表示　将样本做倍比稀释，测定各稀释度的OD值，高于规定吸收值(或P/N≥2)的最大稀释度(仍出现阳性反应的最大稀释度)，即为样本的ELISA效价或滴度。可以得出OD值与效价之间的关系，样本只需作一个稀释度即可推算出其效价。目前国外一些公司的ELISA试剂盒都配有相应的程序，使测定抗体效价更为简便。

(4) 定量测定　对于抗原的定量测定(如酶标抗体竞争法)，须事先用标准抗原制备一条OD值与浓度的相关标准曲线，只要测出样本的OD值，即可查出其抗原浓度。

注意事项

(1) ELISA检测多以血清为标本，采集时应无菌操作，避免溶血，避免细菌污染。

(2) 用于包被的抗原或抗体需纯化，纯化抗原和抗体是提高ELISA敏感性与特异性的关键。抗体最好用亲和层析和DEAE纤维素离子交换层析方法提纯。有些抗原含有多种杂蛋白，须用密度梯度离心等方法除去，否则易出现非特异性反应。

(3) 操作过程中加样(如加待检血清、酶结合物、底物等)，应将所加物加在各孔的底部，避免加在孔壁上部，并注意不可溅出，不可产生气泡。每次加样应更换吸嘴，以免发生交叉污染。

(4) 用温箱培养时，酶标板应放在湿盒内，但不要叠放，以保证各板的温度都能迅速平衡。湿盒应预温至规定的温度。

(5) 在ELISA的整个过程中，须进行多次洗涤，目的是防止重叠反应，避免引起非特异性吸附现象，因此洗涤必须充分。通常采用含助溶剂吐温-20(最终浓度为0.05%)的PBS做洗涤液。洗涤时，先将前次加入的溶液倒空，吸干，然后加入洗涤液3次，每次3 min，且保证洗液注满各孔。手工洗涤时要避免孔与孔之间交叉污染，洗涤后最好在干净吸水纸上轻轻拍干。

(6) 显色剂要现配现用，避免配制后放置时间过长或使用过期显色剂。在定量测定中，显色温度和时间应按规定力求准确。

第三篇

主要病原微生物

第十章

主要动物病原细菌

知识目标

• 理解葡萄球菌、链球菌、炭疽杆菌、猪丹毒杆菌、大肠杆菌、沙门菌、布氏杆菌等病原菌的生物学特性。

• 掌握大肠杆菌、沙门菌、巴氏杆菌、破伤风梭菌、魏氏梭菌等病原菌的致病性，以及临床症状产生的原因。

技能目标

• 能采取、保存和运送动物病原菌的病料。
• 会制作动物病原菌的组织涂片，并染色和镜检。
• 能分离、培养和鉴定动物病原菌。
• 会进行病原菌的药敏实验操作。
• 会分析病原菌鉴定和药敏实验结果，并根据结果提出防治方案。

第一节　葡萄球菌

葡萄球菌广泛分布于空气、饲料、饮用水、地面及物体表面等环境中。人及动物的皮肤、黏膜、呼吸道及乳腺中也有寄生。《伯吉氏系统细菌学手册》将葡萄球菌分为3种，即金黄色葡萄球菌、表皮葡萄球菌、腐生葡萄球菌。金黄色葡萄球菌为动物主要的致病菌。下面重点介绍金黄色葡萄球菌。

一、生物学特性

1. 形态及染色

金黄色葡萄球菌（图3-10-1）为球形或卵圆形，无芽孢、鞭毛，直径为0.5～1.5 μm，排列成堆，如葡萄串状，但在脓汁中或液体培养基中的球菌常呈双球或短链排列。革兰氏染色阳性。

图 3-10-1 金黄色葡萄球菌形态

2. 培养特性

本菌需氧或兼性厌氧，可在普通培养基、血琼脂培养基上生长。最适 pH 为 7.0～7.5，最适温度为 35～40℃。

在普通琼脂培养基平板上形成湿润、边缘整齐、表面光滑、隆起的有光泽不透明的圆形菌落。菌落颜色依菌株而异，初呈灰白色，继而为金黄色、白色或柠檬色。

在血琼脂培养基平板上形成的菌落较大，菌落呈金黄色，在菌落周围呈现明显的 β 溶血。

3. 生化特性

生化反应不恒定，常因菌株及培养条件而异。多数能分解乳糖、葡萄糖、麦芽糖、蔗糖，产酸而不产气。致病菌株多能分解甘露醇，还能还原硝酸盐，不产生靛基质。

4. 抵抗力

葡萄球菌的抵抗力较强。在干燥的脓汁或血液中可存活 15～20 d，80℃ 30 min 才能杀灭。对 3%～5%石炭酸、70%乙醇、1%～3%龙胆紫溶液、洗必泰、新洁尔灭等敏感。

葡萄球菌对青霉素类、四环素类、大环类酯类部分抗生素敏感，但易产生耐药性。某些菌株能产生青霉素酶，或携带抗四环素、红霉素等基因，因而这些抗生素产生耐药性。

二、致病性

金黄色葡萄球菌可产生多种毒素和酶，包括溶血毒素、肠毒素、凝固酶、溶纤维蛋白酶、杀白细胞素等，致病性强。

(1) 溶血毒素　其中 α 毒素为不耐热的蛋白质，可引起多种哺乳动物红细胞溶血，导致白细胞等崩解，并作用于平滑肌细胞的血管细胞，引致平滑肌收缩、麻痹、坏死。与 α 溶血毒素类似的还有 β、γ 及 δ 溶血毒素，人源菌株多数产生 α 溶血毒素，而从动物分离的菌株则产生 δ 溶血毒素。

(2) 肠毒素　肠毒素是结构相似的一组蛋白，能耐热抗酸。肠毒素引起人类食物中毒，刺激呕吐中枢，表现为呕吐、腹泻。除猫幼仔及幼猴外，大多数动物对此毒素有很强的抵抗力。

(3) 凝固酶　凝固酶耐热，具有抗原性，易被蛋白酶分解破坏。凝固酶有助于致病菌株抵抗宿主体内吞噬细胞和杀菌物质的作用，同时也使感染局限化。检测葡萄球菌的凝固酶是鉴别菌株的重要指标，致病株多数为凝固酶阳性，非致病株则为阴性。近年来发现少数凝固酶阴性菌株也有致病性。

在以上各种因素的共同作用下，引起动物各种化脓性疾病、败血症或脓毒败血症和人的食物中毒。表皮葡萄球菌在猪上引起仔猪渗出性皮炎。

三、微生物学诊断

不同病型采取不同的病料，如化脓性病灶取脓汁、渗出液，乳腺炎取乳汁，败血症取血液，中毒时取剩余食物、呕吐物或粪便。

(1) 染色镜检　将病料涂片、染色、镜检，如见典型的葡萄球菌可初步诊断。

(2) 分离培养　将病料划线接种于5%绵羊或兔血琼脂平板，37℃培养18～24 h，可见典型菌落。进一步鉴定还要做相应的生化实验。

(3) 动物实验　实验动物中家兔最为易感，皮下接种24 h培养物1.0 mL，可引起局部皮肤溃疡坏死；静脉接种0.1～0.5 mL，24～48 h后死亡。剖检可见浆膜出血，肾、心肌及其他脏器出现大小不等的脓肿。

食物中毒时，可将从剩余食物或呕吐物分离葡萄球菌，接种到普通肉汤中，置于30% CO_2培养箱中培养40 h，离心沉淀后取上清液，100℃加热30 min后，注入幼猫静脉或腹腔内，15 min到2 h内出现寒战、呕吐、腹泻等急性胃肠炎症状，表明有肠毒素存在。

四、防治

(1) 加强饲养管理　保持环境的干燥卫生。清除圈舍、笼具和运动场内锋利尖锐的物品，防止动物皮肤外伤。

(2) 及时处置皮肤损伤　动物出现手术伤、外伤、脐带、擦伤等，及时用乙醇、碘酊等消毒，根据伤口的大小，合理进行外科处置。

(3) 药敏实验　根据细菌药敏实验结果，选择敏感药物进行预防性给药或治疗。研究表明，对葡萄球菌敏感的药物有头孢类药物、氟苯尼考、大环内酯类(红霉素、吉他霉素)等。

(4) 外科治疗　由葡萄球菌引起的脓疮、脓肿、皮肤坏死，可行外科手术。

第二节　链球菌

链球菌种类很多，在自然界分布甚广，对人畜危害严重。根据C抗原(细胞壁中含有的一种多糖抗原)的不同，可分为A、B、C、D、E、F、G、H、K、L、M、N、O、P、Q、R、S、T、U、V共20个血清群。危害人畜的常见链球菌分类、所致疾病、天然寄生部位不一。

一、生物学特性

(1) 形态及染色　球形或卵圆形，多数呈链状排列，链的长短与菌种及生长环境有关，在液体培养基中常呈长链，在固体培养基中常呈短链。除个别D群菌外，均无鞭毛。A群的一些菌株有菌毛。A、B、C群等多数有荚膜。革兰氏染色阳性。如图3-10-2所示。

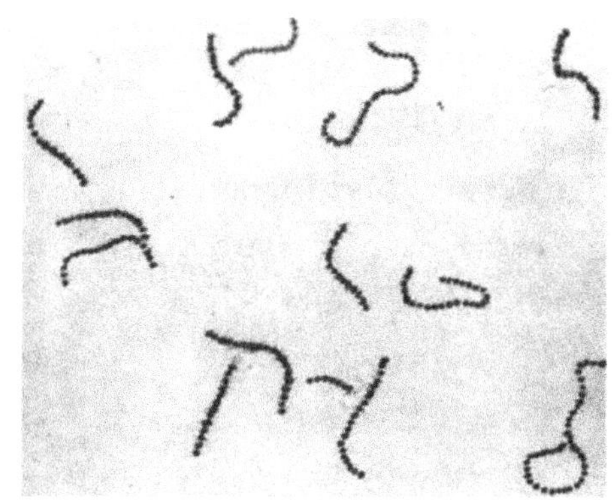

图3-10-2　链球菌革兰氏染色形态

(液体培养基涂片)

(2) 培养特性　大多数为兼性厌氧菌，少数为厌氧菌。营养要求较高。普通培养基中需加有血液、血清、葡萄糖等才能生长。最适温度为37℃，最适pH为7.4～7.6，血琼脂平板上形成灰白色、有乳光、表面光滑、边缘整齐的细小菌落，不同菌株有不同溶血现象。按照在血琼脂平板上的溶血现象，将链球菌分为α、β、γ三类。α型链球菌在菌落周围形成不透明的草绿色溶血环，红细胞不溶解，血红蛋白变成绿色，多为条件性致病菌；β型链球菌在菌落周围形成完全透明的溶血环，红细胞完全溶解，致病力强，常引起人畜多种疾病；γ型链球菌菌落周围无溶血现象，一般为非致病菌。

(3) 生化特性　能发酵简单的糖类(葡萄糖、蔗糖)，产酸不产气。一般不分解菊糖，不被胆汁或1%去氧胆酸钠溶液所溶解，不产生过氧化氢酶。

(4) 抵抗力　抵抗力不强。对热敏感，60℃ 30 min可杀死大部分链球菌。对一般消毒剂敏感，在干燥尘埃中可存活数日，对青霉素、红霉素、氯霉素类、四环素、磺胺类药物等均敏感。

二、致病性

致病性链球菌可产生各种毒素或酶，如脂磷壁酸、链激酶、链道酶、链球菌溶血素可致人及马、牛、猪、羊、犬、猫、鸡，实验动物和野生动物等多种疾病。

(1) 脂磷壁酸(LTA)　与细菌黏附于宿主细胞表面有关，大多数LTA位于细胞膜和肽聚糖之间，通过肽聚糖孔伸展至细菌细胞表面。

(2) 链激酶　链激酶又称链球菌溶纤维蛋白酶，是一种激酶，能激活血液中的血浆蛋白酶原，成为血浆蛋白酶，即可溶解血块或阻止血浆凝固，有利于细菌在组织中的扩散。链激酶耐热，100℃加热50 min仍保持活性。链激酶抗体能中和该酶的活性。

(3) 链道酶　链道酶又名脱氧核糖核酸酶，主要由 A、C、G 族链球菌产生。此酶能分解黏稠脓液中具有高度黏性的 DNA，使脓汁稀薄易于扩散。产生的相应抗体能中和该酶的活性。

(4) 链球菌溶血素　链球菌溶血素有溶解红细胞、杀死白细胞及毒害心脏的作用，主要有"O"和"S"两种。对氧敏感链球菌溶血素"O"为含—SH 基的蛋白质，对氧敏感，遇氧时—SH 基即被氧化为—SS—基，暂时失去溶血能力。若加入 0.5%亚硫酸钠和半胱氨酸等还原剂，又可恢复溶血能力。溶血素"O"能破坏白细胞和血小板。动物实验证实对心脏有急性毒害作用，使心脏骤停。抗原性强，感染后 2～3 周，85%以上动物产生抗"O"抗体，病愈后可持续数月甚至数年，可作为新近链球菌感染或可能风湿活动的辅助诊断。对氧稳定链球菌溶血素"S"是一种小分子的糖肽，无抗原性。对氧稳定，对热和酸敏感。血平板所见透明溶血是由"S"所引起，能破坏白细胞和血小板，给动物静注可迅速致死。注射小鼠腹腔，引起肾小管坏死。

(5) 致热外毒素　致热外毒素又称红疹毒素或猩红热毒素，是人类猩红热的主要致病物质，为外毒素，使病人产生红疹。该毒素是蛋白质，对热稳定，具有抗原性。该毒素可分为 A、B、C 三种不同抗原性的毒素，无交叉保护作用。该毒素还有内毒素样的致热作用，对细胞或组织有损害作用。

三、微生物学诊断

根据链球菌所致疾病的不同，可采取脓汁、乳汁、血液、组织等标本送检。

(1) 直接涂片镜检　涂片，染色，镜检，发现呈链状排列的球菌，就可以初步诊断。

(2) 分离培养与鉴定　用血琼脂平板分离培养，观察菌落、溶血等特征，并进行生理生化实验。

(3) 血清学实验　若要做病原菌的定群或定型，则要用群、型特异性血清做血清学实验。抗链球菌溶血素"O"实验(抗"O"实验)和 Dick 实验可用于人风湿热、猩红热的辅助诊断。

四、防治

(1) 应加强管理，减少应激，发现疫情采取隔离、淘汰和消毒等措施。

(2) 预防接种。我国已经研制出猪、羊的灭活和弱毒苗。

(3) 药物治疗。用药敏实验确定敏感药物。目前较有效的抗菌药为头孢噻呋、青霉素、氨苄青霉素或羟氨苄青霉素(阿莫西林)、头孢唑啉钠、恩诺沙星、氟甲砜霉素等。

第三节　炭疽杆菌

炭疽杆菌是引起人类、各种家畜和野生动物炭疽的病原，在公共卫生学上具有重要的意义。

一、生物学特性

1. 形态及染色

如图 3-10-3 所示，炭疽杆菌为革兰氏阳性粗大杆菌，无鞭毛，两端平齐、菌体相连、菌端平截呈竹节状。在普通培养基上不形成荚膜，但在 10%～20%CO_2环境中，于血液、血清琼脂或碳酸氢钠琼脂上，则能形成较明显的荚膜。在动物组织和血液中，呈单个或 2～5 个菌体相连的短链，周围形成丰厚的荚膜。动物体内炭疽杆菌在空气暴露后形成芽孢，芽孢椭圆形，位于菌体中央，芽孢囊不大于菌体。

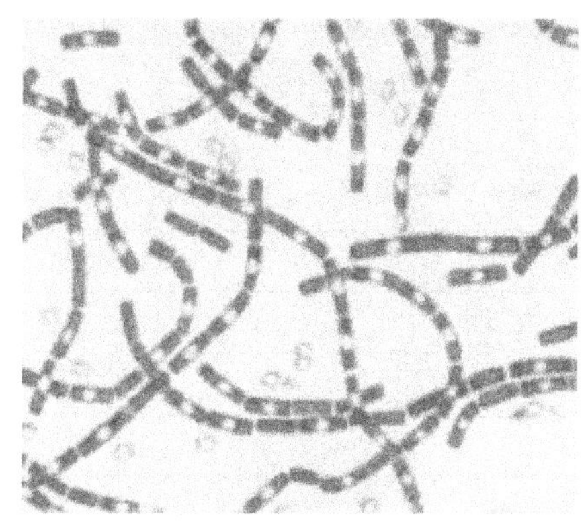

图 3-10-3 炭疽杆菌形态

2. 培养特性

本菌为兼性厌氧菌。可生长温度范围为 15～40℃，最适生长温度为 30～37℃。最适 pH 为 7.2～7.6。

营养要求不高。在普通琼脂上培养 24 h 后形成灰白色不透明、表面干燥、边缘呈卷发状的粗糙菌落；在血琼脂上一般不溶血，个别菌株可轻微溶血；普通肉汤培养基中培养 24 h 后，上部液体仍清亮透明，液面无菌膜或菌环形成，管底有白色絮状沉淀，若轻摇试管，则絮状沉淀徐徐上升，卷绕成团而不消散。在明胶穿刺培养中，细菌除沿穿刺线生长外，整个生长物呈倒立的雪松状，经培养 2～3 d 后，明胶上部逐渐液化，呈漏斗状。

在含青霉素 0.5 IU/mL 的培养基中，幼龄炭疽杆菌细胞壁的肽聚糖合成受到抑制，原生质体互相连接成串，称为“串珠反应”。若培养基中青霉素含量加至 10 IU/mL，则完全不能生长或轻微生长。这是炭疽杆菌所特有的，可与其他需氧芽孢杆菌相区别。

3. 生化特性

本菌发酵葡萄糖产酸而不产气，不发酵阿拉伯糖、木糖和甘露醇；能水解淀粉、明胶和酪蛋白。V-P 实验阳性，不产生吲哚和 H_2S，能还原硝酸盐。

4. 抵抗力

本菌繁殖体的抵抗力不强，60℃经 30～60 min 或 75℃经 5～15 min 即可杀死之。常用消毒剂均能在短时间内将其杀灭。

芽孢抵抗力特别强，在干燥状态下可长期存活，实验室干燥保存 40 年以上的炭疽芽孢仍有活力。煮沸 15～25 min、121 ℃灭菌 5～10 min 或 60 ℃干热灭菌 1 h 方可杀死。牧场一旦被污染，传染性常可保持 20～30 年。常用的消毒剂，如新配的 20%石灰乳或 20%漂白粉作用 48 h，4%高锰酸钾作用 15 min，0.04%碘液作用 10 min 即将其破坏，但有机物存在对其影响大。除此之外，过氧乙酸、环氧乙烷、次氯酸钠等都具有良好的效果。

二、致病性

炭疽杆菌的毒力主要与荚膜和毒素有关。荚膜主要是细菌侵入体内生长繁殖后形成的，利于扩散，引起感染乃至败血症。炭疽杆菌产生的毒素称为炭疽毒素。毒素由水肿因子(EF)、致死因子(LF)以及保护性抗原(PA)三种因子构成，三者单独均无毒性作用，只有 PA 与 EF 或与 LF 结合时，才能有致病作用，EF 与 LF 可与 PA 发生竞争性结合，见表 3-10-1。

表 3-10-1　炭疽毒素三种成分的协同作用

成　分	毒　素		免疫原性(豚鼠)
	皮下水肿	致死	
EF	−	−	−
PA	−	−	++
LF	−	−	−
EF + PA	++++	+	+++
EF + LF	−	−	+
PA + LF	−	++	++
EF + PA + LF	++	+++	++

本菌可引起各种家畜、野兽、人类的炭疽，牛、绵羊、鹿等易感性最强，马、骆驼、猪等次之，犬、猫等有相当的抵抗力，禽类一般不感染。本菌主要通过消化道传染，也可以经呼吸道及皮肤创伤或吸血昆虫传播。以脾脏肿大，皮下及浆膜下出血性浸润，血液凝固不良，呈煤焦油样为特征。

三、微生物学诊断

疑似炭疽杆菌的动物尸体严禁解剖。需从耳根采取血液，采取后应立即用烙铁烧烙封口。确有必要时，可在严格消毒、防止病原扩散的保护措施下，将尸体局部剖开，采脾、肝等进行检查。

1. 细菌学检查

新鲜病料涂片以碱性美蓝、瑞氏染色法或姬姆萨染色法染色镜检，如发现有荚膜的竹节状大杆菌，即可作出初步诊断。

2. 分离培养

接种于普通琼脂或血琼脂平板，经 37℃培养 16～20 h 后，观察有无典型菌落，同时涂片镜检。

对分离的可疑菌株，应与其他非致病性需氧芽孢杆菌，如枯草杆菌、蜡样杆菌等类炭疽杆菌相鉴别，鉴别要点见表 3-10-2。

表 3-10-2 炭疽杆菌与类炭疽杆菌的鉴别

鉴别要点	炭疽杆菌	类炭疽杆菌
荚膜	+	−
动力	−	−
溶血性	−	+
菌落特点	卷发状边缘大菌落	不成卷发状
肉汤中生长	上层清澈，管底絮状沉淀	均匀混浊，颗粒沉淀，有菌膜
串珠实验	+	−
Ascoli 沉淀实验	+	阴性或弱阳性
动物致病力	+	−

3. 动物实验

可将待检材料制成 1∶5 乳悬液，皮下注射小鼠或豚鼠、家兔 0.2～0.3 mL。动物常于 24～36 h（小鼠）或 2～4 d（豚鼠、家兔）死于败血症，剖检可见注射部位胶样浸润及脾脏肿大等病变。取血液、脏器涂片镜检，当发现竹节状有荚膜的大杆菌时，即可作出诊断。

4. 血清学检查

主要有 Ascoli 沉淀反应、间接血凝实验、协同凝集实验、串珠荧光抗体检查、琼脂扩散实验。

Ascoli 沉淀反应是 Ascoli 于 1902 年创立的，是用待检炭疽菌体多糖抗原与已知抗体进行的沉淀实验，适用于各种病料、皮张，甚至严重腐败污染的尸体材料。此法简便，反应清晰，故应用广泛。

四、防治

1. 预防措施

严格执行兽医卫生防疫制度。对流行地区的易感动物进行预防接种，可选用无毒炭疽芽孢苗（对山羊不宜使用）及炭疽第二号芽孢苗，接种后 14 d 产生免疫力，免疫期为 1 年。

2. 扑灭措施

一旦发生疑似病例，立即进行隔离，及时上报疫情。经权威部门确诊后，划定疫区（点），进行封锁，对健康家畜进行紧急接种。疫区进行全面彻底消毒，并焚烧死亡动物尸体或深埋。

对接触病畜的人员可采取青霉素、磺胺嘧啶或抗血清等进行治疗。

第四节　猪丹毒杆菌

本菌是猪丹毒病的病原体，又称红斑丹毒丝菌，广泛存在于自然界，可寄生于哺乳动物、禽类、昆虫和鱼类等多种动物。

一、生物学特性

(1) 形态及染色　本菌为直或稍弯曲的细杆菌，两端钝圆，大小为(0.2～0.4)μm×(0.8～2.5)μm。病料中细菌常呈单在或呈 V 形、堆状或短链排列，在白细胞中成丛排列，在老龄培养物中及慢性病心内膜疣状物中易形成弯曲长丝状。革兰氏染色阳性，无鞭毛不运动，无荚膜，不产生芽孢。

(2) 培养特性　本菌为微需氧菌或兼性厌氧菌。最适温度为 30～37℃，最适 pH 为 7.2～7.6。在普通琼脂培养基和普通肉汤中生长不良。在血琼脂平板上经 37℃ 24 h 培养可形成湿润、光滑、透明、灰白色、露珠样的小菌落，并形成狭窄的绿色溶血环(α 溶血环)。在麦康凯培养基中不生长。在肉汤中轻度混浊，不形成菌膜和菌环，有少量颗粒状沉淀，振荡后呈云雾状上升。明胶穿刺生长特殊，沿穿刺线横向四周生长，呈试管刷状，但不液化明胶。

(3) 生化特性　过氧化物酶实验、氧化酶实验、甲基红实验、V-P 实验、尿素酶和吲哚实验阴性，能产生硫化氢。在含 5%马血清或 1%蛋白胨水的糖培养基中可发酵葡萄糖、果糖和乳糖，产酸不产气，不发酵阿拉伯糖、肌醇、麦芽糖、鼠李糖和木糖等。

(4) 抵抗力　本菌对腐败和干燥的环境有较强的抵抗力。尸体内可存活几个月，干燥状态下可存活 3 周。对湿热的抵抗力较弱，70℃经 5～15 min 可完全杀死。对消毒剂抵抗力不强，1%漂白粉、0.1%升汞、5%石炭酸、5%氢氧化钠、5%福尔马林等均可在短时间内杀死本菌。对青霉素很敏感。

二、致病性

本菌经过消化道感染，进入血液，然后定植在局部或引起全身感染。由于神经氨酸酶的存在有助于菌体侵袭宿主细胞，故认为神经氨酸酶可能是毒力因子。

本菌可使 3～12 月猪发生猪丹毒，马、山羊、绵羊等引起多发性关节炎；鸡、火鸡感染后出现衰弱和下痢等症状；鸭感染后出现败血症，并侵害输卵管。小鼠和鸽子最易感，实验感染时，皮下注射 2～5 d 内呈现败血死亡。人可经创伤感染，因为症状与化脓链球菌所致的人丹毒病相似，故称为“类丹毒”。

三、微生物学诊断

(1) 镜检　取病料(血液、肝、脾、肾、淋巴结等)做涂片，染色，镜检，如果发现典型细菌，可初步确诊。

（2）分离培养　将病料接种于血琼脂平板，经 24～36 h 培养，观察有无典型菌落，取菌落涂片染色镜检是否为革兰氏阳性细小杆菌。

（3）血清学鉴定　可采用免疫荧光实验、培养凝集实验以及协同凝集实验。

四、防治

（1）平时加强饲养管理，搞好卫生防疫工作，提高猪群的抗病能力。购入猪时，先隔离观察 2～3 周，确认健康后，方可混群。

（2）防治本病的最有效的方法是定期进行预防接种。应用猪丹毒弱毒菌苗或猪丹毒氢氧化铝甲醛菌苗，在仔猪断奶后进行首次免疫，以后每年春秋两次进行预防注射。

（3）发病猪要立即进行隔离治疗，认真消毒，对粪便、垫草烧毁或堆肥发酵处理。病死猪尸体深埋或化制。急宰病猪的血液和割除的病变组织化制或深埋。没有病变的肉和内脏经高温处理后利用。

（4）首选青霉素治疗，按 40000 IU/kg 体重进行肌肉注射，每天 2 次，连用 3～4 d。也可选用四环素、金霉素或红霉素进行治疗。

第五节　大肠杆菌

大肠杆菌是动物肠道的正常菌群，一般不发病，并能合成维生素 B 和 K，产生大肠杆菌素，抑制致病性大肠杆菌生长，对机体有利。致病性大肠杆菌能使畜禽发生大肠杆菌病。

一、生物学特性

1. 形态及染色

大肠杆菌为革兰氏阴性、无芽孢的直杆菌，大小为(0.4～0.7) μm×(2～3) μm，两端钝圆，散在或成对。大多数菌株有周身鞭毛。一般有普通菌毛，少数菌株兼有性菌毛；除少数菌株外，通常无可见荚膜，但常有微荚膜。本菌对碱性染料有良好的着色性，菌体两端偶尔略深染。

2. 培养特性

本菌为需氧或兼性厌氧菌，在普通培养基上生长良好，最适生长温度为 37℃，最适 pH 为 7.2～7.4。

（1）普通营养琼脂：在普通营养琼脂上培养 18～24 h 时，形成圆形凸起、光滑、湿润、半透明、灰白色、边缘整齐或不太整齐（运动活泼的菌株）中等偏大的菌落，直径为 2～3 mm。

（2）伊红美蓝琼脂：生成紫黑色带金属光泽的菌落（图 3-10-4）。

（3）SS 琼脂：在 SS 琼脂上一般不生长或生长较差，生长者呈红色。

（4）麦康凯琼脂：形成红色菌落（图 3-10-4）。

(5) 远藤氏琼脂：产生带金属光泽的红色菌落。

3. 生化特性

本菌能发酵多种糖类，如葡萄糖、麦芽糖、甘露醇等产酸产气；大多数菌株可迅速发酵乳糖，仅极少数迟发酵或不发酵；约半数菌株不分解蔗糖。吲哚实验和甲基红实验均为阳性；V-P 实验和柠檬酸盐利用实验均为阴性；几乎不产生硫化氢，不分解尿素。

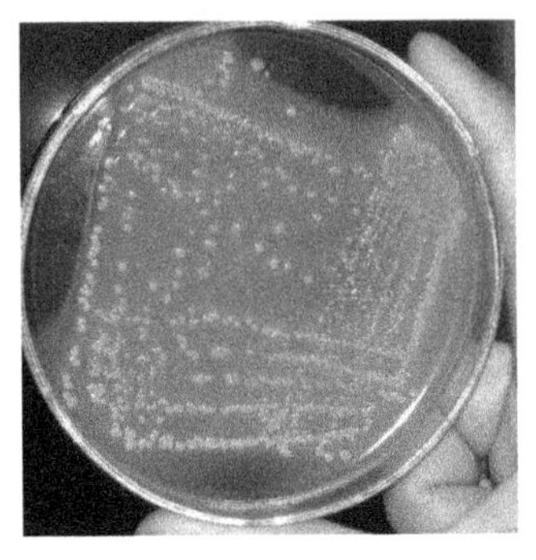

图 3-10-4　大肠杆菌培养特性

(在麦康凯培养基上形成红色菌落)

4. 抵抗力

大肠杆菌对热的抵抗力较其他肠道杆菌强，60℃加热 15 min 仍有部分细菌存活。在自然界生存力较强，土壤、水中可存活数周至数月。5%石炭酸、3%来苏儿等 5 min 内可将其杀死。对磺胺脒、链霉素、红霉素、氨基糖苷类、金霉素等敏感，但大肠杆菌耐药菌株多。

5. 抗原

大肠杆菌抗原主要有 O、K 和 H 3 种，它们是本菌血清型鉴定的物质基础。目前已确定的大肠杆苗 O 抗原有 173 种，K 抗原有 80 种，H 抗原有 56 种。大肠杆菌的血清型按 O∶K∶H 排列形式表示。如 O_{111}∶K_{58}∶H_{12}，表示该菌具有 O 抗原 111 种、K 抗原 58 种、H 抗原 12 种。

二、致病性

根据毒力因子与发病机理的不同，可将与动物疾病有关的病原性大肠杆菌分为五类：产肠毒素大肠杆菌(ETEC)、产类志贺毒素大肠杆菌(SLTEC)、肠致病性大肠杆菌(EPEC)、败血性大肠杆菌(SEPEC)及尿道致病性大肠杆菌(UPEC)。其中研究得最清楚的是前两类。

1. 产肠毒素大肠杆菌

ETEC 是一类致人和幼畜(初生仔猪、犊牛、羔羊及断奶仔猪)腹泻最常见的病原性大肠杆菌。其致病因素主要由黏附素性菌毛和肠毒素两类毒力因子构成，两者密切相关且缺一不可。

(1) 黏附素性菌毛是 ETEC 的一类特有菌毛，它能黏附于宿主的小肠上皮细胞，可避免肠蠕动和肠液的清除作用，使 ETEC 得以在肠内定居和繁殖，进而发挥致病作用。因此，黏附素虽然不是导致宿主腹泻的直接致病因子，但它是构成 ETEC 感染的首要毒力因子。目前，在动物 ETEC 中已发现的黏附素主要有 F4(K88)、F5(K99)、F6(987P)和 F41，其次为 F42 和 F17。

(2) 肠毒素是 ETEC 在体内或体外生长时产生并分泌到胞外的一种蛋白质性毒素，按它对热的耐受性不同，可分为不耐热肠毒素(LT)和耐热肠毒素(ST)两种。LT 对热敏感，65℃加热 30 min 即被灭活，作用于宿主小肠和兔回肠可引起肠液积蓄，此毒素可应用家兔肠袢实验做测定。ST 通常无免疫原性，100℃加热 30 min 不失活，对人和猪、牛、羊均有肠毒性，可引起肠腔积液而导致腹泻。

2. 产类志贺毒素大肠杆菌

SLTEC是一类在体内或体外生长时可产生类志贺毒素(SLT)的病原性大肠杆菌。引起婴、幼儿腹泻的EPEC以及引起人出血性结肠炎和溶血性尿毒综合征的肠出血性大肠杆菌都产生这类毒素。在动物中,SLTEC可致猪的水肿病,以头部、肠系膜和胃壁浆液性水肿为特征,常伴有共济失调、麻痹或惊厥等神经症状,发病率较低但致死率很高。近年来,发现SLTEC与犊牛出血性结肠炎有密切关系,在致幼兔腹泻的大肠杆菌菌株中也查到SLT。

除上述一些主要毒力因子外,与大肠杆菌致病性有关的其他毒力因子,如内毒素、具有抗吞噬作用的K抗原、溶血素、大肠菌素V、血清抵抗因子、铁载体等,在不同动物大肠杆菌病的发生中可能起到不同的致病作用。

三、微生物学诊断

可采取粪便、小肠内容物或黏膜刮取物以及相应肠段的肠系膜淋巴结,对败血症病例可无菌采取其病变内脏组织做病料。

(1) 病原分离鉴定　分别在麦康凯平板和血琼脂平板上划线分离,37℃温箱培养18～24 h。观察细菌培养特性、菌落的形成及特征,取菌落小部分并涂片染色镜检,符合大肠杆菌形态染色特性后,取菌落剩余部分纯培养,并做生化鉴定。

(2) 动物实验　取分离菌的纯培养物接种实验动物,观察实验动物的发病情况,并进一步做细菌学检查。

四、防治

(1) 加强饲养管理　产前和开奶前消毒,限饲(20%)和逐渐更换饲料(至少有一周过渡时间)。减少精料(尤其是蛋白质),增加青绿饲料或多维素。

(2) 重视免疫接种　由于血清型很多,可制作自场苗。也可选用基因工程苗,如仔猪大肠杆菌病K88、K998双价基因工程苗,仔猪大肠杆菌病K88、K998、987P三价基因工程苗等。

(3) 适当使用药物治疗　抗过敏药(可的松或地噻米松)和抗生素治疗(恩诺沙星注射液、链霉素、土霉素、氟哌酸等)。配合补液、止泻、收敛、助消化及防止脱水、酸中毒等对症疗法。对于猪水肿病,还要应用盐类泻剂及利尿药来消除水肿。

(4) 微生态制剂疗法　近年来使用活菌制剂来防治动物肠道传染病,取得了一定成效,其特点是消除了致病性大肠杆菌产生耐药性及药物残留所带来的危害,常用制剂有促菌生、非致病性大肠杆菌株(NY-10、SY-30)、益生素、EM菌、菌得康等。使用这些复合菌制剂最好在仔猪哺乳前服用;或是发病后康复期,先抑后调,用于纠正药物造成的菌群失调。注意不能与抗生素药物同时使用。

第六节　沙门菌

沙门菌是肠杆菌科沙门杆菌属的细菌，是一群寄生于人和动物肠道内的杆菌，绝大多数沙门菌对人和动物有致病性，能引起人和动物的多种不同的沙门菌病，也是人类食物中毒的主要病原之一，在医学、兽医和公共卫生学上均十分重要。

一、生物学特性

(1) 形态及染色　沙门菌的形态和染色特性与大肠杆菌相似，呈直杆状，大小为(0.7～1.5)μm ×(2.0～5.0)μm，革兰氏染色阴性。除鸡白痢沙门菌和鸡伤寒沙门菌无鞭毛不运动外，其余各菌均为周身鞭毛，能运动。大多数有普通菌毛，一般无荚膜。

(2) 培养特性　本属大多数细菌的培养特性与大肠埃希菌相似。只有鸡白痢、鸡伤寒、羊流产和甲型副伤寒等沙门菌在普通琼脂培养基上生长贫瘠，形成较小的菌落。在肠道杆菌鉴别或选择性培养基上，大多数菌株因不发酵乳糖而形成无色菌落，如远藤氏琼脂和麦康凯琼脂培养时形成无色透明或半透明的菌落；SS 琼脂上产生 H_2S 的致病性沙门菌菌株，菌落中心呈黑色。

(3) 生化特性　沙门菌不发酵乳糖和蔗糖，能发酵葡萄糖、麦芽糖和甘露醇，绝大多数沙门菌发酵糖类时产气，但伤寒和鸡伤寒沙门菌不产气。正常产气的血清型也可能有不产气的变型。V-P 实验阴性，不水解尿素，不产生靛基质，产生硫化氢。

(4) 抵抗力　本菌的抵抗力中等，与大肠杆菌相似，不同的是亚硝酸盐、煌绿等染料对本菌的抑制作用小于大肠杆菌，故常用来制备选择培养基，有利于分离粪便中的沙门菌。

(5) 抗原与变异　沙门菌具有 O、H、K 和菌毛 4 种抗原。O 和 H 抗原是其主要抗原，构成绝大部分沙门菌血清型鉴定的物质基础，其中 O 抗原又是每个菌株必有的成分。

二、致病性

本属菌均有致病性，并有极其广泛的动物宿主，是一种重要的人畜共患病。沙门菌的毒力因子有多种，其中主要的有脂多糖、肠毒素、细胞毒素及毒力基因等。本菌最常侵害幼龄动物，引发败血症、胃肠炎及其他组织局部炎症，对成年动物则往往引起散发性或局限性沙门杆菌病，发生败血症的怀孕母畜可表现流产，在一定条件下也能引起急性流行性暴发。

三、微生物学诊断

可将病料接种于鉴别培养基上，鉴别培养基常用麦康凯、伊红美蓝、SS、去氧胆盐钠-柠檬酸盐等琼脂，必要时还可用亚硫酸铋和亮绿中性红等琼脂。绝大多数沙门菌不发酵乳糖，故在这类平板上生长的菌落颜色与大肠杆菌不同。

挑取几个鉴别培养基上的可疑菌落分别纯培养，同时分别接种三糖铁琼脂和尿素琼脂，37℃培养 24 h。若反应结果均符合沙门菌，则取三糖铁琼脂的培养物或相应菌落的纯培养物做沙门菌 O 抗原群和生化特性实验进一步鉴定，必要时可做血清型分型。

四、防治

全面实行净化措施。如鸡白痢的检疫，用 2%来苏儿等喷雾消毒孵化前的种蛋，每次孵化前孵化室及所有用具等要用甲醛消毒等。

免疫预防，如用仔猪副伤寒活疫苗预防仔猪沙门菌病，其他还可以选择敏感药物进行预防和治疗。

第七节 布氏杆菌

布氏杆菌是多种动物和人布氏杆菌病的病原，危害人畜，在公共卫生学上具有重要意义。根据布氏杆菌的生物学和抗原特点，可分为 6 种，即羊布氏杆菌、牛布氏杆菌、猪布氏杆菌、犬布氏杆菌、沙林鼠布氏杆菌和绵羊布氏杆菌。

一、生物学特性

(1) 形态及染色　布氏杆菌呈球形、杆状或短杆形，新分离者趋向球形。大小为(0.5～0.7) μm×(0.6～1.5) μm，多单在，很少成双、短链或小堆状。不形成芽孢和荚膜，无鞭毛不运动。革兰氏染色阴性，姬姆萨染色呈紫色，柯兹洛夫斯基染色本菌呈红色，其他菌呈绿色。

(2) 培养特性　本属细菌为专性需氧菌，最适生长温度为 37℃，最适 pH 为 6.6～7.4。在液体培养基中呈轻微混浊生长，无菌膜。但培养日久，可形成菌环，有时形成厚的菌膜；在普通培养基中生长缓慢，加入甘油、葡萄糖、血液、血清等能刺激其生长。固体培养基上培养 2 d 后，可见到湿润、闪光、圆形、隆起、边缘整齐的针尖大小的菌落，培养日久，菌落增大到 2～3 mm，呈灰黄色；在血琼脂平板上一般不溶血。

(3) 生化特性　本菌不水解明胶，吲哚实验、甲基红实验和 V-P 实验阴性。绵羊布氏杆菌不水解或迟缓水解尿素，其余各种均可水解尿素。除绵羊布氏杆菌和一些犬布氏杆菌菌株外，均可还原硝酸盐和亚硝酸盐。可氧化许多糖类和氨基酸。

(4) 抵抗力　本菌对外界的抵抗力较强，在污染的土壤和水中可存活 1～4 个月，皮毛上可存活 2～4 个月，鲜乳中可存活 8 d，粪便中可存活 120 d，流产胎儿中至少可存活 75 d，子宫渗出物中可存活 200 d。在直射阳光下可存活 4 h。但对湿热的抵抗力不强，煮沸立即死亡。对消毒剂的抵抗力也不强，2%石炭酸、来苏儿、氢氧化钠、0.1%的升汞、0.5%新鲜石灰乳、1%～2%福尔马林都可杀死本菌。

二、致病性

本菌不产生外毒素，但有毒性较强的内毒素，此毒素是细胞壁的脂多糖成分。在不同的种别和生物型，甚至同型细菌的不同菌株之间，毒力也有相当大的差异。

光滑型的流产布氏杆菌入侵机体黏膜屏障后，被吞噬细胞吞噬成为细胞内寄生菌，并在淋巴结生长繁殖形成感染灶。一旦侵入血液，则出现菌血症。

本菌能引起人畜的布氏杆菌病，其中羊、牛、猪等动物最易感。常引起母畜流产，公畜的关节炎、睾丸炎等。不同种别的布氏杆菌虽然各有主要宿主，但也存在相当普遍的宿主转移现象。例如马尔他布氏杆菌的自然宿主是绵羊和山羊，但也可以感染牛、猪、人及其他许多动物；流产布氏杆菌的自然宿主是牛，但也可以感染骆驼、绵羊、鹿等许多动物和人。

三、微生物学诊断

布氏杆菌病常表现为慢性或隐性感染，其诊断和检疫主要依靠血清学检查及变态反应检查。细菌学检查仅用于发生流产的动物和其他特殊情况。

1. 细菌学检查

病料最好用流产胎儿的胃内容物、肺、肝和脾以及流产胎盘和羊水等。将这些病料直接涂片，做革兰氏和柯兹洛夫斯基染色镜检。若发现革兰氏染色阴性、柯兹洛夫斯基染色为红色的球状菌或短小杆菌，即可作出初步诊断。

2. 血清学检查

血清学检查主要有凝集反应、补体结合反应和全乳环状反应等，是用已知的布氏杆菌抗原，检查动物血清中有无相应抗体的原理，来诊断布氏杆菌病。

(1) 凝集反应　平板凝集反应简单易行，适合现场大群检疫。试管凝集反应可以定量，特异性较高，有助于分析病情。如在间隔 30 d 的两次测试中均为阳性结果，且第二次效价高，说明感染处于活动状态。本实验已作为国际上诊断布氏杆菌病的重要方法。

(2) 补体结合反应　家畜自然感染本菌后，通常于 7～14 d 内血液中即出现补体结合抗体 IgG，保持时间一般比较长，而且敏感性和特异性都较高，在布氏杆菌病诊断上有重要价值。

(3) 全乳环状反应　全乳环状反应是用已知的染色抗原检测牛乳中相应抗体的方法。患病奶牛的牛乳中常有凝集素，它与染色抗原凝集成块后，被小脂滴带到上层，故乳脂层为有染色的抗原-抗体结合物，下层呈白色，即为乳汁环状反应阳性。此法操作简单，适用于奶牛群的检测。

(4) 变态反应检查　皮肤变态反应一般在感染后的 20～25 d 出现，因此不宜作早期诊断。本法适于动物的大群检疫，主要用于绵羊和山羊，其次为猪。检测时，将布氏杆菌水解素 0.2 mL 注射于羊尾根皱褶部或猪耳根部皮内，24 h 及 48 h 后各观察一次。若注射部发生红肿，即判为阳性反应。此法对慢性病例的检出率较高，且注射水解素后无抗体产生，不妨碍以后的血清学检查。

凝集反应、补体结合反应出现的时间各有特点，即动物感染布氏杆菌后，首先出现凝集反应，消失较早；其次出现补体结合反应，消失较晚；最后出现变态反应，保持时间也较长。在感染初期，凝集反应常为阳性，补体结合反应或为阳性或为阴性，变态反应则为阴性。到晚期、慢性或恢复阶段，则凝集反应与补体结合反应均转为阴性，仅变态反应呈现阳性。因此有人主张，为了彻底消除各类病畜，应同时使用三种方法进行综合诊断。

四、防治

(1) 抓好饲养管理，坚持自繁自养，定期对动物进行检疫。

(2) 免疫接种。对于牛、绵羊，一般选用 19 号苗(活菌苗)，该苗对牛引起的免疫力可保持 10 年，但对山羊免疫效力有限，对猪无免疫效力；猪种布氏杆菌 2 号活菌苗(S2)，牛、羊、猪都可作口服免疫，免疫期为牛 1 年，绵羊 1.5 年，山羊、猪 1 年；羊种布氏杆菌 M5 号菌苗，主要用于牛、羊，气雾或注射免疫；羊种布氏杆菌 Rev. 1 号苗，保护时间长，但毒力强，对制苗人员、防疫人员和孕畜不安全。

第八节 破伤风梭菌

破伤风梭菌又名破伤风杆菌，是人兽共患破伤风(强直症)的病原菌。本菌存在于土壤与粪便中，也寄居在健康动物和人的肠道中，污染受伤的皮肤或黏膜，产生强烈的毒素，引起人和动物发病。

一、生物学特性

(1) 形态及染色 本菌为两端钝圆、细长、正直或略弯曲的杆菌，大小为(0.5～0.7) μm×(2.1～18.1) μm，长度变化大，多单在，有时成双，偶有短链，在湿润琼脂表面上可形成较长的丝状。大多数菌株具有鞭毛，能运动，无荚膜。动物体内外均能形成芽孢，芽孢呈圆形，位于菌体一端，横径大于菌体，呈鼓槌状或火柴状(图 3-10-5)。幼龄培养物为革兰氏阳性，但培养 24 h 以后往往出现阴性染色者。

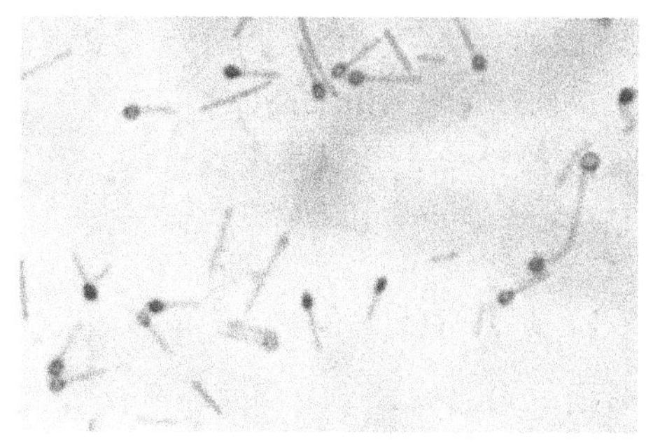

图 3-10-5 破伤风梭菌

(2) 培养特性 本菌为严格厌氧菌。最适生长温度为 37℃，最适 pH 为 7.0～7.5。营养要求不高，在普通培养基中即能生长，菌落透明，中心紧密，周围疏松，边缘呈羽毛状，

整个菌落呈小蜘蛛状。在血琼脂平板上生长，可形成直径为 4～6 mm 的菌落，菌落扁平、半透明、灰色，表面粗糙无光泽，边缘不规则，常伴有狭窄的 β 溶血环。在厌氧肉肝汤中生长稍微混浊，有细颗粒状沉淀，有咸臭味，培养 48 h 后，在 30～38℃下形成芽孢，温度超过 42℃时芽孢形成减少或停止。20%胆汁或 6.5%NaCl 可抑制其生长。

(3) 生化特性　本菌不发酵糖类，只轻微分解葡萄糖，不分解尿素，能液化明胶，产生硫化氢，形成靛基质，不能还原硝酸盐。V-P 实验和甲基红实验均为阴性。

(4) 抵抗力　本菌繁殖体抵抗力不强，但其芽孢的抵抗力极强。芽孢在土壤中可存活数十年，湿热 80℃ 6 h、90℃ 2～3 h、105℃ 25 min 或 120℃ 20 min 可杀死，煮沸 10～90 min 致死。干热 150℃ 1 h 以上致死芽孢，5%石炭酸、0.1%升汞作用 15 h 杀死芽孢。

二、致病性

由于本菌严格厌氧，因此厌氧环境是引发本病的必需条件，创伤内组织坏死或其他厌氧菌的混合感染有利于厌氧的形成。本菌芽孢借助土壤、污染物通过适宜的皮肤黏膜和伤口（自然外伤、分娩损伤或断脐、去势、断尾及其他外科手术等的人工伤口）侵入机体，即可在其中发育繁殖，产生外毒素。

(1) 痉挛毒素　痉挛毒素为神经毒素，不耐热，加热 65℃ 5 min 灭活，其毒力仅次于肉毒梭菌毒素，可引起强直症状，脱毒成类毒素可刺激产生保护性抗体。

(2) 溶血性毒素　溶血性毒素不耐热，对氧敏感，与其他不耐氧的溶血素，包括魏氏梭菌的θ毒素、水肿梭菌的δ毒素和化脓性链球菌溶血毒素（链球菌溶血素“O”），在抗原上有相关性。引起马、兔溶血。

(3) 非痉挛毒素　非痉挛毒素对神经末稍有麻痹作用，其他毒性尚不清楚。

各种动物对破伤风毒素的感受性以马最易感，猪、牛、羊和犬次之，人很敏感。破伤风毒素主要引起肌肉强直性收缩和痉挛。

三、微生物学诊断

通常根据破伤风特征性的临床症状即可作出诊断。微生物学诊断可采取创伤部位的分泌物或坏死组织进行细菌学检查和动物实验。

(1) 分离鉴定　采取动物创伤感染处病料，接种于厌氧肉肝汤，37℃培养 5～7 d 后分离。取上述肉肝汤培养物，在 65℃水浴中加热 30 min，杀死无芽孢细菌，然后接种于血液琼脂平板，只接半面，厌氧培养 2～3 d，用放大镜观察，可见丝状生长并覆盖在培养基的表面。从生长区的边缘移植，即可获得破伤风梭菌纯培养。然后将纯培养物进行染色镜检，生化鉴定。

(2) 动物实验　用小鼠两只，一只皮下注射破伤风抗毒素（1500 IU/mL）0.5 mL，另一只不注射，于 1 h 后分别于后腿肌肉注射含 2.5%CaO 的分离菌培养物上清液 0.25 mL，几天后，未注射抗毒素的小鼠出现破伤风症状，即从注射的后腿僵直逐渐发展到尾巴僵直，最后出现全身肌肉伸展、脊柱向侧面弯曲，前腿麻痹，最终死亡，注射破伤风抗毒素的小鼠不发病。

四、防治

(1) 动物受伤后,及时消毒处理,防止感染。若受伤面积大,在动物做大手术之前,进行破伤风抗毒素预防注射。

(2) 发病时的治疗措施:病初,以中和体内毒素为主,即用破伤风抗毒素中和痉挛毒素;中期,以镇静、解痉为主,同时强心补液,维护心功能,防止并发症;后期,加强护理,促进早日恢复。

第九节 魏氏梭菌

魏氏梭菌又名产气荚膜梭菌或产气荚膜菌,在自然界分布极广,可见于土壤、污水、饲料、食物、粪便以及人畜肠道中。在一定条件下,本菌也可以引起多种严重疾病。

一、生物学特性

1. 形态及染色

魏氏梭菌菌体为粗而短、两端钝圆的直杆状,大小为(0.6～2.4)μm×(1.3～19.0)μm,单个或成双排列,很少出现短链状,革兰氏染色阳性。无鞭毛,不运动。多数菌株可形成荚膜。一般条件下,少见形成芽孢。芽孢大,呈卵圆形,位于菌体中央或近端,使菌体膨胀。

2. 培养特性

本菌对厌氧程度要求不严,在低浓度游离氧条件下也能生长,对营养要求不苛刻,在普通培养基上可迅速生长,若加葡萄糖、血液,则生长得更好。多数菌株的可生长温度范围为20～50℃,其中A、D和E型菌株的最适生长温度为45 ℃,B和C型为37～45 ℃。本菌生长非常迅速,在适宜的条件下增代的时间仅为8 min。据此特征,可用高温迅速培养法进行分离,即在45 ℃下每培养3～4 h传代一次,较易获得纯培养。

在绵羊血琼脂平板上,可形成直径2～5 mm的圆形、边缘整齐、灰色至灰黄色、表面光滑半透明、圆顶状的菌落,偶尔出现裂叶状边缘的粗糙菌落及丝状边缘的不规则扁平菌落等。菌落周围有溶血环。在兔、绵羊、牛、马、成人血琼脂平板上,大多数菌株可产生由不同毒素引起的双环溶血。

在PYG(含蛋白胨、酵母浸膏及葡萄糖各1%的肉汤)中培养呈均匀混浊,或有黏稠沉淀物;在PYG琼脂中深层培养可产生大量气体;在厌氧肉汤中,培养5～6 h即呈均匀混浊,并产生大量气体。

在牛乳培养基上发生暴烈发酵。菌株接种培养8～10 h后,发酵牛乳中的乳糖,使牛乳酸凝,同时产生大量气体使凝块破裂成多孔海绵状,严重时被冲成数段,甚至喷出管外。

3. 生化特性

本菌分解糖的作用极强,能分解葡萄糖、果糖、麦芽糖、乳糖、淀粉等,产酸产气。

4. 抵抗力

本菌在含糖的厌氧肉肝汤中，因产酸于几周内即可死亡，而在无糖厌氧肉肝汤中能生存数月。芽孢在90℃经30 min或100℃经5 min死亡，而食物中毒型菌株的芽孢可耐煮沸1～3 h。

二、致病性

本菌致病作用主要在于它所产生的毒素，迄今发现该毒能产生12种外毒素，其中α、β、ε和τ为主要的致死毒素。A型菌主要引起人气性坏疽和食物中毒，也可引起动物的气性坏疽，还可引起牛、羊、野山羊、驯鹿、仔猪、家兔等的肠毒血症或坏死性肠炎；B型菌主要引起羔羊痢疾，还可引起驹、犊牛、羔羊、绵羊和山羊的肠毒血症和坏死性肠炎；C型菌主要是羊猝狙的病原，也能引起羔羊、犊牛、仔猪、绵羊的肠毒血症和坏死性肠炎以及人的坏死性肠炎；D型菌可引起羔羊、绵羊、山羊、牛以及灰鼠的肠毒血症；E型菌可引起犊牛、羔羊肠毒血症，但很少发生。

三、微生物学诊断

(1) 细菌检查　本菌A型所致气性坏疽及引起人食物中毒的微生物学诊断主要依靠细菌分离鉴定。其余各型所致的各种疾病均系细菌在肠道内产生毒素所致，细菌本身不一定侵入机体；同时，正常人畜肠道中也有此菌存在，在非本菌致死的动物也很容易于死亡后被细菌侵染。因此，从病料中检出该菌，并不能说明它就是病原。所以细菌学检查只有当分离到毒力强大的细菌时，才具有一定的参考意义。鉴定本菌的要点如下：厌氧生长，菌落整齐，生长快，革兰氏阳性粗杆菌，不运动，有双层溶血环，引起牛奶暴烈发酵，胸肌注射隔夜死亡。胸肌涂片可见有荚膜的菌体。

(2) 毒素检查　肠内容物毒素检查是有效的微生物诊断方法。具体方法是取回肠内容物（如采取量不够，可采空肠后段或结肠前段内容物），加适量灭菌生理盐水稀释，经离心沉淀后去上清液，分成两份，一份不加热，一份加热（60℃ 30 min），分别静脉注射家兔（1～3 mL）或小鼠（0.1～0.3 mL）。如有毒素存在，不加热组动物常于数分钟至十几小时内死亡，加热组动物不死亡。

四、防治

平时加强饲养管理，搞好环境卫生，少喂高蛋白饲料。一旦发现患病动物，应立即隔离或淘汰。及时进行免疫接种。

治疗时，可内服土霉素、四环素或氯霉素类，均有一定的疗效。另外，用高免血清治疗本病，效果也较好。

第十节 肉毒梭菌

肉毒梭菌最初于1896年由比利时学者 Van Ermengem 从腊肠中发现，所以又称为腊肠杆菌。本菌是一种腐生性细菌，广泛分布于土壤、海洋和湖泊的沉淀物及哺乳动物、鸟类、鱼的肠道、饲料以及食品中。肉毒梭菌不能在活的机体内生长繁殖，在有适当营养、厌氧环境中，可生长繁殖产生肉毒毒素，人畜食入含有此毒素的食品、饲料或其他物品时，即可发生肉毒中毒症。

一、生物学特性

(1) 形态及染色　本菌是梭菌属中最大的杆菌之一，多为粗大杆菌，大小为(4～6) μm×(0.9～1.2)μm，两端钝圆，多散在，偶见成对或短链排列；无荚膜，有4～8根周身鞭毛，运动力弱；芽孢卵圆形，位于菌体近端，大于菌体直径，呈匙状或网球拍状。革兰氏染色阳性。

(2) 培养特性　本菌专性厌氧。对温度要求因菌株不同而异，一般最适生长温度为30～37 ℃，多数菌株能在25℃和45℃生长。产毒素的菌株最适温度为25～30℃，最适pH为7.8 ～8.2。6.5%NaCl、20%胆汁、pH为8.5均抑制其生长。营养要求不高，在普通培养基中均能生长。在血琼脂平板上，可形成直径为1～6 mm的圆形到扇形、裂叶状或根状边缘不规则菌落，扁平或隆起，透明或半透明，灰色至灰白色，常带有斑状或花叶状的中心结构，呈β溶血。在PYG培养基中呈混浊生长，具有均匀的白色沉淀或絮状沉淀。

(3) 生化特性　本菌发酵葡萄糖、麦芽糖，不发酵乳糖，不形成靛基质和卵磷脂，不还原硝酸盐，不分解尿素。甲基红实验、V-P实验阴性，但生化反应变化很大，即使同一型的各菌株之间也不完全一致。

(4) 抵抗力　肉毒梭菌繁殖体抵抗力中等，80℃ 30 min或100℃ 10 min能将其杀死。但芽孢抵抗力极强，不同型菌的芽孢抵抗力不同。多数菌株的芽孢，在湿热100℃ 5～7 h、高压105℃ 100 min或120℃ 2～20 min、干热180℃ 15 min可被杀死，E型菌几分钟被杀死。本菌毒素的抵抗力也较强，尤其对酸不敏感，在pH 3～6范围内其毒性不减弱，但对碱敏感，在pH 8.5以上时即被破坏。此外，0.1%高锰酸钾，加热80℃ 30 min或100℃ 10 min，均能破坏毒素。

(5) 抗原与变异　根据毒素抗原性的差异，可将其均分为A、B、C(C_α、C_β)、D、E、F、G 7个型，用各型毒素(或类毒素)免疫动物，只能获得中和相应型毒素的特异性抗毒素。各型菌虽产生本型特异性毒素，但型间存在交叉现象，如C_α型菌除产生C_α型毒素外，还可产生少量的C_β和D型毒素。

二、致病性

在自然情况下，A、B型毒素引起马、牛、水貂等动物饲料中毒和鸡软颈病。C型毒素为各种禽类、马、牛、羊以及水貂肉毒中毒的主要原因，D型毒素是南非和澳大利亚牛、绵羊肉毒中毒的病因，A、B、E和F型毒素引起人的食物中毒。

肉毒毒素对小鼠、大鼠、豚鼠、家兔、犬、猴等实验动物以及鸡、鸽等禽类都敏感，但易感程度在各种动物种属间、在毒素型别之间都有或大或小的差异。

三、微生物学诊断

本菌本身无致病力，主要检查其毒素。

1. 肉毒毒素检测

被检物若为液体材料，可直接离心沉淀，取上清液，分为两份，其中一份按1/10量加入10%胰酶液混匀，于37℃作用60 min，然后进行检测。取上述两种毒素液，分别腹腔注射小鼠2只，每只0.5 mL，观察4 d。若有毒素存在，小鼠多在注射后24 h内发病、死亡。主要表现为竖毛，四肢瘫痪，呼吸呈风箱式，腰部凹陷（如蜂腰），最终死于呼吸麻痹。

另外，还可以用毒素中和实验和间接血凝实验检测肉毒毒素。

2. 细菌分离鉴定

利用本菌芽孢耐热性强的特性，接种检验材料于庖肉培养基，于80℃加热30 min，30℃增菌培养5～10 d，再移植于血琼脂和乳糖牛奶卵黄琼脂平板，35℃厌氧培养48 h。然后挑选可疑菌落，涂片染色镜检并接种庖肉培养基，30℃培养5 d，进行毒素检测及培养特性检查，以确定分离菌的型别。

四、防治

(1) 注意随时清除腐败尸体、患病动物粪便，霉败腐烂饲料、蔬菜等不可饲喂动物。在缺磷地区，应于饲料中添补磷、钙。

(2) 在本病常发地区，可用同型类毒素或明矾菌苗进行预防接种。

(3) 早期使用多价抗毒血清，在摄入毒素后12 h内有中和毒素的作用。对大家畜可用大量盐类泻剂，或进行洗胃和灌肠，以促进毒素的排出。

(4) 肉毒中毒是人类的一种重要的食物中毒性疾病。为了防止本病的发生，对各种肉类制品、罐头食品、发酵食品等，要严格贯彻各类食品加工和保管的公共卫生法规。

第十一节　多杀性巴氏杆菌

多杀性巴氏杆菌是引起多种畜禽巴氏杆菌病的病原体。本菌广泛分布于世界各地，正常存在于多种健康动物的口腔和咽部黏膜，当动物处于应激状态，机体抵抗力低下时，细菌侵入体内，大量繁殖并致病，发生内源性传染。在同种或不同动物间可相互传染，蜱和蚤被认为是自然传播的媒介昆虫。

一、生物学特性

(1) 形态及染色　多杀性巴氏杆菌在病变组织中通常为球杆状或短杆状。菌体两端钝圆，大小为(0.2～0.4)μm×(0.5～2.5)μm。单个存在，有时成双排列。病料涂片用瑞氏染色或美蓝染色时，可见典型的两极着色(菌体两端染色深，中间浅)，无鞭毛，不形成芽孢。新分离的强毒菌株有荚膜。革兰氏染色阴性。

(2) 培养特性　本菌为需氧或兼性厌氧菌。最适培养温度为37℃，最适pH为7.2～7.4。对营养要求较严格。在普通培养基上生长贫瘠，在麦康凯培养基上不生长，在加有血液、血清或微量高铁血红素的培养基中生长良好，可用血琼脂平板和麦康凯平板同时分离。在血琼脂平板上培养24 h后，形成灰白色、圆形、湿润、露珠状菌落，不溶血。在血清肉汤中培养，开始轻度混浊，4～6 d后液体变清亮，管底出现黏稠沉淀，振摇后不分散，表面形成菌环。

(3) 生化特性　本菌可分解葡萄糖、果糖、蔗糖、甘露糖和半乳糖，产酸不产气，大多数菌株可发酵甘露醇、山梨醇和木糖。一般对乳糖、鼠李糖、肌醇、菊糖不发酵。可形成靛基质，不液化明胶，产生硫化氢和氨。

(4) 抵抗力　本菌抵抗力不强。在无菌蒸馏水和生理盐水中很快死亡。在阳光中暴晒1 min、在56℃15 min或60℃10 min可被杀死；在干燥空气中2～3 d可死亡；3%石炭酸、3%福尔马林、10%石灰乳、2%来苏儿，0.5%～1%氢氧化钠等，5 min可杀死本菌。对链霉素、磺胺类及许多新的抗菌药物敏感。

(5) 抗原与血清型　本菌的抗原结构复杂，主要有荚膜抗原和菌体抗原。根据荚膜抗原和菌体抗原区分血清型，前者有6个型，后者有16个型。我国分离的禽多杀性巴氏杆菌以5：A为多，其次为8：A。猪的以5：A和6：B为主，8：A与2：D其次；羊的以6：B为多；家兔的以7：A为主，其次是5：A。C型菌是犬、猫的正常栖居菌，F型主要发现于火鸡，致病作用均不清楚。

二、致病性

本菌是多种动物的重要病原菌，导致鸡、鸭、鹅、野禽发生禽霍乱，猪发生猪肺疫，牛、羊、马、兔等发生出血性败血症。

本菌根据菌落表面有无荧光及荧光的色彩，可分为三型，即蓝色荧光型(Fg)、橘红色荧光型(Fo)和无荧光型(Nf)。Fg型菌对猪等畜类有强大毒力，对禽类的毒力较弱；Fo型菌对禽类有强大毒力，对畜类的毒力较弱；Nf型菌对畜禽的毒力都很弱。在一定条件下，Fg和Fo可以发生相互转变。

三、微生物学诊断

(1) 显微镜检查　采取渗出液、心血、肝、脾、淋巴结、骨髓等新鲜病料涂片或触片，以碱性美蓝液或瑞氏染色液染色，显微镜检查，如发现典型的两极着色的短杆菌，可作初步诊断。

(2) 分离培养　最好用麦康凯琼脂平板和血琼脂平板同时进行分离培养。麦康凯培养

基上不生长。在血琼脂上生长良好，菌落不溶血。必要时可进一步做生化实验进行鉴定。

(3) 动物实验　用病料研磨制成悬液，或用分离培养菌皮下注射小鼠、家兔或鸽，动物多在 24～48 h 内死亡。

(4) 血清学实验　可用抗血清或单克隆抗体进行血清学实验，以鉴定菌体抗原和荚膜抗原。检测动物血清中的抗体，可采用试管凝集、间接凝集、琼脂扩散实验或 ELISA 等方法。

四、防治

(1) 平时应注意饲养管理，避免拥挤和受寒，消除可能降低机体抗病力的因素，圈舍、围栏要定期消毒。

(2) 定期进行预防接种。我国已有用于猪、牛、羊、家禽、兔和貂的疫苗。多杀性巴氏杆菌有多种血清群，各血清群之间不能产生完全的交叉保护，因此，应针对当地常见的血清群选用来自同种动物的相同血清群菌株制成的疫苗进行预防接种。

(3) 发生本病时，应将病动物隔离，严格消毒。同群的假定健康动物，可用高免血清进行紧急预防注射，隔离观察 1 周后，如无新病例出现，再注射疫苗。

青霉素、链霉素、四环素族抗生素或磺胺类药物也有一定疗效。如将抗生素和高免血清联用，则疗效更佳。鸡对链霉素敏感，用药时应慎重，以避免中毒。

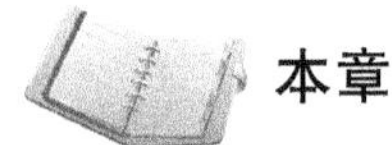

本章小结

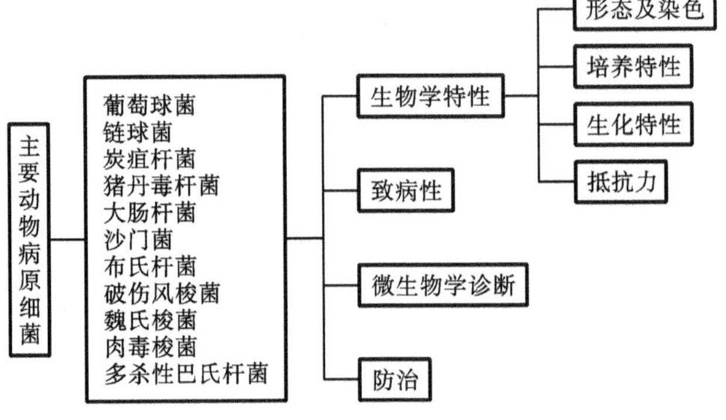

复习思考题

1. 试述葡萄球菌的微生物学诊断要点。
2. 请比较大肠杆菌与沙门菌的培养特性与生化特性。
3. 试述布氏杆菌的染色特点，如何进行微生物学诊断？
4. 试述肉毒梭菌的培养特点，如何进行肉毒梭菌毒素的检测？
5. 简述大肠杆菌的抗原分类及致病性。

第十一章

主要动物病毒

知识目标

• 理解口蹄疫病毒、狂犬病病毒、伪狂犬病病毒、猪瘟病毒、猪繁殖与呼吸道综合征病毒、猪圆环病毒等病毒的生物学特性。

• 掌握小鹅瘟病毒、细小病毒、新城疫病毒、马立克病毒、鸡传染性法氏囊病病毒、犬瘟热病毒、流感病毒等病原菌的致病性,说明临床症状产生的原因。

技能目标

• 能采取、保存和运送病毒性病料。

• 会操作血凝实验、琼脂扩散实验、中和实验、ELISA 等血清学实验,进行病毒性疾病监测与诊断。

• 会根据诊断结果进行病毒性疾病的防治。

第一节　口蹄疫病毒

口蹄疫病毒(foot-and-mouth disease virus,FMDV)是牛、猪、羊等偶蹄兽口蹄疫病的病原体,人类偶能感染。本病流行广,传播迅速,能给畜牧生产带来巨大损失,是国际重点检疫传染病。

一、生物学特性

1. 形态及理化特性

口蹄疫病毒是微 RNA 病毒科口蹄疫病毒属病毒。病毒粒子呈二十面体对称,直径为 20～25 nm,无囊膜。衣壳由 32 个短而中空的圆柱状颗粒组成,病毒颗粒的中心区域密度较低。该病毒在细胞浆内增殖,在细胞浆内常呈晶格状排列。衣壳蛋白由四种多肽构成，分别为 VP1、VP2、VP3、VP4。其中 VP1 为保护性抗原，能刺激机体产生保护性抗体。

2. 抗原性及血清型

完整病毒和75S 空衣壳具有良好抗原性，能刺激机体产生中和抗体，并具有型的特异性。12S 蛋白亚单位和 VP4 抗原在补体结合反应中具有交叉反应现象。

口蹄疫病毒有 7 个血清型，即 A、O、C、SAT1、SAT2、SAT3 及亚洲 I 型。各型之间有较大的抗原性差异，相互间无交叉免疫。口蹄疫病毒有较大的变异性，病毒在保存和流行过程中经常发生变异，在亚洲的变异更为频繁。现在已发现的病毒亚型有 65 种之多。

3. 培养特性

口蹄疫病毒能在牛皮肤、肌肉、肺、甲状腺细胞上生长，也可在牛、羊、猪、豚鼠肾细胞上生长，引起细胞病变和形成空斑。口蹄疫病毒不宜在鸡胚上生长，只有通过牛与鸡胚反复交替的适应毒株才能在鸡胚上生长。

4. 抵抗力

口蹄疫病毒对乙醚、0.1%升汞、3%来苏儿、1%石炭酸、70%乙醇不敏感，抗干燥能力较强。对酸敏感，在 pH 为 3.0 时，病毒瞬间灭活，3%～5%的乙酸具有很强的杀病毒作用。口蹄疫病毒对碱也敏感，常用 2%～3%的氢氧化钠溶液、4%的碳酸钠溶液来消毒。口蹄疫病毒对高温十分敏感，经巴氏消毒即失去感染能力，病毒 65℃ 15 min、70℃ 10 min 或 80℃ 1 min 被灭活。低温下病毒较为稳定，在 4℃可保持毒力 360～370 d，－20℃或液氮中可长期保毒。

二、致病性

在自然条件下，口蹄疫病毒主要感染偶蹄兽，发生以口腔及蹄部的皮肤发生水疱为特征的病变。其中黄牛和奶牛最易感，水牛和牦牛次之；猪也较易感，羊和骆驼次之；野生偶蹄兽也可感染。人多为亚临床感染，重症者可出现发热及口、手、脚等部位皮肤发生水疱疹病变。

实验动物中豚鼠最易感，感染后死亡率不高，常用于病毒的定型实验。乳鼠对该病毒的易感性很高，病毒皮下接种 7～10 日龄的乳鼠，数日后乳鼠出现后肢痉挛性麻痹，最后死亡。

三、微生物学诊断

(1) 动物接种实验　取病畜的水疱液及经研磨处理的水疱皮，加双抗处理后接种于牛和豚鼠，牛舌面划痕接种，豚鼠趾部划痕接种，若 2～4 d 出现水疱病变，可初步诊断。猪源口蹄疫对牛和豚鼠不致病。常用 7～10 日龄乳鼠做接种实验，接种后 1～10 d 死亡。

(2) 血清学定型实验　常用的有交叉中和实验、反向间接血凝实验、琼脂扩散实验、对流免疫电泳、ELISA 实验、金标记免疫实验等。目前较为常用的方法有反向间接血凝实验和商品化及标准化的 ELISA 试剂盒诊断。

四、防治

1. 平时的预防措施

(1) 慎重引种，严格检疫，并进行隔离观察后合群。

(2) 使用口蹄疫疫苗定期进行预防接种。

2. 发生口蹄疫时的扑灭措施

(1) 上报疫情。

(2) 划定疫区，严格封锁。

(3) 采取捕灭措施。

(4) 疫点内最后一头病畜消灭之后，3 个月内不出现新病例时可解除封锁。

(5) 进行全面彻底消毒。粪便堆积发酵处理；畜舍、场地和用具以 1%～2%烧碱液、10%石灰乳或 1%～2%福尔马林喷洒消毒；毛、皮张用环氧乙烷、溴化甲烷或甲醛气体消毒；肉品以 2%乳酸或自然熟化产酸处理。

第二节 狂犬病病毒

狂犬病病毒(rabies virus)主要侵害人及多种温血脊椎动物，本病毒对大多数动物是致命的，动物感染后幸存者甚微。因此，对狂犬病病毒的研究具有重要的公共卫生学意义。

一、生物学特性

(1) 形状及理化特性　狂犬病病毒(图 3-11-1)为单股 RNA 病毒，属于弹状病毒科，狂犬病病毒属。病毒颗粒呈子弹形，长 140～180 nm，直径为 75～80 nm。表面有许多突起，排列整齐，于负染色标本中表现为六边形蜂房形结构，每个突起长 6～7 nm，由糖蛋白组成，为血凝素。狂犬病毒含有一种糖蛋白(GP)、一种核蛋白(NP)和两种膜蛋白(M1 和 M2)等。

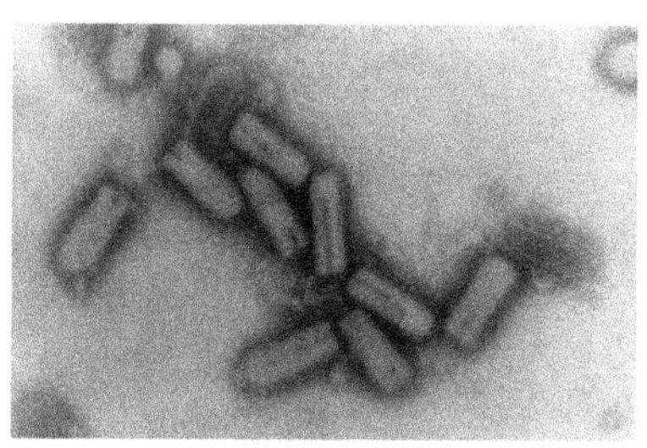

图 3-11-1　狂犬病病毒电镜图

(2) 抗原性及血清型　在自然条件下，能对狗、人、猫等感染的病毒称为街毒。街毒对人、家畜及某些野生动物的毒力很强，对家兔毒力较弱。把街毒接种于家兔脑内，连续

传代后，对家兔的毒力逐渐增强，而且毒力稳定，称为固定毒。固定毒的弱毒特性和免疫原性已被充分肯定，通过动物实验，证明由街毒变异为固定毒的过程是不可逆的。根据血清学和抗原关系，可将狂犬病病毒分为四个血清型，即血清型Ⅰ、Ⅱ、Ⅲ、Ⅳ。

(3) 培养特性　狂犬病病毒能在鸡胚、小白鼠、仓鼠、兔、犬及人的原代或传代细胞上生长。幼仓鼠肾细胞(BHK21)及人双倍体细胞(W1-26 株)最适于本病毒的生长，这两种细胞几乎100%被感染，产生明显的细胞病变。BHK21 在接种后 6～7 d，可获得高效价的病毒。鸡胚成纤维细胞对本病毒具有高度易感性。将感染动物大脑、小脑，特别是海马角制成乳剂，接种于 10～15 日龄鸡胚卵黄囊、绒毛尿囊或脑内，通常 3～4 d 或更长时间死亡，鸡胚脑组织或绒毛尿囊膜上发现嗜酸性颗粒及内基氏小体。病毒在幼仓鼠肾传代细胞增殖，可以产生血凝作用，在低温(0～4℃)，pH 为 6.2 时能凝集鹅(或 1 日龄雏鸡)的红细胞，血凝效价与狂犬病病毒引起空斑能力呈正相关关系，血凝现象可被蛋白水解酶所破坏。

(4) 抵抗力　狂犬病病毒能抵抗自溶及腐烂，在自溶脑组织中可保持活力 7～10 d，病毒在低温下保存时间较长，在 4℃可存活几周，在 50%甘油盐水中、4℃以下可保存几个月。真空冷冻干燥放置时，4℃可保存 3～5 年，室温可保存数天。56℃ 30 min 可使病毒灭活。紫外线照射、蛋白水解酶、酸性溶液中，胆盐、0.1%重碳酸盐溶液、2%乙醚及热等环境中都能迅速降低其传染性，0.1%升汞、1%福尔马林、1%来苏儿、0.25%高锰酸钾溶液均能灭活病毒。

二、致病性

狂犬病病毒对神经系统有强大的亲和力，病毒进入人体后，主要沿神经系统传播和扩散，先在伤口的骨骼肌和神经中繁殖，此期可长可短，最短为 72 h，最长可达数周、数月，甚至更长。病毒在局部少量繁殖后即侵入神经末梢，沿周围神经以每小时 3 mm 的速度向中枢神经推进，到达脊髓后即大量繁殖，24 h 后遍布整个神经系统。以后病毒又沿周围神经向末梢传播，最后到达许多组织器官，如唾液腺、味蕾、角膜、肌肉、皮肤等。

病毒在中枢神经中主要侵犯迷走神经核、舌咽神经核和舌下神经核等。这些神经核主要支配吞咽肌和呼吸肌，受到狂犬病病毒侵入后，就处于高度兴奋状态，当饮水时，听到流水声，受到声音、吹风和亮光等刺激时，即可使吞咽肌和呼吸肌发生痉挛，引起吞咽和呼吸困难。临床表现为高度兴奋，大量流涎、举止异常、恐水、磨牙、乱咬，有时主动攻击动物，继而麻痹死亡。

三、微生物学鉴定

可以根据有无被患狂犬病动物咬伤史及临床症状作出初步诊断，确诊则需实验室检查。实验室检查可采用以下几种方法。

(1) 包含体检查　取病动物脑组织(大脑、小脑中的海马角部位)做组织切片，用塞勒(Seller)染色，内基氏小体为鲜红色，位于细胞浆，形状为圆形、卵圆形、梭形，大小为 0.24～0.27 μm，间质呈粉红色，血细胞呈橘红色。

(2) 动物实验　如被检动物脑组织切片未查到内基氏小体，可进行动物感染实验。

将被检材料(脑组织或唾液等)接种乳鼠(可选用5～7日龄乳鼠)脑内,每只接种被检材料乳剂0.03 mL,接种后观察21 d,前5 d死亡者淘汰。5 d后发病,出现毛松、后肢失去平衡、麻痹、虚脱等症状而死,取脑部做组织切片查包含体。为了准确,可设标准抗血清做中和实验对照组。

(3) 荧光抗体检查　用固定毒免疫兔、豚鼠制备抗体,做荧光标记抗体,将被检材料染色后观察细胞内荧光。

四、防治

1. 控制和消灭传染源

野生动物是狂犬病的自然宿主,对其唯一可行的防治原则是减少已证实的媒介动物的群体数量,并避免这些动物与犬、猫和人接触。犬是人类狂犬病的主要传染源,其次是猫,对家犬和猫进行大规模的免疫接种和消灭野犬、野猫,是预防人类狂犬病最有效的措施。

2. 被犬、猫等动物咬伤后防止发病的措施

(1) 妥善处理伤口以清除含有狂犬病病毒的唾液是关键性步骤,伤口处理越早越好,反复冲洗。先用大量肥皂水或0.1%新洁尔灭和清水冲洗,再局部用75%乙醇或2%～3%碘酊消毒。

(2) 个人免疫接种:咬伤严重时,需要注射免疫血清,接种狂犬病疫苗。

(3) 对咬人动物的处理:已出现典型症状的,扑杀,焚烧或深埋;可疑动物,捕获隔离观察10 d;死亡者,观察脑组织的内基氏小体。

3. 免疫接种

(1) 人:在被疯狗或其他动物咬伤后做紧急接种(争取在街毒进入中枢神经系统以前,就使机体产生较强的主动免疫性);对于经常接触犬、猫和野兽,具有较大感染危险的兽医或其他人员,进行暴露前预防接种。

(2) 动物:接种兽用狂犬病弱毒细胞培养疫苗和口服疫苗。

第三节　伪狂犬病病毒

伪狂犬病病毒(pseudorabies virus,PRV)主要引起猪的伪狂犬病,也可以感染其他动物如马、牛、绵羊、山羊、犬、猫及多种野生动物,但不感染人。其主要临床症状为发热、奇痒(猪除外)和脑脊髓炎,症状类似狂犬病,故称为伪狂犬病。

一、生物学特性

1. 形态及理化特性

PRV属于疱疹病毒科,疱疹病毒亚科。完整病毒粒子呈圆形,直径为150～180 nm,有囊膜和纤突。本病毒为线形双股DNA。

2. 抗原性及血清型

PRV 只有一个血清型。其主要抗原是病毒的糖蛋白。gB、gC、gD、gE 是诱导机体产生保护性抗体的主要抗原。实验证明，gD 是产生保护性抗体的最主要抗原，在没有补体参与时，抗 gD 抗体中和 PRV 的能力最强。在机体血清中，具有中和作用的抗体绝大部分是针对 gC 的，而针对 gG 和 gE 的中和抗体含量极低，甚至没有。

3. 培养特性

PRV 能在多种动物组织细胞中增殖。

（1）鸡胚培养　可通过绒毛尿囊膜、卵黄囊和尿囊腔途径接种鸡胚培养 PRV。绒毛尿囊膜接种鸡胚，培养 4 d 后，绒毛尿囊膜上产生灰白色痘样病变。严重时可侵入鸡胚神经系统，引起鸡胚死亡。如病毒适应鸡胚后（不引起死亡），很容易连续传代。

（2）细胞培养　PRV 可在鸡胚成纤维细胞、猪、牛、猴等肾原代细胞，猪、牛睾丸细胞以及一些传代细胞（如 PK-15 细胞等）中生长。以猪、兔、狗肾细胞和鸡胚成纤维细胞最为敏感，感染后细胞变圆，形成合胞体。

4. 抵抗力

PRV 抵抗力强，耐热，60℃ 30～50 min 才能使病毒失活，在低温条件下稳定，在 －70℃以下能保存数年。病毒在 pH 为 4～9 时稳定存在。在腐败条件下，病料中的病毒 11 d 后就可失去感染力。PRV 对一般的消毒剂（如乙醚、氯仿、福尔马林、0.5%～1%氢氧化钠溶液）敏感。

二、致病性

猪、牛、羊、犬、猫、兔、鼠等多种动物均可自然感染 PRV。马属动物对 PRV 有较强的抵抗力。猪为该病毒的原始宿主，并作为贮主。病猪、带毒猪及带毒鼠类是 PRV 重要的传染源。成年猪多为隐性感染，怀孕母猪可发生流产、死胎或木乃伊胎。仔猪表现为发热及神经症状，无母源抗体的新生仔猪死亡率可达 100%，育肥猪死亡率一般不超过 2%。其他动物感染有很高致死率。最明显的特征症状为体躯某部位奇痒。

三、微生物学诊断

可采取脑组织、内脏器官、血液、乳汁进行微生物学检验。

（1）病毒分离　将病料悬液的上清液接种于 PK-15 单层细胞，接毒 48 h 后出现细胞病变。将细胞病变培养物用苏木素-伊红染色，可见典型的嗜酸性核内包含体。如没出现明显的细胞病变，则盲传 1～2 代，待出现细胞病变后收获病毒备用。

（2）电镜观察　将被检样品按常规方法处理后进行电镜检查。如含有 PRV，可见到典型的疱疹病毒粒子，病毒粒子的核心直径约为 75 mm，带囊膜的完整病毒粒子直径为 180 mm。

（3）动物接种　将病料悬液的上清液接种于家兔的肋部或腹侧皮下，每只 0.5 mL，如含有病毒，家兔在接种 48～72 h 后开始发病，体温升高达 41℃，食欲废绝，狂躁不安，出现惊恐、呼吸促迫、转圈运动等症状，注射部位表现奇痒，频频回头撕咬接种部位，使皮肤脱毛、溃烂、出血，数小时后四肢麻痹，卧地不起，最后角弓反张、抽搐死亡。

(4) 血清学检查　猪伪狂犬病抗体检测方法主要有血清中和实验、酶联免疫吸附实验(ELISA)、荧光抗体实验、补体结合实验、琼脂扩散实验(AGP)等。其中血清中和实验最灵敏,假阳性少。

四、防治

(1) 疫苗免疫。疫苗有弱毒活苗、灭活苗、基因缺失苗三类。基因缺失苗是我国有效的首选疫苗。疫苗接种时,免疫程序、疫苗种类显得更重要,只进行一次接种的免疫程序,不能取得满意的效果,因而常采用两次或更多次接种的接种程序,结果更有效。

(2) 综合防治。防止鼠、犬、猫及其他动物进入场区,避免猪、牛、羊等动物混养,定时消毒,加强饲养管理,定期检疫,淘汰净化阳性猪。从外场引进猪时,应加强检疫,严禁阳性猪进入场内。

(3) 发病时牲畜应及时隔离,对症治疗,被污染的用具、圈舍、环境用2%氢氧化钠溶液或10%石灰乳消毒,严格处理尸体,防止本病传播。可用高免血清进行治疗。

第四节　猪瘟病毒

猪瘟病毒(classical swine fever virus,CSFV)是猪瘟的病原体。猪瘟在世界各国分布广泛,对养猪业危害极其严重。美国、加拿大、澳大利亚及欧洲的一些国家已基本消灭了本病,但亚洲、非洲、中南美洲仍然不断发生,欧洲的一些国家也常有再次发病的报道。

一、生物学特性

(1) 形态及理化特性　CSFV属黄病毒科瘟病毒属。猪瘟病毒粒子呈球形,直径为40～50 nm,核衣壳呈二十面体对称,有囊膜,囊膜有55 kD和46 kD两种糖蛋白。基因组为单股RNA,约12 kb长。

(2) 抗原性及血清型　猪瘟病毒与同一属的牛病毒性腹泻病毒(BVDV)基因组序列有高度同源性,抗原关系密切,两者之间既有血清学交叉反应,又有交叉保护作用。但易被牛病毒性腹泻病毒抗体中和的野毒株,毒力都比较弱。本病毒只有一个血清型,但不同毒株间存在毒力的差异。强毒株引起急性猪瘟,中等毒力毒株一般产生亚急性或慢性感染,低毒力毒株可引起胎儿轻微症状或亚临床感染。

(3) 培养特性　猪瘟病毒能在猪脾、肾、睾丸等细胞培养中生长繁殖,但不产生明显的细胞病变。猪肾细胞是培养猪瘟病毒最常用的细胞,病毒在细胞浆内复制。将猪瘟病毒交替通过猪体和兔体数代后,可适应兔体,再经兔体连续传代后,此适应株称为兔化弱毒株,可在家兔体内或猪肾细胞上繁殖,产生大量病毒,用于疫苗生产。猪瘟兔化弱毒株对猪的致病力显著减弱。

(4) 抵抗力　猪粪便中的猪瘟病毒20℃可存活2周,4℃可存活6周以上。血液中的猪瘟病毒在37℃下可存活7 d,50℃存活3 d,60℃加热经16～24 h死亡,72～76℃需1 h

才能致死病毒，−12～−5 ℃可存活 3 个月。冷冻猪肉中可存活 6 个月，−70℃可生存几年，冷冻干燥下可保存 6 年。病毒在污染的干草、饲料、土壤中可存活 2 周。本病毒对紫外线有较强的抵抗力。猪瘟病毒对氯仿、乙醚、去氧胆酸盐等脂溶剂敏感。2%氢氧化钠溶液、5%～10%漂白粉、3%来苏儿能将其灭活。

二、致病性

猪瘟病毒只感染猪和野猪，主要经采食侵入机体，首先定居于扁桃体，然后在小血管内皮细胞、淋巴器官及骨髓增殖，导致出血症、白细胞与血小板减少，使各组织和器官充血、出血、坏死和梗死，并引起败血症，体温升高。

猪瘟的典型特征为发病急，伴有高热稽留、厌食、畏寒、结膜炎，以及微血管变性导致的全身广泛性出血、脾脏梗死等。亚急性和慢性型猪瘟的潜伏期较长，其病毒毒力较弱，可感染怀孕母猪，引起流产、死胎、木乃伊胎等；所产仔猪不死者，出生后表现颤抖、生长发育不良，终身排毒，并多在数月内死亡。

三、微生物学诊断

采取病猪血液、淋巴结、脾脏、扁桃体和胰脏进行微生物学检查。

1. 兔体交叉免疫实验

将病猪的淋巴结和脾脏处理后接种 3 只健康家兔，另设 3 只不接种病料的对照兔，间隔 5 d 对所有家兔静脉注射猪瘟兔化弱毒苗，24 h 后，每隔 6 h 测体温一次，连续测 96 h，如对照组出现体温升高而实验组无症状即可确诊。

2. 酶标抗体技术

(1) 组化法　取病猪扁桃体、淋巴结、脾、肾做触片或冰冻切片，或病猪白细胞涂片，用丙酮固定 10 min，加已知猪瘟酶标抗体染色，光镜检查。

(2) ELISA　可检测猪瘟病毒或相应抗体。

3. 荧光抗体技术

取病猪扁桃体、淋巴结或脾做触片或冰冻切片，本法简易快速，能直接检出感染细胞中的病毒抗原。

4. 琼脂扩散实验

以病猪脾脏、淋巴结等制备待检抗原，在 1%琼脂板上与已知抗猪瘟病毒阳性血清做双向双扩散实验。

四、防治

(1) 预防接种。采用中国系兔化猪瘟苗，按照免疫程序进行免疫接种。

(2) 发病时，抓紧时间确诊，采取隔离淘汰措施，场地、用具、饮水消毒；停止生猪集市和调运；对病死猪进行扑杀、深埋处理。

(3) 紧急预防注射，注意换针头。疫区周围地区的猪应立即全部注射猪瘟兔化弱毒疫苗，形成安全带，防止疫区扩大蔓延。

第五节 猪繁殖与呼吸综合征病毒

猪繁殖与呼吸综合征病毒(porcine reproductive and respiratory syndrome virus, PRRSV)可引起猪繁殖与呼吸综合征(猪神秘病、猪蓝耳病、高致病性蓝耳病)。目前,猪繁殖与呼吸综合征是养猪业的主要疫病之一。

一、生物学特性

(1) 形态及理化特性　PRRSV 属于动脉炎病毒科动脉炎病毒属,病毒粒子直径为 60～160 nm,呈圆形、椭圆形和多边形,有囊膜,表面有一层棒状纤突。基因组为单股正链 RNA。PRRSV 不凝集牛、绵羊、山羊、马、猪、豚鼠、蒙古沙鼠、鹅、鸡、豚鼠及人的 O 型红细胞,但可特异性凝集小鼠的红细胞,此血凝活性可被特异性抗血清抑制。

(2) 抗原性及血清型　欧洲和美国的分离株在形态和理化性状上相似,但血清学实验、核苷酸和氨基酸序列分析证明,它们在抗原上有差异。本病毒分为两个亚群,即 A 群和 B 群,A 群为欧洲型,B 群为美国型。我国分离的所有 PRRSV 毒株均属于美国型,到目前为止还没有发现欧洲型毒株。

(3) 培养特性　PRRSV 具有严格的宿主细胞特异性,可在猪肺原巨噬细胞、猪睾丸细胞、猪上皮细胞、单核细胞、神经胶质细胞等细胞中增殖并形成 CPE,而且病毒对 6～8 周龄仔猪的猪肺原巨噬细胞最为敏感。其中,欧洲分离株对猪肺原巨噬细胞最为敏感,并能很快出现 CPE,对传代细胞敏感性差,而美国分离株可适应多种细胞。

(4) 抵抗力　PRRSV 对乙醚、氯仿及去氧胆酸钠敏感,对热稳定性差,56℃ 45 min 即可杀死该病毒。PRRSV 耐低温,于 4℃或－20℃ 72 h 后仍然完全存活。但 PRRSV 在干燥的条件下迅速失去感染性。PRRSV 在 pH 4～8 稳定,pH 2.5 则被灭活。

二、致病性

PRRSV 的宿主只有猪和野猪,所有年龄猪均易感。病毒感染猪群后,其特点是引起母猪繁殖障碍和呼吸道症状。母猪发病时出现流产、早产和产期延迟,死胎、木乃伊胎、弱仔;还可出现延迟发情,持续性不发情。公猪可出现性欲降低,暂时性精子数量和活力降低。仔猪断乳前后发病率和死亡率升高,大多数猪在生后 1 周内死亡,仔猪呼吸困难,患结膜炎,眼窝水肿。

三、微生物学诊断

采取病猪、疑似病猪、新鲜死胎或活产胎儿组织的病料,哺乳仔猪的肺、脾、脑、扁桃体、支气管淋巴结、血清和胸腔液等用于病原的分离鉴定。

(1) 病毒的分离　将病料制备的上清液接种于猪肺原巨噬细胞,培养 7 d,观察 CPE。如没出现 CPE,再盲传 2～3 代,出现 CPE 后收获细胞,反复冻融 3 次,离心,取上清液

备用。

（2）电镜检查　将上述处理的病毒悬浮液进行电镜检查，可见带有纤突，呈球形或卵圆形，具有囊膜，二十面体对称。

（3）血清学诊断　常用的血清学实验有间接免疫荧光抗体实验、酶联免疫吸附实验、免疫过氧化物酶细胞单层实验及中和实验等。

四、防治

（1）引进种猪应隔离饲养 30 d，进行两次血清学检查，阴性者方可混群；一旦证明感染，则所有引进猪均应处理掉。同时，执行一般卫生防疫措施，防止病原传入。

（2）疫苗接种。西班牙、荷兰、加拿大、美国和中国都已研制出灭活苗并商品化；西班牙、荷兰、美国已研制出弱毒活疫苗并商品化。一般认为，弱毒活疫苗的免疫效果优于灭活苗，但自家疫苗一般采用灭活苗。

第六节　猪圆环病毒

猪圆环病毒(porcine circovirus，PCV)引起以断乳仔猪多系统衰竭综合征(PMWS)、猪皮炎-肾炎综合征(PDNS)等为代表的以免疫抑制为特征的多种疾病，对现代养猪业危害严重。

一、生物学特性

（1）形态及理化特性　PCV 属于圆环病毒科圆环病毒属，病毒粒子呈球形或六角形，无囊膜，大小为 14～25 nm，单股环状 DNA，呈二十面体立体对称。圆环病毒基因组很小。PCV 不具有血凝活性，不能凝集牛、羊、猪、鸡等多种动物和人的红细胞。

（2）抗原性及血清型　根据 PCV 的致病性、抗原性及核苷酸序列，将其分为 PCV-1 和 PCV-2 两个血清型，其中 PCV-2 具有致病性，在临床上主要引起断乳仔猪多系统衰竭综合征、猪皮炎-肾炎综合征、猪呼吸系统衰弱综合征、仔猪传染性先天性震颤。PCV-1 研究较早，对猪无致病性。

（3）培养特性　PCV 在原代胎猪肾细胞、恒河猴肾细胞、BHK-21 细胞上不生长，可在猪睾丸细胞及猪传代细胞系 PK-15 细胞中生长，但不引起细胞病变，且需将 PCV 盲传多代才能使病毒有效增殖。在接种 PCV 的 PK-15 细胞培养物中加入 D-氨基葡萄糖，可促进 PCV 复制，使感染 PCV 的细胞数量提高 30%。

（4）抵抗力　PCV 对外界环境的抵抗力很强。在酸性环境中及氯仿中可存活很长时间，在高温环境(72℃)也能存活 15 min，70℃可存活 1 h，56℃不能将其杀死。PCV 对普通的消毒剂具有很强的抵抗力，如用 50%氯仿处理 15 h，50%乙醚处理 13 h，在酸性(pH 为 3.0)条件下处理 3 h，PCV 均具有感染力。对苯酚、季铵类化合物、氢氧化钠和氧化剂等较敏感。

二、致病性

PCV 主要感染 2～8 周龄的仔猪。少数怀孕母猪感染 PCV 后，可经胎盘垂直感染仔猪。PMWS 最常见于 6～8 周龄猪群，表现为进行性消瘦、淋巴结肿大、呼吸困难、贫血、腹泻；PDNS 表现为皮肤出现斑点状丘疹、肾脏表面有大小不一的灰白色坏死灶。

三、微生物学诊断

采取病猪的肺、淋巴结、脾等脏器进行微生物学检验。

（1）病毒的分离鉴定　将组织上清液接种无圆环病毒污染的 PK-15 细胞分离病毒。

（2）血清学实验　间接免疫荧光法既可检测抗原，又可检测抗体。免疫组化技术是在抗原抗体特异反应存在的条件下，借助于酶细胞化学的手段诊断猪圆环病毒病，可检测组织细胞中存在的病毒抗原。

四、防治

（1）加强猪场饲养管理，保持猪群稳定的营养水平，建立猪场完善的生物安全体系，将消毒卫生工作贯穿于养猪生产的各个环节。

（2）做好猪瘟、猪伪狂犬病、细小病毒、猪萎缩性鼻炎等疫苗的免疫接种。

（3）国外已经有圆环病毒疫苗，可以考虑疫苗接种。

（4）采取完善的药物预防方案，控制猪群的细菌性继发感染。

第七节　小鹅瘟病毒

小鹅瘟病毒(goose parvovirus，GPV)能引起雏鹅急性或亚急性败血性传染病。1956 年方定一等首先在江苏省扬州地区发现本病，并用鹅胚分离到病毒。1962 年将该病毒命名为小鹅瘟病毒。

一、生物学特性

1. 形态及理化特性

GPV 属于细小病毒科细小病毒亚科细小病毒属。病毒外观呈圆形或六角形，直径为 20～25 nm，无囊膜。核酸由单股 DNA 组成。本病毒无血凝活性。

2. 抗原性及血清型

本病毒与其他细小病毒无抗原关系，国内外分离到的毒株抗原性基本相同。目前，GPV 只有一个血清型，从世界各地分离的病毒都相同，或仅有微小差异。本病毒与本属其他病毒不呈现交叉血清学反应。

3. 培养特性

本病毒对体外细胞培养物的专一性极强，除鹅胚适应毒株可能在鹅胚组织培养细胞

内增殖外，在实验过的鸭胚的成纤维细胞和肝细胞、鸡胚成纤维细胞、兔肾上皮细胞、小鼠胎儿成纤维细胞、猪的肾上皮和睾丸细胞以及 PK-15 细胞等，均未见病毒增殖。

将病料悬液接种入 13～14 日龄鹅胚的尿囊腔内，经 5～7 d 孵育，约有半数鹅胚死亡（免疫母鹅所产卵胚不发生死亡，禁用）。在鹅胚中连续通过 10 代以后，致死期缩短至 3 d 左右。死胚出现绒毛尿囊膜水肿，胚体多数鲜红色，有充血和出血变化，心肌和肝脏变性。

4. 抵抗力

GPV 对外界因素抵抗力强，56℃加热 1 h 后仍能使鹅胚死亡。病毒对乙醚、氯仿、胰酶和 pH 3 的处理有抵抗力。

二、致病性

各种鹅（包括白鹅、灰鹅、狮头鹅和雁鹅）经口饲或注射病毒，均能引起发病。自然发病的均限于 1 月龄以内雏鹅。病鹅的内脏、脑、血液及肠管均含有病毒，据国内实验资料，成鹅感染后的带毒期一般不超过 10 d。

初孵雏鹅感染病毒后，经 4～5 d 的潜伏期，多发生急性败血症死亡。最早发病的雏鹅一般从 3～5 日龄开始，数天内波及全群，死亡率可达 70%～95%。这种急性病例以渗出性肠炎和肝、肾、心等各实质脏器的变性为主。病程较长（2～3 d）的病死雏鹅小肠后段常出现整条的脱落上皮渗出物混合凝固而形成的长条状或香肠状物，死亡率较前者为低，并随雏鹅日龄、母源抗体效价以及病毒的毒力等而有所差异。

三、微生物学诊断

（1）病毒分离　采取处于急性期雏鹅的肝、脾、肾等实质脏器或心血，制成约 1∶10 乳剂，尿囊腔接种鹅胚分离病毒。

（2）血清学诊断　随后可取死亡鹅胚尿囊液（病毒）与由成年鹅制备的标准毒株的免疫血清进行病毒中和实验。实验组按血清和含毒尿囊液 4∶1 混合，另外以无菌生理盐水代替血清作为对照组，均置于 37℃温箱作用 30 min，各接种 4～6 只 12 日龄鹅胚（尿囊腔）。实验组鹅胚应全部存活，而对照组鹅胚经 3～5 d 基本全部死亡，且呈现上述典型病理变化，据此可作出明确诊断。

四、防治

（1）加强饲养管理，提高鹅群的抵抗力。对圈舍、孵化设备、育雏工具等严格消毒。

（2）鸭瘟鸭胚化弱毒苗和鸭瘟鸡胚化弱毒苗，前者适用于除番鸭外的各种大小的鸭，后者适用于 2 月龄以上的鸭，对刚出生小鸭也可应用。大鸭的免疫期为 9～12 个月，初生小鸭的免疫期为 1 个月。

（3）抗菌药物对本病无效。病初使用高免血清有一定的治疗效果。

第八节　细小病毒

一、猪细小病毒

（一）生物学特性

（1）形态及理化特性　猪细小病毒（porcine parvovirus，PPV）属细小病毒科细小病毒属，病毒外观呈六角形或圆形，无囊膜，直径为 20 nm，呈二十面体立体对称，衣壳由 32 个壳粒组成，核心含单股负链 DNA。PPV 能凝集鼠、豚鼠、恒河猴、鸡、鹅和人的 O 型红细胞。

（2）抗原性及血清型　PPV 只有一个血清型。PPV 有结构蛋白 VP1、VP2 和 VP3，而 VP1、VP2 和 VP3 均有免疫原性，其中 VP2 的免疫原性最好，VP1 最差。NS1 为 PPV 的非结构蛋白，也具有免疫原性，利用它建立特异性诊断方法，可以区分疫苗免疫猪和野毒感染猪。

（3）培养特性　PPV 可在原代猪肾细胞、猪睾丸细胞，次代猪肾细胞、猪睾丸细胞及 PK-15、CPK、IBRS-2、MVPK、ST 等传代细胞上培养，其中以原代猪肾细胞较为常用。病毒在细胞内复制引起的细胞病变为细胞聚集、圆缩和溶解，许多细胞碎片附着在其他细胞上。

（4）抵抗力　PPV 耐热性强，56℃加热 30 min 处理对病毒的传染性和红细胞凝聚能力无影响。pH 3～9 较稳定，对乙醚、氯仿等脂溶剂有一定抵抗力。

（二）致病性

仔猪和母猪急性感染 PPV 时常表现为亚临诊病例，但在其体内很多组织器官（尤其是淋巴组织）中均能发现病毒的存在。母猪在不同孕期感染，可分别造成死胎、木乃伊胎、流产等不同症状。仔猪表现为瘦小、弱胎，母猪表现发情不正常、久配不孕等症状。对公猪的受精率和性欲没有明显影响。

（三）微生物学诊断

（1）病原检测　用于病原的检测方法主要有病毒的分离与鉴定、免疫荧光抗体染色、酶联免疫吸附实验、核酸探针技术、PCR 技术等方法。

（2）PPV 抗体检测　检测 PPV 抗体可用血凝抑制实验、中和实验、酶联免疫吸附实验、琼脂扩散实验、补体结合实验、免疫荧光抗体法、乳胶凝集实验等进行检测。

（四）防治

（1）严格引种　为了控制带毒猪进入猪场，应自无病猪场引进种猪。当从阳性猪场引进种猪时，严格检疫后引进。

（2）免疫接种　我国已制成猪细小病毒灭活苗，对 4～6 月龄的母猪和公猪两次注射，每次 5 mL（2 mL 也有效），免疫期可达 7 月。一年免疫注射两次。

(3) 净化猪群　猪场一旦发生本病，应立即将发病的母猪或仔猪隔离或彻底淘汰；所有与病猪接触的环境、用具应严格消毒；应用血清学方法对全群猪进行检查，检出的阳性猪要坚决淘汰，以防疫情进一步扩大；与此同时，对猪群进行紧急免疫接种。

二、犬细小病毒

(一) 生物学特性

(1) 形态及理化特性　犬细小病毒(canine parvovirus，CPV)属细小病毒科细小病毒属。病毒粒子呈圆形，呈二十面体立体对称，无囊膜，病毒核衣壳由 32 个长为 3～4 nm 的壳粒组成。病毒基因组为单股线状 DNA。

(2) 抗原性及血清型　CPV 在抗原性上与猫细小病毒(FPV)和水貂肠炎病毒(MEV)密切相关。CPV 在 4℃下可凝集猪和恒河猴的红细胞，对其他动物(如犬、猫、羊等)的红细胞不发生凝集作用。CPV 对猴和猫红细胞，无论是凝集特性还是凝集条件均与 FPV 不同，由此可区别 CPV 与 FPV。

(3) 病毒的培养　CPV 在猫和犬的原代或传代肾细胞以及肠细胞中生长良好，也能在貂肺和牛睾丸、猿猴肾等少数非犬源细胞中增殖。于 37℃培养 4～5 d，可出现细胞病变，用苏木精染色，可见细胞中有核内包含体。

(4) 抵抗力　CPV 对多种理化因素和常用消毒剂具有较强的抵抗力。在粪便中可存活数月至数年。对乙醚、氯仿等脂溶性溶剂不敏感，但对 0.5%甲醛、次氯酸钠、β-丙内酯、羟胺、氧化剂(漂白粉、PP 粉)和紫外线等较为敏感。

(二) 致病性

所有犬科动物均对 CPV 易感，并有很高的发病率与死亡率。偶尔也见于貂、狐等其他犬科动物。临床表现为出血性肠炎和心肌炎。各种年龄和品种的犬均易感，纯种犬易感性较高，2～4 月龄幼犬易感性最强，病死率也最高。犬细小病毒是对犬危害最大的疫病之一。

(三) 微生物学诊断

(1) 病原分离与鉴定　采取发病早期的病犬粪便或者肝、脾、回肠、肠系膜淋巴结等制成的病料悬液接种原代或次代犬胎肾或猫胎肾细胞分离培养病毒。可用荧光抗体染色培养 3～5 d 的细胞单层鉴定细胞感染或测定细胞培养液的血凝性。也可用电镜检测病毒粒子。

(2) 血凝与血凝抑制实验　血凝与血凝抑制实验可迅速检出细胞培养物和粪便中 CPV，也可很快检出血清中的抗体。

(3) 中和实验　可用中和实验检测血清中的抗体。

(4) 酶联免疫吸附实验　采用双抗夹心法，以检测病料中的病毒抗原，敏感性较高。

(四) 防治

(1) 加强饲养管理，在未免疫之前禁止幼犬外出与其他犬只接触。保证营养均衡，提高犬只的抵抗力。

(2) 按时进行免疫接种。目前，犬细小病毒在国内和国外市场大多为联苗，可以根据实际情况合理选择疫苗免疫。

(3) 治疗时，以补充体液，维持电解质平衡为首要措施，同时给予高免血清抗病毒、控制继发感染以及对症治疗等措施。

三、猫细小病毒

(一) 生物学特性

(1) 形态及理化特性　猫细小病毒(feline parvovirus，FPV)呈圆形，直径为 20～40 nm，无囊膜，为单股线状 DNA 病毒，约 500 bp，相对分子质量为 1.7×10^{6}，G+C 含量为 47%。衣壳可能由 60 kD、73 kD 和 39 kD 3 种多肽组成，其中 60 kD 占 86%，73 kD 占 10%。

(2) 抗原性及血清型　本病毒与犬细小病毒(CPV)和水貂肠炎病毒(MEV)都有抗原相关性，大都认为 FPV 是 CPV 的先祖病毒，并且目前 CPV 毒株也可感染猫发病。用 56 个限制性内切酶进行核酸物理图谱分析，FPV 与 MEV 仅有一个酶切位点不同，与 CPV 有 20%酶切位点不同。用 CPV 单克隆抗体分析三个病毒琼扩抗原存在一定差异。世界各地分离的本病毒只有一个血清型。本病毒在 4℃和 37℃(pH 6.0～6.4)对猪的红细胞都有凝集性。

(3) 培养特性　FPV 能在猫肾、肺和睾丸等原代细胞及 F81、CRFK、FK 等传代细胞上生长繁殖，能产生 CPE，但较难识别。经 HE 和 Giemsa 染色后镜检，10～12 h 感染细胞表现核仁肿大，另外围绕以清晰的晕环，培养 24 h，少数细胞出现核内包含体，开始呈嗜酸性，逐渐变为嗜碱性。细胞形态变化往往呈专一性，但有些毒株经连续传代后可产生明显的 CPE 和核内包含体。FPV 的复制对细胞生长周期中的 S 期有依赖性，即对分裂盛期的细胞有高度亲和性，故作同步接种培养有利于病毒的复制增殖。

(4) 抵抗力　本病毒对乙醚、氯仿等有机溶剂，以及酸、碱、酚(0.5%)、胰蛋白酶等具有一定抵抗力，耐热(66℃30 min)。含毒组织中的病毒在低温下或 50%甘油盐水中能相当长期地保持其感染性。漂白粉、6%次氯酸钠溶液、0.5%甲醛溶液和 1%戊二醛溶液在室温下作用 10 min 即可使病毒灭活。

(二) 致病性

该病毒主要危害猫科动物(猫、虎、豹、猞猁、野猫、山猫等)以及非猫科动物(貂、浣熊)，主要发生在幼龄易感动物，引起动物呕吐、腹泻，导致迅速脱水，白细胞数量急剧减少。

(三) 微生物学诊断

(1) 病毒分离　急性病例生前宜采血液、睾丸或其排泄物，死后则采脾、小肠和胸腺等病料，处理后接种易感断乳仔猫或其肾、肺原代细胞培养或此细胞系细胞，以观察接种动物发病、眼观和组织学病变或接种细胞的 CPE 和核内包含体，以及用其细胞培养物与猪红细胞凝集实验结果作出肯定或否定诊断。

(2) 血凝和血凝抑制实验　对感染猫肠内容物、粪便及感染细胞可通过血凝实验，以检测病毒抗原及其毒价，再用标准 FPV 阳性血清做血凝抑制实验，作出诊断鉴定，也可采

发病初期和14 d后的双份血清，56℃灭活30 min后与已知病毒用1%猪红细胞做血凝抑制实验，如康复期抗体价增高4倍以上，即可判定阳性。

此外，也可用中和实验、免疫荧光抗体法、ELISA和对流免疫电泳（出现明显的沉淀线，简便易行）进行诊断。

（四）防治

（1）按照计划进行免疫接种。目前，国外已经有猫的三联苗，其中包含猫细小病毒弱毒苗。

（2）治疗时，以补充体液，维持电解质平衡为首要措施，同时给予抗病毒、控制继发感染以及对症治疗等措施。

四、阿留申病毒

（一）生物学特性

（1）形态及理化特性　阿留申病毒（aleutian disease virus，ADV）是细小病毒科细小病毒属成员。病毒呈二十面体对称，直径为24～26 nm，CsCl中浮密度为1.42～1.44 g/mL的沉降系数约为110 s。病毒基因组为单股DNA，DNA相对分子质量约1.4×10^{6}。经SDS-PAGE电泳证明，该病毒有两种主要多肽，分子量分别为89 kD和77.6 kD。

（2）培养特性　病毒在貂体内增殖迅速，用犹他-1株感染水貂，接种10 d后肝和淋巴结中病毒效价达最高（约10^{9} ID_{50}/g），两个月后，脾和血清中病毒效价分别为10^{5} ID_{50}/g、10^{4} ID_{50}/g。免疫荧光抗体染色表明，病毒抗原主要存在于脾和淋巴结的巨噬细胞和肝Kupffer细胞的细胞质空泡中，偶见于细胞核内。病毒可在水貂睾丸、肾细胞，猫肾细胞以及猫肾传代细胞（CRFK）培养中生长繁殖，并产生CPE，病毒效价为10^{5}～10^{6}PFU/mL。

（3）抵抗力　对乙醚、氯仿、0.4%福尔马林和清洁剂有抵抗力，但对1%福尔马林和1%～1.5%氢氧化钠溶液敏感。病毒对热的抵抗力也很强，80℃加热10 min或99.5℃加热3 min才被灭活。以DNA酶或RNA酶处理，病毒效价不降低，而以蛋白酶处理时，病毒效价明显下降。在pH 2.8～10范围内仍保持活力。

（二）致病性

自然发病仅见于水貂，除浣熊、狐、臭鼬等动物血清中曾测出本病抗体和实验感染可引起艾鼬各器官组织增生外，未见任何其他动物感染发病。患病动物表现为进行性消瘦、衰弱、浆细胞和淋巴细胞大量增生。

（三）微生物学诊断

（1）分离病毒　采取病貂的血液或脾淋巴组织，经常规处理后接种貂或猫肾、睾丸细胞或猫肾传代细胞培养中，生长增殖，产生CPE，可作出确诊。

（2）碘凝集实验　采受检貂后趾枕血液分离血清。滴1滴血清和1滴新配制的鲁戈氏碘溶液于载玻片上，充分混合，于1～2 min发生暗褐色絮状凝集反应的，说明血清中丙种球蛋白增多，为阳性反应。此法为非特异性方法，虽然简便易行，但有对早期（3～5周以内）感染出现假阴性，而对由于肝实质损伤导致的球蛋白增多的疾病又出现假阳性等缺点，采用时要注意对比。

(3) 对流免疫电泳(CIEP) 这是目前国内外普遍推广和采用的诊断方法，特异性强，检出率高，且能检出早期(7～9 d)感染貂。中国农业科学院特产研究所已于 1984 年用 83 左 01 株感染银蓝色 CIEP 阴性成年水貂研制成功了“846” CIEP 纯化抗原，供应各地貂场检疫使用。美国和丹麦还用猫肾传代细胞培养毒制成了细胞抗原，出口世界很多国家。

此外，免疫荧光、琼脂扩散、病毒凝集以及 ELISA 等特异性方法也可用于诊断、检出本病，中和实验不能用于诊断。

(四) 防治

目前本病尚无适用的疫苗可作特异性预防，也无良好的方法治疗病貂。

健康貂场加强饲养管理和兽医卫生措施，严格检疫，不引进感染貂。目前疫场和疫群结合取皮，用 CIEP 法检疫貂群。如检出阳性貂，严格淘汰，并用 1%福尔马林或 1%～2%氢氧化钠溶液彻底消毒污染环境和用具，降低貂群阳性感染率，逐步建立净化无病场，这是一种切实可行的防治本病的好方法。

第九节 新城疫病毒

新城疫病毒(Newcastle disease virus，NDV)引起鸡和火鸡的新城疫(亚洲鸡瘟、伪鸡瘟)。本病毒最早发现于印度尼西亚的巴塔维亚，同年出现于英国新城，故被命名为新城疫病毒。

一、生物学特性

1. 形态及理化特性

NDV 属于副黏病毒科腮腺炎病毒属，病毒的颗粒近圆形，直径为 120～300 nm，有囊膜，囊膜表面有长 12～15 nm、放射状排列的纤突，含有血凝素和神经氨酸酶，使得新城疫病毒的所有毒株都能凝集多种禽类和哺乳类动物的红细胞。病毒的中心是单股、负链 RNA 与附在其上的蛋白质颗粒，缠绕成螺旋对称卷曲的核衣壳，直径约为 18 nm。成熟的病毒是以出芽方式释放至细胞外。

2. 抗原性和血清型

NDV 经乙醚处理后，迅速裂解为具有血凝性的 V 抗原和核衣壳成分。后者类似于流感病毒的可溶性 S 抗原。NDV 还与人流行性腮腺炎病毒有共同抗原，它的血凝现象可被腮腺炎病人的血清所抑制。NDV 只有一个血清型，但毒株的毒力有着较大差异，根据毒力的差异可将 NDV 分成 3 个类型：强毒型 NDV、中毒型 NDV 和弱毒型 NDV。

3. 培养特性

(1) 鸡胚培养 NDV 可在 9～12 日龄的鸡胚绒毛尿囊膜上或尿囊腔中生长，常于 24～72 h内致死鸡胚，死胚呈现出血性病变和脑炎。被感染的鸡胚尿囊液能凝集鸡红

细胞。

（2）细胞培养　NDV大多数毒株能在兔、猪、犊牛和猴的肾细胞以及鸡组织细胞等继代或传代细胞中生长。鸡胚的成纤维细胞、鸡胚和仓鼠的肾细胞常用于NDV的培养。细胞培养所获得的病毒通常比鸡胚培养的低一个效价。

4. 抵抗力

NDV对乙醚、氯仿敏感。阳光直射下作用30 min才被灭活。病毒在4℃中存放几周，在－20℃中存放几个月或在－70℃中存放几年，其感染力均不受影响。在新城疫暴发后8周之内，仍可在鸡舍、蛋壳和羽毛中分离到病毒。2％氢氧化钠溶液、5％漂白粉、3％～5％来苏儿、酚和甲酚、70％乙醇可将病毒灭活。在37℃的孵卵器内，用0.1％福尔马林熏蒸6 h便可把它灭活。

二、致病性

NDV主要危害鸡和火鸡，在被侵袭的鸡群中迅速传播。强毒株可使鸡群全群毁灭；毒力稍弱的毒株致病多呈亚急性经过，症状不典型，死亡率不超过25％；弱毒株则仅引起鸡群呼吸道感染和产蛋量下降，但可迅速康复。从野生禽类的雄鸡、鸽子和鸭、鹅等体内也分离到毒力强大的NDV。人类可因接触病禽和活毒疫苗而引起结膜炎或淋巴腺炎，但很快便康复。

火鸡症状与鸡类似，有呼吸道及神经系统症状，最常见为气囊炎。鸭及鹅大多为隐性感染，近年来在我国常对鹅严重致病。鸽、鹦鹉等也能致病。人类也可感染，发生一过性结膜炎。

三、微生物学诊断

1. 病毒分离培养

采取呼吸道分泌物、肺组织、脾脏、血浆和扁桃体，经研磨、稀释和抑菌后，做鸡胚接种、细胞培养。

（1）鸡胚接种　接种用SPF鸡胚，胚龄为9～12日龄。将病料悬浮液做鸡胚绒毛尿囊腔接种后，于37～38℃培养。强毒和中等毒力的毒株常使鸡胚于接种后36～96 h内死亡。死胚全身各部出血，尿囊液澄清并有较高的血凝价。弱毒株不一定能致鸡胚死亡，但胚液能凝集红细胞。可疑病料如果不能使鸡胚死亡，应取鸡胚和胚液混合研磨成悬液，再用鸡胚盲目继传3代才作判定。

（2）细胞培养　把病料悬浮液接种到鸡胚成纤维细胞或鸡胚肾细胞上，观察细胞融合等病变情况。

2. 病毒鉴定

常用的方法有血凝抑制实验、病毒中和实验和免疫荧光抗体法。其中以血凝抑制实验较为简便、常用。

四、防治

（1）搞好卫生消毒，加强饲养管理，防止病原侵入。

(2) 免疫接种是预防新城疫发生的关键,常用疫苗有弱毒活苗和灭活油乳剂苗,应根据母源抗体水平和当地疫情合理安排免疫程序。Lasota 株毒力稍强于 HB1,免疫原性好,近年广泛应用。Clone 株是 Lasota 株的克隆株,毒力同 HB1,免疫原性同 Lasota 株,效果好。灭活油乳剂苗使用安全、免疫期长,保有性好。

(3) 本病无特效疗法,鸡群一旦发病,应立即用 Lasota 系、克隆 30 或 V_4 点眼或饮水,两月龄鸡也可用Ⅰ系紧急接种。同时配合使用抗生素和多种维生素,以预防细菌继发感染,促进机体康复。

第十节 马立克病毒

马立克病毒(Marek's disease virus,MDV)又名 γ-疱疹病毒,可引起鸡的一种传染性肿瘤病,以淋巴组织的增生和肿瘤形成为特征。

一、生物学特性

1. 形态及理化特性

电子显微镜观察负染的病毒标本时,可见到直径为 85～100 nm 的裸露颗粒或核衣壳。带囊膜的病毒粒子直径为 150～160 nm,主要存在于细胞膜附近及核空泡中。病毒粒子在超薄切片中的大小为 130～170 nm。在溶解羽毛囊上皮的负染标本中,病毒粒子都是带囊膜的,直径为 273～400 nm。

2. 抗原性及血清型

通过琼脂免疫沉淀实验,Churchill(1969)鉴定了三个主要 MDV 抗原(A、B、C)。在感染鸡的血清、感染细胞上清液中含有大量的 A 抗原,它与感染细胞的细胞膜相关。本病毒可分为 3 个血清型,一般所说的马立克病毒指血清 1 型,血清 2 型为非致瘤毒株,血清 3 型为火鸡疱疹病毒(HVT),可致火鸡产卵量下降,对鸡无致病性。

3. 培养特性

致病的血清 1 型病毒在鸭胚成纤维细胞和鸡肾细胞上生长良好,生长缓慢,并产生小空斑;血清 2 型病毒在鸡胚成纤维细胞上生长良好,生长缓慢,并产生带大合胞体的中等空斑;血清 3 型病毒(HVT)在鸡胚成纤维细胞上生长良好,生长快,并产生大空斑。从 HVT 感染细胞提取的感染性病毒比血清 1 型和 2 型感染细胞中得到的感染性病毒要多。

在病毒感染的细胞培养物中,通常出现小灶性的病变,逐渐形成圆形、折光性强的变性细胞簇,称为病灶或空斑,直径通常不到 1 mm。病变细胞可含有两个或两个以上的核,空斑在初次分离时经 5～14 d 出现。

4. 抵抗力

MDV 既可在结合细胞状态下,又可在脱离细胞状态下存活,而在这两种状态下的生存特性有很大差异。从皮肤制备的脱离细胞的 MDV 或从感染的细胞培养物中获得的 MDV 都可储存于 70℃。在加入适当的稳定剂条件下冻干,可使其感染性损失更小。但在－20℃保存时易丧失感染性。

感染鸡的污染垫草和羽毛在室温下4～8个月和4℃下10年仍有感染性。污染禽舍的灰尘中含有与羽毛或皮屑结合的病毒，在20～25℃下几个月还具有感染性。但用各种常用化学消毒剂处理病毒，10 min内即可使其失活。

二、致病性

MDV对鸡及鹌鹑有致病性，对其他禽类无致病性。4周龄雏鸡可感染发病，2～5月龄高发，死亡率可达80%。在临床上，MD可分为急性型和慢性型两大类型。慢性型又可分为4个型：神经型（又称古典型）、内脏型、眼型、皮肤型。神经型以外周神经的淋巴细胞样细胞的浸润和肿大为特征，主要导致腿和翅膀的麻痹。内脏型以在内脏器官中产生各种各样的肿瘤病变为特征，这些病变酷似淋巴细胞性白血病，病程呈慢性。

马立克病毒致病的严重程度与病毒毒株的毒力，鸡的日龄、性别、免疫状况及遗传品系有关。隐性感染鸡可终生带毒并排毒，其羽囊角化层的上皮细胞含有病毒，是传染源，易感鸡通过吸入此种毛屑感染。本病毒不经卵传递。

三、微生物学诊断

1. 病毒分离

供分离病毒用的首选样品包括肿瘤细胞、肾细胞以及脾或外周血液的白细胞。由于MDV在这些组织中是高度细胞结合性的，所以必须用全细胞作为接种物。用做病毒分离的样品都应在能保证细胞存活的条件下储存。通常的方法是向细胞悬液中添加保护剂，缓慢冻结，并在－196℃储存。

2. 病毒培养

（1）雏鸡接种　雏鸡接种是分离MDV最敏感的方法。要选择遗传上易感染的鸡品系在1日龄或孵出后的第1周内，用腹腔接种途径进行感染。接种后经18～21 d，对实验鸡连同相应的阳性和阴性对照，进行有无感染迹象的检查。感染标志如下：神经或脏器中有肉眼或显微镜下可见的病变；在细胞培养物中分离出病毒；在羽毛囊中出现特异性抗原或病毒粒子（荧光抗体实验阳性）；血清抗体检测实验（琼脂凝胶沉淀实验）呈阳性结果。为了获得最高的敏感度，实验应至少持续10周。

（2）组织培养　鸭胚成纤维细胞或鸡肾细胞的培养物在37℃培养成单层时进行接种。5～14 d内出现典型的MDV灶性病变，而在对照培养物中不见这种变化。

（3）鸡胚培养　通过卵黄囊或绒毛尿囊膜途径接种病毒的鸡胚，分别于接种后4～6 d或10～11 d在绒毛尿囊膜上产生痘斑病变。

3. 血清学检查

简易方法为琼脂扩散实验，即中间孔加阳性血清，周围孔插入被检鸡羽毛囊，出现沉淀线为阳性。免疫荧光实验等血清学方法可检出病毒。也可用全血白细胞层接种细胞，或接种4日龄鸡胚卵黄囊或绒毛尿囊膜，再做荧光抗体染色或电镜检查作出诊断。禽白血病病毒往往与本病毒同时存在，要注意鉴别。

四、防治

(1) 加强环境卫生与消毒工作，尤其是孵化场、育雏舍的消毒，努力净化环境，防止雏鸡的早期感染。

(2) 加强饲养管理，增强鸡体的抵抗力对预防本病有很大的作用。环境条件差或某些疾病(如球虫病等)常是重要的诱发因素。

(3) 疫苗接种时正确地选择和使用疫苗。现行条件下，我国大部分地区，尤其是没有发生过 HVT 冻干苗免疫失败的地区，可选用优质 HVT 冻干苗，该疫苗不仅运输、保存和使用方便，免疫效果也较好。对于长期使用 HVT 疫苗的地区，应适当增大剂量，以减少母源抗体的干扰作用。对马立克氏病流行较严重或出现过 HVT 疫苗免疫失败的地区，选用 CVI998 液氮苗，该疫苗受母源抗体作用小，产生免疫力快。

第十一节　鸡传染性法氏囊病病毒

鸡传染性法氏囊病病毒(infectious bursal disease virus，IBDV)能引起幼鸡的传染性法氏囊病，对养鸡业危害巨大。

一、生物学特性

(1) 形态及理化特性　IBDV 属于双股双节 RNA 病毒科双股双节 RNA 病毒属，无囊膜，其核衣壳由双股 RNA 和蛋白质组成，直径为 70 nm，呈六边形、二十面体对称。除完整的病毒粒子外，还常见无核酸结构的病毒空衣壳。本病毒在被感染的细胞浆内复制，并在细胞浆中形成包含体和由大量的病毒粒子组成的结晶体。病毒无红细胞凝集特性。

(2) 抗原性及血清型　IBDV 由 4 种结构蛋白组成，分别为 VP1、VP2、VP3、VP4。VP2 能诱导产生具有保护性的中和抗体，VP2 与 VP3 可共同诱导具有中和病毒活性的抗体产生。IBDV 有 2 个血清型，即血清Ⅰ型(鸡源毒株)和血清Ⅱ型(火鸡源毒株)。

(3) 培养特性　7～8 日龄的鸡胚可用于卵黄囊接种，而 9～11 日龄的鸡胚则用于绒毛尿囊膜接种。其中以绒毛尿囊膜接种的效果为最好。病料接种的鸡胚一般于 4～6 d 后死亡。死胚体发育不良、水肿、出血，肝、肾等器官有斑点状坏死。卵黄、绒毛尿囊膜和胚胎的各组织器官均含有大量的病毒。本病毒也可在鸡胚成纤维细胞内增殖，并形成蚀斑。病毒也可在法氏囊细胞和鸡胚肾细胞中生长。

(4) 抵抗力　本病毒对乙醚、氯仿和胰蛋白酶都有抵抗力，对 pH 的变化不敏感；对热的耐受性很强，加热至 56℃可存活 5 h，60℃可存活 90 min。

二、致病性

3～6 周龄的鸡最易感，1～14 日龄的鸡由于得到母源抗体的保护，易感性小。6 周龄以上的鸡很少表现疾病症状。

昆虫也可作为传播的媒介，带毒鸡胚可垂直传播。病毒感染后在肠道的巨噬细胞及淋巴细胞中复制，进入循环系统，导致初次病毒血症。在感染后 11 h，在法氏囊淋巴细胞中能检测到病毒抗原。此时大量的病毒释放，导致二次病毒血症，并在其他组织中定位。由于病毒在法氏囊内的前淋巴细胞选择性地复制，从而造成免疫抑制。感染法氏囊增大到正常大小的 5 倍，水肿并充血，带有条纹。法氏囊的淋巴滤泡坏死或凋亡。超强毒株也损害胸腺、脾及骨髓细胞。死亡时法氏囊可能萎缩，而肾脏通常肿大，尿酸盐积累，肾小球可有免疫复合物沉积。

三、微生物学诊断

（1）病毒分离鉴定　取病鸡的脾脏或法氏囊组织制成悬液，按 1000 IU/mL 和 1000 μg/mL 的量分别加入青霉素、链霉素，并置于 4℃冰箱中 1～4 h，然后接种 9～11 日龄的鸡胚或 3～6 周龄易感雏鸡。除注意观察死亡鸡胚和幼鸡的病变外，还可将鸡胚的绒毛尿囊膜与整个胚胎制成悬液，进行继代和同已知的传染性法氏囊病病毒抗血清进行病毒中和实验或琼脂扩散实验。

（2）琼脂扩散实验　主要用于 IBD 的诊断，但本法不能区分血清型差异，主要查出群特异性抗原。

（3）动物实验　取病死鸡典型病料，制成悬液，经滴鼻和口服感染 21～25 日龄易感鸡，在感染后 48～72 h 出现症状，死后剖检出现典型症状。

四、防治

（1）做好环境消毒工作，防止早期感染。进行母源抗体监测，根据监测结果及时进行免疫接种。

（2）免疫接种时选好疫苗（灭活苗，低、中及高毒型弱毒苗），不应损伤法氏囊功能而引起免疫抑制；制定合理的免疫程序。

（3）发生 IBD 的措施：注射卵黄抗体；补充维生素、电解质；控制继发感染；及时进行全面彻底消毒。

第十二节　犬瘟热病毒

犬瘟热病毒（canine distemper virus，CDV）是引起犬科、浣熊科等动物发生犬瘟热的病原。犬瘟热是目前危害宠物犬的最为严重的传染病之一。

一、生物学特性

（1）形态及理化特性　CDV 属副黏病毒科麻疹病毒属。病毒呈圆形或不整形，大小为 150～300 nm，核酸型为负链 RNA。核衣壳呈螺旋形，直径为 15～17 nm，外被双层囊膜，其内部为基质膜蛋白，膜上有长约 1.3 nm 的纤突。

(2) 抗原性及血清型　CDV 与麻疹病毒、牛瘟病毒在形态结构上相似,具有共同的抗原性物质。用麻疹疫苗免疫犬后,可以从免疫犬血清中提取 CDV 的中和抗体。CDV 不同的毒株拥有共同的抗原,各毒株在抗原性上没有差异,只有一种抗原型,因此只有一个血清型。

(3) 培养特性　CDV 可在犬、貂、猴、鸡以及人类多种原代与传代细胞上生长。CDV 经各种途径实验接种均可使雪貂、犬和水貂发病。将 CDV 接种鸡胚绒毛尿囊膜,传 3～10 代后产生病变,适应于鸡胚 80～100 代的 CDV 对犬和貂的毒力减弱,可以用做弱毒疫苗。

(4) 抵抗力　CDV 对乙醚和氯仿敏感,3%氢氧化钠溶液、0.75%甲醛溶液或 5%石炭酸溶液可迅速杀灭这种病毒。CDV 对热和干燥敏感,50～60℃ 30 min 即可灭活,在炎热季节 CDV 在犬群中不能长期存活,这可能是犬瘟热多流行于寒冷季节的原因。在较冷的温度下,CDV 可存活较长时期。−70℃或冻干条件下可长期存活。pH4.5～9.0 条件下均能存活,而 pH 7.0 有利于病毒的保存。

二、致病性

CDV 的自然宿主为犬科动物和鼬科动物,曾在浣熊科的浣熊、蜜熊、白鼻和小熊猫中发现。雪貂对 CDV 特别敏感,自然发病率可达 100%。以双相热、急性鼻卡他、支气管炎、卡他性肺炎、严重的胃肠炎、部分病例在后期出现神经症状和少数病犬的鼻和足垫发生角质化为特征。

三、微生物学诊断

(1) 包含体检查　刮取少量可疑犬或死犬(生前取鼻、舌、结膜、瞬膜,死后取膀胱、肾盂、胆管等)组织黏膜,涂于载玻片上,在载玻片上滴加 1～2 滴生理盐水,研磨均匀推成标本片。干燥后甲醇固定 3 min,待自然干燥后用苏木紫染色液加温染色 20 min 后水洗,然后用 0.1%伊红水溶液染色 5 min,干燥后镜检。细胞核呈淡蓝色,细胞浆呈玫瑰色,包含体呈红色。包含体通常存在于细胞浆内,有 1～10 个,呈圆形或椭圆形,偶有镰刀形贴附于细胞,边缘清晰鲜明可辨。

(2) 病毒分离　发病早期采淋巴组织;急性病例取胸腺、脾、肺、肝、淋巴结;呈脑炎症状者采小脑等病料,制成 10%乳剂,加适量双抗或经微孔滤膜过滤后,腹腔接种 1～2 周龄或断乳 15 d 的易感幼犬 5 mL,症状明显,常于发病后 2 周死亡;或脑内接种易感雪貂 0.5～1.0 mL,8～12 d 鼻流水样分泌物,不久变为脓性,眼睑水肿、粘连,嘴边出现水疱和脓疮,脚肿,两趾发红等;也可将上述病料乳剂经无菌处理后接种于犬肾原代细胞、鸡胚成纤维细胞或仔犬肺泡巨噬细胞进行病毒分离。

(3) 血清学检查　中和实验、荧光抗体法、琼脂扩散实验和酶标抗体法等都可用来诊断本病。

(4) 分子诊断技术　国内外均已建立逆转录聚合酶链式反应(RT-PCR)和核酸探针技术用于本病诊断。分子诊断技术简便快速,灵敏特异,有广阔的应用前景。

四、防治

(1) 加强饲养管理，在未免疫之前禁止幼犬外出与其他犬只接触。保证营养均衡，提高犬只的抵抗力。

(2) 按时进行免疫接种。目前，犬瘟热疫苗在国内和国外市场大多为联苗，可以根据实际情况合理选择疫苗免疫。

(3) 发现疫情应立即隔离病犬，深埋或焚毁病死犬尸，彻底消毒污染环境、场地、犬舍以及用具等。对未出现症状的同群犬和其他受威胁的易感犬进行紧急接种。病犬及早用抗血清、球蛋白、抗菌药物、免疫增强剂、维生素和对症支持疗法进行治疗，配合良好的护理，对早期病犬可获一定疗效。当出现明显症状时，则多预后不良。

第十三节 流行性感冒病毒

流行性感冒病毒(influenza virus)简称流感病毒，可引起人、哺乳动物、禽类发生以呼吸道症状为主的疾病。

一、流感病毒的分类和特征

1. 分类

流感病毒分为A、B、C三型，分别属于正黏病毒科下设的A型流感病毒属、B型流感病毒属和C型流感病毒属。

2. 形态及理化特性

A型和B型流感病毒粒子呈多形性，直径为20～120 nm，也有呈丝状者；含有由8个节段组成的单股RNA。核衣壳呈螺旋对称，外有囊膜，囊膜上有呈辐射状密集排列的纤突。一种是血凝素(HA)，可使病毒吸附于易感细胞的表面受体上，诱导病毒囊膜和细胞膜的融合。另一种是神经氨酸酶(NA)，可水解细胞表面受体特异性糖蛋白末端的*N*-乙酰基神经氨酸，当病毒在细胞表面成熟时，NA可以移去细胞膜出芽点上的神经氨酸。两型病毒均有内部抗原和表面抗原。内部抗原为核蛋白(NP)和基质蛋白(M_1)，很稳定，具有种特异性，用血清学实验可将两型病毒区分开；表面抗原为HA和NA，A型流感病毒的HA和NA容易变异，已知HA有16个亚类(H_1～H_{16})，NA有9个亚类(N_1～N_9)，它们之间的不同组成使A型流感病毒有许多亚型(如H_1N_1、H_2N_2、H_3N_3、H_7N_7……)，各亚型之间无交互免疫力。B型流感病毒的HA和NA则不易变异，无亚类之分。HA能凝集马、驴、猪、羊、牛、鸡、鸽、豚鼠和人的红细胞，不凝集兔红细胞。HA和NA都有免疫原性，血凝抑制抗体能阻止病毒的血凝作用，并中和病毒的传染性；NA抗体能干扰细胞内病毒的释放，抑制流感病毒的复制，有抗流感病毒感染的作用。

C型流感病毒的形态大小与A、B型相似，含有由7个节段组成的单股RNA。囊膜内只含有一种糖蛋白(HEF)，具有血凝、与*N*-乙酰基神经氨酸结合、破坏受体以及诱导膜融合等功能。

3. 培养特性

流感病毒能适应雪貂、小鼠、仓鼠、发育鸡胚以及许多组织培养细胞。培养病毒最好用发育鸡胚。马、猴、犊牛、雏鸡和人胚胎的肾细胞的感受性也很强，但不产生细胞病变。

4. 抵抗力

流感病毒对干燥和低温的抵抗力强，在－70℃稳定，冻干可保存数年。60℃加热20 min可使病毒灭活。一般消毒剂对流感病毒均有作用，流感病毒对碘蒸气和碘溶液特别敏感。

二、猪流感病毒

(一) 生物学特征

(1) 结构及理化特性　猪流行性感冒病毒(swine influenza virus，SIV)属于正黏病毒科A型流感病毒属。SIV中等大小，多形，有囊膜，囊膜外表有HA、NA两类纤突。囊膜内层为基质膜(M)。病毒的基因组为单股负向性RNA，核酸外面包围着核蛋白(NP)和聚合酶(P)。RNA分成8个节段，编码10种蛋白。

(2) 抗原性及血清型　猪流感病毒的表面抗原容易发生变异。它们之间的不同组合构成许多亚型。引起猪流感的主要是经典的H_1N_1、禽源H_1N_1和人源H_3N_2亚型。经典H_1N_1和禽源H_1N_1变种的抗原特性鉴定表明，这些病毒传入猪群后原有特征基本上没有改变，而H_3N_2的稳定性较差，新近的分离株与较老的原始株比较，在抗原性上已有较小的变异，当然也有例外。

(3) 培养特性　SIV在鸡胚中容易生长，尿囊腔或羊膜腔接种均可，培养温度为33～37℃。感染鸡胚通常不死，样品接种后孵化48～72 h，采集尿囊液或羊水做血凝实验。虽然鸡胚培养使用最多，但各种细胞如犊牛肾细胞、胎猪肺细胞、猪肾细胞、鸡胚成纤维细胞、人二倍体细胞等培养也已用于SIV的生长和检测。其他有猪输卵管细胞系培养和猪睾丸细胞系培养。胎猪气管、肺和鼻上皮培养和鸡、马、雪貂的气管培养也支持SIV的生长。

(4) 抵抗力　病毒对干燥和冰冻抵抗力强，对高温和一般消毒药物敏感。

(二) 致病性

猪流感病毒(H_1N_1、H_3N_2)能使各种年龄、性别、品种猪感染发病。近年来，也有对人感染的报道。表现为体温升高达40～42℃及热症候群，肌肉和关节疼痛，常卧地不起，呼吸急促，腹式呼吸，伴有阵发性痉挛性咳嗽，眼和鼻有黏性分泌物。多数病猪于6～7 d后康复。如有继发性感染，发生大叶性肺炎和肠炎，使病情加重，甚至死亡。个别病猪转为慢性，持续咳嗽，消化不良，瘦弱，长期不愈，拖至一个月以上。

(三) 微生物学诊断

(1) 病毒分离　从活猪分离病毒的最佳样品是用棉拭从鼻腔采集鼻分泌液，对于很小的仔猪，可在咽部用棉拭采样。10日龄鸡胚接种病料后最好在35℃培养，由于SIV常常不会杀死鸡胚，因此在培养72 h后可采集尿囊液。

(2) 血清学诊断　采用血凝抑制(HI)实验和神经氨酸酶抑制(NI)实验鉴定流感病毒亚型。人类样品的流感病毒分离现在较多地应用细胞培养。

(四) 防治

平时应严格执行兽医卫生防疫制度，加强饲养管理，保持猪舍清洁、干燥，防寒保暖，经常更换垫草。发现病猪立即隔离治疗或急宰。猪圈、用具、饲槽等严格消毒，防止扩散。

本病无特效药，一般采取对症治疗，应用抗生素防止继发感染，口服金刚烷胺盐酸盐可减轻热反应和病毒的排泄。也可内服中药(如银翘解毒片)进行治疗。

三、禽流感病毒

(一) 生物学特性

1. 形态及理化特性

禽流感病毒(avian influenza virus，AIV)为正黏病毒科流感病毒属 A 型流感病毒，呈多形性，病毒粒子一般为球形，有的也呈杆状或长丝状；直径为 80～120 nm；有囊膜，囊膜表面有 HA 和 NA。核衣壳呈螺旋对称。基因组为线状负股单股 RNA，大小为 10～136 kb。禽流感病毒具有血凝性。

2. 抗原性及血清型

禽流感病毒的纤突糖蛋白 HA 和 NA 是病毒的主要抗原，均能诱导机体产生中和抗体，为机体体液免疫的主要靶抗原。核蛋白(NP)是所有的禽流感病毒均具有的病毒型特异性抗原，具有较强的免疫原性，能诱导机体产生抗体。另外，NP 也是细胞毒性 T 细胞的识别靶位，能够诱导机体产生细胞免疫。

根据 HA 和 NA 的不同，禽流感病毒可分为不同的亚型，如 H_5N_1、H_5N_2 等。目前已知 HA 有 16 种，即 H_1～H_{16}，NA 有 10 种，即 N_1～N_{10}。

3. 培养特性

禽流感病毒可在鸡胚中生长，有些毒株接种鸡胚尿囊腔后可使鸡胚死亡。多数毒株能在鸡胚细胞和鸡胚成纤维细胞中生长，并产生细胞病变或形成空斑。也可在传代细胞系犬肾细胞(MDCK)中增殖。有的毒株也可在 HeLa 传代细胞内增殖。病毒在鸡、火鸡、鸭体内最易增殖，也可在小鼠、猴、水貂和猪体内增殖。

4. 抵抗力

禽流感病毒对外界环境的抵抗力不强，对高温、紫外线、各种消毒剂敏感。在日光直射下 40～48 h、65℃数分钟可全部失活。但存在于粪便、鼻液、泪水、唾液、尸体中的病毒不易被消毒剂灭活。病毒在低温和潮湿的条件下可存活很长时间，如粪便中和鼻腔分泌物中的病毒在 4℃可存活 30～35 d。禽流感病毒对乙醚、氯仿、丙酮等有机溶剂敏感，常用消毒剂易使其失活。

(二) 致病性

禽流感病毒可感染鸡、火鸡、鸭和鹌鹑等家禽及野鸟、水禽、海鸟等，对家养鸡和火鸡危害最为严重。禽类感染后的症状极为复杂，家禽感染后，可出现不显性感染、亚临床感染、轻度呼吸道疾病、产蛋量下降或急性全身致死性疾病等多种形式。由禽流感病毒引起的禽流感无特征性症状。病禽出现体温升高、精神沉郁、食欲减少、消瘦、母鸡产蛋量下降。有时也可出现呼吸道症状，咳嗽、喷嚏、呼吸困难、流泪等症状。鸡感染高致病性禽流感病毒后，可出现头和面部水肿，冠和肉垂肿大发绀，脚鳞出血。鸭、鹅等水禽有明显神经和腹泻症状，可出现角膜炎症，甚至失明。

(三) 微生物学诊断

(1) 病毒的分离鉴定　采取死禽气管、肺、肝、肾、脾、泄殖腔等组织样品；活禽用大小不等的灭菌棉拭涂擦喉头、气管或泄殖腔，处理后接种 9～11 日龄鸡胚或细胞培养，分离培养病毒。取尿囊液用鸡红细胞进行血凝实验、血凝抑制实验或酶联免疫吸附实验等，也可用荧光抗体技术、病毒中和实验等鉴定。进一步鉴定亚型需送国家级指定实验室完成。

(2) 血清学诊断　目前用于禽流感检测的方法有琼脂扩散实验、血凝抑制实验、酶联免疫吸附实验、病毒中和实验、逆转录聚合酶链式反应、免疫荧光技术及核酸探针技术。

(四) 防治

(1) 实行严格的生物安全措施，加强饲养管理。

(2) 注意预防能引起免疫抑制性疾病的病原(如马立克氏病、鸡传染性法氏囊病、贫血因子等)的感染。

(3) 鸡群免疫禽流感灭活苗。

(4) 发病后采取封锁、消毒、对病死鸡进行无害化处理等措施。

本章小结

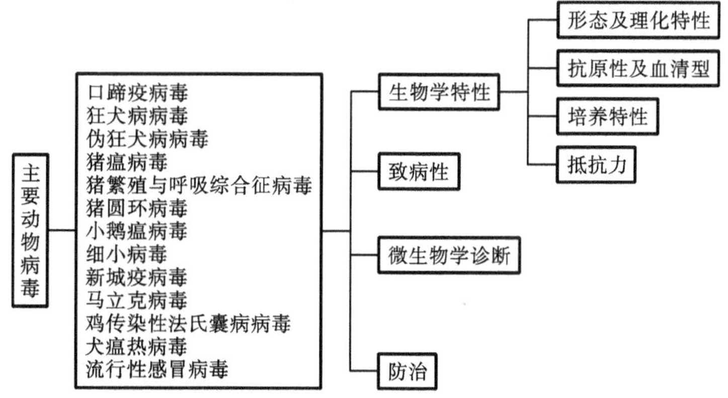

复习思考题

1. 口蹄疫有几个血清型？各型之间是否有相同抗原性？在疫苗免疫时应该注意什么？

2. 试述猪瘟病毒的微生物学诊断方法及防治策略。

3. 试述狂犬病病毒的生物学特点及微生物学诊断方法。
4. 犬瘟热病毒如何进行微生物学诊断?
5. 禽流感病毒分成哪些类型?在抗原上有何特点?微生物学诊断方法主要有哪些?
6. 试述猪繁殖与呼吸综合征病毒的生物学特点及微生物学诊断方法。
7. 新城疫病毒如何进行微生物学诊断?
8. 试述鸡传染性法氏囊病病毒的生物学特征及防治措施。

第十二章

其他病原微生物

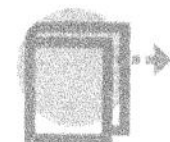

知识目标

- 了解病原性烟曲霉、黄曲霉、牛放线菌、螺旋体、支原体的主要生物学特性。
- 熟悉烟曲霉、黄曲霉、牛放线菌、螺旋体、支原体的致病性。
- 熟练掌握烟曲霉、黄曲霉、牛放线菌、螺旋体、支原体的微生物学诊断方法。

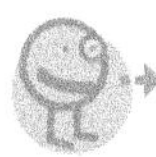

技能目标

- 能利用所学知识和技能，设计烟曲霉、黄曲霉、牛放线菌、螺旋体、支原体的实验室诊断方案，提出正确的防治措施。

引起动物发生传染病的病原除了上述介绍的细菌和病毒以外，还有许多其他病原微生物，在这里主要介绍曲霉菌、牛放线菌、猪痢疾蛇形螺旋体、钩端螺旋体、猪肺炎支原体、鸡败血支原体等。

第一节　曲霉菌

曲霉菌是丝孢目丛梗孢科的真菌，在自然界中分布广泛，也是实验室经常污染的真菌之一。曲霉菌主要存在于稻草、秸秆、谷壳、木屑及发霉的饲料中，菌丝及孢子以空气为媒介污染笼舍、墙壁、地面及用具。致病性曲霉菌有多种，常见的有烟曲霉和黄曲霉。其中烟曲霉以感染致病为主，同时也产生毒素，黄曲霉主要以所产毒素而致病。

一、烟曲霉

烟曲霉是曲霉菌属致病性最强的霉菌，主要引起家禽的曲霉性肺炎及呼吸器官组织炎症，并形成肉芽肿结节。该菌主要侵害幼禽，死亡率达 50%以上，也可感染哺乳动物和人。本菌引起的霉菌病，世界各国均有报道。

(一) 生物学特性

烟曲霉的菌丝为有隔菌丝，菌丝纵横交错，呈无色透明或微绿，分生孢子梗较短（小于 300 μm），顶囊直径为 20～30 μm，小梗单层，长 6～8 μm，末端着生分生孢子，孢子链达 400～500 μm。分生孢子呈圆形或卵圆形，直径为 2～3.5 μm，呈灰色、绿色或蓝绿色。

在葡萄糖马铃薯培养基、沙堡弱氏培养基上经 25～37℃ 培养，生长较快，菌落最初呈白色绒毛状，迅速变为绿色、暗绿色以及黑色，外观呈绒毛状，有的菌株呈黄色、绿色和红棕色。

曲霉菌孢子抵抗力强，120℃干热 1 h 或煮沸 5 min 才能杀死，常用消毒剂为 5%甲醛溶液、石炭酸、过氧乙酸和含氯消毒剂，曲霉菌在消毒剂中一般经 1～3 h 才能死亡。

(二) 致病性

烟曲霉的孢子广泛存在于空气、水和土壤中，极易在潮湿垫草和饲料中繁殖，同时产生毒素，可导致动物组织发生痉挛、麻痹，甚至死亡。烟曲霉孢子和菌丝进入家禽腔性器官并增殖，常造成器官机械性堵塞，加上毒素的作用，常表现为真菌性肺炎，尤其是幼禽敏感性极高。在潮湿环境下，曲霉孢子能穿过蛋壳进入蛋内，引起蛋品变质，在孵化期间会造成死胚，或者引起雏鸡急性曲霉菌性肺炎。

(三) 微生物学诊断

烟曲霉的检查主要根据菌丝及孢子形态而确定。

结合临床症状和病理变化进行综合诊断十分必要，微生物学检查时采取病料如病禽肺、气囊或腹腔上肉眼可见的小结节，进行切片或压片，镜检，在镜下若观察到分隔菌丝、分生孢子梗及孢子等结构，可作出初步诊断。经过病原分离才能确诊。分离培养时，取肝脏、肺脏、禽类气囊等组织，接种于马铃薯培养基上，37℃下培养 3 d，可见菌丝生长，根据繁殖菌丝末端是否膨大、分生孢子的形态大小及排列特征加以确诊。

(四) 防治

主要防治措施是加强饲养管理，保持禽舍通风干燥，不让垫草发霉，不用发霉的饲料和垫料。环境及用具保持清洁，发病时可使用制霉菌素。

二、黄曲霉

该菌主要生长在花生、玉米、谷物、花生饼、棉子饼、豆制品及鱼粉、肉制品中，产生黄曲霉毒素（aflatoxin），引起畜、禽饲料中毒和人的食物中毒。

(一) 生物学特性

黄曲霉的生物学特性和培养特征与烟曲霉相似，菌丝形态和孢子排列特征也与烟曲霉相似，但分生孢子梗壁厚而粗糙，孢子有圆形或椭圆形。黄曲霉在察氏琼脂培养基上生长较快，最适温度为 28～30℃，经 10～14 d 菌落直径可达 3～7cm，最初带黄色，然后变成黄绿色，老龄菌落呈暗色，表面平坦或有放射状皱纹，菌落反面无色或淡红色。

(二) 致病性

黄曲霉的致病性主要在于其产生的黄曲霉毒素。黄曲霉毒素是一类结构相似的化合物，可由黄曲霉菌和寄生曲霉菌产生。黄曲霉毒素的基本结构都是二氢呋喃氧杂萘邻酮的衍生物，包括一个双呋喃环和一个氧杂萘邻酮，前者为毒性结构，后者与致癌有关。从化学上可分为 B_1、B_2、G_1、G_2、B_{2a}、C_{2a}、M_1、M_2、P_1、GM_2、毒醇等多种。其中 B_1、B_2、G_1、G_2 毒力最强。种类不同，毒性也不同，但都易溶于脂溶性溶剂，耐热，煮沸不能使之破坏，在 pH 9～10 强碱溶液中，毒素能迅速分解。

黄曲霉毒素为强烈的肝脏型毒素，吸收后主要作用于肝脏，损害肝脏，中毒特征为食欲丧失，眼结膜黄染，尿呈橘黄色。该毒素可使动物发生急性或亚急性及慢性中毒，并有致癌性，也能抑制机体的细胞免疫及吞噬作用和补体的产生。

（三）微生物学诊断

本病的微生物学诊断主要是毒素的检测。从可疑饲料中提取毒素，饲喂 1 日龄雏鸭，可见肝脏坏死、出血以及胆管上皮细胞增生等，或以薄层层析法检测毒素。

（四）防治

预防措施与烟曲霉的相同，一旦发生中毒，治疗意义不大。

第二节 牛放线菌

一、生物学特性

1. 形态与染色

形态随生长环境而异，在培养基上呈短杆状或棒状，也能见少数的菌丝，菌丝无隔，直径为 0.6～0.7 μm，但有分支。革兰氏染色阳性。在动物组织和脓汁中形成大头针帽大的黄白色小颗粒，因其颜色似硫黄，故称硫黄样颗粒，也叫菌芝，是放线菌在组织中形成的菌落。此颗粒放在载玻片上压平，革兰氏染色镜检，呈菊花样。中心致密的分支状菌丝交织成团，为革兰氏染色阳性；外围棒状菌丝呈放射状排列，为革兰氏染色阴性。

2. 培养与生化特性

牛放线菌初代培养时须厌氧，适应人工培养基后可在微氧或有氧条件下生长。最适温度为 37℃，最适 pH 为 7.2～7.4，甘油、血清、葡萄糖可促进该菌的生长。

在血琼脂上，37℃培养 2 d 后形成圆形、半透明、乳白色、不溶血的粗糙型菌落，紧贴培养基上，呈小米粒状，无气生菌丝。

在葡萄糖肉汤内培养，在管底形成颗粒状沉淀，摇动时沉淀不破碎也不散开，有时形成菌膜。

本菌无运动性，无荚膜和芽孢。能发酵麦芽糖、葡萄糖、果糖、半乳糖、木糖、蔗糖、甘露糖和糊精，多数菌株发酵乳糖产酸不产气。美蓝还原实验阳性。产生硫化氢，吲哚实验阳性，尿素酶实验阳性。

3. 抵抗力

牛放线菌对干燥和高温抵抗力不强，80℃加热 5 min 可将其杀死，0.1%升汞 5 min

也可将其杀死。对青霉素、链霉素、四环素、磺胺、碘、林可霉素敏感。

二、致病性

本菌对牛、猪、马、羊和人有病原性，主要侵害牛和猪，奶牛发病率较高。牛感染本菌后主要侵害颌骨、唇、舌、咽、齿龈、头颈皮肤及肺，尤以颌骨缓慢肿大为多见，称为“大颌骨病”或“木舌病”。猪感染后病变多局限于乳房，主要出现乳房肿胀变形，也可发生“木舌病”。家兔和豚鼠也有易感性，发生类似结核的小结节。

三、微生物学诊断

主要是从病料中提取硫黄颗粒，压片镜检，结合临床症状诊断。取脓汁少许，用蒸馏水稀释，找到其中的硫黄状颗粒，在水中洗净，置于载玻片上，加一滴15%氢氧化钾溶液，加盖玻片用力按压，于显微镜下观察，可见菊花形菌块，周围有屈光性较强的放射状棒状体。如果将压片加热固定后经革兰氏染色，可发现放射状排列的菌丝，结合临床特征即可作出诊断。必要时可作病原的分离。

四、防治

(1) 防止皮肤黏膜损伤　将饲草饲料浸软，避免口腔黏膜损伤，及时处理皮肤创伤，防止放线菌菌丝和孢子的侵入。

(2) 手术治疗　手术切除放线菌硬结及瘘管，碘酊纱布填充新创腔，连续内服碘化钾2～4周。结合青霉素、红霉素、林可霉素等抗生素的使用可提高本病治愈率。

第三节　螺旋体

一、猪痢疾蛇形螺旋体

猪痢疾蛇形螺旋体是猪痢疾的病原体。该病又称血痢、黑痢、出血性痢疾、黏膜出血性痢疾等，最常发生于8～14周龄幼猪。

(一) 生物学特性

本菌呈疏松、规则的螺旋形，菌体多为2～4个弯曲，两端尖锐，形似双燕翅状。长6～10 μm，宽约0.4 μm。每端有7～9根轴丝，革兰氏染色阴性，维多利亚蓝、姬姆萨和镀银法均能使其较好着色。可通过0.45 μm孔径的滤膜。

该螺旋体严格厌氧，生长温度为36～42℃。对培养基的要求相当苛刻，通常使用含10%胎牛、犊牛或兔血清的酪蛋白胰酶消化物大豆胨汤(TSB)或脑心浸液汤(BHIB)液体或固体培养基。在TSB血琼脂上，38℃培养48～96 h可形成扁平、半透明、针尖状、强β溶血性菌落。本菌生化反应不活泼，仅能分解少数糖类。

猪痢疾蛇形螺旋体抵抗力较弱，不耐热。在粪便中5℃存活21 d，25℃存活7 d；纯培养物在4～10℃厌氧环境存活102 d以上，－80℃存活10年以上。本菌对一般消毒剂和高温、氧、干燥等敏感。

本菌有两种抗原，即脂多糖抗原和蛋白质抗原，琼脂扩散实验证明后者是此菌的特异性抗原；用琼脂扩散实验可区分猪痢疾蛇形螺旋体的血清型，目前共有8个血清型。

（二）致病性

猪痢疾蛇形螺旋体主要引起断乳仔猪发病，传播迅速，临床表现为黏液性出血性下痢，体重减轻。特征病变为大肠黏膜发生黏液渗出性（卡他性）、出血性和坏死性炎症。经口传染，传播迅速，发病率较高（约75%）而致死率较低（5%～20%），对其他畜禽无病原性。

（三）微生物学诊断

（1）镜检　采取感染猪的血液、淋巴结、胸腹腔积液、新鲜稀粪、病变结肠或其内容物，制成压滴标本或涂片镜检，或用组织切片镜检，以检查螺旋体的存在。检查需采用暗视野显微镜，染色后镜检更易于发现病原。

（2）分离培养及鉴定　采取病料，利用鲜血琼脂培养基进行厌氧培养，根据β溶血和螺旋体的形态来确定。血清凝集实验，尤其是ELISA，可用于猪群的检疫。

（四）防治

对猪痢疾目前尚无可靠或实用的免疫制剂以供预防之用。现普遍采用抗生素和化学药物控制此病。培育SPF猪，净化猪群是防治本病的主要手段。

二、钩端螺旋体

钩端螺旋体又称细螺旋体，是一群菌体纤细、螺旋致密、一端或两端弯曲呈钩状的螺旋体，简称钩体。其中大部分营腐生生活，广泛分布于自然界，尤其存活于各种水生环境中，无致病性。一部分为寄生性和致病性的螺旋体，可引起人和动物的钩端螺旋体病。

（一）生物学特性

钩端螺旋体呈纤细的圆柱形，长6～20 μm，宽0.1～0.2 μm，螺旋弧度0.2～0.3 μm，螺旋细密而规则，至少有18个，但光学显微镜下看不清楚。用暗视野检查，看上去像一串发亮的珍珠项链。菌体一端或两端弯曲呈钩状。能活泼运动，其运动形式多样，能翻转和屈曲运动，也可沿其长轴旋转运动。由于运动，菌体常呈8字、丁字或网球拍等形状或C、S、O等字母形，且此种形状可随时消失。

革兰氏染色不易着色。镀银染色法染色效果较好，但染色后看不到螺旋，只能看到一个棕色或黑色的弯曲钩状体。也可用刚果红负染。

钩端螺旋体严格需氧，对营养要求不高，在含有蛋白胨和10%新鲜灭活兔血清的柯氏（Korthof）培养基上生长良好。最适pH为7.2～7.4，最适生长温度为28～30℃，但37℃也能生长。钩端螺旋体生长缓慢，接种后2～4 d才开始生长，接种后7～14 d生长得最好。

在液体培养基中，于靠近液面1 cm处生长最旺盛，呈半透明、云雾状混浊，以后液体渐变成透明，管底出现沉淀块。在半固体培养基中，菌体生长较液体培养基中迅速、稠密而持久，在表面下数毫米处形成一个白色致密的生长层。在固体培养基上可形成无色、透明、边缘整齐或不整齐、平贴于琼脂表面的薄菌落，大者 4～5 mm，小者 0.5～1.0 mm。

钩端螺旋体对理化因素的抵抗力比其他致病性螺旋体强，湿土和水中可存活数月之久。故该病主要经污水传播。对热、酸或碱环境敏感，56℃加热 10 min，60℃加热 10 s 即可致死。4℃冰箱中可存活 1～2 周，－70℃可保存 2 年。常用浓度的各种化学消毒剂在 10～30 min 内可将其灭活。对青霉素、金霉素、四环素等抗生素敏感，但对砷制剂有抗性。

抗原结构有两种：一是表面抗原（P 抗原），其成分为蛋白质-多糖复合物，具有型特异性，是钩体分型的物质基础；二是内部抗原（共同抗原，S 抗原），为类脂多糖复合物，可刺激机体产生补体结合抗体，具有属特异性。可作为补体结合反应抗原，用于检测动物血清中相应的抗体。按内部抗原将钩端螺旋体分为若干血清群，各群又根据其表面抗原分为若干血清型。目前已发现有 19 个血清群，共 172 个血清型。

（二）致病性

钩端螺旋体常以水作为传播媒介，主要通过损伤的皮肤、眼和鼻黏膜及消化道侵入机体，最后定位于肾脏，并可从尿中排出，被感染的人畜能长期带菌，是重要的传染源。鼠类是其天然寄主，是危险的传染源。

致病性钩端螺旋体可引起人和动物发生钩端螺旋体病。家畜中猪、牛、犬、羊、马、骆驼、家兔、猫，家禽中鸭、鹅、鸡、鸽及野禽、野兽均可感染。其中，猪、牛和鸭易感性较高。发病后呈现发热、黄疸、血红蛋白尿等多种症状，是一种重点防治的人畜共患传染病。

（三）微生物学诊断

采取高热期动物血液或脏器，或恢复期肾脏组织或尿液，进行暗视野镜检或荧光抗体检查，可发现钩端螺旋体。血清学实验可应用 ELISA 和凝集溶解实验。ELISA 方法检查钩端螺旋体时特异性高，可以检出早期感染动物，具有早期诊断的意义。

（四）防治

用钩端螺旋体多价苗预防接种，可以预防本病。在本病流行期间紧急接种，一般能在 2 周内控制流行。治疗可选用链霉素、土霉素、金霉素、强力霉素等抗菌药物。

第四节　支原体

一、猪肺炎支原体

（一）生物学特性

猪肺炎支原体为猪喘气病的病原体。该菌形态多样，大小不等。在液体培养基和肺触片中，以环形为主，也多见球形和椭圆形等，可通过 300 nm 孔径的滤膜。革兰氏染色阴性，但着色不佳；用姬姆萨染色良好，呈淡紫色。

猪肺炎支原体对营养要求较高，培养基除需加猪血清外，还须添加水解乳蛋白、酵母浸液等，并要有5%～10%的CO_2才能生长。在固体培养基上培养9 d，可见针尖大露滴状菌落，边缘整齐、表面粗糙。此外，也可用鸡胚卵黄囊或猪的肺、肾、睾丸等单层细胞培养。

本菌对土霉素、四环素、螺旋霉素等敏感。对外界环境抵抗力不强，在动物体外存活一般不超过36 h。1%氢氧化钠溶液、20%草木灰等均可在数分钟内将其杀死。

（二）致病性

猪肺炎支原体能引起猪气喘病，为慢性呼吸系统疾病。只感染猪，不同年龄、性别、品种的猪均可感染，但以哺乳仔猪和幼猪最为易感。经呼吸道传播。该病的特征是咳嗽、气喘、生长受阻。本病死亡率不高，但严重影响猪的生长发育，给养猪业带来严重危害。

（三）微生物学诊断

猪肺炎支原体主要存在于病猪的肺组织、肺门淋巴结及鼻腔、气管的分泌物中。采取病料时应无菌采取肺脏病变区和正常部交界处组织，并取支气管。将采取的病料研磨成乳剂，通过滤器除去杂菌，选择适宜的培养基进行分离培养，根据该菌的菌落特征及菌体特征诊断。进一步确诊需要经过血清学实验、动物接种实验等。

（四）防治

预防本病时接种猪气喘病冻干兔化弱毒菌苗，有一定的免疫效果。临床的预防和治疗还可选用广谱抗生素，如土霉素、卡那霉素、泰乐菌素等。

二、禽败血支原体

（一）生物学特性

禽败血支原体通常呈球状或球杆状，有的呈丝状，细胞的一端或两端具有“小泡”极体，该结构与菌体的吸附性有关。革兰氏染色呈弱阴性，姬姆萨或瑞氏染色着色良好。

本菌为需氧或兼性厌氧，对营养要求较高，培养时须加灭活血清才能生长。在固体培养基上经3～10 d可形成圆形、表面光滑透明、边缘整齐、露滴样的小菌落，直径为0.2～0.3 mm，菌落中央有颜色较深而致密的乳头状突起。该菌落能吸附猴、大鼠、豚鼠和鸡的红细胞，这种凝集现象能被相应的抗体所抑制。本菌也可在7日龄鸡胚卵黄囊内生长，接种5～7 d鸡胚死亡。

禽败血支原体对外界环境抵抗力不强，在体外迅速死亡，对大多数消毒药及链霉素、泰乐菌素、红霉素、螺旋霉素等敏感。对热敏感，45℃ 1 h或50℃ 20 min即可灭活。经低温冻干后在4℃可存活7年。

（二）致病性

禽败血支原体又名鸡毒霉形体，是鸡和火鸡等多种禽类慢性呼吸道病或火鸡传染性窦炎的病原，引起鸡和火鸡的鼻窦炎、眶下窦炎、肺炎和气囊炎。发病后多呈慢性经过，病程长，生长受阻，可造成很大的经济损失。

（三）微生物学诊断

1. 病原分离鉴定

（1）病料采取　可采取发病初期鼻腔及气管分泌物，或病死禽增厚的气囊壁及其干

酪样渗出物。如病料有污染，可制成悬液，接种到 7 日龄雏鸡鼻腔或气管，待雏鸡发病后，取其肺脏或气囊分离病原。

(2) 病原分离　禽败血支原体在固体培养基上，于 37～38℃培养 2～7 d，可形成典型的乳头状小菌落，有时菌落呈煎蛋样或脐状。在液体培养基上，肉汤可发生轻度混浊。如果将液体培养物离心，取沉淀物以少量蒸馏水重悬，涂片干燥，甲醇固定 3～5 min，放入姬姆萨染色液中浸染 0.5 h，水洗、吸干后镜检，可见菌体呈丝状、环状或多形态，着色淡，革兰氏染色阴性。

2. 血清学检验

血清平板凝集实验操作快速、简捷、敏感，在生产中应用较广。采集可疑血清 0.02 mL，滴于载玻片上，与 0.03 mL 特异性抗原混合，充分搅动 2～3 min，如果出现明显的碎片状凝集，即为阳性。也可用全血代替血清进行平板凝集实验。另外，琼脂扩散实验、红细胞凝集抑制实验等血清学方法也可用于检查禽败血支原体。

(四) 防治

本病可用禽败血支原体弱毒苗或灭活油乳剂苗免疫种鸡群，商品鸡生产中多采用药物预防，另外做好消毒等其他综合防治措施。发病鸡的治疗可选用泰乐菌素、红霉素、林可霉素、土霉素、恩诺沙星等抗菌药物。

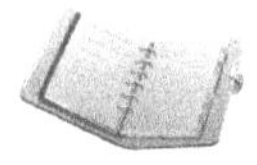

本章小结

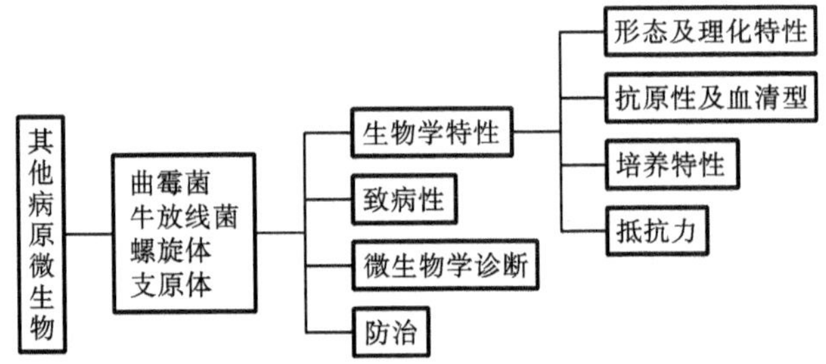

复习思考题

1. 烟曲霉的形态结构有哪些特点？如何进行微生物学诊断？
2. 简述牛放线菌的致病作用及微生物学诊断要点。
3. 怎样从形态染色检查钩端螺旋体？钩端螺旋体引起哪些动物发病？
4. 检查猪肺炎支原体时，如何进行病料采取和分离培养？
5. 简述禽败血支原体的致病作用及微生物学诊断要点。

第四篇

微生物的应用

第十三章

生物制品及其应用

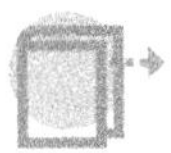

知识目标

- 了解生物制品的概念、命名及分类。
- 掌握常用动物疫苗和血清的种类、使用方法和实际应用。
- 了解动物疫苗和血清的制备过程及检验程序。

技能目标

- 能正确使用常用疫苗及血清。

第一节　生物制品的概念及命名

一、生物制品的概念

利用微生物、寄生虫及其组织成分或代谢产物以及动物或人的血液与组织液等生物材料为原料，通过生物学、生物化学以及生物工程学的方法制成的，用于传染病或其他疾病的预防、诊断和治疗的生物制剂称为生物制品。而专门用于动物免疫预防、诊断和治疗的生物制剂则称为兽医生物制品。狭义的生物制品是指利用微生物及其代谢产物或免疫动物而制成的，用于传染病的预防、诊断和治疗的各种抗原或抗体制剂。它主要包括疫苗、免疫血清和诊断液三大类。

二、生物制品的命名

根据《中华人民共和国兽用生物制品质量标准》规定，生物制品命名原则有 10 条。

(1) 生物制品的命名原则以明确、简练、科学为基础原则。

(2) 生物制品名称不采用商品名或代号。

(3) 生物制品名称一般采用“动物种名十病名+制品名称”的形式。诊断制剂则在制品种类前加诊断方法名称。例如:牛巴氏杆菌病灭活苗、马传染性贫血活疫苗、猪支原体肺炎微量间接血凝抗原。特殊的制品命名可参照此方法。病名应为国际公认的、普遍的称呼,译音汉字采用国内公认的习惯定法。

(4) 共患病一般可不列动物种名。例如:气肿疽灭活苗、狂犬病灭活苗。

(5) 由特定细菌、病毒、立克次氏体、螺旋体、支原体等微生物以及寄生虫制成的主动免疫制品,一律称为疫苗。例如:仔猪副伤寒活疫苗、牛瘟活疫苗、牛环形泰勒虫疫苗。

(6) 凡将特定细菌、病毒等微生物及寄生虫毒力致弱或采用异源毒制成的疫苗,称为活疫苗;用物理或化学方法将其灭活后制成的疫苗,称为灭活苗。

(7) 同一种类不同毒(菌、虫)株(系)制成的疫苗,可在全称后加括号注明毒(菌、虫)株(系)。例如:猪丹毒活疫苗(GC_{42}株)、猪丹毒活疫苗(G_4T_{10}株)。

(8) 由两种以上的病原体制成的一种疫苗,命名采用“动物种名+若干病名+x联疫苗”的形式。例如:羊黑疫、快疫二联灭括疫苗,猪瘟、猪丹毒、猪肺疫三联活疫苗。

(9) 由两种以上血清型制备的一种疫苗,命名采用“动物种名+病名+若干型名+x价疫苗”的形式。例如:口蹄疫O型、A型双价活疫苗。

(10) 制品的制造方法、剂型、灭活剂、佐剂一般不标明。但为区别已有的制品,可以标明。

第二节 临床常用生物制品及其应用

常用的生物制品有疫苗、免疫血清和诊断液三大类,主要用于传染病的预防、诊断和治疗。

一、疫苗

利用病原微生物、寄生虫及其组分或代谢产物制成的,用于人工主动免疫的生物制品称为疫苗。通过接种疫苗,刺激动物体产生免疫应答,从而抵抗特定病原微生物或寄生虫的感染,以达到预防疫病的目的。

过去习惯上将细菌制成的制剂称为菌苗,将病毒或立克次氏体制成的制剂称为疫苗,而将细菌外毒素经过甲醛脱毒制成的制剂称为类毒素。随着科学技术的不断发展,近年来已经出现了一些应用基因工程技术制备提纯疫苗或通过人工合成有效抗原成分制成的免疫制剂,但是按照世界卫生组织的统一叫法,一般统称为疫苗。

在兽医临床上使用的疫苗种类繁多,根据不同的分类标准有多种分类方法。

(一) 按生产工艺分

按生产工艺分为传统疫苗和新型疫苗。

1. 传统疫苗

传统疫苗是指采用病原微生物及其代谢产物,经过人工减毒、脱毒、灭活等方法制成的免疫制剂。如猪瘟兔化弱毒苗。

2. 新型疫苗

新型疫苗是相对于传统疫苗而言的，一般是指用遗传重组、基因工程、蛋白质工程等现代生物技术生产的疫苗，与传统疫苗相比，制备的新型疫苗用的不是自然的、完整的病原体，而是病原体的部分成分，或突变的病原体。如伪狂犬病 TK 基因缺失疫苗、口蹄疫病毒 VP1 亚单位疫苗等。

虽然对于新型疫苗的研究和报道较多，但是由于生产成本、安全性评价以及政府对生物制品的管理等方面的原因，目前国内兽医临床上使用的疫苗仍然以传统疫苗为主，不过，新型疫苗是其主要的发展方向。

(二) 按疫苗的性质分

按疫苗的性质分为活疫苗(活苗)、灭活苗(死苗)和类毒素。

这是最基本的，也是最常用的分类方法。

1. 活疫苗

活疫苗简称活苗，有强毒苗、弱毒苗和异源苗三种。

(1) 强毒苗　此类疫苗是应用最早的疫苗种类，在使动物具有较强的免疫力的同时，也对动物具有较强的致病力，该类疫苗只有在饲养条件较好的养殖场应用。强毒疫苗如禽传染性喉气管炎病毒、鸡新城疫病毒Ⅰ系等，因这类疫苗使用的要求较高，且可能存在一定的风险，所以目前市场上的强毒苗较少。

(2) 弱毒苗　此类疫苗是目前使用最广泛的疫苗。在一定条件下，使病原微生物毒力减弱，但仍保持良好的免疫原性或筛选自然弱毒株，扩大培养后制成的疫苗为弱毒疫苗，如鸡新城疫Ⅱ系、Ⅳ系弱毒苗。弱毒苗的优点是能在动物体内有一定程度的增殖，免疫剂量小，免疫保护期长，不需要使用佐剂，应用成本低。缺点是弱毒苗有散毒的可能或有一定的组织反应，难以制成联苗，运输保存条件要求高，现多制成冻干苗。

(3) 异源苗　此类疫苗是用具有共同保护性抗原的不同种病毒制成的疫苗。例如，用火鸡疱疹病毒(HVT)预防鸡马立克氏病，用鸽痘病毒疫苗预防鸡痘等。

2. 灭活苗

灭活苗又称灭活疫苗、死苗，是选用免疫原性强的病原微生物经人工培养后用理化方法将其灭活制成的疫苗。如鸡传染性法氏囊油乳剂灭活苗。灭活苗的优点是研制周期短，使用安全，易于保存和运输，容易制成联苗或多价苗；缺点是不能在动物体内增殖，使用剂量大，免疫保护期短，通常需加佐剂以增强免疫效果，常需多次免疫且只能注射免疫。

3. 类毒素

类毒素是利用细菌的代谢产物(如毒素、酶等)制成的疫苗。破伤风毒素、白喉毒素、肉毒毒素经甲醛灭活后制成的类毒素有良好的免疫原性，可作为主动免疫制剂，如预防破伤风用的破伤风类毒素就是成功的例子。另外，致病性大肠杆菌肠毒素、多杀性巴氏杆菌的攻击素和链球菌的扩散因子等都可用做类毒素。

一般来说，活苗可比灭活苗诱导更好的免疫力，但需要注意的是，活疫苗因接种后在适当的组织中能产生一定量的短暂增殖，一般只需接种一次，免疫效果好而持久，缺点是改种疫苗多需要冷冻保存，其储存和运输的条件要求和成本较高，而灭活苗进入动物体后不再有继续存活和繁衍的能力，因此需要足够的抗原量刺激免疫应答反应，这就要靠多次注射来弥补抗原剂量的不足，且剂量要比活疫苗大些，而为了获得良好而持久的免疫力，常分为 2～3 次注射来完成。

（三）按剂型分

按剂型分为液体疫苗和冻干苗。

1. 液体疫苗

液体疫苗一般为灭活苗，该类疫苗一般为常温或冷藏保存，不易受温度影响，使用时直接注射就行。

2. 冻干苗

冻干苗是加入保护剂后，经冷冻真空干燥制成，使用时加入稀释液溶解即可。该类疫苗的优点是保存和使用的时间较长，但一般要冷冻保存。

虽然理论上两者的免疫保护力没有明显的差别，但是在生产实践中冻干苗在运输和保存中都要求低温冷冻，在该过程中为达到要求可能影响疫苗的保质期和免疫效果，因此养殖场（户）在选择冻干苗时一定要选择储存和运输有保障的厂家或经销商的产品，以免因保存问题而影响免疫效果。

（四）按疫苗包含的品种分

按疫苗包含的品种分为单联苗和多联苗。

1. 单联苗

单联苗是应用一种病原微生物制成，因而只能预防单一疾病。如狂犬病疫苗。

2. 多联苗

多联苗是应用多种病原微生物联合制成，可以预防多种疾病，因此又称联苗。根据所联合的微生物的种类不同，一般又分为二联苗、三联苗、四联苗等，如包含猪瘟、肺疫和丹毒的猪三联苗，犬五联苗等。

理论上讲，由于多联苗之间可能存在一定的免疫影响，因此多联苗的免疫效果不如单联苗好，但是多联苗一次应用可以免疫多种疾病，故操作方便，成本低。在生产实践中，建议养殖场（户）对于那些在当地流行范围较广、危害较大的疫病尽可能选择单联苗，若不能达到则应在基础免疫或加强免疫中至少有一次选用单联苗，以确保免疫效果；对于危害相对较轻的可以选用多联苗，以降低生产成本。

（五）其他新型疫苗

1. 亚单位疫苗

亚单位疫苗是通过破碎细菌或病毒，去除病原微生物中有害成分和对激发机体保护性免疫无用的成分，或将选定的免疫原或抗原决定簇的编码基因引入细菌、酵母菌、昆虫细胞或引入能连续传代的哺乳动物细胞内，从而获得一种或几种主要抗原成分所制成的疫苗。此类疫苗只含有特定的保护性抗原，不含其他无关成分，毒性低，安全性好，接种后不引起过敏反应或其他副作用。如流感病毒的血凝素疫苗、口蹄疫亚单位疫苗等均属于

亚单位疫苗。亚单位疫苗的不足之处是制备困难，价格昂贵。降低成本是推广的关键。

2. 合成肽疫苗

合成肽疫苗也称为表位疫苗或第三代疫苗，是应用人工方法设计、合成或以基因工程制备的小肽，该类物质具有类似天然抗原决定基，而又不含微生物的核酸，因此在产生保护性免疫的同时又绝对安全。但由于合成的小肽分子小，免疫原性比完整蛋白或灭活病毒弱得多。当前已合成的多肽疫苗有口蹄疫、流感等。

3. 基因工程活载体疫苗

选择免疫原的编码基因，插入活的微生物载体并能随着微生物在宿主体内的繁殖而表达。已经用做活载体的细菌有沙门菌和大肠杆菌等，病毒有禽痘病毒、疱疹病毒。此种疫苗集中了减毒疫苗和死疫苗的优点，并且能同时容纳几种病原微生物或一种病原微生物几个血清型的免疫原编码基因以及白细胞介素基因，制成多联或多价疫苗。但活载体疫苗一次免疫往往免疫期不长，而二次免疫因受到已建立的免疫应答的排斥而往往无效。目前国外用痘苗病毒构建的重组疫苗有流感、狂犬病、鸡新城疫、鸡传染性支气管炎等。

4. 基因工程缺失苗

利用基因工程让与病原体毒力有关的基因缺失，但不明显影响其复制能力，不破坏其作为疫苗株的免疫性。此种疫苗毒力弱，不会返祖，安全性好。我国研制出的猪伪狂犬病胸腺核苷激酶基因缺失疫苗(TK 和 gp3)已投入使用，收到了良好的效果。

5. 基因疫苗

基因疫苗又称 DNA 疫苗或核酸疫苗。将具有抗原性的 DNA 一部分直接克隆到某种载体上，然后直接注射到动物体内，产生的抗原激活机体的免疫系统，引起免疫应答。此苗安全性好，当前正在研制的基因疫苗有牛疱疹病毒感染、牛病毒性腹泻、狂犬病、流感、结核及猪瘟的基因疫苗。

6. 转基因植物疫苗

用转基因方法将外源性保护性抗原基因导入可食用植物细胞基因中，外源性抗原即可在植物中稳定地表达和积累，动物采食后达到免疫接种的目的。常用的转基因植物有香蕉、马铃薯、番茄等。该类疫苗的最大优点是可大规模地生产，无病原污染的机会，可直接食用获得免疫，无副作用。目前研制的转基因植物疫苗有大肠杆菌 LT-B 基因、狂犬病病毒糖蛋白基因、口蹄疫病毒 VP1 基因及猪传染性胃肠炎病毒 S 蛋白基因等。

7. 寄生虫疫苗

目前较为理想的寄生虫疫苗不多。多数研究者认为，只有活的虫体才能诱发机体产生保护性免疫。国际上有些国家使用犬钩虫疫苗及抗球虫活苗等，收到了良好的免疫效果，有些国家还相继生产了旋毛虫虫体组织佐剂苗、猪全囊虫匀浆苗、弓形体佐剂苗和伊氏锥虫致弱苗等。

总的来说，传统疫苗虽然成本低，免疫原性良好，但减毒疫苗、灭活苗有潜在致病性，制苗病毒有潜在致癌性，亚单位疫苗存在免疫反应不完全性。新型疫苗是以现代生物学技术为基本方法的分子水平的疫苗，虽然安全、稳定，但大多数尚处于实验研究阶段，要广泛地用于生产中还有大量的工作要做，在其研制与开发方面还会有很长的路要走。对于新型疫苗，用户在选择和应用时应当注意的是要关注其免疫效果，即保护率和持续时间，而不应该关注改种疫苗使用了多么先进的技术或生产方法，即使应用了再先进的技术或方法，如果达不到相应的免疫效果，那么它也不是一种好疫苗。

二、免疫血清

动物经反复多次注射同一种抗原物质（菌苗、疫苗、类毒素等）后，机体体液中尤其血清中产生大量抗体，由此分离所得的血清称为免疫血清，又称高免血清或抗血清。免疫血清注入机体后产生免疫快，但免疫持续期短，常用于传染病的紧急预防和治疗，属人工被动免疫。临床上常用的有抗炭疽血清、抗猪瘟血清、抗小鹅瘟血清、抗鸭病毒性肝炎血清、破伤风抗毒素等。

1. 分类

根据制备免疫血清所用抗原物质的不同，免疫血清可分为抗菌血清、抗病毒血清和抗毒素（抗毒素血清）。

（1）抗菌血清　在 20 世纪 40 年代以前曾用抗肺炎、抗百日咳、抗炭疽等抗菌血清治疗有关疾病。自从磺胺类药物和抗生素大量应用后，已极少应用于临床治疗。但对一些耐药菌株引起的感染，可用抗菌血清治疗。如对绿脓杆菌引起的感染的治疗。

（2）抗病毒血清　用病毒免疫动物，取其血清精制而成。目前对病毒病的治疗尚缺乏特效药物。故在某些病毒病的早期或潜伏期，可考虑用抗病毒血清治疗。如用抗狂犬病病毒血清与抗狂犬疫苗同时对被狂犬严重咬伤者进行注射，可防止狂犬病的发生。

（3）抗毒素　将类毒素多次免疫动物（常用马）后，采取动物的免疫血清，经浓缩纯化后制得，主要用于治疗细菌外毒素所致疾病。常用的有白喉抗毒素、破伤风抗毒素。

2. 注意事项

免疫血清一般保存于 2～8℃的暗处，冻干制品在 −15℃以下保存。使用时应注意以下几点。

（1）早期使用　抗毒素具有中和外毒素的作用，抗病毒血清具有中和病毒的作用，这种作用仅限于未和组织细胞结合的外毒素和病毒，而对已和组织细胞结合的外毒素、病毒及产生的组织损害无作用。因此，用免疫血清治疗时，愈早愈好，以便使毒素和病毒在未达到侵害部位之前，就被中和而失去毒性。

（2）多次足量　应用免疫血清治疗虽然有收效快、疗效高的特点，但维持时间短，因此必须多次足量注射才能收到好的效果。

（3）血清用量　要根据动物的体重、年龄和使用目的来确定血清用量，一般大动物预防用量为 10～20 mL，中等动物预防用量 5～10 mL，家禽预防用量 0.5～1 mL，治疗用量 2～3 mL。

（4）途径适当　使用免疫血清适当的途径是注射，而不能经口途径。注射时以选择吸收较快者为宜。静脉吸收最快，但易引起过敏反应，应用时要注意预防。另外，也可选择皮下或肌肉注射。静脉注射时应预先加热到 30℃左右，皮下注射和肌肉注射量较大时应多点注射。

（5）防止过敏　用异种动物制备的免疫血清使用时可能引起过敏反应，最好用提纯制品。给大动物注射异种血清时，可采取脱敏疗法注射，必要时应准备好抢救措施。

目前，国内使用的疫苗还不能完全有效地控制某些鸡病的流行，又无相应的免疫血清，用卵黄抗体进行防治常收到较好的效果。通过免疫注射产蛋鸡，即可由它生产的蛋黄中提取相应的抗体，并可用于相应疾病的预防和治疗，这类制剂称为卵黄抗体。例如鸡爆发鸡传染性法氏囊病时，用高效价传染性法氏囊病卵黄抗体紧急接种，可以取得良好的防治效果。卵黄抗体的应用应考虑防止内源和外源病原微生物的污染。

三、诊断液

利用微生物、寄生虫或其代谢产物，以及含有其特异性抗体的血清制成的，专供传染病、寄生虫病或其他疾病诊断以及机体免疫状态检测用的生物制品，称为诊断液。

诊断液包括诊断抗原和诊断抗体(血清)。诊断抗原包括变态反应性抗原和血清学反应抗原，如结核菌素、布氏杆菌素等均是变态反应性抗原，对于已感染的机体，此类诊断抗原能刺激机体发生迟发型变态反应，从而来判断机体的感染情况。血清学反应抗原包括各种凝集反应抗原，如鸡白痢全血平板凝集抗原、鸡支原体病全血平板凝集抗原、布氏杆菌病试管凝集及平板凝集抗原等；沉淀反应抗原，如炭疽环状沉淀反应抗原、马传染性贫血琼脂扩散抗原等；补体结合反应抗原，如鼻疽补体结合反应抗原、马传染性贫血补体结合反应抗原等。应该指出的是在各种类型的血清学实验中，用同一种微生物制备的诊断抗原会因实验类型的不同而有差异，因此，在临床使用时应根据实验类型选用适当的诊断抗原。

诊断抗体包括诊断血清和诊断用特殊抗体。诊断血清是用抗原免疫动物制成的，如鸡白痢血清、炭疽沉淀素血清、魏氏梭菌定型血清、大肠杆菌和沙门菌的因子血清等。此外，单克隆抗体、荧光抗体、酶标抗体等也已作为诊断制剂而得到广泛应用，研制出的诊断试剂盒也日益增多。

第三节　临床常用生物制品的制备及检验

生物制品作为一类特殊的药品，其生产环节和质量检验必须严格按照法规、程序和标准进行。只有这样，才能保证对动物疾病防治和诊断的可靠性和准确性，以及人畜和环境的安全性。生物制品种类繁多，生产中用量较大的有疫苗和免疫血清两大类。

一、疫苗的制备及检验

(一) 菌种、毒种的一般要求

菌种、毒种是国家的重要生物资源，世界各国都为此设置了专业性保藏机构。用于疫苗生产的菌种和毒种应该符合要求。

1. 背景资料完整

我国《兽医生物制品制造及检验规程》规定，经研究单位大量研究选出并用于生产的现有菌种、毒种，均由中国兽医药品监察所或中国兽医药品监察所委托分管单位负责供应，而且其分离地、分离纯化时间等背景资料必须记录完整。

2. 生物学特性典型

形态、生化、培养、免疫学及血清学特性以及对动物的致病性和引起细胞病变等均应符合标准，同时，用于制苗的菌种和毒种的血清型必须清楚。

3. 遗传性状稳定

菌种、毒种在保存、传代和使用过程中，因受各种因素影响容易变异，因此，菌种和毒种遗传性状必须稳定。

（二）菌种、毒种的鉴定与保存

1. 菌种、毒种的鉴定

在疫苗生产之前，要鉴定所用菌（毒）种的毒力、免疫原性及稳定性，确定强毒菌（毒）种对本动物、实验动物或鸡胚的致死剂量，弱毒株的致死和不致死动物范围及接种的安全程度，通过强毒攻击免疫后动物，确定制造疫苗所用菌（毒）种的免疫原性；对制造弱毒活苗菌（毒）种需反复传代和接种易感动物，以检查其毒力是否异常增强。

2. 菌种、毒种的保存

为了保持稳定性，最好采用冷冻真空干燥法保存菌种和毒种。冻干的细菌、病毒分别保存于 4℃和－20℃以下，液氮是长期保存菌种的理想介质。

（三）灭活、灭活剂与佐剂

1. 灭活与灭活剂

疫苗生产中的灭活是指破坏微生物的生物学活性、繁殖能力和致病性，但尽可能保持其原有免疫原性的过程。灭活的方法有物理法和化学法两种。加热法是一种常见的物理灭活法，但疫苗生产上主要采用化学灭活法。

用来进行灭活的试剂称为灭活剂，如甲醛、苯酚、结晶紫及烷化剂等。其中甲醛应用最为广泛。甲醛的灭活作用是其醛基能够破坏微生物蛋白质和核酸的基本结构，导致微生物死亡而失去感染力。一般需氧菌和厌氧菌所用甲醛的浓度分别为 0.1%～0.2%和 0.4%～0.5%，37～39℃处理 24 h 以上，如气肿疽灭活苗常用 0.5%甲醛 37～38℃灭活 72～96 h；灭活病毒所用甲醛浓度为 0.05%～0.4%（多数为 0.1%～0.3%），而灭活类毒素多用 0.3%～0.5%甲醛。

2. 佐剂

本身无免疫原性，但与抗原物质合用能增强抗原的免疫原性和机体免疫应答，或改变机体免疫应答类型的物质称为佐剂。佐剂能提高抗原的免疫原性，增加抗原分子的表面积，延长抗原在体内的存留时间，增强机体特异性及非特异性免疫反应。

佐剂必须是无毒、无致癌性及其他副作用，而且易于吸收、吸附力强的纯净化学物质。佐剂疫苗保存 1～2 年后应不引起不良反应，效力无明显改变。

氢氧化铝和白油-Span 佐剂是应用最为广泛的储存性佐剂。

氢氧化铝胶又称铝胶，是常用佐剂之一，它既有良好的吸附性，又能浓缩抗原，减少注苗剂量。铝胶成本低，使用方便，且基本无毒，因而是动物疫苗的常用佐剂。我国目前在生产猪瘟-猪丹毒-猪肺疫三联苗及单价猪肺疫苗时，三联苗中的猪肺疫苗和单价猪肺疫苗用铝胶稀释比用生理盐水稀释的免疫效果更好。不过，铝胶也有不足之处，如易引起轻度局部反应，冻后易变性，不引起明显的细胞免疫，可能对动物神经系统有影响等。

白油-Span佐剂是当前的主要油乳佐剂，该佐剂用轻质矿物油即白油作油相，Span-80或Span-85及吐温-80作为乳化剂。配制时可将白油与Span-80按94：6比例混合，再加总质量2%的硬脂酸铝熔化混匀后，116℃高压灭菌30 min即为油相，将抗原溶液和吐温-80以96：4比例混合作为水相，再将油相和水相按1：1比例充分混匀，达到完全均质化即可。研究证明，同时含油相和水相乳化剂的疫苗比仅含油相的疫苗免疫效果好，在37℃体温条件下更稳定，黏度也低。

(四) 疫苗的制备

1. 细菌性灭活苗的制备

细菌性灭活苗的生产工艺流程如图4-13-1所示。

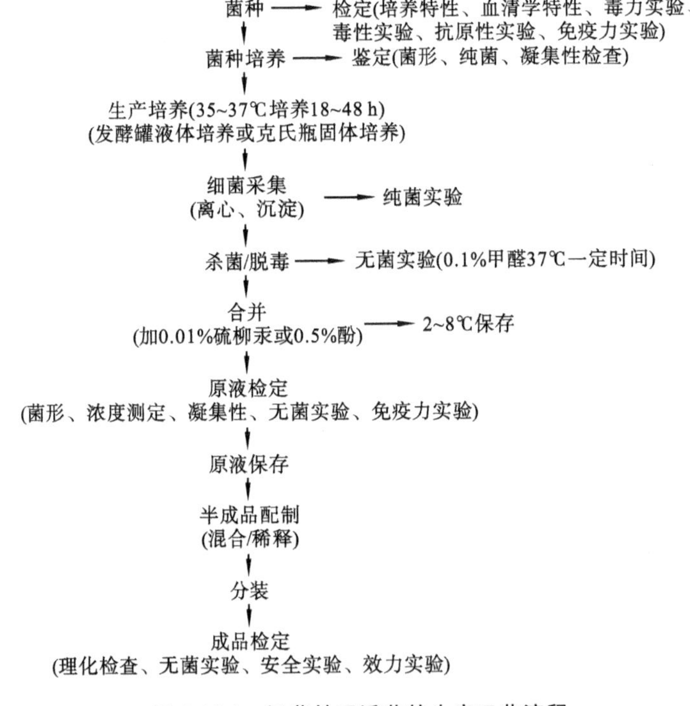

图4-13-1 细菌性灭活苗的生产工艺流程

此过程都必须在无菌条件下按照无菌操作进行。

(1) 种子培养　选取1～3个品系毒力强、免疫原性好的菌株，按规定定期复壮和鉴定，将合格菌种增殖培养并经无菌检验、活菌计数达到标准后作为种子液。种子液保存于2～8℃暗处，在有效期内用完。

(2) 菌液培养　选用固体表面培养、液体静置培养、液体深层通气培养或连续培养法，对种子液进行培养。一般固体培养易获得高浓度细菌悬液，含培养基成分少，但生产量较小，因此大量生产疫苗时常用液体培养法。

(3) 灭活与浓缩　灭活时要根据细菌的特性选用有效的灭活剂和最适灭活条件。如猪丹毒氢氧化铝苗可加入 0.2%～0.5%甲醛，37℃灭活 18～24 h。此外，为提高某些灭活苗的免疫力，常采用离心沉降或氢氧化铝吸附沉淀等方法使菌液浓缩一倍以上。

(4) 配苗与分装　配苗即按比例加入佐剂，可根据具体情况在灭活同时或之后进行。配苗须达到充分混匀，分装后立即加塞、贴签或印字。

2. 细菌性活疫苗的制备

细菌性活疫苗的生产工艺流程如图 4-13-2 所示。

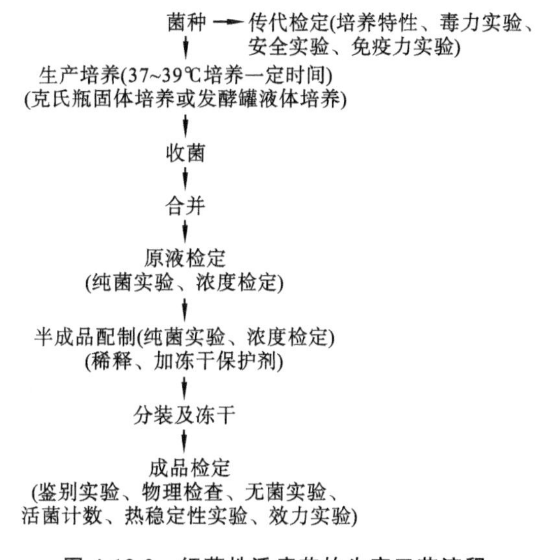

图 4-13-2　细菌性活疫苗的生产工艺流程

(1) 种子液及菌液培养　选择合格的弱毒菌种增殖培养形成种子液，种子液在 0～4℃可保存 2 个月。按 1%～3%的比例将种子液接种于培养基，依不同菌苗的要求制备菌液。如猪丹毒弱毒苗在深层通气培养中要加入适当植物油作消泡剂，并通入过滤除菌的热空气。菌液于 0～4℃暗处保存，经抽样无菌检验、活菌计数合格后使用。

(2) 浓缩、配苗与冻干　利用吸附剂吸附沉降和离心沉降等方法浓缩菌液可以提高单位活菌数，增强疫苗的免疫效果。浓缩菌液应抽样做无菌检验及活菌计数。将检验合格的菌液按比例加入冻干保护剂(如 5%蔗糖脱脂乳)配苗，充分摇匀后立即分装。随后将菌苗迅速放入冻干柜预冻和真空干燥，并立即加塞、抽空、封口，移入冷库保存后由质检部门抽样检验。

3. 病毒性组织苗的制备

(1) 种毒与接种　可选用抗原性优良、致病力强的自然毒株的脏器组织毒种作为种毒，也可选用强毒株的增殖培养物，还可选用弱毒株组织毒种作为种毒，但都必须经纯度检验及免疫原性检验合格后才能使用；被接种的动物应该是清洁级(二级)以上，且对种毒易感性高的动物，接种途径可依生产目的和病毒性质分别选用脑内、静脉、肌肉、皮下或腹腔注射等，如狂犬病疫苗是用兔脑毒种通过绵羊脑内接种途径获得。此外，接种后应每天观察和检查动物的各项指标，如精神、食欲和体温等。

（2）收获与制苗　根据观察和检查的结果选出符合要求的发病动物，按规定方式剖杀，收集含毒量高的组织器官，如兔出血症组织灭活苗常收获病兔肝脏。制备弱毒苗需按无菌操作剔除脏器上的脂肪与结缔组织，称重后剪碎并加适量保护剂制成匀浆，过滤和适当稀释后加余量保护剂及青霉素和链霉素各 500～1000 IU/mL，充分摇匀并于 0～4℃处理，再检验纯度并测定毒价，合格者分装并冻干。制备组织灭活苗可收获组织脏器，经纯度检验和毒价测定，合格者按比例加平衡液和灭活剂制成匀浆，分装和标记，0～4℃保存。

4. 病毒性禽胚苗的制备

（1）种毒与接毒　目前，痘病毒、鸡新城疫、禽流感等疫苗仍利用禽胚特别是鸡胚制备。适应于鸡胚的种毒多系弱毒且为冻干毒种，使用前需在鸡胚上继代复壮 3 代以上和检验合格后才可用于生产；用于接毒的鸡胚必须来自 SPF（无特定病原动物）鸡群，以免除母源抗体及残留抗生素的影响。常用的接种途径有卵黄囊接种（5～8 日龄鸡胚）、尿囊腔接种（9～11 日龄鸡胚）、羊膜腔接种（10～12 日龄鸡胚）、绒毛尿囊膜接种（11～13 日龄鸡胚），接种后观察胚的活力，记录鸡胚死亡时间。

（2）收获与配苗　通常选择接毒后 48～120 h 内死亡的鸡胚，收获的组织依接种途径、病毒种类而定，主要有绒毛尿囊膜尿囊液、羊水及胎儿，冷却后经纯度检验，按比例加入抗生素后才可用于制造湿苗或冻干苗。

5. 病毒性细胞苗的制备

（1）培养液与细胞　培养液包括细胞培养液与病毒增殖维持液，前者含 5%～10%血清，而后者仅含 2%～5%血清。常用的细胞培养液有 MEM、DMEM 等。制造疫苗用细胞通常有原代细胞、二倍体细胞和传代细胞系。常选用来源广、生命力强及病毒适应性强的细胞，如鸡胚成纤维细胞（生产鸡新城疫Ⅰ系苗）、地鼠肾细胞（BHK21 细胞）以及非洲绿猴肾细胞（Vero 细胞）等培养病毒。

（2）接毒、收获和配苗　将种毒继代培养在适宜细胞的单层培养物上，适应后用做毒种。通常先培养出完整的细胞单层，倾去培养液，然后接种病毒，如猪水疱病弱毒病毒，待病毒吸附后加入维持液继续培养，待出现 70%以上细胞病变时即可收获病毒，这称为异步接种。有的病毒采取同步接种，即在接种细胞同时或不久接种病毒，使细胞和病毒同时增殖，如细小病毒，培养一定时间后收获。收毒的时间和方法依疫苗性质而定，有的将培养瓶冻融数次后收集，或者加入 EDTA-胰蛋白酶液将细胞消化分散后收取。收获的细胞毒经纯度检验和毒价测定合格后，按常规方法配制灭活苗或冻干苗。

（五）成品检验

成品检验是保证疫苗品质的重要环节，一般由专门机构在接到检验通知书后执行。按规定需对产品随机抽样，分别用于成品检验和留样保存。我国规定灭活苗在 500 L 以下、500～1000 L 以及 1000 L 以上者分别每批抽样 5 瓶、10 瓶和 15 瓶，冻干苗每批 5 瓶。抽样后必须在规定期限内进行检验并出示结论。

1. 纯度检验及活菌计数

（1）纯度检验　纯度检验即无菌检验。活菌苗及灭活苗灭活之前不得混有杂菌，为此，必须进行纯度检验。凡含有防腐剂、灭活剂或抗生素的疫苗需用培养基稀释后再移植培养。不同疫苗无菌检验所用培养基种类不同，通常选择最适合各种容易污染的需氧或厌氧杂菌生长而不适宜活菌苗细菌的培养基，如马丁肉汤琼脂斜面、普通琼脂斜面、血琼脂斜面及厌气肉肝汤和改良沙氏培养基等，分别将被检物 0.2～1 mL 接种到 50～100 mL 培养基中。除改良沙氏培养基置 20～30℃外，其余均置 37℃培养 3～10 d，观察有无杂菌生长，或按要求再作移植培养后判定结果。灭活苗培养应无细菌生长，弱毒活苗应无杂菌生长。某些组织苗（如鸡新城疫鸡胚组织苗）按规程允许存在一定数量的非病原性杂菌，如经纯度检验证明含污染菌，必须进行污染菌病原性鉴定及杂菌计数再作结论。

（2）活菌计数　弱毒活菌苗需通过活菌计数来计算头份数和保证免疫效果。通常用适量稀释的疫苗均匀接种最适平板培养基，于 37℃培养 24～48 h 后计数，以 3 瓶样品中最低菌数者确定每批菌苗的使用剂量。

2. 安全与效力检验

安全性是疫苗的首要条件，它主要包括外源性细菌污染、灭活或脱毒状况以及残余毒力检验等内容。用于疫苗安全检验的动物多属普通级或清洁级，且敏感性高，符合一定的品种或品系、年龄、体重等规定，如猪丹毒菌以鸽和 10 日龄小鼠最敏感。除禽类疫苗可用本动物外，其他多用小实验动物进行安全检验。

安全检验疫苗剂量常用免疫剂量的 5～10 倍，以确保疫苗使用的安全性。只有安全检验合格的疫苗方可出具证明，允许出厂。

二、免疫血清及卵黄抗体的制备及检验

（一）免疫血清

1. 动物的选择

可作为免疫用的动物多为哺乳类和禽类，主要有家兔、绵羊、马、猪、驴、豚鼠和鸡等，其中实验常用家兔、绵羊、鸡和豚鼠。选择动物时要注意以下几个方面。

（1）抗原与动物种系　动物性抗原的免疫原性随动物种系远近而有差别。近缘动物的蛋白质免疫原性弱，反之则强。因此，选择动物时应选用亲缘关系较远的动物。

（2）免疫血清的用量　所需要的免疫血清，如是经常大量地使用，选择免疫动物时则应选择大动物；如所需的免疫血清量不大，则以选择小动物为宜。

（3）动物的个体状态　用于免疫的动物必须是适龄、健壮、无感染的动物。免疫过程中应特别注意营养和卫生管理。注射抗原 1 个月后，动物仍无良好的抗体反应或在规定注射日程后抗体效价不高，可再注射 1～2 次，若仍不佳应立即弃去。

2. 抗原制备与接种

（1）抗原制备　制造抗血清，根据产品不同，所用抗原、制法也有所不同。病毒性抗血清一般是用本动物的含毒组织作抗原，首先把强毒接种本动物，使其发病，采取其含毒性组织作为抗原，注射于免疫动物。细菌性血清是用抗原性好的强毒或弱毒菌种，接种于规定培养基内，于 37℃培养，细菌发育良好者，经纯粹检验后用做抗原。

（2）抗原接种　动物在免疫过程中分为基础免疫及高度免疫。基础免疫一般是注射

疫苗,然后连续多次注射强毒进行高度免疫,每次注射剂量要随着注射次数的增加而增加。接种抗原的次数和剂量应根据制造抗血清的品种和动物健康状况加以调整。为了获得效价高的抗血清,动物饲养条件必须保持良好。

3. 血清抗体的检测

免疫程序接近结束时,测定血清的抗体效价,如果效价已达规定的要求,即可视为免疫成功,开始采血。若经试血,血清效价不合格,则可继续增加注射抗原次数或剂量,如再试血仍不合格,应将动物淘汰。测定免疫血清效价是及时掌握采血时机的重要步骤。常用的有环状沉淀反应和双向琼脂扩散实验。用琼脂扩散实验测定血清效价时,如果在抗原孔与抗体孔之间出现沉淀线,即为阳性。血清孔出现沉淀线的最高稀释倍数,即为该血清的抗体效价。琼脂扩散实验的效价通常比环状沉淀反应的稍低。

4. 血清采集与提取

免疫后,经试血,抗体效价达到要求后可采血。动物采血应在上午空腹时进行,禁食一夜,可避免血中出现乳糜而获得澄清的血清。不论免疫动物是大动物或小动物,采血方法均分一次放血法和多次少量放血法两种。

(1) 一次放血法　绵羊或其他大动物可用颈动脉放血,家兔、豚鼠和鸡则可通过心脏直接采血。

(2) 多次少量放血法　大动物可通过静脉采血,家兔、豚鼠和鸡等小动物可通过心脏采血。免疫血清的分离应在无菌条件下进行,并应尽量防止溶血。采血用的器械、容器等用前要进行灭菌,以无菌操作采血,注入斜放的大试管或三角烧瓶内,待凝固后分离血清,将多份分离出的血清混合,待检。

5. 免疫血清的检验

免疫血清的检验包括无菌检验、安全检验和效力检验。无菌检验按成品检验的有关规定进行;安全检验通常用体重 18～22 g 的健康小白鼠 5 只,各皮下注射血清 0.5 mL,用体重 250～450 g 的健康豚鼠 2 只,各皮下注射血清 10 mL,观察 10 d,均应健活;效力检验则按各种抗血清规定方法进行。

(二) 卵黄抗体

免疫血清和卵黄抗体是紧急预防和早期治疗相应传染病的有效制剂。为了降低成本,增加产量,提高治疗效果,对健康母鸡进行法氏囊病高度免疫,取其卵黄来防治法氏囊病,不但省去杀鸡分离血清的麻烦,而且具有产量高、效果好、价格便宜等优点。现以法氏囊病为例,简要阐明高免卵黄抗体的制备。

1. 制造用鸡的选择

选择健康的蛋鸡,隔离饲养观察 1 周后无特殊反应者,方可免疫。

2. 疫苗免疫

通常使用组织灭活苗,其制备过程如下。

(1) 制备鸡的选择　选 40～50 日龄 SPF 鸡,用通过 SPF 鸡传代的野毒滴鼻、点眼,每只鸡接种 0.2～0.3 mL,在 48～72 h 死亡的鸡,无菌采集其法氏囊,并作病变观察,将病变典型的法氏囊低温保存备用。

（2）制苗　取10 g病料加100 mL 0.5%甲醛生理盐水，匀浆、冻融、过滤，滤液加8%甘油，于37℃18～24 h灭活，即为水剂灭活苗，也可加白油等佐剂，制成油乳剂灭活苗。

（3）无菌检验　取灭活苗0.5 mL，接种于普通琼脂斜面及厌氧肉汤培养基各一支，于37℃培养48 h，应无菌生长。

（4）安全实验及保护实验　经无菌检验合格的灭活苗，给40～50日龄SPF鸡或未经法氏囊疫苗免疫过的健康鸡，肌肉注射、滴鼻、点眼、接种0.3～0.5 mL，观察半月，无法氏囊病发生者，可用1∶10强毒按每只0.5 mL攻毒，观察10～14 d，无发病者为安全有效。

（5）免疫程序　第一次免疫，每只鸡肌肉注射1 mL，经7～10 d后进行第二次免疫，每只鸡2 mL，7 d后用琼脂扩散方法测定卵黄抗体效价，如已达到1∶64以上，即可收集高免蛋，如效价不高，可隔7～10 d进行第三次加强免疫。

3. 高免卵黄抗体的制备

（1）高免蛋的处理　高免蛋用0.1%新洁尔灭溶液浸泡5 min，洗涤干净，放入无菌室晾干备用。

（2）分离卵黄　无菌操作，打破蛋壳，分离蛋黄。

（3）卵黄匀浆　将收集的蛋黄置于无菌的组织匀浆器中，加等量灭菌生理盐水，并按每毫升加入青霉素、链霉素各1000单位，再加0.01%硫柳汞，匀浆、过滤，分装消毒瓶内，4℃储存备用。

4. 高免卵黄抗体的检验

（1）无菌检验　取0.5 mL高免卵黄抗体，分别接种于普通琼脂斜面和厌氧肉肝汤培养基，于37℃培养24～48 h，应无细菌生长。

（2）安全检验　取30日龄健康鸡10只，每只鸡肌注卵黄抗体2 mL，观察5～7 d，应无任何不良反应。

（3）中和实验　取30日龄健康鸡20只，随机分成2组。实验组每只鸡皮下或肌肉注射野毒和卵黄抗体混合液1 mL，观察、饲养10～15 d，应全部存活，对照组每只鸡皮下或肌肉注射野毒1 mL，观察10～15 d，应部分或全部死亡，剖检后出现典型病变。

（4）卵黄抗体效价测定　用琼脂扩散反应测定，抗体效价应在1∶64以上。

第四节　疫苗使用注意事项

一、疫苗的运输与保存

供免疫接种的疫苗，购买后必须按规定的条件保存和运输，否则疫苗的质量会明显下降而影响免疫效果，甚至会造成免疫失败。一般来说，灭活苗应在2～8℃避光储藏、运输；冬季运输时应注意防冻。弱毒活疫苗（新禽冻干苗、猪瘟脾淋苗）应在－15℃避光储藏，夏季应用带有冰袋的保温箱运输。冻干的弱毒苗，一般要求低温冷冻－15℃以下保存，并且保存温度越低，疫苗病毒（或细菌）死亡越少。如猪瘟兔化弱毒冻干苗在－15℃可保存 1 年，0～8℃可保存 6 个月，25℃约 10 d。有些国家的冻干苗因使用耐热保护剂而保存于 4～6℃。所有疫苗的保存温度均应保持稳定，如果温度波动大，尤其是反复冻融，疫苗病毒（或细菌）会迅速大量死亡。马立克氏病疫苗有一种细胞结合型疫苗，必须于液氮罐中保存和运输，要求更为严格。

疫苗运输的温度应与保存的温度一致，在疫苗运输时通常都达不到理想的低温要求，因此，运输时间越长，疫苗中病毒（或细菌）的死亡率越高，如果中途转运多次，影响就更大，生产中要注意此环节。

运送时，应防止高温、阳光直射、反复冻融，如果是活苗需要低温保存的，可先将药品装入盛有冰块的保温瓶或保温箱内运输，重点要避免由于温度不稳定而造成的反复冻融，切忌将药品放在衣袋内。

二、病原体型别与疫苗质量

疫苗的免疫特性、产生免疫力的时间、免疫期的长短，不同厂家生产的疫苗是有一定差别的，更换疫苗时，要适当调整免疫程序。要根据实际情况，实行弱毒活疫苗和油佐剂灭活苗搭配使用，以建立局部免疫和全身免疫，这一点非常重要。使用活苗时，一般情况下应首先选用毒力弱的疫苗作基础免疫，然后用毒力稍强的疫苗进行加强免疫。疫苗免疫时，要实施恰当接种途径并正确操作，免疫剂量不可随意加大，避免免疫麻痹。

要使用国家或农业部指定的正规生物药品厂家生产的产品，或是经技术权威单位认可的疫苗。免疫接种前应结合当地的实际情况制订适合本地的免疫程序，接种后做好记录。接种前对疫苗的质量进行检查，有下列情形的应弃置不用：①无标签，头份，有效期的；②疫苗破裂或瓶塞松动的；③瓶内有异物，变色，分层的；④过了有效期的；⑤未按产品说明进行保存的。

有些传染病的病原有多种血清型，并且各血清型之间无交互免疫性，因此对于这些传染病的预防就需要对型免疫或用多价苗。如口蹄疫、禽大肠杆菌病、传染性支气管炎、流感、鸡传染性支气管炎的免疫就应注意对型免疫或使用多价苗。

三、动物的体质与疫病

（一）动物机体状况对免疫效果的影响

要了解动物机体状况对免疫应答的影响，首先要了解动物机体免疫应答的一般过程。简单来说，所有免疫的目的都是引发动物机体对某些病原体的免疫力。免疫应答的过程比较复杂，涉及很多方面的一系列反应，但其主要过程如下：当疫苗进入动物机体后，很快被巨噬细胞吞噬，同时这些细胞还会将一些信息传递给某些淋巴细胞，主要是 B 细胞和 T 细胞。当 B 细胞和 T 细胞接收到指令后即开始工作，工作的结果是形成两类细胞，即对该疫苗有抵抗作用的初级应答细胞和对疫苗抗原性有记忆作用的免疫记忆细胞。初级应答细胞立即开始产生抗体和细胞活素来抵御；免疫记忆细胞只是继续分化，在初级应答期间，它们不参与应答反应，它们的作用是在体内积累并保持在一定的水平，当再有相同的病原微生物侵入时，这些细胞就会促使产生大量的有针对性的抗体和细胞活素，来消灭这些病原，这一过程称为二级应答或记忆免疫应答。虽然初级免疫应答和二级免疫应答都是机体对病原微生物产生的保护性反应，但是它们各自具有不同的特点。对于初级免疫应答而言，其特点表现为：免疫后大约2天抗体才出现；高峰抗体水平大约出现在第8天；高峰只持续很短时间，抗体水平即开始下降；第14天时，血液中的抗体全部消失。而二级免疫应答的特点是在接到信号后快速产生和释放抗体进入血流，所以病原体侵入机体2天后抗体水平达到高峰；高峰抗体水平通常至少是初级免疫应答时抗体水平的两倍；抗体水平的保持具有高度不确定性。疫苗接种的目的就在于使动物机体产生足够的免疫记忆细胞，从而能够及时、有效地激发高水平的二级免疫应答。

（二）营养水平对免疫效果的影响

动物的营养状况对机体的免疫功能和对疾病的抵抗力有着较大的影响，除了糖类、蛋白质和脂肪三大营养物质外，矿物质、微量元素和维生素对动物的免疫力也有影响。蛋白质是动物免疫系统和免疫反应的物质基础，蛋白质水平低或氨基酸组成不合理都会影响动物的免疫机能。适宜的蛋白质水平可有效提高机体的免疫应答和特异性抗体水平。蛋白质能促进淋巴细胞的增殖、分化和迟发性过敏反应，蛋白质不足可使抗原抗体结合反应和补体浓度下降、免疫器官萎缩、淋巴细胞数量减少、吞噬细胞及自然杀伤细胞活性下降等。多糖是一种广谱的免疫促进剂，能增强细胞免疫和体液免疫功能，激活巨噬细胞，促进补体形成，激活补体和诱导产生干扰素等。脂肪酸通过影响淋巴细胞增殖、细胞因子合成和分泌以及抗体合成，调节动物的免疫功能。矿物质元素不仅参与动物机体的多种代谢过程，而且以金属酶和辅酶的形式影响动物的免疫机能。比如硒能增强机体特异性体液免疫功能，刺激免疫球蛋白的形成，提高机体合成IgG、IgM等抗体的能力。各种维生素作为动物新陈代谢中酶的辅基，对维持淋巴细胞和巨噬细胞的正常活性具有重要的作用。因此，良好的营养水平是动物在免疫接种后产生高效的初级免疫应答和二级免疫应答的重要保证。

为使接种的畜禽产生坚强免疫力，在预防接种前后2周内，应在日粮中增加3%～5%的蛋白质饲料，以利于提高畜禽的免疫水平，增强免疫力。在使用疫苗的同时，可饲喂免疫促进剂，如左旋咪唑，维生素A、C、E等，以提高免疫效果。

（三）健康状况对免疫效果的影响

对患病的动物进行免疫接种是错误的。因为对于患病的动物而言，其免疫系统已被当前疾病所刺激，如果再接种疫苗，就会增加免疫系统的负担。一方面，会使动物现有疾病的状况恶化，甚至引发严重的疫苗反应；另一方面，由于免疫系统的过度负担，疫苗不能刺激机体产生足够有效免疫记忆细胞，就会影响免疫效果，甚至造成免疫失败。因此，对于临床上体温、呼吸表现、饮食欲和排泄情况等异常的动物应谨慎进行免疫接种。

（四）应激因素对免疫效果的影响

环境温度过高或过低、饲养密度过大、断奶、转群、运输、噪声、饥饿、击打等一系列应激将会干扰机体的免疫系统，抑制机体的免疫机能，当动物处在应激环境状态时，会影响其机体免疫应答能力，甚至出现暂时性免疫抑制，从而导致疫苗免疫效果下降。在应激刺激不可避免的情况下，则应添加一些抗应激的药物，如电解多维、赐益和维生素A、E、C

及氯丙嗪等，以提高畜禽的抵抗力，增强特异性抗体的产生。

（五）动物个体对免疫效果的影响

免疫接种时，应注意被免疫动物的年龄、体质和特殊的生理时期（如怀孕和产蛋期）。幼龄动物应选用毒力弱的疫苗免疫，如鸡新城疫的首次免疫用Ⅳ系而不用Ⅰ系，鸡传染性支气管炎首次免疫用 H_{120}，而不用 H_{52}；对体质弱或正患病的动物应暂缓接种；对怀孕母畜和产蛋期的家禽使用弱毒疫苗，可导致胎儿的发育障碍和产蛋量下降，因此，生产中应在母畜怀孕前、家禽产蛋前做好各种疫病的免疫工作，必要时，可选择灭活苗，以防引起流产和产蛋量下降等不良后果。

（六）免疫抑制性因素的存在

要考虑免疫抑制性因素，如鸡传染性法氏囊病、鸡传染性贫血、马立克氏病、呼肠孤病毒感染、禽白血病的发生，应避免细菌内毒素、球虫病、霉菌毒素中毒等造成的免疫功能降低，切忌滥用影响免疫功能的多种抗菌药物。

四、接种的时机与密度

免疫程序应根据疫病在本地区的流行情况及规律，畜禽的用途（种用、肉用或蛋用）、年龄、母源抗体水平和饲养条件，以及使用疫苗的种类、性质、免疫途径等方面的因素制定，不宜作统一要求。免疫程序应随情况的变化而作适当调整，不存在普遍适用的最佳免疫程序。血清学抗体检测是重要的参考依据。

使用说明书中规定的针次间隔为最短时间，一般可适当延长，不宜缩短接种间隔时间，以免影响免疫效果。

对于疫苗的同时使用，没有绝对禁忌（黄热病与霍乱疫苗不能同时注射）。如两种疫苗间隔注射，则需根据疫苗种类，采用不同间隔时间。

五、疫苗的稀释与及时应用

（1）器械的消毒　一切用于疫苗稀释的器具，包括注射器、针头及容器等，使用前必须洗涤干净，并经高压灭菌或煮沸消毒，不干净的和未经灭菌的用具容易造成疫苗的污染或将疫苗病毒（或细菌）杀死。注射器和针头尽量做到一头（只）换一个，绝不能一个针头从头打到尾。用清洁的针头吸药，使用完毕的疫苗瓶、剩余疫苗及给药用具一起消毒灭菌处理。

（2）稀释剂的选择　必须选择符合要求的稀释剂来稀释疫苗，除马立克氏病疫苗等个别疫苗要用专用的稀释剂以外，一般用于滴鼻、点眼、刺种、擦肛及注射的疫苗可用灭菌的生理盐水或灭菌的蒸馏水作为稀释剂；饮水免疫时，稀释剂最好用蒸馏水或去离子水，也可用洁净的深井水，但不能用含消毒剂的自来水；气雾免疫时，稀释剂可用蒸馏水或去离子水，如果稀释水中含有盐类，雾滴喷出后，由于水分蒸发，盐类的浓度增高，也会使疫苗病毒死亡。为了保护疫苗病毒，可在饮水或气雾的稀释剂中加入 0.1% 的脱脂奶粉或山梨糖醇。

（3）稀释方法　稀释疫苗时，首先将疫苗瓶盖消毒，然后用注射器把少量的稀释剂注入疫苗瓶中，充分振摇，使疫苗完全溶解后，再加入其余量的稀释剂。如果疫苗瓶太小，不能装入全部的稀释剂，应把疫苗吸出来放于一容器中，再用稀释剂把原疫苗瓶冲洗若干次，以便将全部疫苗病毒（或细菌）都洗下来。疫苗应于临用前才由冰箱内取出，稀释后应尽快使用。尤其是活毒疫苗稀释后，于高温条件下或被太阳光照射易死亡，时间越长，死亡越多。一般来说，马立克氏病疫苗应于稀释后 1～2 h 内用完，其他疫苗也应于 2～4 h 内用完，超过此时间的要灭菌后废弃，更不能隔天使用。

六、免疫途径、免疫剂量、接种次数与时间间隔

（一）选择适当的免疫途径

免疫方法主要考虑两个方面：一是病原体的侵入门户和部位；二是疫苗的种类和特点，如新城疫Ⅰ系弱毒苗多用于注射途径，人的痘苗只能皮肤划痕。

1. 注射免疫

对于家禽类，皮下免疫是主要的接种方式，凡能引起全身性损害的疾病，依此途径免疫为好。此法优点是免疫确实，效果佳，吸收较皮内快，缺点是用药量大，副作用也较皮内稍大。对于家畜，肌肉接种更常见一些，接种的部位一般是臀部和颈部，优点是操作方便，吸收快，缺点是损伤肌肉组织。总之，注射免疫占用大量的人力、物力，同时加大应激反应，影响生产力。

2. 经口途径

疫苗在通过消化道的过程中可能受到一定程度的破坏，应注意以下问题：

（1）口服免疫用于大型鸡群，此法省时省力，简单方便，应激也小；

（2）口服苗必须是活苗，灭活苗效力差；

（3）加大疫苗的用量，一般为注射的 5～10 倍；

（4）免疫前应该停饮 2～3 h，免疫后 1～2 h 再给饮水。

3. 点眼或滴鼻免疫

鼻腔黏膜下有丰富的淋巴组织，能产生良好的局部免疫，方便、快捷，不受血清抗体的干扰，抗体产生也迅速。

4. 气雾免疫

气雾免疫的效果与粒子大小有关。存有慢性呼吸道潜在危险的鸡群，不能采用这种免疫方法。

5. 静脉注射疫苗

一般不采用此法，可用于抗病血清进行紧急治疗。

6. 其他免疫途径

比如可通过母畜使出生的仔畜禽获得被动免疫，如猪的黄白痢、传染性胃肠炎等。

（二）免疫剂量、接种次数及时间间隔

在一定限度内，疫苗用量与免疫效果成正相关。过低的剂量刺激强度不够，不能产生足够强烈的免疫反应，而疫苗用量超过了一定限度后，免疫效果不但不增加，还可能导致免疫受到抑制，即免疫麻痹。因此，疫苗的剂量应按照规定使用，不得任意增减。

疫苗使用时，在初次应答之后，间隔一定时间重复免疫，可刺激机体产生再次应答和回忆反应，产生较高水平的抗体和持久免疫力。所以生产中常进行 2～3 次的连续接种，时间间隔视疫苗种类而定，细菌或病毒疫苗免疫产生快，间隔 7～10 d 或更长一些。类毒素是可溶性抗原，免疫反应产生较慢，间隔至少 4 周。

七、母源抗体与抗菌药物的干扰

接种疫苗时，要注意母源抗体和其他病毒感染对疫苗接种的干扰和抗体产生的抑制作用。

（一）母源抗体的干扰

母源抗体的持续时间及其对动物的免疫保护力受动物种类、疫病类别以及母体免疫状况的影响很大。一般来说，未吃初乳的新生动物，血清中免疫球蛋白的含量极低，吮吸初乳后血清免疫球蛋白的水平能够迅速上升并接近母体的水平，生后 24～35 h 即可达到高峰；随后开始降解而效价逐渐下降，降解速度随动物种类，以及免疫球蛋白的类别、原始浓度等不同而有明显差异。由于体内缺乏主动免疫细胞，此时若接种弱毒疫苗很容易被母源抗体中和而出现免疫干扰现象。

（二）抗菌药物的干扰

某些药物和饲料添加剂对动物的免疫功能有一定的抑制作用，从而影响免疫应答过程和效果。这些药物对免疫功能的影响主要表现在两个方面：其一是影响免疫器官脾、胸腺、法氏囊或盲肠扁桃体的发育，如氯霉素、氢化可的松、环磷酰胺等；其二是有些药物会影响机体的淋巴细胞或免疫后的补体水平，从而影响免疫应答，如庆大霉素、喹乙醇、痢特灵、敌菌净等。因此，养殖场在日常添加或者疾病治疗过程中，应针对所存在疾病的种类和发生阶段，选择性地使用药物，集体处理与个别用药相结合，要注意用药方式、剂量和疗程，减少或避免用药对免疫工作的影响。

（1）使用菌苗前 7 d、后 10 d 内禁止注射或饲喂任何抗菌药物，必须使用时，可在停药后 10 d 补做免疫一次。使用病毒苗前后 1 周内不得使用抗病毒药、干扰素及免疫抑制剂，如地塞米松等。从当前情况来看，灭活苗联合使用出现相互影响的现象比较少，有的还有促进免疫的作用。弱毒疫苗联合使用可出现相互促进、相互抑制或互不干扰等，故在没有科学的实验数据和研究结论时，不要随意将两种不同的疫苗联合免疫接种。动物机体对抗原的刺激反应性是有限度的，若同时接种疫苗的种类和数量过多，则不仅妨碍动物机体针对主要疫病高水平免疫力的产生，而且有可能出现不良反应而降低机体的抗病能力。因此，给动物进行免疫预防时，尽可能使用单独的疫苗，少用联合疫苗与多联苗。

（2）病毒性活疫苗和灭活苗可同时使用，分别肌注，注射活菌疫苗前后 7 d 不要使用抗生素，两种细菌性活疫苗可同时使用，分别肌注。

（3）抗生素对细菌性灭活苗一般没有影响，可以同时使用，分别肌注。

（4）妊娠动物尽可能不要接种弱毒活疫苗，特别是病毒性活疫苗，避免经胎盘传播，造成胎儿带毒。

（5）注射活菌疫苗前后 5 d 严禁使用抗生素。

（6）饮水免疫前后 24 h，禁止在饮水中加入消毒药物，进行环境消毒时不要把消毒液喷到料水中。

八、其他注意事项

（1）注意不良反应，从未使用过新型疫苗的地区，在使用前应小范围试用，无异常反应才可在大范围使用。

（2）有些疫苗使用后会出现过敏反应，所以在使用前应备好抗过敏药物，如肾上腺素等。

（3）注意观察动物的状态和反应，有些疫苗使用后会出现短时间的轻微反应，如发热、局部淋巴结肿大等，一般 1～2 d 即可恢复，属正常反应。如出现剧烈或长时间的不良反应，应及时治疗。

（4）免疫接种完毕，要将用过的用具及剩余的疫苗高压灭菌。

（5）在疫病控制方面，不要过分依赖疫苗。

疫苗免疫只能减少病原体侵入畜禽群时可能带来的经济损失，尽可能减小发病概率，而绝不能阻止病原体进入畜禽群，更不能消灭畜禽群内已经存在的病原体。环境中的病原体要靠平时的消毒措施来消灭或减少。因此，疫苗免疫和环境消毒是相辅相成的，应互相配合。

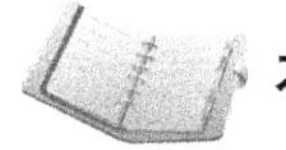

本章小结

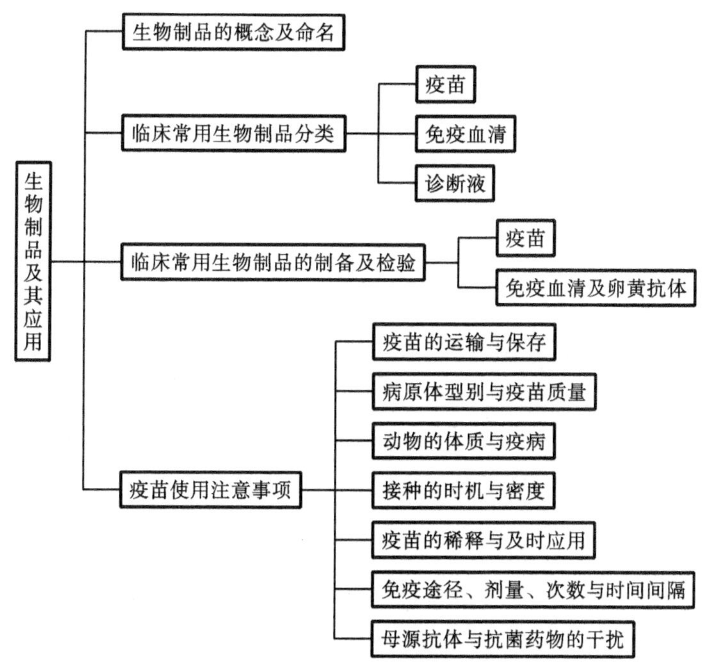

复习思考题

1. 以细菌性疫苗为例，说明疫苗生产的基本过程和检验程序。
2. 试述疫苗和免疫血清的使用注意事项。
3. 试述使用活疫苗和灭活苗的优缺点。

实训

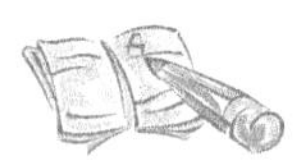

实训一　鸡大肠杆菌油佐剂菌苗的制备

目的要求

会制备鸡大肠杆菌油佐剂菌苗。

设备和材料

大肠杆菌菌种、营养肉汤、酪胨琼脂、葡萄糖蛋白胨汤、10 号医用白油、Span-80、吐温-80、甲醛溶液、硬脂酸铝、显微镜、振荡器、克氏瓶、胶体磨、离心机、鲎试剂、各日龄鸡等。

操作内容

1. 菌株的选择

从发病鸡体内分离致病性大肠杆菌菌株。

2. 制苗用菌液的制备

将所筛选的致病性菌株分别接种于麦康凯琼脂平板上，于 37℃培养 18 h 后，挑取典型菌落接种于琼脂斜面，37℃培养 18 h，用斜面上的培养物分别接种于营养肉汤，在气浴恒温振荡器内于 37℃培养 18 h 作为种子液，将种子液按等量倾倒入浇有普通琼脂的克氏瓶中，于 37℃培养 18 h，用灭菌生理盐水洗涤克氏瓶中细菌，用灭菌纱布过滤，制成细菌悬液。

3. 纯粹检验与活菌计数

取上述菌株的悬液少许，在麦康凯琼脂平板培养后染色镜检，要求无杂菌，按常规方法分别进行活菌计数，悬液内每毫升活菌含量不低于 100 亿个。

4. 灭活及灭活检验

将上述菌悬液按等量混匀后加入终浓度为 0.4%的甲醛溶液，37℃灭活 72 h，其间每隔 6～8 h 振荡一次，在普通琼脂和厌氧培养基 37℃培养 72 h，无细菌生长。

5. 内毒素检测

将 0.1 mL 鲎试剂与 0.1 mL 灭活菌液置于大试管中，37℃水浴轻摇 60 min 取出，10 min 后缓缓倒转试管 180°，仅有少量混浊物，表明无内毒素。

6. 灭活苗的制备

取 10 号白油 94 份、Span-80 6 份、硬脂酸铝 2 份，先用少量 10 号白油与硬脂酸铝混合，加热熔化，再与全量 Span-80 及 10 号白油混合均匀，116℃高压灭菌 30 min，冷却后为油相。将吐温-80 4 份装入带玻璃珠的瓶中灭菌，冷却后加入灭活好的混合菌液 96 份振摇至吐温-80 完全溶解为水相。油相与水相按 1∶1 混合，先将油相倾入胶体磨内，在低速搅拌下缓缓加入水相，然后高速(10000 r/min)搅拌 5 min，乳化制成油乳剂疫苗，定量分装备检。

7. 疫苗检测

(1) 物理性状　油苗外观呈乳白色，3000 r/min 离心 15 min 不分层；1 mL 吸管室温垂直放出 0.4 mL，3 次平均所需时间约为 7 s；油苗滴于蒸馏水表面，油滴呈规则图形，不向四周扩散，油乳剂为油包水型。

(2) 无菌与安全性检验　将制备好的油乳剂灭活苗分别接种于酪胨琼脂和葡萄糖蛋白胨汤中，37℃培养 96 h，均无细菌和霉菌生长。将疫苗分别接种 10 只 10 日龄雏鸡，每只 0.25 mL；10 只 120 日龄蛋鸡，每只 0.5 mL，观察 14 d，接种 24～48 h 后全部健活，且注射部位无异常。

(3) 最小免疫剂量实验　将 10 日龄与 120 日龄的鸡各 50 只平均分成 5 组免疫，15 d 后对雏鸡和成鸡用活菌混合液 0.25 mL 和 0.3 mL 攻毒，观察 14 d，统计数据，确定出最小免疫剂量。

(4) 效力实验。

① 动物保护实验　用 10 日龄雏鸡 10 只，每只 0.25 mL 免疫，14 d 后同另 10 只未免疫鸡肌注活菌混合液，每只 0.2 mL，观察疫苗对鸡群的保护情况。

② 抗体凝集效价　将 20 只 10 日龄非免疫鸡随机分成 2 组，每组 10 只，分别接种疫苗各 0.25 mL，免疫后对抗体进行检测。

(5) 免疫产生期及免疫持续期实验　将 10 日龄雏鸡 20 只分别接种疫苗，每只 0.25 mL，接种后不同时间和另 10 只同批对照鸡分别攻击活菌混合液，继续观察抗体产生情况，以及疫苗的免疫持续期。

(6) 田间免疫实验　疫苗生产后，可在小范围内进行实验，对比疫苗的保护情况，若效果理想，则可大群使用。

注意事项

(1) 制备过程中要严格坚持无菌操作，不可有杂菌污染。

(2) 自制大肠杆菌多价苗的灭活过程要严格，以免出现散毒。

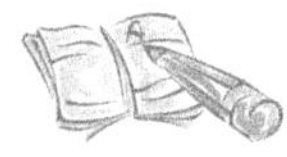

实训二　抗猪瘟血清的制备

目的要求

会制备抗猪瘟血清。

设备和材料

75%乙醇、消毒液、猪瘟抗体金标检测卡、猪瘟脾淋苗；2 月龄健康仔猪 5 头(体重 12～15 kg,用于病例复制实验)、健康育肥猪 10 头(体重 45～50 kg,用于免疫血清的制备和安全实验)、健康妊娠母猪 5 头和健康小鼠 10 只(体重 18～20 g,用于安全实验)、高速离心机、微量移液器等。

操作内容

1. 病例复制实验

用猪瘟抗体金标检测卡检测 5 头仔猪猪瘟血清抗体,均小于 1∶16。病料采自具有典型猪瘟症状的病例,经实验室检验确诊患有猪瘟。经常规分离、提纯和毒力测定后,进行口服、滴鼻、皮下注射攻毒,逐日观测、记录其变化,同时使用抗生素防治细菌感染。实验期间按常规饲养管理。2～3 周内 5 头仔猪全部发病死亡(其临床症状和病变与自然猪瘟病例完全一致),用常规方法采集脾脏、淋巴结、扁桃体、胃、肾脏,－20℃下保存,备用。

2. 基础免疫及病毒接种实验

用猪瘟疫苗(5 头份)对育肥猪进行基础免疫接种,1 周后进行攻毒。实验期间每日观察,测量体温、呼吸等指标。用猪瘟抗体金标检测卡检测血清抗体效价,直到符合要求为止,饲养管理、消毒等按常规进行。

3. 免疫血清的制备

当血清抗体效价达到要求时采血,按常规方法制备血清样品。

4. 安全实验

(1) 小鼠安全实验　用猪瘟高免血清接种 10 只小鼠,每只腹腔注射 0.8 mL,观察 2 周。

(2) 育肥猪安全实验　用猪瘟高免血清接种 10 头育肥猪,每头一次性肌肉注射 1～30 mL,连续观察 15 d。

(3) 妊娠母猪安全实验　用猪瘟高免血清接种怀孕 10～30 d 的头胎母猪 5 头,每头一次性肌肉注射 30～40 mL,观察到分娩。

注射后小鼠和育肥猪应无任何异常变化,妊娠母猪怀孕期间未流产,均按预产期产下活仔;所有实验猪均无过敏反应,注射部位无异常变化。

5. 无菌检验

血清样品按常规进行细菌培养,应不含任何杂菌。

6. 临床应用实验

对临床诊断为猪瘟的多个病例肌肉注射猪瘟高免血清，每次按 1.0 mL /kg 给量，观察并记录疗效，使用后不能有任何不良反应。统计该发病群体的治愈率。

实训三　鸡传染性法氏囊病卵黄抗体的制备

目的要求

会制备鸡传染性法氏囊病卵黄抗体。

设备和材料

未经任何免疫并且不含 IBDV 的健康母鸡 10 只、SPF 鸡胚、IBD 油乳剂灭活苗、IBD 二价弱毒细胞苗、IBD 抗原、阳性血清、0.1%新洁尔灭、硫酸铵、乙酸-乙酸钠缓冲液(pH5.0)、生理盐水、普通琼脂斜面培养基、厌氧肉汤培养基、冰箱、恒温培养箱等。

操作内容

1. 高免方法

(1) 基础免疫　用 10 个免疫剂量的 IBD 油乳剂灭活苗对鸡进行皮下注射。

(2) 加强免疫　在基础免疫 10 d 后，用 IBD 二价弱毒细胞苗用同样剂量和方法进行再次接种，同时皮下接种 IBD 油乳剂灭活苗，每只鸡接种 1 mL 。

(3) 强化免疫　在加强免疫 10 d 后，用 IBD 油乳剂灭活苗再次进行皮下接种，每只鸡 2 mL。

(4) 维持免疫　在强化免疫 10 d 后，根据抗体效价，每 30～45 d 再次加强免疫一次。

(5) 收集　从第 3 次免疫 10 d 后开始定期用琼脂扩散实验监测鸡蛋 IBD 抗体效价，IBD 抗体效价为 1∶256 以上为合格蛋，收集合格蛋以制备高免卵黄抗体。

2. 卵黄抗体的提取与纯化

(1) 提取卵黄液　收集免疫前鸡所产的蛋，作为阴性对照。首次免疫后，每天开始收集鸡蛋并编号，并将鸡蛋保存在 4℃。用清水将收集的高免蛋擦拭干净，并用 0.1%新洁尔灭浸泡消毒，取出晾干，在无菌条件下分离蛋清和蛋黄，留取蛋黄，用灭菌蒸馏水反复冲洗蛋黄表面(尽量去除蛋清)，用针头刺破蛋黄膜，分离出蛋黄。

(2) 分离纯化　取 10 mL 卵黄液并用 0.05 mol/L pH 5.0 的乙酸-乙酸钠缓冲液按 1∶9体积比稀释，搅拌 20 min，在 4 ℃静置 10 h，弃去上层漂浮物，加入饱和硫酸铵溶液至终浓度为 50%，4 ℃冰浴搅拌均匀，静置 30 min，10000 r/min 离心 20 min，弃上清液，收集沉淀，用生理盐水溶解，再加入饱和硫酸铵溶液至终浓度为 33%，静置 20 min，10000 r/min 离心 20 min，取沉淀，重复处理一次，沉淀用 10 mL 生理盐水溶解，然后用生理盐水透析 48 h，即获得 IBD 高免卵黄抗体液。

3. 高免卵黄抗体液的检测

(1) 抗体效价检测　IBD 效价检测采用常规的免疫学方法进行。

(2) 无菌检测　取提取的卵黄抗体液 0.5 mL,分别接种于普通琼脂斜面培养基和厌氧肉汤培养基中,在 37℃培养 72 h。

(3) 性状检测　高免卵黄抗体应无臭味,均匀一致,呈稳定的胶体溶液,不形成凝块和絮状沉淀。

(4)安全性检测　取健康雏鸡和成年鸡各 10 只,每只分别皮下或肌肉注射高免卵黄抗体液 2 mL,观察 3 周,接种 10 个 SPF 鸡胚并观察 6 d。

4. 临床应用实验

取 20 只 20～60 日龄的健康鸡,将其分为 2 组,每组再分为实验组和对照组,分别做 IBDV 的攻毒实验,然后用 IBD 高免卵黄抗体进行治疗,观察临床症状和病变表现。

第十四章

微生物的其他应用

知识目标

- 了解微生物饲料的类型、作用。
- 了解畜产品中微生物的来源、类型。
- 了解微生物制剂及其在畜牧业上的应用。
- 掌握微生态制剂的概念。

技能目标

- 学会蛋、乳和肉的品质鉴定方法。

第一节　微生物与饲料

一、单细胞蛋白饲料

单细胞蛋白(SCP)是单细胞或具有简单构造的多细胞生物的菌体蛋白的总称,是指利用各种基质大规模培养细菌、酵母菌、霉菌、微型藻等而获得的微生物蛋白。SCP是研究开发的廉价的蛋白质资源之一,是现代食品工业和饲料工业重要的蛋白来源。SCP饲料是指由单细胞或简单多细胞生物组成、蛋白含量较高的饲料。我国进行SCP生产始于20世纪20年代初,但80年代以后才有较大的发展,主要是利用工农业中的可再生资源生产食用酵母或饲料酵母,如利用造纸厂、酒精厂、味精厂、豆腐厂、酱油厂、淀粉厂等的废水废渣筛选优良菌种。通过现代微生物发酵工程技术或基因工程技术,在不同的培养基中添加碳、氮、糖、矿物质和纤维素等发酵刺激剂,促进微生物生长,合成高质量的SCP。随着微生物学、植物学、动物营养学的迅速发展以及实验手段和分析技术的更新和完善,更注重利用纤维素生产SCP方面的研究。

工业化大规模生产SCP比传统农业生产蛋白质具有更多的优越性：第一，需要的劳动力少，不受季节和气候的制约，使人类摆脱大自然的束缚；第二，原料来源广泛，如农产品的下脚料、工业废水、烃类及其衍生物均可利用；第三，不需采用大型设备就可以进行生产；第四，微生物繁殖快，生产周期短，成本低，效益高，在适宜条件下细菌0.5～1 h、酵母1～3 h即可增殖1倍；第五，SCP营养丰富，蛋白质含量达40%～80%，氨基酸组分齐全，且含有多种维生素、矿物质和一些对单胃动物具有重要作用的未知因子，可以开辟新的饲料蛋白源，节约粮食，减少环境污染，促进畜牧业发展。

（一）生产SCP的微生物种类

目前生产SCP的微生物有四大类，即非致病和非产毒的细菌、酵母菌、霉菌和藻类。

1. 细菌

细菌的生产原料广泛，生产周期短，且生产的蛋白含量高。但细菌含有较复杂的其他成分，核酸含量较高，含有毒物质的可能性较大，且细菌个体小、分离难，经分离的蛋白质不如其他微生物蛋白易消化。因此，目前微生物蛋白开发的重点集中在其他三大类群。

2. 酵母菌

酵母菌长期用于烤制面包、酿酒等方面，因此酵母菌是容易被接受生产SCP的微生物。同时酵母菌核酸含量较低、容易收获，且在偏酸环境下(pH 4.5～5.5)能够生长，可减少污染。常用的酵母菌有啤酒酵母和产朊假丝酵母，前者只能利用己糖，而后者能利用戊糖和己糖，在缺乏营养的培养基中生长很快。

3. 霉菌

霉菌菌丝生产慢且易受酵母污染，因此必须在无菌条件下培养。但真菌的收获分离容易，可从培养液中滤出挤压成形。英国RHM公司利用无毒的禾谷镰刀菌生产SCP，制成仿猪肉、鸡肉、鱼肉结构和味道的食品，并于1980年被英国政府正式批准作为食品出售。我国北京市营养源研究所真菌工程实验室利用丝葚霉菌D-100生产的SCP，可加工成具瘦肉结构、味美、安全无毒的代肉食品，并获得了国家专利。

4. 藻类

藻类生产需要足够的阳光和一定的温度。大多数藻类的细胞壁不易被消化，食味不好，且其核酸含量高，对机体健康不利。但螺旋藻的细胞主要由蛋白质而不是难消化的纤维组成，其蛋白质含量(50%～70%)是已知动、植物中最高的一种(是肉类、鱼类的3倍多)，同时还含有18种氨基酸(包括人体必需而又不能合成的8种氨基酸)，是人类理想的蛋白质宝库；此外，螺旋藻还富含胡萝卜素、藻兰蛋白、藻酸钠及类胰岛素等活性物质。据报道，螺旋藻对人类多种慢性疾病如胃溃疡、肝炎、体虚、心血管病、高血压、糖尿病等均有明显的改善作用。利用猪场污水和沼气废液生产螺旋藻，所得粗藻液完全可用于养殖业而大大降低成本。

（二）SCP的安全性与营养性评价

SCP作为动物饲料或食用蛋白，其安全性与营养至关重要，必须进行严格评价。

1. 安全性评价

生产SCP的微生物应从食用安全性、加工难易、生产率和培养条件等方面进行选择，其中食用安全是首要条件。安全性评价是关系到 SCP 能否作为饲料和食品的首要问题。联合国蛋白质咨询组(PAG)对 SCP 安全性评价规定为：生产用菌株为非病原菌，不产生毒素；生产用资源如为农产品来源的原料，要求重金属和农药残留含量极少、不超标；培养条件和产品处理要求无污染、无溶剂残留和热损害；最终产品应无病菌、无活细胞、无原料和溶剂残留，且必须进行小动物实验以验证其可应用性。

2. 营养性评价

SCP 营养丰富，蛋白质含量较高，所含氨基酸组分齐全。对 SCP 的营养性评价，除化学分析数据外，最终取决于生物测定。生物测定方法有生长法和氮平衡法两种。生长法测定蛋白质效率比(PER)，氮平衡法测定蛋白质生物价(BV)，PER 值和 BV 值越高，说明蛋白质的质量越好。SCP 的另一个重要指标是核糖核酸(RNA)含量。通常细菌和酵母菌中的 RNA 含量较高，而一般霉菌和螺旋藻中的 RNA 含量较低。如果 RNA 含量过多，就会导致尿酸含量高于安全标准，有可能引起痛风和肾结石等疾病，因此，降低菌体 RNA 含量已经成为 SCP 生产中必不可少的工艺环节。

(三) 几种 SCP 饲料

1. 酒糟生物蛋白质饲料

酒糟一般含淀粉(总还原物)7%～11%、糖分 5%、蛋白质 8%，少量的氨基酸和维生素，而含量最大的还是纤维素。

2. 玉米秸秆生物蛋白质饲料

目前，对作物秸秆的利用还很有限。除极少部分秸秆被用做牛、羊等反刍动物饲料或还田作肥料外，大部分被焚烧、废弃，造成公害。而农作物秸秆具有一定的营养价值和开发利用潜力，其中以禾本科玉米秸秆为最好。玉米秸秆经过科学处理，特别是通过微生物技术处理，能变成质地柔软、营养丰富、畜禽喜食的饲料，这对大力开发新型蛋白质饲料资源意义重大。

3. 藻体饲料

藻体饲料是一类人工培养的螺旋蓝藻、小球藻等微型藻类饲料，可以作为畜禽饲料，它是 SCP 饲料中易生产、成本低的高蛋白质饲料。藻体饲料历史悠久，富含各种营养物质和生物活性物质，这也增加了它作为 SCP 的价值。

4. SCP 饲料在动物生产中的应用

目前，我国在猪鸡配合饲料中开始使用 SCP 饲料，主要用来替代鱼粉等比较紧缺的蛋白质原料。

(1) 猪　猪配合饲料中使用 10%～30%的 SCP 饲料，可大大地提高猪的生长速度及饲料利用率，有效地降低饲养成本。

(2) 禽　用新型的 SCP 饲料替代 7%的大豆粉饲养肉鸡，与仅用大豆粉作为蛋白补给的对照组比较，体重增加量和饲料利用率均有所提高。用同样的产品替代 12%的蛋白补给剂来饲养产蛋鸡，产蛋量和发育均得到改善。蛋鸡用 SCP 饲料部分或全部替代产蛋鸡配合饲料中的鱼粉及其他蛋白质补充料是可行的。

(四) 存在的问题与应用前景

1. 存在的问题

SCP虽然营养丰富，但RNA含量较高，如酵母菌中含6%～11%、细菌中含10%～18%。应通过脱核酸技术生产脱核酸SCP，未脱核酸的SCP在使用时应控制用量。

SCP也可能对动物有毒害作用，特别是利用含石油衍生物的培养基生产的SCP，其毒性更大。选择合适的培养基能部分解决SCP的毒性问题。已有研究证明，用甲醇培养基制备的SCP中残留的痕量有毒化合物沉积于动物的脂肪组织中，在表现毒性效应前会被分解代谢。有关研究表明，含SCP日粮的消化率比常规蛋白质源日粮低10%～15%，而热处理能改善日粮的消化率，但许多情况下，可消化性增加而动物生产性能却有所下降，其原因是热处理降低了微生物的活性，使SCP刺激肠道酵解、维生素合成和能量代谢的能力下降。

此外，与SCP相关的另一问题是氨基酸不平衡，特别是用酵母菌生产的SCP通常赖氨酸含量高而精氨酸含量低，日粮中赖氨酸与精氨酸的比率升高会对动物的生长产生不利影响，使体内的蛋白质代谢和合成失调。因此，在SCP的加工过程中可适当添加精氨酸以校正它与赖氨酸的比率，还可以考虑添加蛋氨酸以弥补蛋氨酸的缺乏，最大限度地提高动物的生产性能。

2. 应用前景

SCP富含动物生长发育所需的各种营养物质，如蛋白质、糖类、脂肪、矿物质和维生素等，能够促进新陈代谢，促进畜禽对饲料营养成分的消化吸收，在饲料中添加一定比例的SCP可促进食欲，增加采食量，提高饲料转化率，SCP是当今世界积极研究的新蛋白质饲料资源。

我国可用于生产SCP的资源十分丰富。据不完全统计，全国每年适于生产SCP的工业废液达7200万吨以上，废渣达7500万吨以上，还有数量可观的农村废弃物。因此，我国发展SCP生产潜力巨大，具有广阔的开发前景。

另外，用以生产SCP的原料成本较低，在原料的选择上具有很强的竞争力；生产SCP主要是利用微生物发酵完成的，这在一定程度上减少了环境污染；微生物发酵获得的SCP经过严格的营养性和安全性评价之后，可以作为饲料使用，也可以作为蛋白质的补充资源。随着研究的深入，微生物发酵生产SCP的前景将更为广阔。

二、微生物与发酵饲料

微生物发酵饲料的生产和应用已经有很长的历史，形式多种多样。它的作用主要体现在两个方面：一是利用廉价的农业和轻工副产物生产高质量的饲料蛋白原料，二是获得高活性的有益微生物。

(一) 微生物发酵饲料的一般概念

1. 微生物发酵饲料的定义

在人为可控制的条件下，以植物性农副产品为主要原料，通过微生物的代谢作用，降解部分多糖、蛋白质和脂肪等大分子物质，生成有机酸、可溶性多肽等小分子物质，形成营养丰富、适口性好、活菌含量高的生物饲料或饲料原料。

2. 微生物发酵饲料的主要特征

微生物发酵饲料有天然的发酵香味、良好的诱食效果，能显著提高动物的适口性，并含有大量的有益菌，有害菌（以大肠杆菌、沙门菌和金黄色葡萄球菌为典型代表）数量极低，不超过 10 cfu/g；发酵成品的 pH 较低，在 4.5 左右，含有较多的乳酸和乙酸。

3. 微生物发酵饲料的生产菌种

生产菌种是发酵过程的灵魂，发酵饲料的生产菌种很多，主要有乳酸菌、芽孢菌、酵母菌和霉菌等四类。

(1) 乳酸菌。

目前生产中使用的乳酸菌至少有 30 种。按乳酸代谢途径，大致可以归纳为 4 种类型：同型乳酸发酵、专性异型乳酸发酵、兼性乳酸发酵和双歧杆菌异型乳酸发酵。

① 同型乳酸发酵　一分子葡萄糖分解成两分子乳酸，整个过程不产气。这种转化是很理想的，产物最合适，效率也最高，典型的生产菌种主要有德氏乳杆菌、嗜酸乳杆菌、唾液乳杆菌、嗜热乳杆菌、粪肠球菌及乳酸乳球菌。

② 专性异型乳酸发酵　一分子葡萄糖转化成一分子乳酸和一分子乙酸。与同型乳酸发酵相比，这种发酵的转化效率要低得多，而且有产气损失。典型的生产菌种主要有发酵乳杆菌、高加索酸奶乳杆菌、短乳杆菌和巴氏乳杆菌。

③ 兼性乳酸发酵　同时进行同型乳酸发酵和异型乳酸发酵，这两种代谢进行的程度和比例取决于菌种的性质和外界培养条件。典型的生产菌种主要有植物乳杆菌、干酪乳杆菌、鼠李糖乳杆菌及清酒乳杆菌。

④ 双歧杆菌异型乳酸发酵　比较典型的生产用菌种是动物双歧杆菌，双歧杆菌的培养要求很严格，对厌氧的要求极高，目前还很难应用在实际生产中。

(2) 芽孢菌。

目前在生产中应用的有近 10 种，以杆菌为主，主要为以下 3 种：地衣芽孢杆菌、枯草芽孢杆菌和蜡样芽孢杆菌。芽孢杆菌能耐受高温，在有氧和无氧条件下都能存活。在营养缺乏、干旱等条件下形成芽孢，在条件适宜时又可以重新萌发成营养体。利用芽孢杆菌发酵饲料的目的主要是消耗培养体系中残留的氧气，为乳酸菌创造一个厌氧环境。

另外，近年来的研究还发现，有些芽孢杆菌能产生杀灭大肠杆菌和沙门菌等有害微生物的细菌素（也称抗菌肽），这些抗菌物质有很强的针对性，只对某些类型的微生物细胞有破坏作用，而对酵母菌和乳酸菌没有影响。

(3) 酵母菌。

目前在生产中应用的有 20 多种，主要是以下 3 种：酿酒酵母、热带假丝酵母和产朊假丝酵母。啤酒酵母和面包酵母是最常用的酿酒酵母。热带假丝酵母和产朊假丝酵母的生长速度很快，在适宜的温度和营养条件下，它们的世代倍增时间不超过 3 h，特别适合处理食品加工产生的废水。

(4) 霉菌。

目前在生产中应用的有近 10 种，主要是以下 3 种：米曲霉、黑曲霉和白地霉。一般来说，利用霉菌发酵，基本上都是有氧发酵，发酵过程会产生大量的代谢热，生产过程中料曲

的温度控制往往是生产成败的关键。霉菌发酵目前主要采用浅盘发酵，料曲厚度不超过5 cm。如果采用厚层发酵，需要采用强通风装置，生产能耗很大，从这一点上说，霉菌发酵不适合用于生产饲料或者饲料原料。

目前，实际生产中对于霉菌主要是利用它能合成纤维素酶、半纤维素酶和蛋白酶的特性，利用廉价的粗蛋白原料作为发酵底物，生产高活性的蛋白饲料或粗酶制剂。

（二）选用生产菌种的基本原则

1. 安全

必须同时符合以下两个要求：

（1）菌体本身不产生有毒有害物质；

（2）不会危害环境固有的生态平衡（主要是针对某些基因工程菌）。

2. 有效

下面两个要求中，能满足一个要求就行：

（1）菌体本身具有很好的生长代谢活力，能有效地降解大分子和抗营养因子，合成小肽和有机酸等小分子物质；

（2）能保护和加强动物微生物区系的正平衡。这种功效主要是指能有效地提高和维护有益微生物在动物消化道中的数量优势。它可以通过两种途径来达到目标：发酵饲料的生产菌种本身就是从饲养的目标动物的消化道中分离出来的有益菌，通过饲喂高比例的发酵饲料可以直接提高有益微生物的数量，形成优势；生产菌种或代谢产物可以选择性地杀灭或者抑制有害微生物，从而造成有益菌的数量优势。实现后一种途径的方式有很多，比较常用的有：耗尽氧气，降低体系的氧化还原电位；降低环境的 pH；代谢物中含有能选择性杀灭大肠杆菌和沙门菌等有害微生物的抗菌物质。

（三）发酵饲料的功能

饲料在发酵过程中分泌与合成的大量活菌、蛋白质、氨基酸、各种生化酶、促生长因子等营养与激素类物质，能调整和提高动物机体各器官功能，提高饲料转化率，对动物产生免疫、营养、生长刺激等多种作用，达到防病治病、提高成活率、促进生长和繁殖、降低成本、消除粪尿臭味、净化环境、增产增收等效果。具体表现如下。

（1）改善饲料适口性，提高采食量及速度。

动物对其中的微生物菌体蛋白氨基酸、乳酸菌、酵母菌就像人对氨基酸口服液、酸奶和啤酒中的成分一样形成一种嗜好，喜爱采食。

（2）显著增加饲料营养成分，能转化成动物所必需的多种营养全面的有效氨基酸成分。

（3）提高饲料消化吸收利用率，提高生产性能。

发酵饲料含有多种有益活菌，建立动物肠道内微生态平衡，动物对其中的饲料营养成分完全吸收利用，可使蛋白质、能量、矿物质的利用率达 95%，极大提高粗饲料吸收利用率，因此可降低饲料成本，长期使用能节省 10%～25%的饲料。

（4）提高免疫力，预防并治疗肠道疾病，建立肠道微生态平衡，抑制有害病菌的繁殖，增加有益微生物的繁殖。

(5) 除臭驱蝇,减少污染。控制细菌性疾病,能减少粪便中氮、磷、钙的排泄量,减少粪便臭味及有害气体的排放,表现为动物粪便臭味逐步减轻,减少分解为氨气而浪费掉的饲料蛋白质,从而减少环境污染。

(6) 改善肉、蛋、奶品质,生产"绿色肉"、"农家蛋"、"无抗奶"。

通过增强消化吸收功能,充分吸收利用饲料中营养成分及原料的天然色素,无须添加化学色素苏丹红、加丽素红,以免对人体有害及影响畜禽产品天然食用风味,可媲美家养畜禽肉。能增加动物产品天然着色度和食用风味,猪只皮肤红润,毛色发亮;肉鸡肉鸭颜色加深;改善蛋壳的质量和颜色,蛋清厚稠,蛋黄鲜红;水产动物更加健康,无斑点。

(四) 注意事项

(1) 发酵原料粉碎要尽量细,搅拌均匀,不能有水结块。

(2) 包装开启后最好一次性用完,未用完原液盖紧即可。

(3) 最好不要与抗生素同时使用,可以低剂量混用。

(4) 应在室温下、通风阴凉干燥处防潮避光保存,不得与有毒药物存放在一起。

三、微生物与青贮饲料

青贮饲料是将含水率为65%~75%的青绿饲料切碎后,在密闭缺氧的条件下,通过厌氧乳酸菌的发酵作用,抑制各种杂菌的繁殖,而得到的一种粗饲料。青贮饲料气味酸香、柔软多汁、适口性好、营养丰富、利于长期保存,营养成分高于干饲料。另外,青贮饲料储存占地少,没有火灾问题。青贮饲料主要用于喂养反刍动物。

(一) 特性

优质青贮饲料的主要营养品质与其青贮原料相接近,主要表现为青贮饲料具有良好的适口性,其反刍动物的采食量、有机物质消化率和有效能值均与青贮原料相似,青贮饲料的维生素含量和能量水平较高,营养品质较好。但是,青贮饲料的氮利用率常低于青贮原料或同源干草。青贮饲料是草食动物的基础饲料,饲喂量一般以不超过日粮的30%~50%为宜。

(1) 可以最大限度地保持青绿饲料的营养物质。

一般青绿饲料在成熟和晒干之后,营养价值降低30%~50%,但在青贮过程中,由于密封厌氧,物质的氧化分解作用微弱,养分损失仅为3%~10%,从而使绝大部分养分被保存起来,特别是在保存蛋白质和维生素(胡萝卜素)方面要远远优于其他保存方法。

(2) 适口性好,消化率高。

青绿饲料鲜嫩多汁,青贮使水分得以保存。青贮饲料含水量可达70%。同时在青贮过程中由于微生物发酵作用,产生大量乳酸和芳香物质,更增强了其适口性和消化率。此外,青贮饲料对提高家畜日粮内其他饲料的消化性也有良好作用。

(3) 可调剂青饲料供应的不平衡。

由于青饲料生长期短,老化快,受季节影响较大,很难做到一年四季均衡供应。而青贮饲料一旦制成就可以长期保存,保存时间可达2~3年或更长,因而可以弥补青饲料利用的缺口,做到营养物质的全年均衡供应。

(4) 可净化饲料,保护环境。

青贮能杀死青饲料中的病菌、虫卵,破坏杂草种子的再生能力,从而减少对畜、禽和农作物的危害。另外,秸秆青贮已使长期以来焚烧秸秆的现象大为改观,将秸秆这一资源变废为宝,减少了对环境的污染。基于这些特性,青贮饲料作为肉牛的基本饲料,已越来越受到各国重视。

(二) 局限性

(1) 青贮饲料一次性投资较大,如青贮壕(沟)或青贮窖,以及青贮切碎设备等。

(2) 由于青贮原料粉碎细度较小,以及发酵产生乳酸等,饲喂青贮饲料过多有可能引起某些消化代谢障碍,如酸中毒、乳脂率降低等。

(3) 若制作方法不当,如水分过高、密封不严、踩压不实等,青贮饲料有可能腐烂、发霉和变质等。

(三) 应用

(1) 一般青贮　一般青贮也称普通青贮,即对常规青饲料(如青刈玉米),按照一般的青贮原理和步骤,在厌氧条件下进行乳酸菌发酵而制作的青贮。

(2) 半干青贮　半干青贮也称低水分青贮,产品具有干草和青贮料两者的优点,半干青贮是近20年来在国外盛行的方法。它将青贮原料风干到含水量40%～55%时,植物细胞渗透压达到5.5～6.0 MPa。这样便使某些腐败菌、酪酸菌LK至乳酸菌的生命活动接近于生理干燥状态,因受水分限制而被抑制。这样,不仅提高了青贮品质,而且克服了高水分青贮由于排汁所造成的营养损失。

(3) 特种青贮　特种青贮指除上述方法以外的所有其他青贮。青贮原料因植物种类、生长阶段和化学成分不同,青贮程度也有不同。对特殊青贮植物如采取普通青贮法,一般不易成功,须进行一定处理,或添加某些添加物,才能制成优良青贮饲料,故称之为特种青贮。

(4) 注意事项　对青贮饲料的利用要从以下三个方面加以注意:①饲喂前要对制作的青贮饲料进行严格的品质评定;②已开窖的青贮饲料要合理取用,妥善保管;③饲喂肉牛时要喂量适当,均衡供应。

(四) 存放

1. 青贮塔

青贮场地应选择地势高燥,土质坚硬,地下水位低,易排水、不积水,靠近畜舍,远离水源,远离圈厕和垃圾堆的地方,防止污染。

用青贮塔、青贮窖进行存放。

(1) 青贮塔　青贮塔分全塔式和半塔式两种。一般为圆筒形,直径3～6 m,高10～15 m,可青贮水分含量为40%～80%的青贮料。装填原料时,较干的原料在下面。青贮塔由于取料出口小,深度大,青贮原料自重压实程度大,空气含量少,储存质量好。但造价高,仅大型牧场采用。

(2) 青贮窖　青贮窖分地下式、半地下式和地上式三种,圆形或方形,直径或边长2～3 m,深2.5～3.5 m。通常用砖和水泥做材料,窖底预留排水口。一般根据地下水位高低、当地习惯及操作方便决定采用哪一种。但窖底必须高出地下水位 0.5 m 以上，以防止水渗入窖。青贮窖结构简单，成本低，易推广。

2. 堆贮

堆贮分为地表堆贮和半地表堆贮。

(1) 地表堆贮　选择干燥、利水、平坦、地表坚实并带倾斜度的地面，将青贮原料堆放压实后，再用较厚的黑色塑料膜封严，上面覆盖一层杂草，再盖上厚 20～30 cm 的一层泥土，四周挖排水沟排水。地表堆贮简单易学，成本低，但应注意防止家畜踩破塑料膜而进气、进水造成腐烂。

(2) 半地表堆贮　选择高燥、利水、带倾斜度的地面，挖约 60 cm 深的坑，坑底及四周要平整，将塑料膜铺入坑内，再将青贮原料置于塑料膜内，压实后，将塑料膜提起封口，再盖上杂草和泥土，四周开排水沟，深 30～60 cm。半地表堆贮的缺点是取料后，与空气接触面大，不及时利用时会导致青贮质量变差，造成损失。

3. 塑料袋青贮

除大型牧场采用青贮圆捆机和圆捆包膜机外，农村目前普遍推广塑料袋青贮。青贮塑料袋只能用聚乙烯塑料袋，严禁用装过化肥和农药的塑料袋，也不能用聚苯乙烯等有毒的塑料袋。青贮原料装袋后，应整齐摆放在地面平坦光洁的地方，或分层存放在棚架上，最上层袋的封口处用重物压上。在常温条件下青贮 1 个月左右，低温下 2 个月左右，即青贮完熟，可饲喂家畜，在较好环境条件下，存放一年以上仍保持较好质量。塑料袋青贮的优点如下：投资少，操作简便；储藏地点灵活，省工，不浪费，节约饲养成本。

(五) 生产要点

1. 选择适宜的青贮原料

青贮原料的含糖量要高，含糖量是指青贮原料中易溶性碳水化合物的含量，这是保证乳酸菌大量繁殖，形成足量乳酸的基本条件。青贮原料中的含糖量至少应为鲜重的 1%～1.5%。应选择植物体内含糖量较高、蛋白质含量较低的原料作为青贮的原料。例如：禾本科植物、向日葵茎叶、块根类原料均是糖量高的种类。而含糖量较少、含蛋白质较多的原料，如豆科植物和马铃薯茎叶等原料，较难青贮成功，一般不宜单贮，多采用将这类原料刈割后预干到含水量达 45%～55%时，调制成半干青贮。

2. 调节含水量

青贮时，对含水量过低或过高的原料，要将含水量调节到适当的程度。适当的水分是微生物正常活动的重要条件。水分过低，影响微生物的活性，另外也难以压实，造成需氧菌大量繁殖，使饲料发霉腐烂；水分过多，糖浓度低，利于酪酸菌的活动，易结块，青贮品质变差，同时植物细胞液汁流失，养分损失大。对水分过多的饲料，应稍晾干或添加干饲料混合青贮。青贮原料含水量达 65%～75%时，最适于乳酸菌繁殖。豆科牧草含水量以 60%～70%为宜；质地粗硬原料的含水量以 78%～80%为好；幼嫩、多汁、柔软的原料含水量以 60%为宜。

3. 压实、密封

压实、密封的作用主要是减少堆垛的青贮饲料之间的空气，也为了防止外来空气的进入。青贮发酵的原理就是让青贮饲料进入厌氧状态。如果压实和密封不好，青贮饲料就因需氧菌的繁殖生长而腐败变味。因此，压实、密封是青贮成功的主要条件。

第二节　微生物与畜产品

一、微生物与乳

乳中含有蛋白质、乳糖、脂肪、无机盐、维生素等多种营养物质，是多种微生物生长繁殖良好的培养基，鲜乳及乳制品在生产过程中，如果污染了大量微生物，甚至是病原微生物，不但使乳品腐败变质，造成经济上的损失，而且可使食用者感染疾病。

（一）鲜乳中的微生物

1. 鲜乳中微生物的来源

鲜乳中的微生物来源于乳房内部和外界环境。健康动物的乳头管处常常含有微生物，随着挤奶而进入鲜乳。动物体表、空气、水源、鲜乳接触的用具及工作人员所带的微生物等都会直接或间接地进入鲜乳，甚至使鲜乳带上病原微生物。

2. 鲜乳中微生物的类群及作用

鲜乳中最常见的微生物是细菌、酵母菌及少数霉菌。

（1）发酵产酸的细菌　此类细菌主要包括乳酸链球菌和乳酸杆菌等乳酸菌，它们能在鲜乳中迅速繁殖，分解乳糖产生大量乳酸。乳酸既能使乳中的蛋白质均匀凝固，又可抑制腐败菌的生长。有的乳酸菌还能产生气体和芳香物质。因此，乳酸菌被广泛用于乳品加工。

（2）胨化细菌　胨化细菌有枯草杆菌、蜡样芽孢杆菌、假单胞菌等。它们能产生蛋白酶，使已经凝固的蛋白质溶解液化。

（3）产酸产气的细菌　此类细菌能使乳糖转化为乳酸、乙酸、乙醇及气体。大肠杆菌和产气杆菌的产酸产气作用最强，能分解蛋白质而产生异味；厌氧性丁酸梭菌能产生大量气体和丁酸，使凝固的牛乳形成暴烈发酵现象，并出现异味；丙酸菌也能使乳品产酸产气，使干酪形成孔眼和芳香气味，对于酪的品质形成有利。

（4）嗜热菌与嗜冷菌　嗜热菌能在30～70℃生长发育。乳中的嗜热菌包括多种需氧和兼性厌氧菌，它们能耐过巴氏消毒，抵抗80～90℃10 min不被杀死。乳中嗜冷菌以革兰氏阴性杆菌为主，适于在20℃以下生长。嗜热菌和嗜冷菌的存在不仅污染加工设备，使其难以清洗和消毒，而且影响鲜乳的卫生状况。

（5）其他微生物　酵母菌、霉菌、一些细菌和放线菌可以使鲜乳变稠或凝固，有的细菌和酵母菌还能使鲜乳变色，降低了乳的品质。

（6）病原微生物　乳畜患传染病时，乳中常有病原微生物，如牛结核杆菌、布氏杆菌、大肠杆菌、葡萄球菌等。乳畜患乳房炎时，乳中还会有无乳链球菌等病原菌。工作人员患病可使乳中带有沙门菌、人型结核杆菌等病原微生物。饲料可能使鲜乳带上李氏杆菌、霉菌及其毒素等。

3. 鲜乳储藏过程中的微生物学变化

正常乳汁从乳畜挤出后，如不立即灭菌而放置于10℃以上的常温中，便会发生一系列的微生物学变化，大致可分为以下四个阶段。

(1) 细菌减数阶段　鲜乳中含有乳素、抗体、补体、白细胞等杀菌物质，对刚挤出的乳汁在一定温度和时间内具有杀菌作用，使乳中的微生物总数减少。此期长短与乳汁温度，尤其是乳中含微生物的数量有关。严重污染的乳汁，在13～14℃时，此期可持续18 h，而同一温度下的清洁乳汁可持续36 h。为了延长鲜乳的杀菌期，并抑制微生物的生长繁殖，应尽可能使鲜乳挤出后迅速冷却到10℃以下。

(2) 发酵产酸期　随着发酵作用的减弱，各种微生物的生长开始活跃。首先是腐败菌占优势，接着大肠杆菌和产气类杆菌继续发酵产酸，接着乳酸菌繁殖而大量产酸，pH下降抑制了其他微生物的继续生长繁殖，最后乳酸菌被抑制。此期大约为数小时至几天。

(3) 中和期　在酸性环境中，多数微生物停止活动，但霉菌和酵母菌大量繁殖，它们利用乳酸及其他酸类，同时分解蛋白质产生碱性物质，中和乳的酸性。此期约数天到几周。

(4) 胨化期　当乳中酸性被中和至微碱性时，乳中的胨化细菌开始发育，分解酪蛋白；霉菌和酵母菌继续活动，将乳中固形物质全部分解，最后使乳变成澄清而有毒性的液体。

4. 乳的卫生标准

按照国家标准，鲜乳及消毒乳中均不得检出病原微生物；每毫升鲜乳中细菌总数不得超过50万个；每毫升消毒乳中细菌总数不得超过3万个；每100 mL消毒乳的大肠菌群最近似数不得超过40个。

(二) 鲜乳的微生物学检验

鲜乳的微生物学检验包括以下三项内容。

(1) 含菌数检验　可用直接涂片计数法或稀释倾注平板计数法，或利用美蓝还原实验。其中稀释倾注平板计数法是国家规定的标准方法。

(2) 大肠菌群最近似数测定　此项检查卫生学意义不是很大，因鲜乳易于直接或间接受粪便的污染而带有大肠杆菌，且该菌繁殖迅速，所以一般的鲜乳常含有相当数量的大肠杆菌。经巴氏消毒后，乳中仍存有耐热性的大肠杆菌群，如超过国家规定允许的卫生标准范围，则表示消毒以后又发生了新的污染或保存处理不当，存在着有病原微生物同时污染的可能性。

(3) 鲜乳中病原微生物检验　由于鲜乳中病原微生物检出率不高，且需要时间较长，故实际上一般不进行此项检查。必要时可进行常见病原菌如结核分枝杆菌、布氏杆菌、溶血性链球菌、金黄色葡萄球菌、肠道致病菌等的检查，而不是全面检查。

二、微生物与肉

(一) 鲜肉中微生物的来源

鲜肉中微生物的来源可分为内源性和外源性两个方面。内源性来源主要指动物屠宰后，肠道、呼吸道或其他部位的微生物进入肌肉和内脏；外源性来源是指动物在屠宰加工过程中，环境卫生条件、用具、用水、运输过程等造成污染，这是主要污染来源。

（二）鲜肉中污染微生物的类型

鲜肉中污染微生物的数量和类型因具体情况而异，常见的有以下几类。

（1）引起鲜肉在保存时颜色及味道产生变化的细菌　此类菌主要有灵杆菌、蓝乳杆菌、磷光杆菌等。

（2）引起鲜肉腐败的细菌　此类菌主要有变形杆菌、枯草杆菌、马铃薯杆菌、蕈状杆菌、腐败杆菌、产气荚膜梭菌、产芽孢杆菌等。

（3）引起鲜肉发霉的真菌　此类菌主要有枝孢霉、毛霉、枝霉、青霉、曲霉等。

（三）鲜肉的成熟与腐败

动物屠宰后一段时间内，肌肉在酶的作用下发生复杂的生物化学变化和物理变化，称为肉的"成熟"。在成熟过程中，肌肉中的糖原分解，乳酸增加，ATP 转化为磷酸，使肌肉由弱酸性变为酸性，抑制了肉中腐败菌和病原微生物的生长繁殖；蛋白质初步分解，肌肉、筋腱等变松软，并形成了特殊的香味，这些变化有利于改善肉的口味和可消化性。

鲜肉成熟之后，肉中污染的腐败微生物（如细菌、酵母菌、霉菌等）开始繁殖，引起蛋白质、脂肪、糖类等分解，形成具有恶臭味的产物，使鲜肉的组织结构溶解，产生恶臭，色泽暗灰，称为腐败变质。一些腐败菌可产生毒素，引起人类食物中毒。已腐败分解的肉不准供食用。

（四）鲜肉中的病原微生物及其危害

鲜肉中的病原微生物主要来自于病畜，多为炭疽杆菌、结核分枝杆菌、布氏杆菌、沙门菌、巴氏杆菌、病原性链球菌、猪丹毒杆菌、口蹄疫病毒、猪瘟病毒等常见动物传染病的病原，此外还存在其他病原体。带有活的病原微生物的肉类被人畜食用，或者在加工、运输过程中散播病原，都会引起传染病的流行；含有病原菌或毒素的肉类可引起人和动物的食物中毒。另外，少数真菌也能通过肉品引起食物中毒。

（五）鲜肉的变质

在适宜条件下，污染鲜肉的微生物可迅速生长繁殖，引起鲜肉腐败变质。细菌吸附在鲜肉表面的过程可分为两个阶段：首先是可逆吸附阶段，即细菌与鲜肉表面微弱结合，此时用水洗可将其除掉；第二个阶段为不可逆吸附阶段，细菌紧密地吸附在鲜肉表面，而不能被水洗掉，吸附的细菌数量随时间的延长而增加。实验表明，不能分解蛋白质的细菌难以向肌肉内部侵入和扩散，而能分解蛋白质的细菌可向肌肉内部侵入并扩散。

1. 有氧条件下的腐败

在有氧条件下，需氧菌和兼性厌氧菌引起肉类的腐败表现如下。

（1）表面发黏　肉表面有黏液状物质产生，这是由于微生物在肉表面生长繁殖形成菌苔以及产生黏液；发黏的肉块切开时会出现拉丝观象，并有臭味。

（2）变色　微生物污染肉后，分解含硫氨基酸产生 H_2S，H_2S 与肌肉组织中的血红蛋白反应形成绿色的硫化氢血红蛋白，这类化合物积累于肉的表面时，形成暗绿色的斑点。

还有许多微生物可产生各种色素，使肉表面呈现多种色斑。例如：黏质赛氏杆菌产生红色斑，深蓝色假单孢菌产生蓝色斑，黄色杆菌产生黄色斑；某些酵母菌产生白色、粉红色和灰色斑，一些霉菌可形成白色、黑色、绿色霉斑，一些发磷光的细菌，如发磷光杆菌的许多种能产生磷光。

(3) 产生异味　脂肪酸败可产生酸败气味，主要由无色菌属或酵母菌引起，乳酸菌和酵母菌发酵时产生的挥发性有机酸也带有酸味，放线菌产生泥土味。霉菌能使肉产生霉味，蛋白质腐败产生恶臭味。

2. 无氧条件下的腐败

在室温条件下，一些不需要严格厌氧条件的梭状芽孢杆菌首先在肉上生长繁殖，随后其他一些严格厌氧的梭状芽孢杆菌分解蛋白质产生恶臭味。羊、猪、羊的臀部肌肉很容易出现深层变质现象，有时鲜肉表面正常，切开时有酸臭味。股骨周围的肌肉为褐色，骨膜下有黏液出观，这种变质称为骨腐败。

塑料袋真空包装并贮于低通气量条件时可延长保存期，此时如塑料袋透气性很差，袋内氧气不足，将会抑制需氧菌的生长，而以乳杆菌和其他厌氧菌为主。

在厌氧条件下兼性厌氧菌和专性厌氧菌的生长繁殖引起肉类腐败变质的表现如下。

(1) 产生异味　由于梭状芽孢杆菌、大肠杆菌以及乳酸菌等作用，产生甲酸、乙酸、丙酸、丁酸、乳酸和脂肪酸而形成酸味，蛋白质被微生物分解产生硫化氢、硫醇、吲哚、粪臭素、氨和胺类等异味化合物，呈现异臭味，同时还可产生毒素。

(2) 腐烂　腐烂主要是由梭状芽孢杆菌属中的某些种引起的，假单孢菌属、产碱杆菌属和变形杆菌属中的某些兼性厌氧菌也能引起肉类的腐烂。

在鲜肉搅拌过程中微生物可均匀地分布到碎肉中，所以绞碎的肉比整块肉含菌数量高得多。

(六)肉类的微生物学检验

肉类的微生物学检验包括细菌镜检、细菌数量测定、大肠菌群最近似数测定。对可疑的肉类，必要时做病原微生物分离和鉴定。其中细菌镜检是常用的方法。

进行细菌镜检可由肉的表层和深层分别制成触片，观察时考虑 3 个指标，即细菌的数目、种类和触片着色的程度。

(1) 新鲜肉　触片印迹着色不良，表层触片可见到少数球菌和杆菌，深层触片仅发现个别细菌或者见不到细菌，触片上见不到分解的肉组织。

(2) 可疑新鲜肉　触片印迹着色较好，在每个视野中，表层触片可见 20～30 个球菌，深层触片可发现 20 个左右细菌，触片上可明显见到分解的肉组织。

(3) 非新鲜肉　触片印迹着色很浓，在每个视野中，无论表层还是深层，均可见 30 个以上的细菌，且多为杆状，触片上可见到大量的肉组织。

三、微生物与鲜蛋

禽蛋具有很高的营养价值，含有较多的蛋白质、脂肪、B 族维生素及无机盐类，如保贮不当，易受微生物污染而引起腐败。

（一）禽蛋中微生物及其来源

鲜蛋中的微生物主要有细菌和真菌两大类。细菌中大部分是腐生菌，如枯草杆菌、变形杆菌、霉菌等；也有致病菌，如大肠杆菌、沙门菌等。

健康禽类所产的鲜蛋蛋壳表面的胶状物质与蛋壳及壳内膜构成一道屏障，可以阻挡微生物侵入。并且蛋白内含有溶菌酶、抗体等杀菌或抑菌物质，在一定时间内可抵抗或杀灭侵入蛋白内的微生物。所以刚生下来的鲜蛋内部应是无菌的，或仅有少量细菌。微生物污染的主要来源如下。

（1）卵巢　病原菌通过血液循环进入卵巢，在蛋黄形成时进入蛋中。常见的卵巢内感染菌有雏沙门菌、鸡沙门菌等。

（2）泄殖腔　禽类泄殖腔内含有一定数量的微生物，当蛋从泄殖腔排出体外时，由于蛋内遇冷收缩，附在蛋壳上的微生物可穿过蛋壳进入蛋内。

（3）环境　鲜蛋蛋壳的屏障作用有限，蛋壳上有许多大小为 4～40 μm 的气孔，外界的各种微生物都有可能进入，特别是储存期长或经过洗涤的蛋，在高温、潮湿的条件下，环境中的微生物更容易借水的渗透作用侵入蛋内。

（二）微生物与禽蛋的败坏

（1）细菌性败坏　细菌侵入蛋壳内，使蛋黄膜破裂，蛋黄与蛋白液化、混合并黏附于蛋壳上，照蛋时呈灰黄色，称为泻黄蛋。细菌进一步活动而产生氨、酰胺、硫化氢等毒性代谢物质，使外壳呈暗灰色，并散发臭气，照蛋时呈黑色，称为黑腐蛋。

（2）霉菌性腐败　霉菌孢子污染蛋壳表面后萌发菌丝，并通过气孔或裂纹进入蛋壳内侧，形成霉斑。接着菌丝大量繁殖，使深部的蛋白及蛋黄液化、混合，照蛋时可见褐色或黑色斑块，蛋壳外表面有丝状霉斑，内容物有明显的霉变味，称为霉变蛋。泻黄蛋、黑腐蛋及霉变蛋均不能食用或加工。

（三）蛋与蛋制品的微生物学检验

目前，蛋和蛋制品的微生物学检验项目主要包括细菌总数测定、大肠菌群最近似数的检验和肠道致病菌的检验（主要指沙门菌）。

检验方法可按照卫生部制定的《食品卫生检验法——细菌学部分》进行。各种蛋制品的卫生标准必须符合国家标准。

第三节　微生物活性制剂

一、饲用酶制剂

饲用酶制剂是为了提高动物对饲料的消化、利用或改善动物体内的代谢效能而加入饲料中的酶类物质。

我国在 20 世纪 80 年代末 90 年代初开始饲用酶制剂的工业化生产，发展速度很快。

国内推广范围最广的酶制剂是植酸酶和非淀粉多糖酶。近年来，随着磷酸氢钙价格的上涨，出于降低饲料成本的目的，植酸酶使用更加广泛；数年的实践已证明，植酸酶替代磷酸氢钙是完全成功的。植酸酶的成功应用增强了饲料企业使用酶制剂的信心。

(一) 分类

饲用酶制剂分为以下三类。

1. 非淀粉多糖(NSP)酶

非淀粉多糖酶类包括木聚糖酶、β-葡聚糖酶、β-甘露聚糖酶、纤维素酶、α-半乳糖苷酶、果胶酶等，作用于饲料中相应的NSP。畜禽体内并不分泌本类酶，必须由饲料中添加，是主要的饲用酶制剂。

2. 植酸酶

植酸酶具有特殊的空间结构，能够依次分离植酸分子中的磷，将植酸(盐)降解为肌醇和无机磷，同时释放出与植酸(盐)结合的其他营养物质。

3. 内源消化酶

内源消化酶是可以由动物消化道自身分泌的酶，主要指蛋白酶、淀粉酶和脂肪酶。在某些特殊情况下，内源酶也需要由饲料中补加。

(二) 应用

(1) 消除饲料中的抗营养因子。

木聚糖、β-葡聚糖、纤维素等非淀粉多糖难以被动物，特别是单胃动物消化吸收，它们是植物细胞壁的成分，并且能使消化道食糜黏度增加，导致日粮养分消化率和饲养效果降低，限制了谷物在饲料中的应用。木聚糖酶、β-葡聚糖酶等非淀粉多糖酶可以分解非淀粉多糖，消除其抗营养作用。植酸酶可以消除植酸抗营养作用，提高磷的利用率。

(2) 补充内源酶的不足。

动物自身分泌的蛋白酶、淀粉酶等内源酶不足的现象在幼龄动物及处于应激、疾病等亚健康状态的动物表现非常明显，表现为消化不良及由此引起的一系列生产性能下降，如断奶仔猪的腹泻。针对性添加外源酶将有效解决这些问题。

(3) 降低环境污染。

添加复合酶可减少畜禽粪便排放量。酶制剂提高饲料中氮、磷的利用率，使粪、尿中的氮、磷含量下降，降低了畜舍内有害气体的浓度，减少了畜禽呼吸道疾病和因不良环境诱发的其他疾病。

二、微生态制剂

微生态制剂(microecological agent)又名活菌制剂或生物制剂，它是指在微生态理论指导下，人工分离正常菌群，并通过特殊工艺制成的活菌制剂。作为饲料添加剂使用的微生态制剂(饲用微生态制剂)可达到防病治病，促进动物生长发育的功效。

(一) 微生态制剂的作用

健康动物体内的正常微生物菌参与了动物机体营养、免疫、新陈代谢等活动，可拮抗致病菌，提高动物营养水平，增强机体免疫力，减少体内毒素，是动物健康的重要保证。这些有益菌以其绝对优势地位有效控制了少量有害菌的影响，维护了动物的健康。其作用主要表现在以下几个方面。

1. 有益菌对病原菌的拮抗作用

有益菌尤其是乳酸菌进入肠道后产生有机酸，降低了肠道的pH。低pH的环境不利于大多数致病菌的生长，可减少肠道内致病菌的数量。某些乳酸杆菌、链球菌、芽孢杆菌在其生长代谢过程中，可产生一些多肽类抗菌物质(如嗜酸菌素、乳糖菌素、杆菌肽等)，这些细菌素可抑制或杀死病原菌。某些有益需氧菌可消耗动物肠道内的氧气，创造利于厌氧菌生长的环境，抑制了好氧性致病菌的生长，促进厌氧菌的繁殖，增加有益菌的数量。另外，有益菌可与病原菌竞争肠道内有限的定植位点与营养物质，控制病原菌的数量，从而有效调整肠道菌群，维护微生态平衡，减少有害菌，降低动物的发病率，提高成活率。

2. 免疫赋活作用

微生态制剂中的有益菌可刺激动物免疫系统的及早建立，调动和提高动物机体的一般非特异性免疫功能，因而提高了整体的抗病能力。研究证明，服用了微生态制剂(含乳酸菌)的动物体内干扰素的活性和巨噬细胞的活性均有所提高。

3. 产酶和营养物质

有益菌在体内可产生各种消化酶，尤其是某些芽孢杆菌具有很强的蛋白酶、脂肪酶、淀粉酶活性，可降解饲料中的抗营养因子，大大提高饲料的转化率。另外，有益菌产的有机酸可提高酸性蛋白酶的活性，增强动物对蛋白质的消化能力，对新生畜禽十分有益。乳酸杆菌、双歧杆菌等在肠道内生长繁殖过程中能产生多种营养物质(如维生素，尤其是B族维生素、氨基酸、未知促进生长因子等)，补充营养，促进动物生长。芽孢杆菌在肠道内可产生氨基氧化酶及分解硫化物的酶类，从而降低血液及粪便中氨、吲哚等有害气体浓度。

(二) 微生态制剂的应用

1. 微生态制剂在养猪业中的应用

(1) 用于哺乳仔猪　微生态制剂可替代抗生素防治腹泻性疾病的发生。防治仔猪腹泻的微生态制剂添加到哺乳母猪饲料中，可以提高哺乳仔猪日增重，减少红白痢的发生，提高仔猪免疫力。

(2) 用于断奶仔猪　可以调节肠道微生态平衡，提高营养物质吸收率及生产性能。

目前广泛推广的生态发酵床养猪技术也是利用益生菌将猪粪尿、残留饲料等进行发酵产生更多的益生菌，猪拱食后达到饲喂微生态制剂的效果，同时改善了猪舍环境，节省了清除猪粪尿的人工成本。

2. 微生态制剂在养鸡业中的应用

微生态制剂用于蛋鸡可以增强免疫力，减少蛋用雏鸡下痢等疾病的发病率；用于肉鸡养殖中可以显著提高肉鸡生产性能，并可对肠道微生态平衡进行调节，降低肉鸡腹水症、脂肪肝的发病率。

3. 微生态制剂在养牛业中的应用

反刍动物的瘤胃自身就是一个复杂的微生态体系，瘤胃内的细菌在瘤胃发酵中起着决定性作用，而反刍动物的能量代谢恰恰主要靠瘤胃微生物发酵产生的乙酸、丙酸、丁酸等挥发性脂肪酸供能。微生态制剂在养牛中的应用主要利用了以上特点，在日粮中加入适量的微生态制剂用以优化瘤胃内的微生态系统，提高营养物质的消化吸收效率，增加产奶净能，提高产奶量或产肉性能。同时，一些利用有益菌制成微生态制剂防治奶牛乳房炎、子宫内膜炎的产品也有推广。

微生态制剂以其良好的保健功能，无毒、低残留等特点在养殖业中得到广泛应用。但是微生态制剂在推广应用方面还存在很多问题，如不同菌种之间的相互作用关系不明、制剂后处理技术水平较低、菌种易失活（不耐抗生素）等。但是随着生物技术的发展，微生物学理论研究的不断深入，动物专用微生态制剂的开发研究将受到业内各界人士的日益关注。随着我国养殖业的发展，微生态制剂作为替代抗生素的新型饲料添加剂也将有更加广阔的应用前景。

本章小结

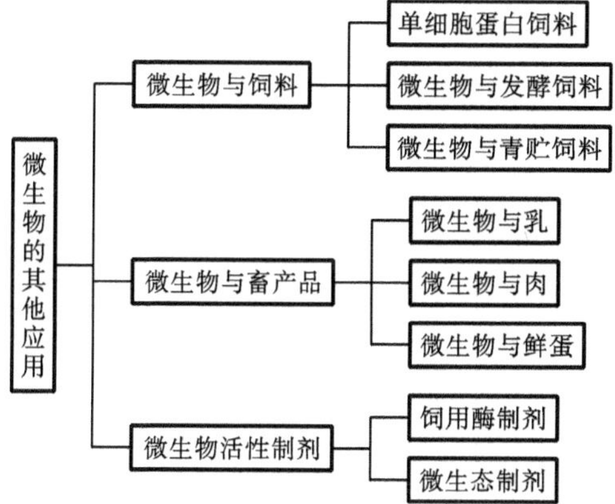

复习思考题

1. 简述青贮饲料的微生物及其作用。
2. 简述青贮饲料调制过程中各时期微生物活动的特点。
3. 简述鲜乳中的主要微生物的分类。
4. 试述微生态制剂的作用。
5. 试述鲜乳的微生物学检验方法。
6. 试述肉类的微生物学检验方法。
7. 微生物引起禽蛋的常见腐败变化有哪几种？

附录

附录A　常用培养基的配制

1. 普通肉汤培养基

(1) 配方：

牛肉膏　5 g　　　　蛋白胨　10 g

氯化钠　5 g　　　　磷酸氢二钾　1 g

蒸馏水　1000 mL

(2) 配制方法：将准确称量的牛肉膏5 g、蛋白胨10 g、氯化钠5 g、磷酸氢二钾1 g溶于1 000 mL的蒸馏水中，加热溶解，用0.1 mol/L盐酸和0.1 mol/L氢氧化钠溶液进行pH调整，使培养基的pH为7.2～7.6。灭菌，分装，备用。

2. 普通琼脂培养基

(1) 配方：

普通肉汤　1000 mL　　　　琼脂　20～30 g

(2) 配制方法：将称量好的琼脂粉20～30 g加入1000 mL普通肉汤中，加热煮沸，待琼脂完全融化后，调整pH为7.2～7.6，灭菌，分装，备用。

3. 半固体琼脂培养基

(1) 配方：

普通肉汤　1000 mL　　　　琼脂　10～15 g

(2) 配制方法：将称量好的琼脂粉10～15 g加入1000 mL普通肉汤中，加热煮沸，待琼脂完全融化后，调整pH为7.2～7.6，灭菌，分装，备用。

4. 鲜血琼脂培养基

(1) 配方：

普通琼脂培养基　100 mL　　　　无菌的脱纤绵羊血或家兔血　5 mL

(2) 配制方法：将灭菌的普通琼脂培养基加热融化，待冷却至50℃左右，加入无菌的脱纤绵羊或家兔的鲜血(100 mL普通琼脂加5 mL无菌鲜血)，混合后，分装，备用。

无菌血液是通过无菌操作方法采自健康动物的血液，一般选择绵羊或家兔的血液。采血时可加入5%灭菌柠檬酸钠或3%灭菌肝素于动物血液中，或选用脱纤血来制备鲜血琼脂培养基。

5. 亚硒酸盐亮绿增菌培养基

(1) 基础液。

① 配方：

蛋白胨　5 g　　　　胆酸钠　1 g
甘露醇　5 g　　　　酵母膏　5 g
亚硒酸氢钠　4 g　　　　蒸馏水　900 mL

② 配制方法：将蛋白胨 5 g、胆酸钠 1 g、甘露醇 5 g 和酵母膏 5 g 加入蒸馏水中，煮沸 5 min，待冷却后加入亚硒酸氢钠 4 g。调整 pH 为 7.0，4℃保存备用。

(2) 缓冲液。

① 甲液配方：

磷酸二氢钾　34 g　　　　蒸馏水　1000 mL

② 乙液配方：

磷酸氢二钾　43.6 g　　　　蒸馏水　1000 mL

③ 配制方法：将 2 份甲液和 3 份乙液混合。调整 pH 为 7.0，保存备用。

(3) 亮绿溶液。

① 配方：

亮绿　0.5 g　　　　蒸馏水　100 mL

② 配制方法：将亮绿溶于水中，置于暗处保存备用。

(4) 完全培养基。

① 配方：

基础液　900 mL　　　　亮绿溶液　1 mL　　　　缓冲液　100 mL

② 配制方法：将缓冲液 100 mL 加入 900 mL 基础液内，加热至 80℃，冷却后加入 1 mL 亮绿溶液。分装，配制后当天使用。

6. 四磺酸钠增菌液

(1) 基础液。

① 配方：

牛肉浸膏　5.0 g　　　　碳酸钙　4.5 g
蛋白胨　10.0 g　　　　氯化钠　3.0 g
蒸馏水　1000 mL

② 配制方法：分别将牛肉浸膏 5.0 g、碳酸钙 4.5 g、蛋白胨 10.0 g 、氯化钠 3.0 g 加入 1000 mL 蒸馏水中，煮沸溶解，调整 pH 为 7.0，灭菌，保存备用。

(2) 硫代硫酸钠溶液。

① 配方：

$Na_2S_2O_3 \cdot 5H_2O$　50 g　　　　蒸馏水　100 mL

② 配制方法：将 50 g 硫代硫酸钠溶于 100 mL 蒸馏水中，灭菌，备用。

(3) 碘溶液。

① 配方：

碘片　20 g　　　　碘化钾　25 g　　　　蒸馏水　100 mL

② 配制方法：将 25 g 碘化钾溶于最少量水中后，再投入 20 g 碘片。振摇至全部溶解，加水至 100 mL。在棕色瓶内保存备用。

(4) 亮绿溶液：见上述亚硒酸盐亮绿增菌培养基。

(5) 牛胆溶液。

① 配方：

干燥牛胆　10 g　　蒸馏水　100 mL

② 配制方法：将 10 g 干燥牛胆加入 100 mL 蒸馏水中，煮沸溶解，灭菌，备用。

(6) 完全培养基。

① 配方：

基础液　900 mL　　亮绿溶液　2 mL

硫代硫酸钠溶液　100 mL　　牛胆溶液　50 mL

碘溶液　20 mL

② 配制方法：在无菌条件下，将上述除基础液外的 4 种成分依照上列顺序加入基础液内。每加入一种成分后充分摇匀，无菌分装，于 4℃暗处保存备用。

7. 麦康凯琼脂培养基

(1) 配方：

蛋白胨　2 g　　琼脂 2.5～3 g

氯化钠　0.5 g　　乳糖　1 g

胆盐(3 号胆盐或牛胆酸钠)　0.5 g　1%中性红水溶液　0.5 mL

蒸馏水　1000 mL

(2) 配制方法：将蛋白胨、琼脂、氯化钠、乳糖分别加入 1000 mL 蒸馏水中，加热溶解，调整 pH 至 7.0～7.2，加入 1%中性红水溶液 0.5 mL，在 121.3℃灭菌 15 min，分装，备用。

8. SS 琼脂培养基

(1) 配方：

蛋白胨　5 g　　牛肉膏　5 g

乳糖　10 g　　琼脂　25～30 g

胆盐　10 g　　0.5%中性红水溶液　4.5 mL

柠檬酸钠　10～14 g　　0.1%亮绿溶液　0.33 mL

硫代硫酸钠　8.5 g　　柠檬酸铁　0.5 g

蒸馏水　1000 mL

(2) 配制方法：将蛋白胨、牛肉膏、乳糖、琼脂、胆盐、柠檬酸钠、硫代硫酸钠、柠檬酸铁分别加入 1000 mL 蒸馏水中，加热溶解，调整 pH 至 7.0～7.2，加入 0.5%中性红水溶液和 0.1%亮绿溶液，加热煮沸，冷却至 45℃时分装备用，该培养基不能高压灭菌。

9. 三糖铁琼脂培养基

(1) 配方：

牛肉浸膏　3 g　　蛋白胨　20 g

柠檬酸铁　0.3 g　　乳糖　10 g

蔗糖　10 g　　酵母膏　3 g

葡萄糖　1 g　　氯化钠　1 g

硫代硫酸钠　0.3 g　　琼脂　12 g

0.4%酚红水溶液　6.3 mL　　蒸馏水　1000 mL

(2) 配制方法：将以上所有其他成分都加入水中，煮沸溶解，调整 pH 至 7.4～7.6，灭菌，分装，摆斜面，备用。

10. 胰蛋白胨琼脂培养基

(1) 配方：

胰蛋白胨　20 g　　葡萄糖　1 g

氯化钠　5 g　　盐酸硫胺素　0.005 g

琼脂　15～20 g　　蒸馏水　1000 mL

(2) 配制方法：将上述成分混合后加热溶解，调 pH 为 7.0，灭菌，分装。

11. 含铁牛奶培养基

(1) 配方：

新鲜全脂牛奶　1000 mL　　硫酸亚铁　1 g

蒸馏水　50 mL

(2) 配制方法：将 1 g 硫酸亚铁溶于 50 mL 蒸馏水中，再将牛奶加入其中，混匀，分装于试管中，并给每支试管加入少许液体石蜡封顶，121℃高压灭菌 15 min，保存备用。

12. 庖肉培养基

(1) 配方：

牛肉浸液　1000 mL　　蛋白胨　30 g

酵母浸膏　5 g　　磷酸二氢钠　5 g

葡萄糖　3 g　　可溶性淀粉　2 g

碎肉渣　少量

(2) 配制方法：将蛋白胨、酵母浸膏、磷酸二氢钠、葡萄糖、可溶性淀粉分别加入 1000 mL 牛肉浸液中，加热溶解，调 pH 为 7.6，再煮沸数分钟，过滤。将碎肉渣分装于试管中(约 2 指高)，然后加入肉汤，使肉汤超过肉渣表面约 4 cm，在肉汤顶部覆盖上液体石蜡，灭菌，保存备用。

13. 叠氮化钠血琼脂培养基

(1) 配方：

胰蛋白胨　10 g　　叠氮化钠　0.2 g

氯化钠　5 g　　牛肉浸膏　3 g

琼脂　15 g　　蒸馏水　1000 mL

(2) 配制方法：将上述成分混匀后，灭菌，冷却到 40～50℃，在无菌条件下，加 5%的脱纤绵羊血和 0.1%水合氯醛水溶液 1 mL，分装于培养皿，保存备用。

14. 沙堡琼脂培养基

(1) 配方：

蛋白胨　10 g　　麦芽糖　40 g

琼脂　20 g　　蒸馏水　1000 mL

(2) 配制方法：将上述成分混匀后，加热融化，调 pH 为 5.4，在 115℃灭菌 20 min，分

装，保存备用。

附录B 常用试剂的配制

1. pH 7.2 0.01 mol/L PBS液的配制

(1) 配制25×PBS。称取2.74 g磷酸氢二钠和0.79 g磷酸二氢钠，加蒸馏水至100 mL。

(2) 配制1×PBS。量取40 mL 25×PBS，加入8.5 g氯化钠，加蒸馏水至1000 mL。

(3) 用氢氧化钠溶液或盐酸调pH至7.2。

(4) 灭菌或过滤除菌，于4℃保存备用，最好在3周内用完。

2. 免疫反应常用试剂的配制

(1) 包被液(0.05 mol pH 9.6 碳酸盐缓冲液)　Na_2CO_3 1.59 g、$NaHCO_3$ 2.93 g、蒸馏水1000 mL。

(2) 缓冲液(0.01 mol pH 7.4 PBS)　NaCl 8.0 g、KH_2PO_4 0.2 g、Na_2HPO_4 2.9 g、KCl 0.2 g、蒸馏水1000 mL。

(3) 洗涤液(0.01 mol pH 7.4 PBS-吐温-20)　吐温-20 0.5 mL、0.01 mol/L pH7.4 PBS 1000 mL。

(4) 封闭液(1%BSA-PBS-T)　BSA 1.0 g、PBS-T 100 mL。

(5) 底物缓冲液(pH 5.0 磷酸盐-柠檬酸盐缓冲液)　柠檬酸4.7 g、Na_2HPO_4 7.30 g、蒸馏水1000 mL。

(6) 底物溶液(临用前新鲜配制，配后立即使用)　邻苯二胺40 mg、30% H_2O_2溶液0.15 mL、底物缓冲液100 mL。

(7) 终止剂(2 mol/L H_2SO_4)　H_2SO_4 22.20 mL、蒸馏水177.80 mL。

3. 常用血液抗凝剂的配制

(1) 肝素的配制　取纯的肝素0.1 g，加生理盐水至10 mL，配成1%肝素生理盐水。取0.1 mL加入试管内，加热烘干备用。每管能使5～10 mL血液不凝固。

(2) 草酸盐合剂的配制　取草酸铵1.2 g、草酸钾0.8 g，加福尔马林1 mL，然后加蒸馏水至100 mL，配成2%的溶液。用前根据血量将此溶液加入玻璃容器内烘干备用。一般取草酸盐合剂1 mL，烘干后使10 mL血液不凝固。

(3) 柠檬酸钠溶液的配制　取3～5 g柠檬酸钠，加蒸馏水100 mL即可。

4. 常用消毒剂的配制

(1) 石炭酸　取石炭酸(苯酚)3～5 g，加蒸馏水100 mL，配成3%～5%的溶液，即可用于器具、橡皮制品及室内空气消毒。如用于黏膜消毒及药剂的防腐，则配成0.3%～0.5%的溶液。

(2) 来苏儿　又叫煤酚皂。用于皮肤消毒和手臂消毒时，配成1%～2%溶液即可。如用于器具、地面和室内空气消毒，则配成5%～10%的溶液。

(3) 新洁尔灭　常配成0.05%～0.1%的溶液，用于手臂、空气、器皿、器械等的消毒。

(4) 碘酊　先称取碘化钾 2 g,置于研钵中后加少量蒸馏水研磨。待溶解后,加入碘 5 g,再研磨。等完全溶解后,置于量杯中,用 75%乙醇反复冲洗研钵数次,并倾入量杯中。最后,加 75%的乙醇至 100 mL,即可配成 5%碘酊,用于手术部皮肤和术者手指消毒。

5. 福尔马林的配制

福尔马林又叫甲醛溶液,取市售甲醛溶液(浓度一般为 37%~40%)10 mL,加水 90 mL,配成 4%的甲醛溶液即可。

6. 常用洗涤液配制

(1) 重铬酸钾硫酸洗液　取粗制重铬酸钾 10 g,放于烧杯内,加水 100 mL 使其溶解。再将浓硫酸 200 mL 慢慢沿烧杯壁加入其中即可。

(2) 磷酸三钠洗液　称取磷酸三钠 50 g,加油酸 25 g,再加水 500 mL,混匀待溶解即可。

(3) 盐酸乙醇溶液　为洗涤有染色附着的器皿,可在 98 mL 乙醇中加 1~2 mL 浓盐酸,配成 1%~2%盐酸乙醇溶液。

(4) 乙二胺四乙酸二钠洗液　为洗涤玻璃仪器内壁的沉淀物,取乙二胺四乙酸二钠 5~10 g,加水 100 mL,配成 5%~10%的溶液即可。

附录 C　常用染色液的配制

1. 碱性美蓝染色液的配制

(1) 配方:

甲液　美蓝　0.30 g　　95%乙醇　30.00 mL

乙液　0.01%KOH 溶液　100.00 mL

(2) 配制方法:取美蓝 0.30 g,溶于 30 mL 95%乙醇中,配制美蓝乙醇溶液(甲液),然后加入 0.01%KOH 溶液(乙液)100 mL,混合后保存备用。

2. 革兰氏染色液配制

(1) 草酸铵结晶紫液。

① 配方:

A 液　结晶紫　2.00 g　　95%乙醇　20.00 mL

B 液　草酸铵　0.80 g　　蒸馏水　80.00 mL

② 配制方法:将结晶紫溶于 95%乙醇;配制结晶紫乙醇溶液(A 液),再加入 1%草酸铵水溶液(B 液),混合,静置,过滤后保存备用。

(2) 革兰氏碘液。

① 配方:

碘　1.00 g　　碘化钾　2.00 g

蒸馏水　300.00 mL

② 配制方法:先将碘化钾置于干净的乳钵中,加入少量蒸馏水使其完全溶解,再加入碘,研磨,加水至完全溶解后,将蒸馏水补齐至 300 mL,保存备用。

(3) 沙黄水溶液。

① 配方：

番红(沙黄)　3.41 g　　95%乙醇 100 mL

② 配制方法：将番红(沙黄)溶于95%乙醇溶液中，配成乙醇饱和溶液。应用时，将番红的乙醇饱和溶液用蒸馏水进行10倍稀释，配成工作液。

3. 石炭酸复红染色液

(1) 配方：

碱性复红　0.30 g　　95%乙醇　10 mL

5%石炭酸水溶液　90 mL

(2) 配制方法：将碱性复红0.30 g溶于10 mL 95%乙醇中，再加入5%石炭酸水溶液90 mL，混合过滤后保存备用。

4. 瑞氏染色液

(1) 配方：

瑞氏染料　0.10 g　　甘油　1 mL

中性甲醇　60 mL

(2) 配制方法：取瑞氏染料0.10 g于干净的乳钵中，加入甘油后研磨，再加入甲醇使其溶解。将该染色液静置后过滤，保存于棕色瓶中备用。

5. 姬姆萨染色液

(1) 配方：

姬姆萨染料　0.60 g　　甘油　50 mL

无水甲醇　50 mL

(2) 配制方法：将姬姆萨染料加入预热至60℃的甘油中，在55～60℃的温水中温浴1.5～2.0 h后，加入60℃的无水甲醇中，静置，过滤后即成姬姆萨染色液原液。使用时给每毫升蒸馏水(中性或微碱性)中加入上述原液1滴，即配成姬姆萨染色液。

6. 抗酸染色液

(1) Kinyoun氏石炭酸复红染色液。

① 配方：

碱性复红　4 g　　95%乙醇　20 mL

95%石炭酸水溶液　100 mL

② 配制方法：将碱性复红溶于95%乙醇中，再加入水，摇匀，然后加入95%石炭酸水溶液，混合摇匀即可。

(2) Gabbott氏复染液。

① 配方：

美蓝　1 g　　乙醇　20 mL

浓硫酸　20 mL　　蒸馏水　50 mL

② 配制方法：先将美蓝溶于乙醇中，再加入蒸馏水，最后加入硫酸即可。

7. 芽孢染色法孔雀绿染色液

(1) 配方：

孔雀绿　5.00 g　　　　　　蒸馏水　100 mL

(2) 配制方法：将孔雀绿溶于蒸馏水中，过滤，保存备用。

8. 刘荣标氏鞭毛染色法染色液

(1) 甲液配方：

5%石炭酸溶液　10 mL　　　　鞣酸粉末　2 g

饱和钾明矾水溶液　10 mL

(2) 乙液配方：饱和结晶紫或龙胆紫乙醇溶液。

(3) 配制方法：将甲液和乙液按 10∶1 的比例混合即可，低温可保存半年。

参考文献

[1] 欧阳素贞，曹晶. 动物微生物与免疫[M]. 北京：化学工业出版社，2009.

[2] 郝民忠. 动物微生物[M]. 重庆：重庆大学出版社，2007.

[3] 李舫. 动物微生物[M]. 北京：中国农业出版社，2006.

[4] 葛兆宏. 动物微生物[M]. 北京：中国农业出版社，2004.

[5] 王坤，乐涛. 动物微生物[M]. 北京：中国农业大学出版社，2007.

[6] 陆承平. 兽医微生物学[M]. 3 版. 北京：中国农业出版社，2001.

[7] 沈萍. 微生物学[M]. 北京：高等教育出版社，2000.

[8] 胡建和，王丽荣，杭柏林. 动物微生物学[M]. 北京：中国农业科学技术出版社，2006.

[9] 姜平. 兽医生物制品学[M]. 2 版. 北京：中国农业出版社，2003.

[10] 甘肃农业大学. 兽医微生物学[M]. 2 版. 北京：中国农业出版社，2000.

[11] 姚火春. 兽医微生物学实验指导[M]. 3 版. 北京：中国农业出版社，2003.

[12] 安丽英. 兽医实验诊断[M]. 北京：中国农业大学出版社，1994.

[13] 杜念兴. 兽医免疫学[M]. 2 版. 北京：中国农业出版社，1997.

[14] 王扬伟. 动物传染病诊疗技术[M]. 北京：中国农业大学出版社，2007.

[15] 刘莉，王涛. 动物微生物及免疫[M]. 北京：化学工业出版社，2010.

[16] 魏明奎. 微生物学[M]. 北京：中国轻工业出版社，2007.

[17] 吴永昭，等. 动物微生物学[M]. 北京：中国农业出版社，1991.

[18] 赵良仓. 动物微生物及检验[M]. 北京：中国农业出版

社,2006.
[19] 王子轼.动物防疫与检验技术[M].北京:中国农业出版社,2008.
[20] 陈家华.现代食品分析新技术[M].北京:化学工业出版社,2005.
[21] 张和平,张佳程.乳品工艺学[M].北京:中国农业大学出版社,2007.
[22] 周光宏,张兰威.畜产食品加工学[M].北京:中国农业大学出版社,2005.